Andreas Büchs



# Das VOB-Baustellenhandbuch

UNSER WISSEN
FÜR IHREN ERFOLG

FORUM

Bibliografische Information der Deutschen Bibliothek

Die Deutsche Bibliothek verzeichnet diese Publikation in der Deutschen Nationalbibliografie; detaillierte bibliografische Daten sind im Internet über http://dnb.ddb.de abrufbar.



FORUM VERLAG
HERKERT GMBH
Postfach 1340
86408 Mering

Tel.: 08233/381-123
Fax: 08233/381-222
E-Mail: service@forum-verlag.com
Internet: www.baustellenhandbuch.de

*6. aktualisierte Auflage nach VOB 2012*

*Satz: Röser Media, 76133 Karlsruhe*
*Druck: Schätzl Druck & Medien e. K., 86609 Donauwörth*
*Printed in Germany 2012*

*ISBN: 978-3-89827-896-6*

# Vorwort

Zum 30.07.2012 ist die VOB/B 2012 vom 26.06.2012 in der Fassung der Bekanntmachung im Bundesanzeiger BAnz. AT 13.07.2012 per Erlass des Bundesministeriums für Verkehr, Bau und Stadtentwicklung vom 26.07.2012 für die Bundesbauverwaltungen und die für den Bund tätigen Länderbauverwaltungen verbindlich eingeführt worden. In der Neufassung wurde § 16 VOB/B in wesentlichen Punkten geändert. Hintergrund der Änderung des § 16 VOB/B ist die europäische Richtlinie 2011/7/EU vom 16.02.2011 zur Bekämpfung von Zahlungsverzug im Geschäftsverkehr, die sog. Zahlungsverzugsrichtlinie, die insbesondere zur Verkürzung der bislang in § 16 VOB/B geregelten zweimonatigen Prüfungsfrist für Schlussrechnungen und zu einer Änderung der Verzugsvoraussetzungen geführt hat. In dieser vollständig überarbeiteten Neuauflage sind die maßgeblichen Änderungen zunächst eingangs zusammenfassend dargestellt. Die Kommentierungen zu den einzelnen Schlagworten wurden zudem an die neue Rechtslage angepasst und auf den aktuellsten Stand gebracht. Nicht zuletzt wurden zahlreiche neue interessante und für die Baupraxis hilfreiche höchstrichterliche und obergerichtliche Entscheidungen in das Handbuch aufgenommen und erläutert. Das bereits seit vielen Jahren bewährte praxisnahe Grundkonzept dieses Handbuchs zur VOB/B wurde beibehalten, sodass ich Ihnen auch mit dieser Auflage wieder ein hilfreiches und aktuelles Nachschlagewerk zu den einzelnen Vorschriften der VOB/B in die Hand geben kann.

Auch der Inhalt dieser Neuauflage, alle Vorschriften, Erläuterungen, Anregungen und weiterführenden Fachinformationen wurden wieder mit größter Sorgfalt und eingehender Recherche aktueller Rechtsprechung zusammengestellt. Das vorliegende Werk begründet jedoch weder einen Beratungsvertrag noch eine anderweitige Bindungswirkung gegenüber Verlag oder Autor. Es kann schon aufgrund der nötigen Anpassung an die individuellen Gegebenheiten des Einzelfalls keine Gewähr für Verbindlichkeit, Vollständigkeit oder auch Fehlerfreiheit gegeben werden, obwohl alles getan wurde, um den aktuellen und korrekten Stand einzuarbeiten.

Friedberg, im August 2012

Andreas Büchs
Rechtsanwalt und Fachanwalt für Bau- und Architektenrecht

# Der Autor

Rechtsanwalt Andreas Büchs, im Jahr 1968 in München geboren, wuchs in Kaufbeuren im Allgäu auf. Im Jahr 1989 legte er in Friedberg bei Augsburg das Abitur ab.

Nach seinem Jurastudium in Augsburg und mehrjähriger Tätigkeit als Rechtsanwalt in München gründete er im Jahr 2002 eine eigene, auf privates und öffentliches Baurecht, Architekten- und Ingenieurrecht, Vergaberecht, Miet- und Wohnungseigentumsrecht sowie das Enteignungs- und Entschädigungsrecht spezialisierte Kanzlei in Friedberg bei Augsburg.

Herr Büchs ist Fachanwalt für Bau- und Architektenrecht und Mitglied der ARGE Baurecht im Deutschen Anwaltverein sowie im Deutschen Baugerichtstag e. V.

Andreas Büchs hat bereits verschiedene Rechtsratgeber und Informationsschriften zum Bau- und Architektenrecht veröffentlicht. Als Autor gelingt es ihm dabei besonders, rechtliche Zusammenhänge leicht verständlich zu erläutern und dem Leser wertvolle Tipps und Handlungsanweisungen an die Hand zu geben.

# Inhalt

## B

## D

## E



## F

## G



## H



## I

## K



## L

## M



## N

## O



## P



## Q



## R



## S

## T

## Z

# Die Änderungen in der VOB/B 2012

# Die Änderungen in der VOB/B 2012

Mit der VOB/B in der Fassung 2012 wird der Umsetzung der Zahlungsverzugsrichtlinie Rechnung getragen. Die Richtlinie 2011/7/EU vom 16.02.2011, die die Bekämpfung von Zahlungsverzug im Geschäftsverkehr zum Inhalt hat, betrifft sowohl die Planung und Ausführung öffentlicher Bauarbeiten als auch von Hoch- und Tiefbauarbeiten. Es besteht die Vorgabe, die Richtlinie bis spätestens zum 16.03.2013 in nationales Recht umzusetzen. Zum 30.07.2012 ist die VOB/B 2012 in der Fassung der Bekanntmachung im Bundesanzeiger BAnz. AT 13.07.2012 per Erlass des Bundesministeriums für Verkehr, Bau und Stadtentwicklung vom 26.07.2012 für die Bundesbauverwaltungen und die für den Bund tätigen Länderbauverwaltungen verbindlich eingeführt worden.

Im Hinblick auf die Umsetzung der Zahlungsverzugsrichtlinie in nationales Recht wurden Folgeänderungen in der VOB/B erforderlich, denen mit der Neufassung des § 16 VOB/B 2012 Rechnung getragen wurde. Demnach sind künftig als späteste Fälligkeitszeitpunkte für öffentliche Aufträge nur noch maximal 30 Tage und nur in begründeten Ausnahmefällen 60 Tage nach Zugang der Schlussrechnung vorgesehen, anstatt wie bisher maximal zwei Monate. Darüber hinaus tritt der Zahlungsverzug nach der Neufassung der VOB/B künftig ein, ohne dass zuvor eine Nachfrist hätte gesetzt werden müssen. Es entfällt also das bisherige Erfordernis des Setzens einer angemessenen Nachfrist bzw. Mahnung als Voraussetzung für den Zahlungsverzug. Konkret wurden folgende Änderungen des § 16 VOB/B mit der VOB/B 2012 umgesetzt:

## 1. § 16 Abs. 1 Nr. 3 und Abs. 3 Nr. 5 VOB/B 2012

Die Fristenregelungen in § 16 Abs. 1 Nr. 3 und Abs. 3 Nr. 5 VOB/B 2012 wurden i. S. d. Harmonisierung auf Kalendertage umgestellt. Bisher waren in § 16 VOB/B Werktage maßgeblich. Ansprüche auf Abschlagszahlungen sind nunmehr nach § 16 Abs. 1 Nr. 3 VOB/B binnen 21 Tage nach Zugang der Aufstellung zur Zahlung fällig. Nach § 16 Abs. 2 Nr. 5 VOB/B 2012 ist der Vorbehalt gegen die Schlusszahlung nun innerhalb von 28 Tagen nach Zugang der Schlusszahlungsmitteilung zu erklären. Er wird hinfällig, wenn nicht innerhalb von weiteren 28 Tagen – beginnend am Tag nach Ablauf dieser ersten 28-Tage-Frist – eine prüfbare Rechnung über die vorbehaltenen Forderungen eingereicht oder, wenn das nicht möglich ist, der Vorbehalt eingehend begründet wird.

## 2. § 16 Abs. 3 Nr. 1 VOB/B 2012

Nach Art. 4 Abs. 3 der Zahlungsverzugsrichtlinie haben die Mitgliedstaaten sicherzustellen, dass bei Geschäftsvorgängen, bei denen der Schuldner eine öffentliche Stelle ist, die Zahlungsfrist von 30 Kalendertagen nach dem Zeitpunkt des Eingangs der Rechnung oder einer gleichwertigen Zahlungsaufforderung nicht überschritten wird. Nach Art. 4 Abs. 6 der Richtlinie haben die Mitgliedsstaaten darüber hinaus sicherzustellen, dass eine vertraglich festgelegte Zahlungsfrist diese Frist von 30 Kalendertagen nicht überschreitet, es sei denn, im Vertrag ist ausdrücklich etwas anderes vereinbart und dies ist aufgrund der besonderen Natur oder Merkmale des Vertrags sachlich gerechtfertigt. Die insoweit vertraglich vereinbarte Zahlungsfrist darf aber nach der Richtlinie in keinem Fall 60 Kalendertage überschreiten. § 16 Abs. 3

Nr. 1 VOB/B 2009, nach dem der Anspruch auf Schlusszahlung bislang spätestens innerhalb von zwei Monaten nach Zugang der Schlussrechnung fällig wurde, wurde nunmehr durch die Neufassung in der VOB/B 2012 an die Vorgaben der Richtlinie angepasst. Danach ist für Auftraggeber künftig grundsätzlich eine Zahlungsfrist von maximal 30 Tagen nach Zugang der prüfbaren Schlussrechnung vorgesehen. Vertraglich kann man eine längere Zahlungsfrist von weiteren 30 Tagen vereinbaren. Diese Vereinbarung ist jedoch nur dann wirksam, wenn sie ausdrücklich, also nicht stillschweigend oder schlüssig, getroffen wurde und darüber hinaus aufgrund der besonderen Natur oder Merkmale der Vereinbarung sachlich gerechtfertigt ist. Dies kann möglicherweise dann in Betracht kommen, wenn etwa die Anlagen zu einer Schlussrechnung umfangreich und komplex sind. Die geänderte Bestimmung unter § 16 Abs. 3 Nr. 1 Satz 3 VOB/B 2012 ist an die bisherige Bestimmung unter § 16 Abs. 3 Nr. 1 Satz 2 VOB/B 2009 angelehnt. Demnach konnte sich bislang der Auftraggeber nicht mehr auf die fehlende Prüfbarkeit der Schlussrechnung berufen, wenn er nicht spätestens innerhalb von zwei Monaten nach Zugang der Schlussrechnung Einwendungen gegen die Prüfbarkeit erhoben hatte. Aufgrund der nunmehr unterschiedlichen Fristenregelungen in § 16 Abs. 3 Nr. 1 Satz 1 und Satz 2 VOB/B wird in der Neufassung des § 16 VOB/B künftig auf den Ablauf der „jeweiligen Frist" abgestellt.

### 3. § 16 Abs. 5 Nr. 3 VOB/B

Einer der insgesamt 39 Erwägungsgründe, die der Zahlungsverzugsrichtlinie vorangestellt sind, ist der, dass durch die Richtlinie kein Gläubiger verpflichtet werden soll, Verzugszinsen zu fordern. Die Richtlinie soll es demnach einem Gläubiger lediglich ermöglichen, (so wörtlich) „bei Zahlungsverzug ohne eine vorherige Mahnung oder eine andere vergleichbare Mitteilung, die den Schuldner an seine Zahlungsverpflichtung erinnert, Verzugszinsen zu verlangen". Vor diesem Erwägungsgrund sieht Art. 4 Abs. 1 der Richtlinie vor, dass der Gläubiger Anspruch auf den gesetzlichen Verzugszins bei Zahlungsverzug hat, ohne dass es einer Mahnung bedarf. Voraussetzung ist, dass der Gläubiger seine vertraglichen und gesetzlichen Verpflichtungen erfüllt und den fälligen Betrag nicht rechtzeitig erhalten hat, es sei denn, der Schuldner ist für den Zahlungsverzug nicht verantwortlich. Bislang war es so, dass gem. § 16 Abs. 5 Nr. 3 VOB/B 2009 für den Verzugseintritt eine Rechnung, der Ablauf der maximal zweimonatigen Prüfungsfrist, eine Mahnung und der Ablauf einer Nachfrist erforderlich war. Gemäß dem nunmehr neu gefassten § 16 Abs. 5 Nr. 3 Satz 3 und Satz 4 VOB/B 2012 ist dies anders. Dort wird jetzt der Eintritt des Zahlungsverzugs richtlinienkonform geregelt.

Der Auftraggeber kommt künftig, ohne dass es einer Nachfristsetzung (Mahnung) bedarf, spätestens 30 Tage nach Zugang der Rechnung oder Aufstellung bei Abschlagszahlungen in Zahlungsverzug. Dies gilt, wenn der Auftragnehmer seine vertraglichen und gesetzlichen Verpflichtungen erfüllt und den fälligen Rechnungsbetrag nicht rechtzeitig erhalten hat, außer der Auftraggeber ist für den Zahlungsverzug nicht verantwortlich. Die Frist verlängert sich dabei auf maximal 60 Tage, sofern sie „aufgrund der besonderen Natur oder Merkmale der Vereinbarung sachlich gerechtfertigt ist und zudem ausdrücklich vereinbart wurde." Zu beachten sind hierbei aber die folgenden Gesichtspunkte:

- Unabhängig davon, dass der Auftraggeber (wie eben beschrieben) auch ohne Nachfristsetzung bzw. Mahnung grundsätzlich spätestens 30 Tage nach Zugang der Rechnung in Zahlungsverzug gerät, kann der Auftragnehmer dem Auftraggeber nach wie vor selbstverständlich eine angemessene Nachfrist zur Zahlung setzen, wenn der Auftraggeber bei Fälligkeit nicht zahlt. Zahlt er auch innerhalb der Nachfrist nicht, so hat der Auftragnehmer vom Ende der Nachfrist an Anspruch auf Zinsen in Höhe der in § 288 Abs. 2 BGB angegebenen Zinssätze, wenn er nicht einen höheren Verzugsschaden nachweist.
- Bei Abschlagszahlungen kommen verlängerte Verzugsfristen nicht in Betracht, da es sich dabei lediglich um vorläufige Zahlungen auf bereits erbrachte Leistungen handelt, die keinen abschließenden Charakter haben und im Rahmen der Schlussrechnungsprüfung noch einmal auf Richtigkeit hin überprüft werden.
- Die Vereinbarung einer Höchstfrist zum Eintritt des Zahlungsverzugs von 30 bzw. 60 Tagen schließt nicht das Recht des Auftragnehmers nach § 16 Abs. 5 Nr. 1 VOB/B aus, durch Nachfristsetzung den Verzug schon früher herbeizuführen.

Wie sich die durch die Zahlungsverzugsrichtlinie bedingten Änderungen in § 16 VOB/B letztlich in der Praxis auswirken, bleibt abzuwarten. Fraglich dürfte aber bereits jetzt sein, ob sich durch die Änderungen letztlich etwas an der grundsätzlich schlechten Zahlungsmoral ändern wird. Der Deutsche Industrie- und Handelskammertag e. V. hat in einer Stellungnahme vom 09.06.2009 auf die damals noch als Vorschlag vorgelegene EU-Richtlinie zur Bekämpfung des Zahlungsverzugs im Geschäftsverkehr wohl zu Recht darauf hingewiesen, dass angezweifelt werden kann, ob weitere gesetzliche Maßnahmen geeignet sind, die Zahlungsmoral zu verbessern. Soweit der Zahlungsverzug, wie in den meisten Fällen, auf Liquiditätsengpässe zurückgeht, werden verschärfte Sanktionen jedenfalls nicht zu pünktlicheren Zahlungen führen. Dasselbe gilt auch für die Vielzahl von Fällen, in denen ein Rechtsstreit mit Rücksicht auf bestehende Geschäftsbedingungen vermieden werden soll.

Soweit im Folgenden Vorschriften aus der VOB/B zitiert werden oder auf diese Vorschriften Bezug genommen wird, ist grundsätzlich die VOB/B 2012 gemeint, außer es wird ausdrücklich eine ältere Fassung der VOB/B, beispielsweise „VOB/B 2009", angegeben.

# Schlagworte von A–Z

# A

## Abnahme

**Ausdrückliche Abnahme**
Von einer ausdrücklichen Abnahme spricht man, wenn die Abnahme durch eine bestimmte Erklärung des Auftraggebers zum Ausdruck gebracht wird. Dabei braucht das Wort „Abnahme" nicht ausdrücklich verwendet zu werden. Es reicht vielmehr schon aus, wenn eine mündliche oder schriftliche Erklärung des Auftraggebers oder einer zur Abnahme ausdrücklich bevollmächtigten Person vorliegt, mit der er oder sie zum Ausdruck bringt, dass man mit der Bauleistung des Auftragnehmers einverstanden ist. Dies kann auch dadurch geschehen, dass der Auftraggeber erklärt, die Bauleistung sei „in Ordnung", er sei mit der Bauleistung „zufrieden" oder er werde „mit der Nutzung jetzt beginnen".

Die Erklärung der ausdrücklichen Abnahme ist, abgesehen von der förmlichen Abnahme, einer bestimmten, in § 12 Abs. 4 VOB/B explizit geregelten Form der ausdrücklichen Abnahme, formfrei. Sie kann also auch mündlich erklärt werden, wobei es aus Dokumentations- und Beweisgründen dringend anzuraten ist, immer die Schriftform zu wählen. Der Auftragnehmer sollte also stets darauf drängen, dass eine seitens des Auftraggebers erklärte Abnahme protokolliert wird.

Im Rahmen der Unterscheidung verschiedener Abnahmetatbestände in der VOB/B stellt man darauf ab, ob die Abnahme vom Willen des Auftraggebers getragen ist oder nicht und ob sie ausdrücklich erklärt wird oder sich aus bestimmten Verhaltensweisen oder Umständen ergibt. Bei der ausdrücklichen Abnahme ist die Erklärung des Auftraggebers von seinem Willen getragen, auch tatsächlich die Abnahme erklären zu wollen.

Voraussetzungen für das Vorliegen einer ausdrücklichen Abnahme sind somit grundsätzlich

- Das Vorliegen eines entsprechenden Willens des Auftraggebers, auch tatsächlich die Abnahme erklären zu wollen.
- Das Vorliegen einer fertiggestellten vertragsgemäßen Leistung, wobei unbedeutende Restarbeiten noch ausstehen können (Abnahmereife).
- Das Vorliegen einer Erklärung des Auftraggebers, dass er die Arbeiten abnehme.
- Der Zugang dieser Erklärung beim Auftragnehmer.

Zwar muss bei der ausdrücklich erklärten Abnahme eine vertragsgemäße und abnahmefähige, also im Wesentlichen mangelfreie Leistung des Auftragnehmers vorliegen. Zu beachten ist aber, dass der Auftraggeber durchaus auch dann die Abnahme erklären kann, wenn die Abnahmereife eigentlich gar nicht vorliegt. Eine entsprechende Abnahmeerklärung ist wirksam und löst die → Abnahmewirkungen aus.

**Praxistipp**:
Wenn der Auftraggeber sich mit den Leistungen des Auftragnehmers ausdrücklich einverstanden erklärt und nach deren Fertigstellung gegenüber dem Auftragnehmer

unmissverständlich zum Ausdruck bringt, dass die Arbeiten seinen Wünschen entsprechen, obwohl diese gar nicht den vertraglich vereinbarten Leistungen entsprechen, so liegt sowohl eine Abnahme als auch eine einvernehmliche Vertragsänderung vor.

**Aktuelle Rechtsprechung:**
Ein Auftragnehmer schloss als Subunternehmer einen Bauvertrag mit seinem Auftraggeber. Im – vom Auftraggeber vorformulierten – Bauvertragsformular war folgende Klausel enthalten:

„§ 12 Nr. 5 (1) und (2) VOB/B (Anm.: VOB/B 2012 § 12 Abs. 5 Nr. 1 und 2) gelten nicht. Nur eine tatsächlich durchgeführte Abnahme hat die Wirkung einer Abnahme. Wird keine tatsächliche Abnahme im Verhältnis zwischen den Vertragsparteien durchgeführt, so tritt an ihre Stelle die Abnahme im Verhältnis zwischen den Architekten und den Auftraggebern, und zwar in dem Umfang, wie die Abnahme in diesem Verhältnis jeweils durchgeführt wird."

Der klagende Auftragnehmer erstellte seine Schlussrechnung. Hierauf zahlte der beklagte Auftraggeber einen Teilbetrag. Daraufhin verlangte der Auftragnehmer schriftlich die ausdrückliche Abnahme. Der Auftraggeber antwortete, er wolle das Bauvorhaben nicht abnehmen, da im Rahmen eines anderen Bauvorhabens zwischen den Parteien Reklamationen aufgetreten seien. Im darauf folgenden Gerichtsverfahren ging es u. a. um die Frage, ob eine Abnahme erfolgt war oder nicht.

Nach Ansicht des Gerichts war von einer Abnahme auszugehen, zumal die Vertragsklausel den Auftragnehmer unangemessen benachteiligte. Es widerspricht dem gesetzlichen Leitbild, tatsächliche Erklärungen, die eine Abnahme i. S. v. § 12 VOB/B darstellen, die Wirksamkeit zu nehmen.

Das Landgericht verstand die Klausel so, dass nur eine tatsächliche, vor Ort am Bauvorhaben durchgeführte Abnahme die Wirkungen des § 12 VOB/B auslösen soll. Nach dem gesetzlichen Leitbild ist die Abnahme die Hinnahme des Werks verbunden mit der Anerkennung des Werks als im Wesentlichen vertragsgerecht. Bei Wirksamkeit der hier vorliegenden Klausel würde jedoch einer dahingehenden Erklärung des Auftraggebers die Wirksamkeit im Sinne einer Abnahme genommen werden.

Dadurch, dass sich der Auftraggeber gegenüber dem Auftragnehmer lediglich auf das Vorhandensein von Mängeln an einem anderen Bauvorhaben berief, nicht aber auf das Vorliegen von Mängeln am streitgegenständlichen Bauvorhaben, habe er indirekt erklärt, dass das Werk des Auftragnehmers mangelfrei ist, was eine Abnahme darstelle.
*LG Itzehoe, Urteil vom 30.11.2005, 2 O 278/05*

**Behördliche Abnahme**
Bei der behördlichen Abnahme handelt es sich, wie auch bei der → technischen Abnahme oder der → Zustandsfeststellung. nicht um eine rechtsgeschäftliche Abnahme. Die behördliche Abnahme hat lediglich den Zweck, ein Bauvorhaben auf die Übereinstimmung mit öffentlich-rechtlichen

Bestimmungen oder sonstigen gesetzlich festgelegten Standards hin zu überprüfen.

Die behördliche Abnahme hat gerade nicht zur Konsequenz, dass die Abnahmewirkungen, etwa die Fälligkeit der Vergütungsansprüche des Auftragnehmers oder der Beginn der Verjährungsfrist für Mängelansprüche, eintreten. Auch wenn bereits eine behördliche Abnahme durchgeführt wurde, ist es daher grundsätzlich erforderlich, eine Abnahme im rechtsgeschäftlichen Sinne durchzuführen, wenn → Abnahmewirkungen eintreten sollen.

Sofern eine fehlerhafte behördliche Abnahme zu Schäden an Bauleistungen des Auftragnehmers führt, haftet die abnehmende Behörde ihm gegenüber grundsätzlich auf Ersatz der entstandenen Schäden.

Sofern eine behördliche Abnahme nicht durchgeführt wurde, obwohl sie vorgeschrieben ist, kann dies unter Umständen dazu führen, dass das Bauwerk mit einem nicht unwesentlichen Mangel behaftet ist, der den Auftraggeber berechtigt, die rechtsgeschäftliche Abnahme zu verweigern. Die behördliche Abnahme findet nicht statt, wenn keine Verpflichtung hierzu besteht. Maßgeblich sind die jeweiligen Landesvorschriften.

**Praxistipp:**
Manche Bauverträge enthalten Vertragsklauseln, wonach die Fälligkeit von Zahlungen an eine behördliche Abnahme geknüpft wird. In Betracht kommen hierbei etwa Rohbauabnahmen. Um bereits im Vorfeld Missverständnis-

sen vorzubeugen und Unwägbarkeiten auszuschließen, ist dem Auftragnehmer anzuraten, vor Unterzeichnung von Verträgen, in denen derartige Klauseln enthalten sind, mit der jeweils zuständigen Behörde abzuklären, ob eine solche Abnahme überhaupt durchgeführt wird.

**Fiktive Abnahme**
Treten die Abnahmewirkungen ohne oder sogar gegen den Willen des Auftraggebers ein, so spricht man von einer fiktiven Abnahme. Keine der Vertragsparteien hat dabei eine Abnahme ausdrücklich erklärt oder durch schlüssiges Verhalten bewusst zum Ausdruck gebracht. Die fiktive Abnahme liegt vor, wenn bestimmte äußere Umstände vorliegen, ohne dass es dabei darauf ankäme, dass der Auftraggeber auch tatsächlich die Leistungen des Auftragnehmers abnehmen wollte.

Die Abnahme wird in folgenden Fallkonstellationen fingiert:
1. Der Auftragnehmer teilt dem Auftraggeber schriftlich mit, dass die Leistungen fertiggestellt sind, und es verstreichen zwölf Werktage seit Zugang dieser schriftlichen Mitteilung, ohne dass der Auftraggeber die Abnahme berechtigt verweigert, § 12 Abs. 5 Nr. 1 VOB/B. Die Mitteilung über die Fertigstellung ist schriftlich zu verfassen und dem Auftraggeber selbst oder einer nachweislich zum Empfang bevollmächtigten Person auszuhändigen bzw. zu übersenden. Es reicht nicht aus, die Anzeige dem Bauleiter oder dem Architekten auszuhändigen, wenn diese nicht ausdrücklich zur Entgegennahme der Fertigstellungsmitteilung bevollmächtigt wurden.

2. Der Auftragnehmer hat seine Leistungen fertiggestellt, der Auftraggeber hat diese in Benutzung genommen, und es sind sechs Werktage seit Inbenutzungnahme verstrichen, § 12 Abs. 5 Nr. 2 VOB/B. Inbenutzungnahme liegt vor, wenn der Auftraggeber z. B. in ein umgebautes, saniertes oder neu errichtetes Haus einzieht. Sie liegt hingegen nicht vor, wenn die Leistungen des Auftragnehmers lediglich zum Zweck der Erprobung oder zur Fortführung der Arbeiten in Benutzung genommen werden. Voraussetzungen für eine Abnahmefiktion ist in beiden vorgenannten Fallgestaltungen immer, dass
   - der Auftragnehmer seine Arbeiten tatsächlich fertiggestellt hat, wobei geringfügige Restarbeiten der Fertigstellung grundsätzlich nicht entgegenstehen,
   - zuvor keine Abnahme verlangt oder eine Abnahme durchgeführt wurde,
   - der Bauvertrag nicht gekündigt ist und
   - dem Auftraggeber nicht das Recht zusteht, die Abnahme wegen wesentlicher Baumängel zu verweigern oder der Auftraggeber die Abnahme tatsächlich wegen des Vorliegens wesentlicher Baumängel berechtigt verweigert hat.
3. Der Auftraggeber nimmt die Leistungen des Auftragnehmers nicht ab, obwohl er hierzu verpflichtet ist, und der Auftragnehmer hat ihm eine Frist zur Abnahme gesetzt. Dabei müssen die folgenden Voraussetzungen erfüllt sein: Die Arbeiten müssen fertiggestellt sein und dürfen nur unwesentliche Mängel aufweisen. Das Fehlen geringfügiger Restarbeiten hindert die Fertigstellung nicht, im Gegensatz zu den beiden oben beschriebenen Fallgestaltungen muss hier der Auftraggeber aufgefordert worden sein, die Arbeiten abzunehmen, der Auftragnehmer muss

eine angemessene Frist zur Abnahme gesetzt haben und die Frist muss abgelaufen sein, ohne dass die Abnahme erklärt wurde.

**Praxistipp 1:**
In manchen Bauverträgen wird die Möglichkeit einer fiktiven Abnahme (§ 12 Abs. 5 VOB/B) ausgeschlossen. Es stellt sich dann die Frage, ob und wann bei den oben aufgeführten Fallkonstellationen eine Abnahme vorliegt. Nach der Rechtsprechung ist in der unbeanstandeten Nutzung der Bauleistungen stets eine Billigung der Werkleistungen und damit eine Abnahme zu sehen. Nach einer gewissen Nutzungszeit von etwa acht Wochen treten daher trotz vertraglichen Ausschlusses der fiktiven Abnahme die Abnahmewirkungen ein.

**Praxistipp 2:**
Wird in einem VOB-Bauvertrag abweichend von der Bestimmung in § 12 Nr. 4 Abs. 1 Satz 1 VOB/B (Anm.: § 12 Abs. 4 Nr. 1 Satz 1 VOB/B 2012) die förmliche Abnahme für alle Fälle vertraglich vereinbart, so muss weder der Auftraggeber noch der Auftragnehmer die förmliche Abnahme mehr eigens gem. § 12 Nr. 4 Abs. 1 VOB/B (Anm.: § 12 Abs. 4 Nr. 1 VOB/B 2012) vom jeweils anderen verlangen.
*Kammergericht Berlin, Urteil vom 04.04.2006, 7 U 247/05*

Wird innerhalb der 12-Werktage-Frist nach Mitteilung über die Fertigstellung der Leistungen des Auftragnehmers, was auch durch die Übersendung der Schlussrechnung erfolgen kann (§ 12 Abs. 5 Nr. 1 VOB/B), kein Abnahmetermin anberaumt und die Abnahme nicht ausdrücklich verweigert, so ist davon auszugehen, dass auf die förmliche Abnahme verzichtet wurde. Nach Ablauf von zwölf Werktagen nach Erhalt der Schlussrechnung gilt dann die Abnahme als erfolgt.

**Praxistipp 3:**
Da eine fiktive Abnahme auch dann in Betracht kommt, wenn der Auftraggeber die Abnahme nicht erklären wollte, kann er den Eintritt der Abnahmewirkungen nur dann verhindern, wenn er eine ausdrückliche Erklärung dahin gehend abgibt, dass er die Abnahme verweigert. Hat er dies nicht getan, so gelten die Arbeiten des Auftragnehmers als abgenommen.

**Aktuelle Rechtsprechung:**
Ein Auftragnehmer verpflichtete sich gegenüber seinem Auftraggeber zur schlüsselfertigen Errichtung eines Einkaufscenters. Im Bauvertrag findet sich u. a. die folgende auftragnehmerseitig verwendete Klausel:

„(1) Die Abnahme erfolgt förmlich bzw. durch Ingebrauchnahme unserer Leistung oder durch Fortsetzung der Baumaßnahme unserer Leistung nach VOB, Teil B, § 12."

Nachdem sich der Auftragnehmer mit der Fertigstellung von Restleistungen in Verzug befindet, wird zunächst die Abnahme verschoben und schließlich am 27.10.1999 aufgrund des Vorliegens von Mängeln ausdrücklich verweigert. Am 08.11.1999 stellt der Auftragnehmer seine Schlussrechnung, die der Auftraggeber nicht zahlt. Er behauptet, es läge keine Abnahme vor. Der Auftragnehmer hingegen beruft sich da-

rauf, dass die Abnahme bereits stillschweigend durch Ingebrauchnahme bzw. fiktiv erfolgt sei. Die Schlussrechnung vom 08.11.1999 gelte als Fertigstellungsmitteilung nach § 12 Nr. 5 Abs. 1 VOB/B (Anm.: § 12 Abs. 5 Nr. 1 VOB/B 2012), sodass spätestens nach Ablauf der 12-Werktage-Frist die Abnahme als erfolgt fingiert werden müsse. Das sah das Gericht jedoch anders. Die Parteien vereinbarten einen Termin zur förmlichen Abnahme am 27.10.1999. Dabei verweigerte der Auftraggeber (berechtigt) die Abnahme wegen des Vorliegens wesentlicher Mängel. Damit ist die Annahme einer konkludent erklärten bzw. fiktiven Abnahme zu verneinen. Zum einen könne ein vor dem förmlichen Abnahmetermin gezeigtes Verhalten keine Abnahme begründen. Zum anderen löst auch die Inbenutzungnahme durch den Auftraggeber keine Abnahmewirkungen aus, da dieser zuvor ausdrücklich die Verweigerung der Abnahme erklärt hat. In einem solchen Fall scheidet die Annahme einer fiktiven Abnahme aus. Ganz abgesehen davon wäre im Übrigen – was das Gericht nicht ausdrücklich erwähnte – die fiktive Abnahme wohl bereits daran gescheitert, dass die Vertragsklausel einer AGB-rechtlichen Inhaltskontrolle nicht standgehalten hätte. Der Auftraggeber, der nicht Verwender der Klausel war, hätte sich auf die AGB-rechtliche Unwirksamkeit der Klausel berufen können (siehe auch unter → Allgemeine Geschäftsbedingungen).
*OLG Frankfurt am Main, Urteil vom 25.07.2003, 2 U 107/02*

**Förmliche Abnahme**
Die förmliche Abnahme hat stattzufinden, wenn einer der Vertragspartner sie vom anderen verlangt. Sie setzt ferner voraus, dass ein verbindlicher Abnahmetermin festgelegt wird und beide Vertragspartner bei der Abnahme vor Ort sind

oder zumindest durch rechtzeitige Kenntnis vom Abnahmetermin die Möglichkeit hatten, den Termin wahrzunehmen.

Das Ergebnis der Abnahme ist in einem gemeinsamen Protokoll festzuhalten. Darin sind die bei der Abnahme festgestellten Mängel aufzunehmen. Es müssen v. a. bereits bei der Abnahme bekannte Mängel festgehalten und ein Vorbehalt der Geltendmachung dieser Mängel schriftlich erklärt werden. Ein unterlassener Vorbehalt führt dazu, dass der Auftraggeber diese Mängel nicht mehr gegenüber dem Auftragnehmer geltend machen kann. Das Abnahmeprotokoll ist an beide Vertragsparteien auszuhändigen. Es sollte in jedem Fall von beiden Vertragsparteien unterzeichnet sein. Auftraggeber und Auftragnehmer können auf eigene Kosten einen Sachverständigen zur Abnahme hinzuziehen.

Die förmliche Abnahme kann auch durchgeführt werden, wenn der Auftragnehmer beim Abnahmetermin nicht vor Ort ist. Voraussetzung ist aber, dass der Auftraggeber mit „genügender Frist" zur Abnahme eingeladen hat und dem Auftragnehmer das Ergebnis der Abnahme alsbald mitgeteilt wird. Unter dem Begriff „alsbald" wird allgemein eine Frist von zwölf Werktagen verstanden.

Die förmliche Abnahme hat für den Auftragnehmer den entscheidenden Vorteil, dass aufgrund des Protokolls feststeht, zu welchem Zeitpunkt die Abnahme tatsächlich stattgefunden hat. Dies ist von Bedeutung, da sich an die Abnahme eine Reihe von → Abnahmewirkungen, wie etwa der Beginn der Verjährungsfrist für Mängelansprüche oder die Fälligkeit der Vergütung, anschließen.

Siehe auch: → Abnahmewirkungen

**Praxistipp 1:**
Es ist jedem Auftragnehmer anzuraten, immer dann, wenn der Bauvertrag eine förmliche Abnahme vorsieht, diese auch vom Auftraggeber zu verlangen. Dabei sollte ein entsprechendes Schreiben an den Auftraggeber gesandt werden, in dem Termine zur Durchführung der Abnahme genannt werden. Sofern der Auftraggeber nicht reagiert, sollte – ebenfalls schriftlich – eine Nachfrist gesetzt werden. Nach Ablauf dieser Nachfrist befindet sich der Auftraggeber in Annahmeverzug und die → Abnahmewirkungen treten ein, sofern ein weitgehend mangelfreies Werk vorliegt. Die Einhaltung der Schriftform ist anzuraten, um späteren Beweisschwierigkeiten und Unwägbarkeiten entgegenzuwirken.

Wird eine förmliche Abnahme im Bauvertrag vereinbart und wird diese letztlich nicht durchgeführt, so stellt sich die Frage, ob die Abnahme auch erfolgen kann, wenn sie nicht förmlich durchgeführt wird. In diesen Fällen ist der Auftraggeber verpflichtet, von sich aus unverzüglich nach → Fertigstellung einen Abnahmetermin anzuberaumen. Stellt der Auftragnehmer die Schlussrechnung, so muss der Auftraggeber spätestens innerhalb von zwölf Werktagen nach Zugang der Schlussrechnung den Abnahmetermin anberaumen. Versäumt er dies ohne Grund, so kann er sich nicht mehr auf das Fehlen der förmlichen Abnahme berufen. Die Leistungen gelten dann als abgenommen.

Ebenso ist es möglich, dass beide Vertragsparteien stillschweigend auf die förmliche Abnahme verzichten. Dies ist dann anzunehmen, wenn beide Parteien über einen längeren Zeitraum nicht mehr auf die förmliche Abnahme zurückgekommen sind.

**Praxistipp 2:**
Übersendet der Auftragnehmer die Schlussrechnung an den Auftraggeber, ohne die im Bauvertrag ausdrücklich vereinbarte förmliche Abnahme zu fordern, und tritt der Auftraggeber erst mehrere Monate nach Erhalt der Schlussrechnung in die Rechnungsprüfung ein, ohne auf die unterbliebene förmliche Abnahme einzugehen, so ist hierin die konkludente Erklärung der Parteien zu sehen, von der vereinbarten förmlichen Abnahme Abstand nehmen zu wollen. Dabei spielt es auch keine Rolle, ob sich die Parteien darüber bewusst waren, dass nach der vertraglichen Regelung an sich eine förmliche Abnahme zu erfolgen hatte, oder ob sie diese nur vergessen haben.
*OLG Karlsruhe, Urteil vom 23.09.2003, 17 U 234/02*

**Konkludente Abnahme**
Siehe: → Stillschweigende Abnahme

**Stillschweigende Abnahme**
Trotz der vielfältigen Probleme, Unwägbarkeiten und Beweisschwierigkeiten in Bauprozessen ist die stillschweigende oder auch konkludente Abnahme unter den verschiedenen Abnahmeformen die am weitesten verbreitete in der Baupraxis.

Die stillschweigende Abnahme darf nicht verwechselt werden mit der fiktiven Abnahme. Bei der stillschweigenden

Abnahme bringt der Auftraggeber durch ein bestimmtes Verhalten zum Ausdruck, dass er die Leistungen des Auftragnehmers abnehmen will. Dieses Verhalten ist dabei vom Willen des Auftraggebers getragen, auch tatsächlich abnehmen zu wollen. Hat der Auftraggeber hingegen nicht den Willen, die Abnahme zu erklären, treten allerdings bestimmte äußere Umstände ein, die zu → Abnahmewirkungen führen, wie etwa der Ablauf einer vom Auftragnehmer gesetzten Abnahmefrist, so wird die Abnahme fingiert. Es liegt dann eine → fiktive Abnahme vor.

Der Auftraggeber muss im Rahmen der stillschweigenden Abnahme zum Ausdruck bringen, dass er die Arbeiten des Auftragnehmers als vertragsgemäß anerkennt. Insoweit sind unmissverständliche Verhaltensweisen erforderlich. Reines Schweigen oder rein interne Vorgänge seitens des Auftraggebers stellen keine Handlungsweisen dar, die eine stillschweigende Abnahme rechtfertigen würden.

In § 16 Abs. 1 Nr. 4 VOB/B ist ausdrücklich geregelt, dass die Zahlung von Abschlagsrechnungen keine stillschweigende → Teilabnahme von Bauleistungen darstellt. Allerdings stellt die Zahlung der vereinbarten Vergütung durch den Auftraggeber nach Stellung der Schlussrechnung ein besonders starkes Indiz dafür dar, dass der Auftraggeber die Arbeiten des Auftragnehmers billigen wollte. In der Zahlung der Schlussrechnung ist daher auch regelmäßig eine stillschweigende Abnahme zu sehen. Anders wäre dies nur zu beurteilen, wenn weitere Umstände vorlägen, die eine Abnahme ausschließen, etwa wenn sich Auftraggeber und Auftragnehmer einig waren, dass die Arbeiten noch nicht abnahmefähig waren.

Auch die stillschweigende Abnahme hat, ebenso wie die übrigen rechtsgeschäftlichen Abnahmeformen auch, zur Voraussetzung, dass eine vertragsgemäße Leistung vorliegt. Im Gegensatz zur förmlichen Abnahme, die grundsätzlich immer bei Vorliegen eines VOB-Vertrags vom Auftragnehmer gefordert werden sollte, oder aber der ausdrücklich erklärten Abnahme, hat die stillschweigende Abnahme den Nachteil, dass nicht eindeutig feststeht, zu welchem Zeitpunkt die Abnahme genau erfolgt ist.

Siehe auch: → Förmliche Abnahme

**Praxistipp 1:**
Grundsätzlich können die Vertragspartner in einem VOB-Vertrag die Möglichkeiten einer fiktiven Abnahme nach § 12 Abs. 5 VOB/B ausschließen. Dies hat zur Folge, dass die dort geregelten Abnahmen durch Ingebrauchnahme oder Übersendung einer Fertigstellungsmitteilung nicht mehr in Betracht kommen. Sofern aber der Auftraggeber durch sein Verhalten zum Ausdruck bringt, dass er die Arbeiten des Auftragnehmers abnehmen will, so hindert der Ausschluss der fiktiven Abnahme nicht auch eine stillschweigende Abnahme.

**Praxistipp 2:**
Die Abnahme erfordert keine Prüfung der Arbeiten durch den Auftraggeber auf Mangelfreiheit und auch keine sofortige Prüfungsmöglichkeit. Wenn ein Auftraggeber also die Schlussrechnungssumme begleicht, ohne dabei ausdrücklich einen Vorbehalt zu erklären oder die Abnahme zu verweigern, so treten auch dann die → Abnahme-

wirkungen ein, wenn er zuvor keine Prüfung vorgenommen hat. Er kann in diesem Fall die Prüfung auch noch später vornehmen und etwa vorliegende Mängel auch noch nach der Abnahme rügen. Zu beachten ist aber, dass dann der Auftraggeber beweispflichtig für das Vorliegen der gerügten Mängel ist.

**Technische Abnahme**

Bei der technischen Abnahme handelt es sich lediglich um eine Dokumentation des technischen Befunds der auftragnehmerseitig erstellten Leistungen. Die technische Abnahme dient lediglich der Vorbereitung der rechtsgeschäftlichen Abnahme, die allein den Eintritt der → Abnahmewirkungen zur Folge hat. Um rechtliche Wirkungen entfalten zu können, ist also auch immer dann, wenn bereits eine technische Abnahme stattgefunden hat, zusätzlich noch eine rechtsgeschäftliche Abnahme zwischen Auftraggeber und Auftragnehmer durchzuführen.

Um eine technische Abnahme handelt es sich insbesondere auch dann, wenn im Rahmen der Objektüberwachung des Architekten die Abnahme der Bauleistungen unter Mitwirkung anderer an der Planung und Objektüberwachung fachlich Beteiligter stattfindet.

Siehe auch: → Abnahmebefugnis
→ Abnahmewirkungen

**Praxistipp:**

Da die technische Abnahme gerade keine Abnahmewirkungen entfaltet, treten diese auch erst mit Vorliegen der rechtsgeschäftlichen Abnahme ein. Der Vergütungsanspruch des Auftragnehmers beginnt daher auch erst dann zu verjähren, wenn eine rechtsgeschäftliche Abnahme durchgeführt wurde.

## Abnahme durch den Architekten

Siehe: → Abnahmebefugnis

## Abnahme durch den Bauleiter

Siehe: → Abnahmebefugnis

## Abnahme durch Behörden

Siehe: → Abnahmebefugnis
→ Behördliche Abnahme

## Abnahme durch einen Dritten

Nach § 641 Abs. 2 BGB in der Fassung vor dem Inkrafttreten des Forderungssicherungsgesetzes am 01.01.2009 gab es für den Auftragnehmer, der Nach- oder Subunternehmer ist, die Möglichkeit, seine Vergütung spätestens dann von seinem Auftraggeber fordern zu können, wenn der Bauherr die Vergütung oder Teile hiervon an den Auftraggeber gezahlt hat. Wenn der Auftraggeber dem Bauherrn wegen möglicher

Mängel eine Sicherheit geleistet hatte, sollte der Auftragnehmer seine Vergütung nur dann erhalten, wenn er seinem Auftraggeber eine Sicherheit in gleicher Höhe geleistet hat. Die Vorschrift des § 641 Abs. 2 BGB ist auch auf VOB-Bauverträge anwendbar. Zusätzlich bedarf es aber für die Fälligkeit der Vergütung der weiteren in § 16 Abs. 3 VOB/B geregelten Fälligkeitsvoraussetzungen. Nach § 16 Abs. 3 Satz 1 VOB/B 2012 wird nunmehr der Anspruch auf Schlusszahlung alsbald nach Prüfung und Feststellung fällig, spätestens jedoch innerhalb von bereits 30 Tagen nach Zugang der Schlussrechnung und nicht mehr nach spätestens zwei Monaten, wie noch in der VOB/B 2009 geregelt war.

Die Frist verlängert sich vielmehr nur dann auf höchstens 60 Tage, wenn sie aufgrund der besonderen Natur oder Merkmale der Vereinbarung sachlich gerechtfertigt ist und ausdrücklich, also nicht lediglich stillschweigend oder konkludent vereinbart wurde.

Nach § 641 Abs. 2 BGB ist die Vergütung eines Auftragnehmers für ein Werk, dessen Herstellung der Auftraggeber einem Dritten, dem Bauherrn, versprochen hat, spätestens fällig,

1. soweit der Auftraggeber von dem Bauherrn für das versprochene Werk wegen dessen Herstellung seine Vergütung oder Teile davon erhalten hat,
2. soweit das Werk des Auftraggebers von dem Bauherrn **abgenommen** worden ist oder als abgenommen gilt **(fiktive oder schlüssige Abnahme)** oder
3. wenn der Auftragnehmer dem Auftraggeber erfolglos eine angemessene Frist zur Auskunft über die in den vorstehenden Absätzen bezeichneten Umstände bestimmt hat.

Weiterhin gilt unverändert, dass dann, wenn der Auftraggeber dem Bauherrn wegen möglicher Mängel an den Werkleistungen des Auftragnehmers Sicherheit geleistet hat, die Vergütung nur dann fällig wird, wenn der Auftragnehmer dem Auftraggeber eine entsprechende Sicherheit leistet.

Im Ergebnis werden dem Auftragnehmer mit der Gesetzesänderung also weitere Alternativen zur Verfügung gestellt, wie er an sein Geld gelangen kann, wenn er als Nachunternehmer für einen Generalunternehmer oder einen Bauträger arbeitet. Neben der bisher schon gegebenen Möglichkeit, seine Vergütung dann einzufordern, wenn der Bauherr an den Generalunternehmer oder den Bauträger gezahlt hat, kommen jetzt die weiteren gesetzlich geregelten Alternativen, sein Geld dann einzufordern, wenn der Bauherr gegenüber seinem Auftragnehmer, also gegenüber dem Generalunternehmer oder Bauträger, die Abnahme erklärt hat oder wenn die Werkleistungen als abgenommen gelten oder wenn der Nachunternehmer dem Generalunternehmer bzw. Bauträger erfolglos eine angemessene Frist zur Auskunft darüber gesetzt hat, ob abgenommen oder an ihn gezahlt wurde.

## Abnahme durch Sachverständige

Ebenso wie der Architekt kann auch ein Sachverständiger bevollmächtigt sein, eine Abnahme für den Bauherrn durchzuführen. Der Auftragnehmer hat in jedem Fall darauf zu achten, ob der Sachverständige vom Bauherrn tatsächlich und ausdrücklich zur Vornahme der Abnahme bevollmächtigt wurde.

**Praxistipp:**
Hat der für ein Bauvorhaben bestellte Architekt den Bauvertrag mit Vollmacht und im Namen des Bauherrn abgeschlossen und sieht der von ihm gestellte Bauvertrag ausdrücklich eine förmliche Abnahme durch den Architekten vor, so hat dieser auch Vollmacht zur Vornahme der rechtsgeschäftlichen Abnahme.
*OLG Düsseldorf, Urteil vom 12.11.1996, 21 U 68/96*

# Abnahmebefugnis

Der Auftraggeber kann die Abnahme natürlich selbst vornehmen, er kann sich jedoch auch von anderen Personen bei der Abnahme vertreten lassen. Man spricht dann von der „Abnahmebefugnis" dieser Personen. Dem Auftragnehmer ist dringend anzuraten, vor der Abnahme sicherzustellen, dass der- oder diejenige Person, welche die Abnahme vornehmen will, auch tatsächlich die entsprechende Vollmacht hierzu besitzt. Eine Abnahme durch eine insoweit nicht bevollmächtigte Person führt zur Unwirksamkeit der Abnahme und damit verbunden zum Nichteintritt der → Abnahmewirkungen.

In der Baupraxis spielen die folgenden Fallgestaltungen eine Rolle:

- Abnahme durch Architekten
- Abnahme durch den Bauleiter
- Abnahme durch Behörden
- Abnahme durch öffentliche Auftraggeber

**Abnahme durch Architekten**
Auftraggeber lassen sich bei der Abnahme nicht selten von einem Architekten vertreten. Sofern der Architekt neben anderen Leistungsphasen auch mit der Bauüberwachung beauftragt wurde, ist er nicht zugleich auch bevollmächtigt, die rechtsgeschäftliche Abnahme für den Auftraggeber vorzunehmen, soweit ihm nicht hierzu ausdrücklich seitens des Auftraggebers eine Sondervollmacht erteilt wurde. Es gilt für den Auftragnehmer also, darauf zu achten, dass dem Architekten über die Bauüberwachung hinaus eine zusätzliche Vollmacht zur rechtsgeschäftlichen Abnahme erteilt wird. Es ist aber zu berücksichtigen, dass eine Architektenvollmacht auch schlüssig erteilt werden kann. Dies ist etwa dann der Fall, wenn der Bauherr seinen Architekten bei einer → förmlichen Abnahme zum Abnahmetermin entsendet, da er damit zum Ausdruck bringen will, dass der Architekt bevollmächtigt sein soll, die Bauabnahme für den Bauherrn durchzuführen.

**Praxistipp:**
Sofern eine Abnahme von einem Architekten vorgenommen wurde, der nicht ausdrücklich hierzu vom Auftraggeber bevollmächtigt worden war, kann sich der Auftraggeber nicht auf das Fehlen der Architektenvollmacht berufen, wenn der Architekt während der Bauphase die Aufsicht führte und für den Auftraggeber die gesamte Vertragsabwicklung vorgenommen hatte, Gründe, die gegen eine Vollmacht des Architekten sprechen, nicht ersichtlich sind und die Tätigkeiten des Architekten sich nicht nur auf technische Beurteilungen bezogen haben. Es liegt dann ggf. eine Anscheinsvollmacht des Architekten vor.

**Abnahme durch den Bauleiter**
Die Grundsätze zur Abnahme durch einen Architekten gelten sinngemäß auch für eine Abnahme durch einen Bauleiter. Auch hier hat sich der Auftragnehmer stets gründlich darüber zu informieren, ob der Bauleiter, der vorgibt, die Abnahme für den Auftraggeber durchführen zu können, auch tatsächlich insoweit ermächtigt wurde.

**Abnahme durch Behörden**
Bei der behördlichen Abnahme handelt es sich nicht um eine rechtsgeschäftliche Abnahme, durch welche allein die → Abnahmewirkungen herbeigeführt werden. Vielmehr liegt lediglich eine technische Abnahme vor.

Siehe auch: → Abnahme
→ Abnahmewirkungen
→ Technische Abnahme

**Abnahme durch öffentliche Auftraggeber**
Bei der rechtsgeschäftlichen Abnahme durch öffentliche Auftraggeber, etwa Gemeinden, sind grundsätzlich besondere Vertretungsregeln zu beachten.

Die Abnahme stellt zwar grundsätzlich keine Angelegenheit der laufenden Verwaltung dar. Da jedoch mit der Bauabnahme keine weitere rechtliche Verpflichtung eingegangen wird, als sie sowieso schon durch den Bauvertrag festgelegt ist, kann die Abnahme bei öffentlichen Auftraggebern etwa auch von einem insoweit zuständigen Beamten des Bauamts erklärt werden. Eine Erklärung des Bürgermeisters, seines Stellvertreters bzw. des Gemeindedirektors ist nicht erforderlich.

**Praxistipp:**
Für den Auftragnehmer wie auch für den Auftraggeber gilt zu beachten, dass ein etwaiger Vorbehalt, der zwingend bei der Abnahme zu erklären ist, nicht mehr nachgeholt werden kann, wenn dies nicht der Beamte des Bauamts, der die Abnahme durchgeführt hat, vorgenommen hat.

# Abnahmebegriff

Die Abnahme spielt eine zentrale Rolle in der Baupraxis. Sie stellt den Dreh- und Angelpunkt eines jeden Bauvorhabens dar, an den eine Reihe wichtiger Wirkungen geknüpft ist. Die Abnahme ist praktisch ein Soll-Ist-Abgleich, der nach → Fertigstellung der (Teil-)Leistungen stattfindet.

Unter einer Abnahme versteht man
- die körperliche Entgegennahme der vom Auftragnehmer erbrachten Leistungen durch den Auftraggeber und
- die Billigung dieser Leistungen durch den Auftraggeber als im Wesentlichen vertragsgerecht.

1. Die körperliche Entgegennahme setzt voraus, dass der Auftragnehmer seinen Besitz an den erbrachten Leistungen vollständig aufgibt und dem Auftraggeber einräumt. Dies gilt insbesondere auch bei Bauwerken und Bauleistungen, bei denen der Auftraggeber als Eigentümer des Baugrundstücks bereits vor der Abnahme nach den gesetzlichen Vorschriften Eigentum auch an den Bauleistungen erworben hat. Eigentum und Besitz sind strikt voneinander zu trennen.

2. Für die Billigung des Werks als im Wesentlichen vertragsgerecht genügt bereits ein tatsächliches Verhalten des Auftraggebers, aus dem unzweifelhaft hervorgeht, dass er die Leistungen als im Wesentlichen vertragsgerecht, sozusagen „als fertig", anerkennen will. Insoweit muss die Billigung zumindest schlüssig gegenüber dem Auftragnehmer zum Ausdruck kommen. Die VOB/B wie auch das BGB sehen darüber hinaus jedoch auch die Sondertatbestände der → fiktiven Abnahme vor, bei denen es nicht darauf ankommt, dass der Auftraggeber den Willen hatte, die Arbeiten des Auftragnehmers als im Wesentlichen vertragsgerecht zu billigen. Bei der → fiktiven Abnahme wird diese lediglich an das Vorliegen bestimmter äußerer Umstände, wie etwa den Ablauf einer vom Auftragnehmer gesetzten Frist, geknüpft. Wenn der Auftraggeber beim Abnahmetermin in einem Protokoll Mängel geltend macht, so steht dies einer Billigung nicht entgegen, wenn er nicht zugleich die Abnahme ausdrücklich verweigert. Der Auftraggeber verliert durch die Abnahme aber natürlich grundsätzlich nicht sein Recht, diese Mängel noch nach der Abnahme geltend zu machen. Eine Billigung der Arbeiten kann schließlich immer nur dann vorgenommen werden, wenn die Arbeiten vertragsgerecht ausgeführt worden sind. Dies bedeutet letztlich auch, dass reine Vorbereitungsarbeiten, etwa Baustelleneinrichtungsarbeiten, nicht abnahmefähig sind und nicht gebilligt werden können.
3. Ein Anspruch des Auftragnehmers auf Billigung seiner Leistungen besteht grundsätzlich immer nur dann, wenn die Arbeiten fertiggestellt und beim Abnahmetermin auch noch vorhanden sind. Allerdings ist dies nicht zwingend. Der Auftragnehmer hat bereits Anspruch auf Billigung,

wenn nicht wichtige Einzelleistungen noch ausstehen, sodass die Arbeiten fast erbracht wurden und die fehlenden Arbeiten so unbedeutend sind, dass sie eine Abnahme der Gesamtleistung nach objektiven Gesichtspunkten nicht ausschließen.

Siehe auch: → Abnahme
→ Abnahmewirkungen
→ Gefahrtragung

**Praxistipp:**
Wenn sich bei einem gemeinsam von Auftraggeber und Auftragnehmer durchgeführten Abnahmetermin im Rahmen einer → förmlichen Abnahme herausstellt, dass die Arbeiten gravierende Mängel aufweisen, und der Auftraggeber gegenüber dem Auftragnehmer ausdrücklich erklärt, dass er sich bezüglich dieser Mängel noch weitere Untersuchungen vorbehält, im Abnahmeprotokoll aber die Mängel und die noch durchzuführenden Untersuchungen als „Ergebnis der Abnahme" festgehalten werden, so liegt eine wirksame Abnahme vor. Der Auftraggeber hätte zwar die Abnahme verweigern dürfen, dies aber auf dem Protokoll vermerken müssen. Er muss dies also stets unmissverständlich zum Ausdruck bringen.

# Abnahmeverweigerung

Nach § 12 Abs. 3 VOB/B ist ein Auftraggeber nur dann berechtigt, die Abnahme zu verweigern, wenn wesentliche Mängel vorliegen. Liegen lediglich unbedeutende, unwesentliche

Mängel vor, so steht dem Auftraggeber ein Verweigerungsrecht nicht zu. Wann ein Mangel als wesentlich einzustufen ist, ist in der VOB/B nicht explizit geregelt. Ob ein Mangel wesentlich ist und deshalb zur Verweigerung der Abnahme berechtigt, hängt letztlich von seiner Art, seinem Umfang und v. a. auch seinen Auswirkungen auf das Bauvorhaben ab und lässt sich nur unter Berücksichtigung der Umstände des jeweiligen Einzelfalls beurteilen.

**Aktuelle Rechtsprechung:**
Die fehlende Übergabe von Revisionsplänen kann einen wesentlichen Mangel darstellen, der einer Abnahmereife entgegensteht. Die Zurverfügungstellung der Revisionspläne ist nicht lediglich eine für die Gebrauchsfähigkeit eines Bauvorhabens unbedeutende Nebenleistung, sondern eine für die Gebrauchsfähigkeit des Objekts in der Zukunft wesentliche Vertragsleistung, ohne deren Vorliegen die Werkleistung nicht vollständig erbracht ist.
*OLG Hamm, Urteil vom 17.06.2008, Az. 19 U 152/04*

Tritt der Mangel an Bedeutung so weit zurück, dass es unter Abwägung der Interessen von Auftraggeber und Auftragnehmer für den Auftraggeber zumutbar ist, eine zügige Abwicklung des gesamten Vertragsverhältnisses nicht länger aufzuhalten und deshalb nicht mehr auf den Vorteilen zu bestehen, die sich ihm vor der Abnahme bieten (siehe auch: → Abnahmewirkungen), dann darf er die Abnahme nicht verweigern. Der Auftraggeber kann somit die Abnahme nicht verweigern, wenn dies gegen Treu und Glauben verstoßen würde, wenn ihm also zugemutet werden kann, die vom Auftragnehmer angebotene Leistung als im Wesentlichen vertragsgemäße

Leistung zu akzeptieren. Anhaltspunkte für die in jedem Einzelfall bei der Beurteilung der Frage vorzunehmende Abwägung der beiderseitigen Interessen können insbesondere sein:

- Art und Ausmaß eines Mangels
- die Gebrauchsbeeinträchtigung
- die Höhe der Mangelbeseitigungskosten

Sofern eine Mehrzahl unwesentlicher Mängel vorliegt, kann sich aus der Anzahl der vorliegenden Mängel durchaus ergeben, dass der Auftraggeber dennoch nicht mehr verpflichtet ist, die Werkleistungen abzunehmen. Auch in diesem Fall kommt es jedoch für die abschließende Beurteilung entscheidend auf eine Einzelfallbetrachtung an.

Als wesentlich wurden in der Rechtsprechung bspw. die folgenden Mängel bezeichnet:
- 16 % des verlegten Fliesenmaterials weichen von der vertraglich vereinbarten Farbe ab.
- Es wurde eine Holzart verwendet, die von der vertraglich vereinbarten Holzart abweicht.
- Der Estrich wurde nicht in der Höhe eingebracht, wie dies vertraglich vereinbart worden war.

Als unwesentliche Mängel wurden dagegen etwa
- ein uneben verlegter Teppichboden,
- lose Dachziegel, sofern die Dichtigkeit des Dachs nicht betroffen ist,
- ein nicht gängiges Rollo bei einem schlüsselfertig erstellten Haus

angesehen.

Neben dem Vorliegen eines wesentlichen Mangels bedarf es auch einer entsprechenden Abnahmeverweigerung durch den Auftraggeber. Die Abnahmeverweigerung ist eine empfangsbedürftige Willenserklärung, d. h., sie muss gegenüber dem Auftragnehmer erklärt werden und diesem auch zugehen. Sie ist allerdings an keine bestimmte Form gebunden, kann also auch schlüssig oder mündlich erklärt werden. Aus Dokumentations- und Beweisgründen ist es dem Auftraggeber aber in jedem Fall anzuraten, die Erklärung immer in Schriftform abzugeben. Verweigert der Auftraggeber zu Recht die Abnahme, so treten die → Abnahmewirkungen nicht ein. Auch eine → fiktive Abnahme scheidet aus.

Siehe auch: → Abnahmewirkungen
→ Fiktive Abnahme

**Praxistipp 1:**
Auch ganz geringfügige Abweichungen von den vertraglich geschuldeten Leistungen können „wesentliche Mängel" darstellen, die zur Abnahmeverweigerung berechtigen. In einem vom BGH entschiedenen Fall etwa war in einer Position des Leistungsverzeichnisses Nachfolgendes vereinbart: „Industriefußboden grau. Ebenflächigkeit DIN 18202 Teil 5 Zeile 4". Im Rahmen des Rechtsstreits stellte der Sachverständige fest, dass die Leistung des Auftragnehmers an 99 % der Messstellen diesen Anforderungen genügte. Dennoch bejahte der BGH das Vorliegen eines wesentlichen Mangels mit der Begründung, dass nicht auf die prozentuale Abweichung vom Leistungssoll abzustellen sei, sondern auf die Auswirkungen des Mangels im Hinblick auf die Nutzbarkeit des Werks, hier also

des Fußbodens, der vorliegend nicht mehr als ebenflächig angesehen werden konnte.

**Praxistipp 2:**
Ein Mangel mit relativ geringfügigen Mangelbeseitigungskosten ist wesentlich und berechtigt zur Abnahmeverweigerung, wenn von ihm ein erhebliches Gefahrenpotenzial ausgeht. Im Fall hatte ein Auftragnehmer als Generalunternehmer ein Wohn- und Geschäftshaus einschließlich der Außenanlagen zu errichten. Nach Fertigstellung der Leistungen forderte er von seinen Auftraggebern restlichen Werklohn aus einer Schlussrechnung ein, dessen Zahlung die Auftraggeber mit dem Argument ablehnten, es lägen wesentliche Mängel vor, die sie zur Abnahmeverweigerung berechtigten. Der Generalunternehmer meinte, die Abnahme werde zu Unrecht verweigert, da keine wesentlichen Mängel am Bauvorhaben vorlägen. Nach Ansicht des Gerichts waren die Auftraggeber zur Abnahmeverweigerung berechtigt, sodass dem Generalunternehmer der Restwerklohn zu versagen war. Zur Herstellung eines „komplett funktionsfähigen Wohn- und Geschäftshauses inklusive Außenanlagen" gehöre auch ohne besondere vertragliche Hervorhebung die Herstellung derjenigen Anlagen, die für eine gefahrlose Benutzung erforderlich sind. Das war vorliegend nicht der Fall, da eine Absturzsicherung zwischen einem unmittelbar am Haus entlangführenden gepflasterten Weg und einem höher gelegenen Platz bei einem Höhenunterschied von 79 cm fehlte. Dies stellt einen wesentlichen Mangel dar.
*OLG Hamm, Urteil vom 26.11.2003, 12 U 112/02*

# Abnahmewirkungen

Die rechtsgeschäftliche Abnahme ist mit einigen bedeutsamen Folgen für den Auftraggeber und den Auftragnehmer verbunden. Im Einzelnen zieht die Abnahme die folgenden Wirkungen nach sich:

- Das Erfüllungsstadium des Bauvertrags wird beendet, es beginnt das Gewährleistungsstadium.
- Die Vergütungs- und Leistungsgefahr geht auf den Auftraggeber über.
- Die Beweislast für das Vorliegen von Mängeln trägt der Auftraggeber.
- Die Verjährungsfrist für die Geltendmachung von Mängelansprüchen beginnt zu laufen.
- Es beginnt das Abrechnungsstadium.
- Der Auftraggeber verliert grundsätzlich seine Vertragsstrafenansprüche, wenn er sich diese nicht vorbehalten hat.
- Der Auftraggeber verliert Gewährleistungsansprüche bezüglich bei der Abnahme bekannter Mängel, wenn er sich deren Geltendmachung nicht ausdrücklich vorbehält.

Im Einzelnen:

**Ende des Erfüllungsstadiums**

Mit der Abnahme endet die Vorleistungspflicht des Auftragnehmers. Vor der Abnahme muss der Auftragnehmer zunächst Leistungen erbringen, bevor er eine entsprechende Gegenleistung, etwa eine Abschlagszahlung, vom Auftraggeber erhält. Dies ändert sich mit der Abnahme. Sobald der Auftraggeber Leistungen des Auftragnehmers abgenommen hat, kann er eine Zahlung grundsätzlich nicht mehr davon abhängig machen, dass der Auftragnehmer zuvor weitere Leistungen erbringt. Für den Auftragnehmer ist dies v. a. deshalb von Bedeutung, da nach der Abnahme Mängelansprüche des Auftraggebers lediglich noch dazu führen, dass ihm ein Zurückbehaltungsrecht hinsichtlich der Kosten der Mängelbeseitigung zusteht, die Schlussrechnungssumme aber im Übrigen zur Zahlung fällig ist. Sofern der Auftragnehmer also seinen Vergütungsanspruch einklagt, ergeht eine Verurteilung des Auftraggebers auf Zahlung der Vergütung Zug um Zug gegen Beseitigung der Mängel durch den Auftragnehmer.

**Übergang von Vergütungs- und Leistungsgefahr**

Unter der sog. Vergütungsgefahr wird das Risiko des Auftraggebers verstanden, die im Werkvertrag vereinbarte Vergütung bezahlen zu müssen, auch wenn die Arbeiten des Auftragnehmers verschlechtert oder zerstört worden sind, bzw. – aus Sicht des Auftragnehmers – das Risiko, wegen der Zerstörung oder Verschlechterung der Arbeiten keine Vergütung der Leistungen zu erhalten. Vor der Abnahme trägt der Auftragnehmer grundsätzlich die Gefahr, dass der Auftraggeber bei Verschlechterung oder Zerstörung der Leistungen nicht zahlen muss. Mit der Abnahme geht diese Gefahr auf den Auftraggeber über. Er hat den Auftragnehmer grundsätzlich zu bezahlen, auch wenn nach der Abnahme die Leistungen zerstört werden oder sie sich verschlechtern.

In der VOB/B findet sich in § 7 eine Ausnahmeregelung von diesem Grundsatz. Nach dieser Vorschrift geht ausnahmsweise schon vor der Abnahme die Vergütungsgefahr auf den Auftraggeber über, und zwar dann, wenn die Arbeiten des

Auftragnehmers durch „höhere Gewalt, Krieg, Aufruhr oder andere objektiv unabwendbare Ereignisse“ zerstört werden.

**Umkehr der Beweislast**

Vor der Abnahme hat der Auftragnehmer nachzuweisen, dass er ordentlich gearbeitet hat. Mit der Abnahme dreht sich die Beweislast um. Dann hat nämlich der Auftraggeber nachzuweisen, dass von ihm gerügte Mängel auch tatsächlich vorliegen. Dies hat in einem Bauprozess v. a. zur Folge, dass der Auftraggeber seine Mängelbehauptungen unter Beweis zu stellen hat und die Kosten für ein einzuholendes Sachverständigengutachten von ihm verauslagt werden müssen.

**Beginn der Gewährleistungsfristen**

Mit der Abnahme beginnt die Verjährungsfrist für die Geltendmachung von Mängelansprüchen zu laufen. Aus diesem Grund ist es dem Auftragnehmer ebenso wie dem Auftraggeber dringend anzuraten, eine → förmliche Abnahme durchzuführen, bei welcher auf einem Protokoll der exakte Tag der Abnahme vermerkt ist. Es ist dann unproblematisch nachzuweisen, wann die Verjährungsfrist zu laufen begonnen hat und wann sie endet. Unwägbarkeiten bezüglich Beginn und Ende der Gewährleistungsfrist können dadurch von vornherein ausgeschlossen werden. Verweigert der Auftraggeber die Abnahme, obwohl keine wesentlichen Mängel vorliegen, so steht es einer Abnahme gleich, wenn er das Werk nicht innerhalb einer vom Auftragnehmer gesetzten Frist abnimmt. Die Verjährungsfrist beginnt dann mit Ablauf der Frist zu laufen.

Siehe auch: → Abnahmeverweigerung
→ Fiktive Abnahme
→ Verjährung von Mängelansprüchen

**Beginn des Abrechnungsstadiums**
Nach der Abnahme kann der Auftragnehmer die von ihm erbrachten Leistungen mittels Schlussrechnung endgültig abrechnen. Die Abnahme stellt eine Fälligkeitsvoraussetzung für die Zahlung der Vergütung des Auftragnehmers dar. Neben der Abnahme ist für die Fälligkeit der Schlussrechnung auch Voraussetzung, dass diese prüfbar ist, gestellt wurde und dem Auftraggeber zugegangen ist und dass die Prüfungsfrist des § 16 Abs. 3 VOB/B abgelaufen ist. Mit Inkrafttreten der VOB/B 2012 ist die Regelung über die Prüfungsfrist nach Vorgabe der EU-Richtlinie 2011/7/EU zur Bekämpfung von Zahlungsverzug im Geschäftsverkehr, der sog. Zahlungsverzugsrichtlinie, geändert worden. Die noch in § 16 Abs. 3 Nr. 1 VOB/B 2009 enthaltene Regelung, nach der der Anspruch auf Schlusszahlung spätestens innerhalb von zwei Monaten nach Zugang der Schlussrechnung fällig wurde, wurde verkürzt.

Nach § 16 Abs. 3 Nr. 1 VOB/B 2012 ist für Auftraggeber künftig eine Zahlungsfrist von höchstens 30 Tagen nach Zugang der prüfbaren Schlussrechnung vorgesehen, die nur um weitere 30 Tage erweitert werden kann, wenn eine ausdrückliche Vereinbarung darüber getroffen wurde und aufgrund der besonderen Natur oder Merkmale der Vereinbarung diese verlängerte Frist gerechtfertigt ist.

Siehe auch: → Fälligkeit der Schlusszahlung
→ Prüfungsfrist

**Verlust von Vertragsstrafenansprüchen**
Sofern im Bauvertrag eine Vertragsstrafe vereinbart wurde, muss sich der Auftraggeber die Geltendmachung etwaiger

Vertragsstrafenansprüche gegenüber dem Auftragnehmer bei der Abnahme vorbehalten, soweit im Bauvertrag nichts Abweichendes geregelt wurde. Unterlässt er dies, so kann er gegenüber dem Auftragnehmer keine Vertragsstrafenansprüche mehr geltend machen.

Siehe: → Vertragsstrafe

**Verlust von Mängelansprüchen bei unterlassenem Vorbehalt**

Schließlich hat die Abnahme zur Folge, dass der Auftraggeber sich nicht mehr auf Mängel berufen kann, die ihm bereits bei der Abnahme bekannt waren, deren Geltendmachung er sich jedoch nicht bei der Abnahme vorbehalten hat. Sofern sich der Auftragnehmer darauf berufen will, dass der Auftraggeber bereits bei der Abnahme Kenntnis von einem Mangel hatte, so hat er dies in einem Bauprozess nachzuweisen – ein Nachweis, der jedoch grundsätzlich nur schwer zu führen ist.

Die Erklärung des Vorbehalts stellt eine empfangsbedürftige Willenserklärung dar, die dem Auftragnehmer auch zugegangen sein muss. Der Zugang der Erklärung beim Auftragnehmer ist vom Auftraggeber im Streitfall nachzuweisen. Sofern der Auftraggeber den Vorbehalt nur mündlich erklärt hat, was möglich ist, wird es ihm regelmäßig schwerfallen, den konkreten Zugang beim Auftragnehmer nachzuweisen.

**Praxistipp:**
Dem Auftragnehmer ist dringend anzuraten, sich nicht darauf zu verlassen, dass der Auftraggeber bei der Abnahme bereits bekannte Mängel nicht gerügt hat. Der

Auftraggeber verliert zwar bei unterlassenem Vorbehalt seine Ansprüche auf Mängelbeseitigung und Minderung der Vergütung. Aber Vorsicht: Der Auftraggeber behält grundsätzlich die Ansprüche auf Schadensersatz, wenn der Auftragnehmer den oder die Mängel fahrlässig und damit schuldhaft herbeigeführt hat. Es kann sein, dass die Schadensersatzansprüche den Auftragnehmer wirtschaftlich weitaus härter treffen als eine Mängelbeseitigung. Der Auftraggeber ist allerdings auch mit der Geltendmachung von Schadensersatzansprüchen ausgeschlossen, wenn der Auftragnehmer den Mangel selbst nicht verschuldet hat, da ein Schadensersatzanspruch immer nur dann gegeben ist, wenn dem Auftragnehmer ein Verschulden zur Last gelegt werden kann.

**Beispiel:**
Der Auftragnehmer baut eine Tür ein, wobei ihm schon bei der Anlieferung der Türen aufgefallen ist, dass die Türen erhebliche Kratzspuren und Abplatzungen aufweisen. Hier handelt der Auftragnehmer fahrlässig und damit schuldhaft. Der Schadensersatzanspruch des Auftraggebers bleibt erhalten.
Der Auftragnehmer baut Türen ein, die zunächst keine Schäden erkennen lassen. Erst nach dem Einbau zeigt sich noch während der Bauausführung, dass sich die Beschichtung von den Türen löst. Hiervon hat der Auftraggeber vor der Abnahme Kenntnis. Es steht dem Auftraggeber bei unterlassenem Vorbehalt auch kein Schadensersatzanspruch zu, da der Auftraggeber die Mängel bei Einbau nicht erkennen konnte. Er handelte nicht fahrlässig und damit nicht schuldhaft.

# Abrechnung nach freier Kündigung

Nach § 8 Abs. 1 VOB/B kann der Auftraggeber den Bauvertrag jederzeit kündigen (siehe: → Freie Kündigung). Dem Auftragnehmer steht in diesem Fall die vereinbarte Vergütung zu, wobei er sich jedoch das anrechnen lassen muss, was er sich aufgrund der Kündigung an Aufwendungen erspart hat oder durch anderweitige Verwendung seiner Arbeitskraft erwirbt oder zu erwerben böswillig unterlassen hat.

Gemäß § 649 BGB, auf den § 8 Abs. 1 VOB/B Bezug nimmt und der auf den VOB-Bauvertrag ergänzend Anwendung findet, muss der Auftragnehmer grundsätzlich nicht mehr im Einzelnen darlegen, was er sich an Aufwendungen erspart hat, sondern kann sich auf § 649 Satz 3 BGB berufen, wonach ohne weitere Nachweise des Auftragnehmers vermutet wird, dass dem Auftragnehmer 5 % der auf den noch nicht erbrachten Teil der Werkleistung entfallenden vereinbarten Vergütung zustehen. Der Auftragnehmer kann also ohne weiteren Nachweis stets diesen Betrag vom Auftraggeber verlangen, der eine freie Kündigung ausgesprochen hat. Der Auftraggeber kann diese Vermutung jedoch widerlegen, indem er Tatsachen vorträgt, die diese Vermutung erschüttern. Ist dies der Fall, dann muss der Auftragnehmer darlegen, in welcher Höhe ersparte Aufwendungen tatsächlich vorliegen. Selbstverständlich kann der Auftragnehmer durch Berechnung der tatsächlich ersparten Aufwendungen einen höheren Vergütungsanspruch darlegen und beweisen. Er muss sich nicht auf die 5%-Vermutung in § 649 Satz 3 BGB verweisen lassen. Sie hat lediglich den Zweck, ihm einen Vergütungsanspruch zu erleichtern, wenn er Schwierigkeiten hat, die tatsächlich ersparten Aufwendungen gerichtsfest darzulegen und zu beweisen.

Die Abrechnung der vom Auftragnehmer erbrachten Leistungen nach der Kündigung gestaltet sich unterschiedlich je nach Vertragsart. Es ist also zu unterscheiden, ob ein Einheitspreisvertrag oder ein Pauschalpreisvertrag vorliegt. Bei der Abrechnung ist grundsätzlich aber immer zunächst die vertraglich vereinbarte Vergütung zugrunde zu legen. Es ist dann die Teilvergütung für die vom Auftragnehmer ausgeführten Teilleistungen zu ermitteln. Von der verbleibenden restlichen Vergütung sind die ersparten Kosten oder der (böswillig unterlassene) anderweitige Erwerb in Abzug zu bringen.

**Abrechnung nach freier Kündigung beim Einheitspreisvertrag**
Zunächst sind die erbrachten Leistungen zu ermitteln. Dabei ist ein entsprechendes → Aufmaß zu erstellen. Die aufgemessenen Mengen sind dann, wie gewohnt, mit den vertraglich vereinbarten → Einheitspreisen zu multiplizieren und den entsprechenden Positionen des → Leistungsverzeichnisses zuzuordnen. Der Auftragnehmer darf bei der Ermittlung angelieferte, aber noch nicht eingebaute Bauteile nicht berücksichtigen.

Die ersparten Kosten sind vom Auftragnehmer in der Art und Weise zu ermitteln, dass er die gem. seiner ursprünglichen Kalkulation entfallenden Kosten und Aufwendungen von der Restvergütung in Abzug bringt. Er kann jedoch auch nach den tatsächlich ersparten Kosten abrechnen, wenn diese feststehen und er dadurch günstiger steht. Ein in die Vergütung einkalkulierter Gewinn ist nicht als „ersparte Kosten in Abzug" zu bringen. Ebenso stellen etwa ein Wagnis oder allgemeine Geschäftskosten keine ersparten Aufwendungen dar und sind somit nicht in Abzug zu bringen. Ersparte Aufwendungen sind hingegen Lohnkosten, die aufgrund der Kündigung nicht angefallen sind. Sie sind allerdings nicht erspart, wenn der Auftragnehmer seine Arbeiter nicht anderweitig einsetzen kann und deshalb Lohnkosten entstehen, die er nicht abbauen kann.

Sofern der Auftragnehmer seinerseits bestehende Verträge mit Nachunternehmern kündigen muss und ihm hierbei keine Kosten entstehen, sind Nachunternehmerkosten als Ersparnis zu berücksichtigen.

**Abrechnung nach freier Kündigung beim Pauschalpreisvertrag**

Bei der Abrechnung eines Pauschalpreisvertrags gelten ebenfalls die vorstehenden Grundsätze. Beim Pauschalpreisvertrag ergibt sich jedoch die Besonderheit, dass die gesamte, vom Auftragnehmer zu erbringende Leistung nicht in einzelne Teilleistungen untergliedert ist, wie etwa beim Einheitspreisvertrag.

Im Rahmen der Abrechnung eines Pauschalpreisvertrags nach freier Kündigung muss der Auftragnehmer deshalb das Verhältnis der bis zur Kündigung erbrachten Leistungen zum vereinbarten Pauschalpreis und des Preisansatzes für die Teilleistungen zum Pauschalpreis darlegen, sodass dies für den Auftraggeber nachvollziehbar und nachprüfbar ist. Er hat dabei zumindest eine grobe Kalkulation des vereinbarten Pauschalpreises vorzulegen, die den Auftraggeber in die Lage versetzt, den in Rechnung gestellten Vergütungsanteil für die erbrachten Leistungen im Verhältnis zur gesamten Vergütung für die Gesamtleistung zu überprüfen.

Wie beim Einheitspreisvertrag auch, sind ersparte Aufwendungen in Abzug zu bringen. Insoweit wird auf die obigen Ausführungen zum Einheitspreisvertrag verwiesen.

Sofern der Auftraggeber die freie Kündigung **noch vor Ausführungsbeginn** ausspricht, stellt sich regelmäßig die Frage, wie der Auftragnehmer konkret abzurechnen und welche Angaben er in die Abrechnung aufzunehmen hat. Es gilt in diesem Fall Folgendes: Die vom Auftragnehmer nach → freier Kündigung vor Ausführungsbeginn zu erstellende Abrechnung muss es dem Auftraggeber ermöglichen, nachzuprüfen, ob der Auftragnehmer ersparte Kosten auf der Grundlage der konkreten, dem Bauvertrag zugrunde liegenden Kalkulation korrekt berücksichtigt hat. Wird also ein Bauvertrag **noch vor Ausführung** gekündigt, so reicht es grundsätzlich aus, wenn der Auftragnehmer die dem Vertragsschluss zugrunde liegende Kalkulation darlegt. Hat der Auftragnehmer einen → Einheitspreisvertrag mit einem Zuschlag auf die Herstellungskosten kalkuliert, der bereits die sonstigen Faktoren und den Gewinn enthält, so kann – wohlgemerkt nur bei freier Kündigung vor Ausführungsbeginn – auf dieser Basis gegenüber dem Auftraggeber abgerechnet werden. Grund hierfür ist, dass es zu einer den Auftraggeber belastenden Verschiebung möglicherweise günstig oder ungünstig kalkulierter Posten nicht kommen kann, da insgesamt noch keine Arbeiten ausgeführt wurden. Daraus ergibt sich auch, dass es in diesem Fall nicht nötig ist, Vergütungen aus → Subunternehmerverträgen im Einzelnen darzulegen, da diese bei Abzug der Herstellungskosten insgesamt bereits in Abzug gebracht werden. Eine nähere Differenzierung ist nicht erforderlich. Zur Erläuterung dient das folgende Beispiel.

**Beispiel:**
Der Auftraggeber kündigt noch vor Ausführungsbeginn einen Einheitspreisvertrag ohne wichtigen Grund nach § 8 Abs. 1 Nr. 1 VOB/B. Der Auftragnehmer rechnet daraufhin nach § 8 Abs. 1 Nr. 2 VOB/B ab. Dabei zieht er von der vereinbarten Vergütung die von ihm kalkulierten ersparten Material- und Lohnkosten korrekt ab. Weitere Abzüge nimmt er nicht vor. Er gibt an, dass er auf die Lohn- und Materialkosten aller Positionen des Leistungsverzeichnisses einen Aufschlag von 25 % vorgenommen habe, die er wie folgt aufgliedert:

| | |
|---|---|
| Baustellengemeinkosten | 10,5 % |
| Sondereinzelkosten | 1,3 % |
| Allgemeine Verwaltungskosten | 7,2 % |
| Wagnis | 3,0 % |
| Gewinn | 3,0 % |
| Gesamt | 25,0 % |

Die Abrechnung genügt den Anforderungen bei Kündigung eines Bauvertrags vor Ausführung der Arbeiten. Der Auftraggeber darf diese Abrechnung nicht mangels Prüffähigkeit zurückweisen.
*BGH, Urteil vom 24.06.1999, Az. VII ZR 342/98*

# Abschlagsrechnung/Abschlagszahlung

Nach § 16 Abs. 1 Nr. 1 Satz 1 VOB/B sind Abschlagszahlungen auf Antrag in möglichst kurzen Zeitabständen oder zu den vereinbarten Zeitpunkten zu gewähren, und zwar in Höhe des Wertes der jeweils nachgewiesenen vertragsgemäßen Leistungen einschließlich des ausgewiesenen, darauf entfallenden Umsatzsteuerbetrags.

**Hinweis:**
In der Baupraxis ist es oft der Fall, dass zwischen den Bauvertragsparteien Zahlungspläne vereinbart werden, mit denen v. a. Zeitpunkte für Abschlagszahlungen festgelegt werden. Da bislang Unsicherheit darüber herrschte, inwieweit in den Bauverträgen eine Vereinbarung möglich war, dass Abschlagszahlungen auch zu den vereinbarten Zeitpunkten gefordert werden können, ohne dass damit die VOB/B ihre Privilegierung verloren hätte, ist in § 16 Abs. 1 Nr. 1 Satz 1 VOB/B ausdrücklich bestimmt, dass Abschlagszahlungen auch zu den vertraglich vereinbarten Zeitpunkten zu gewähren sind. Es soll dadurch die Vereinbarung von festen Zahlungszielen ermöglicht werden. Eine Abschlagszahlung ist allerdings auch bei Vereinbarung von Zahlungszeitpunkten nur zu leisten, wenn zum jeweiligen Zeitpunkt eine entsprechende vertragsgemäße Leistung durch den Auftragnehmer nachgewiesen wurde. Zulässig sind bspw. Vereinbarungen, die einen bestimmten Prozentsatz der Vergütung nach Erreichen eines bestimmten Bautenstands fällig stellen oder aber eine Abschlagszahlung in bestimmten Zeitabständen jeweils in Höhe des Bautenstands vorsehen.

Abschlagszahlungen haben nur vorläufigen Charakter. Dies bedeutet für den Auftragnehmer, dass Fehler, die sich bei Stellung einer Abschlagsrechnung ergeben haben, bei Stellung der Schlussrechnung noch korrigiert werden können.

**Hinweis:**
Der Anspruch des Auftraggebers gegen einen Architekten oder Werkunternehmer auf Abrechnung seiner Leistungen und ggf. Rückzahlung seiner überschüssigen Abschlagszahlungen entsteht erst nach Beendigung des Vertrags. Davor ist dieser Anspruch auch dann nicht gegeben, wenn die weitere Durchführung des Bauvorhabens ins Stocken geraten ist und die vollständige Erfüllung des Vertrags damit bis auf Weiteres ausbleiben wird. Die Rechte des Auftraggebers, den an der Abrechnung seiner evtl. überhöhten Abschlagszahlungen gelegen ist, sind durch die Möglichkeit gewahrt, den Vertrag frei gem. § 649 BGB oder, wenn ein solcher Grund gegeben ist, fristlos zu kündigen. Zudem steht ihm die Möglichkeit offen, eine Aufhebungsvereinbarung mit dem Vertragspartner abzuschließen.
*Kammergericht Berlin, Urteil vom 16.06.2009, Az. 27 U* 157/08

Wichtig für den Auftragnehmer ist, dass er Forderungen aus einmal gestellten und nicht oder nicht vollständig vom Auftraggeber gezahlten Abschlagsrechnungen dann nicht mehr geltend machen kann, wenn er, etwa nach Fertigstellung und Abnahme, berechtigt ist, die Schlussrechnung zu stellen.

Die Aufforderung des Auftragnehmers auf Zahlung aus Abschlagszahlungen ist formfrei. Es muss jedoch stets ein Antrag vorliegen. Allein die Vereinbarung von Abschlagszahlungen im Bauvertrag reicht also nicht aus, dass der Auftraggeber etwa von sich aus Abschlagszahlungen vornehmen müsste. In der Übersendung einer Abschlagsrechnung liegt aber regelmäßig auch zugleich ein Antrag auf Zahlung.

Abschlagszahlungen gelten nicht als Abnahme von Teilleistungen des Auftragnehmers. Sollen also Teilleistungen des Auftragnehmers abgenommen werden, so ist grundsätzlich immer eine Abnahme erforderlich, auch wenn bereits Abschlagszahlungen geleistet wurden.

Die seitens des Auftragnehmers erbrachten Leistungen sind durch eine prüfbare Aufstellung nachzuweisen, die dem Auftraggeber eine schnelle und sichere Beurteilung der Leistungen ermöglichen muss. Die Regelung über die Fälligkeit von Abschlagszahlungen hat in der VOB/B 2012 eine Änderung erfahren. Eine Abschlagszahlung ist gem. § 16 Abs. 1 Nr. 3 VOB/B 2012 künftig zur Zahlung fällig, wenn seit dem Zugang der prüfbaren Aufstellung 21 Tage vergangen sind. Bislang war in § 16 Abs. 1 Nr. 3 VOB/B 2009 geregelt, dass Abschlagszahlungen binnen 18 Werktagen nach Zugang der prüfbaren Aufstellung zur Zahlung fällig wurden. Eine weitere Fälligkeitsvoraussetzung der Abschlagszahlung ist also neben der Stellung der entsprechenden Abschlagsrechnung auch, dass nach Übersendung der prüfbaren Aufstellung 21 Tage (nicht mehr Werktage) vergangen sein müssen. Sofern der Auftraggeber bei Fälligkeit der Abschlagszahlungen nicht zahlt, hat der Auftragnehmer die folgenden Möglichkeiten:

1. Der Auftragnehmer kann ihm eine angemessene Nachfrist setzen. Zahlt er auch innerhalb der Nachfrist nicht, so hat der Auftragnehmer vom Ende der Nachfrist an Anspruch

auf Zinsen in Höhe der in § 288 Abs. 2 BGB angegebenen Zinssätze. Nach § 288 Abs. 2 BGB beträgt der Zinssatz für Geldforderungen acht Prozentpunkte über dem jeweiligen Basiszinssatz, wenn kein Verbraucher beteiligt ist. Wer Verbraucher ist, regelt § 13 BGB. Danach ist ein Verbraucher jede natürliche Person, die ein Rechtsgeschäft zu einem Zweck abschließt, der weder ihrer gewerblichen noch ihrer selbstständigen beruflichen Tätigkeit zugerechnet werden kann. Der jeweils aktuelle Basiszinssatz wird regelmäßig von der Deutschen Bundesbank unter www.bundesbank.de veröffentlicht. Achtung: § 16 Abs. 5 Nr. 3 VOB/B 2012 hat im Vergleich zur bisherigen Regelung in der VOB/B 2009 eine weitergehende Bestimmung bezüglich des Verzugseintritts erhalten. Demnach kommt der Auftraggeber, auch ohne dass es einer Nachfristsetzung bedarf, spätestens 30 Tage nach Zugang der Rechnung oder der Aufstellung bei Abschlagszahlungen in Zahlungsverzug, wenn der Auftragnehmer seine vertraglichen und gesetzlichen Verpflichtungen erfüllt und den fälligen Betrag nicht rechtzeitig erhalten hat, es sei denn, der Auftraggeber ist für den Zahlungsverzug nicht verantwortlich. Diese Frist verlängert sich auf höchstens 60 Tage, wenn sie aufgrund der besonderen Natur oder Merkmale der Vereinbarung sachlich gerechtfertigt ist und ausdrücklich zwischen den Vertragsparteien vereinbart wurde.
2. Nach § 16 Abs. 5 Nr. 4 VOB/B darf der Auftragnehmer die Arbeiten bei Zahlungsverzug bis zur Zahlung einstellen, sofern eine dem Auftraggeber zuvor gesetzte angemessene Frist erfolglos verstrichen ist. Dem Auftragnehmer ist in diesem Zusammenhang zur Vermeidung rechtlicher Nachteile grundsätzlich anzuraten, mit der Einstellung der Bauarbeiten zurückhaltend vorzugehen. Hat er näm-

lich die Arbeiten wegen eines vermeintlichen Zahlungsverzugs des Auftraggebers eingestellt und stellt sich im Nachhinein heraus, dass die Zahlung, aus welchen Gründen auch immer, zum Zeitpunkt der Arbeitseinstellung doch nicht fällig war, so hat der Auftragnehmer unter Umständen für den sich aus der unberechtigten Arbeitseinstellung ergebenden Schaden aufzukommen.
Deswegen sollte die Fälligkeit der Forderung im Vorfeld eingehend geprüft werden, wenn die Möglichkeit der Arbeitseinstellung in Erwägung gezogen wird.

3. Der Auftragnehmer kann bei Vorliegen der Verzugsvoraussetzungen von der Möglichkeit Gebrauch machen, den Bauvertrag zu kündigen, sofern er dem Auftraggeber eine angemessene Frist zur Vertragserfüllung gesetzt und ihm dabei erklärt hat, dass er nach fruchtlosem Ablauf der Frist den Vertrag kündigen werde.

**Der Wertzuwachs**

Auch beim BGB-Bauvertrag kann der Auftragnehmer Abschlagsrechnungen stellen. Dabei konnten bis zum Inkrafttreten des Forderungssicherungsgesetzes (FoSiG) am 01.01.2009 beim BGB-Bauvertrag Abschlagszahlungen nur für sog. „in sich abgeschlossene Teile der Bauleistung“ gefordert werden, wobei große Ungewissheit bestand, was denn nun eigentlich in sich abgeschlossene Bauleistungen konkret sind. Die Vorschrift in § 632a BGB wurde daher im Jahr 2009 geändert und an die Regelung in § 16 Abs. 1 Nr. 1 VOB/B angenähert. Der Auftragnehmer kann seither von seinem Auftraggeber Abschlagszahlungen in derjenigen Höhe fordern, in der der Auftraggeber durch die Leistung des Auftragnehmers bereits einen Wertzuwachs erlangt hat.

Dies kann bspw. der Erwerb von Eigentum an Gegenständen sein.

Da dem Auftragnehmer ein Anspruch zusteht, Abschlagsforderungen einzufordern, hat er grundsätzlich bis zur Schlussrechnungsreife einen einklagbaren Anspruch auf Zahlung der Abschlagsrechnung. Nach § 16 Abs. 1 Nr. 2 VOB/B kann der Auftraggeber jedoch Gegenforderungen einbehalten. Darüber hinaus kann der Auftraggeber sog. „andere Einbehalte“ dann vornehmen, wenn sie entweder im Vertrag oder im Gesetz vorgesehen sind. Ein solches Recht zum Einbehalt ergibt sich für den Auftraggeber etwa dann, wenn die vom Auftragnehmer ausgeführten Bauleistungen mangelhaft sind. Die dem Auftraggeber in diesem Fall zustehenden Rechte ergeben sich aus § 4 Abs. 7 VOB/B. Um den Auftragnehmer zur Beseitigung der bestehenden Mängel anzuhalten, steht dem Auftraggeber an den fälligen Abschlagsrechnungen ein Zurückbehaltungsrecht zu. Wenn er vom Auftragnehmer tatsächlich die Beseitigung eines Mangels verlangen kann, dann steht ihm schon vor der Abnahme das Recht zu, einen angemessenen Teil der Abschlagszahlung zurückzuhalten. Er darf jedoch nicht, weder bei wesentlichen noch bei geringfügigen Mängeln, Abschlagszahlungen ganz verweigern.

**Die Sicherheitsleistung**

Für den Auftraggeber besteht die Gefahr, dass der Auftragnehmer noch während der Ausführung der Arbeiten insolvent wird. Darüber hinaus kann auch der Fall eintreten, dass der Auftragnehmer seine Leistungen nicht rechtzeitig oder nicht vollständig fertigstellt oder diese mangelhaft erbracht werden und der Auftragnehmer nicht gewillt oder in der Lage ist, die Mängel zu beseitigen, was Ersatzvornahmekosten verursacht. Um das hiermit verbundene finanzielle Risiko zu minimieren, gibt es Vertragserfüllungs- oder → Gewährleistungssicherheiten. Beim VOB/B-Vertrag muss der Auftraggeber aber berücksichtigen, dass er keinen gesetzlichen Anspruch auf die Stellung dieser Sicherheiten hat. Lediglich dann, wenn der Auftraggeber ein Verbraucher ist und wenn der Vertrag die Errichtung oder den Umbau eines Hauses oder eines vergleichbaren Bauwerks zum Gegenstand hat, bestimmt § 632a Abs. 3 BGB, der auf den VOB/B-Vertrag anwendbar ist, dass der Auftragnehmer ohne entsprechende vertragliche Vereinbarung eine Vertragserfüllungssicherheit in Höhe von 5 % der Auftragssumme zu gewähren hat. Der Auftraggeber kann also in diesem Fall z. B. von der ersten Abschlagszahlung einen Betrag in Höhe von 5 % der Auftragssumme einbehalten und muss diese erst nach der Abnahme an den Auftragnehmer auszahlen. Erhöht sich der Vergütungsanspruch aufgrund von Änderungen oder Ergänzungen des Vertrags um mehr als 10 %, so ist dem Verbraucher bei der nächsten Abschlagszahlung eine weitere Sicherheit in Höhe von 5 % des zusätzlichen Vergütungsanspruchs zu gewähren.

Wenn es sich bei dem Auftraggeber allerdings nicht um einen Verbraucher handelt, wenn er also Unternehmer oder öffentlicher Auftraggeber ist, so kann der Auftraggeber nur dann einen Sicherheitseinbehalt vornehmen, wenn dies ausdrücklich im Vertrag vereinbart ist. Dies muss der Auftraggeber bei der Vertragsgestaltung unbedingt berücksichtigen. Allein die Einbeziehung der VOB/B in den Bauvertrag ersetzt die vertragliche Vereinbarung nämlich nicht. In § 17 VOB/B ist ausdrücklich geregelt, dass die dortigen Bestimmungen zu den Sicherheiten nur dann gelten, wenn die Vertragsparteien entsprechende Sicherheiten auch vertraglich vereinbart haben. Wenn also bei einem VOB/B Vertrag mit einem Auftraggeber, der nicht Verbraucher ist, nichts bezüglich des Sicherheitseinbehalts vereinbart ist, sind aus Abschlagszahlungen grundsätzlich die vollen Beträge auszubezahlen. Dem in der Praxis der Auftraggeber oftmals vorgebrachten Argument, dass es ein Gewohnheitsrecht gebe, wonach man von Abschlagszahlungen stets einen Sicherheitseinbehalt vornehmen kann, ist eine Absage zu erteilen, da die VOB/B in § 17 insoweit eine klare Regelung enthält und bei Fehlen einer entsprechenden Vereinbarung gerade kein Sicherheitseinbehalt vorgenommen werden darf. Bezüglich des konkreten Inhalts des § 17 VOB/B wird auf die folgenden Ausführungen verwiesen.

Siehe auch: → Gewährleistungssicherheit
→ Sicherheitseinbehalt
→ Vertragserfüllungsbürgschaft

Im Gegensatz zur Regelung in der VOB/B ist dem Auftraggeber, sofern er Verbraucher i. S. d. § 13 BGB ist, mit der ersten Abschlagszahlung eine Sicherheit für seinen Erfüllungsanspruch in Höhe von 5 % des Vergütungsanspruchs zu leisten. Erhöht sich der Vergütungsanspruch aufgrund von Änderungen oder Ergänzungen des Vertrags um mehr als 10 %, so ist dem Auftraggeber bei der nächsten Abschlagszahlung eine weitere Sicherheit in Höhe von 5 % des zusätzlichen Vergütungsanspruchs zu gewähren.

**Praxistipp:**
Sinn und Zweck von Abschlagszahlungen ist es, den Auftragnehmer von der teilweise erheblichen Vorfinanzierung

von Bauleistungen zu entlasten. Sobald der Auftraggeber den Bauvertrag kündigt, besteht für den Auftragnehmer keine Verpflichtung mehr, weitere Leistungen zu erbringen. Er kann vielmehr nach der Kündigung die Schlussrechnung stellen, in welche noch offene Abschlagsforderungen aufzunehmen sind. Es steht ihm deshalb nach der Kündigung nicht mehr das Recht zu, noch Abschlagszahlungen vom Auftraggeber zu fordern. Er muss vielmehr nach Fälligkeit der Schlussrechnung aus dieser gegen den Auftraggeber vorgehen und kann sich nicht mehr auf Abschlagsrechnungen beziehen.

# Änderung des Bauentwurfs

Gemäß § 1 Abs. 3 VOB/B steht dem Auftraggeber das Recht zu, während der Bauphase Änderungen des Bauentwurfs anzuordnen.

Das Änderungsrecht des Auftraggebers ist ausschließlich auf den Bauentwurf beschränkt. Der Auftraggeber ist nicht berechtigt, neben dem Bauentwurf auch einseitig den Bauvertrag zu ändern. Er kann also bspw. keine Änderungen hinsichtlich Vereinbarungen über Gewährleistungsbestimmungen oder Zahlungsmodalitäten vornehmen.

Ebenfalls vom Änderungsrecht nicht umfasst ist eine Änderung der vereinbarten Bauzeit. Der Auftraggeber ist zwar berechtigt, den Bauentwurf zu ändern, ist damit jedoch zwangsläufig auch eine Verlängerung oder Verkürzung der

Bauzeit verbunden, so hat der Auftraggeber eine neue Vereinbarung mit dem Auftragnehmer zu treffen.

Das Änderungsrecht des Auftraggebers ist nicht unbegrenzt. Die Grenzen des Änderungsrechts des Auftraggebers ergeben sich aus einer Abwägung der beiderseitigen Interessen von Auftraggeber und Auftragnehmer. Es ist abzugrenzen von der Anordnung zusätzlicher Leistungen durch den Auftraggeber.Die Anordnung zusätzlicher Leistungen und die Änderung des Bauentwurfs unterscheiden sich v. a. im Hinblick auf die jeweiligen Rechtsfolgen.

Siehe auch: → Anordnungen des Auftraggebers
→ Zusätzliche Leistungen

Der Auftraggeber hat dem Auftragnehmer die Änderungsanordnung ausdrücklich mitzuteilen. Sie ist an keine bestimmte Form gebunden, kann also auch grundsätzlich mündlich erklärt werden, es sei denn, im Bauvertrag ist ausdrücklich Schriftform vereinbart. Es ist jedoch aus Nachweisgründen immer die Schriftform anzuraten.

Der Architekt ist nicht befugt, im Rahmen der ihm erteilten sog. originären Architektenvollmacht Änderungen gegenüber dem Auftragnehmer anzuordnen. Vielmehr bedarf es hierzu einer ausdrücklichen Bevollmächtigung durch den Auftraggeber. Sofern der Auftraggeber seine Änderungsbefugnis überschreitet, also nicht lediglich Änderungen des Bauentwurfs anordnet, so ist die Änderungsanordnung für den Auftragnehmer unverbindlich, er muss sie also nicht berücksichtigen. Der Vertrag bleibt in seiner bisherigen Form unverändert bestehen. Die unzulässige Änderung bedeutet zwar einerseits keine Vertragskündigung durch den Auftraggeber, andererseits gibt sie allerdings auch dem Auftragnehmer kein Recht, den Bauvertrag zu kündigen, da die Anordnung unbeachtlich ist und für den Auftragnehmer keine nachteiligen Folgen nach sich zieht.

Die Änderung eines Bauentwurfs stellt eine Änderung des Vertragsinhalts dar, weshalb – i. d. R. dem Auftragnehmer – ein Anspruch auf Anpassung des vereinbarten Preises zusteht. Dies gilt auch für Pauschalpreisverträge. Maßgeblich für die Preisanpassung ist beim Einheitspreisvertrag § 2 Abs. 5 VOB/B, beim Pauschalvertrag § 2 Abs. 7 VOB/B.

Ist beim Einheitspreisvertrag ein neuer Preis unter Berücksichtigung der Mehr- oder Minderkosten zu vereinbaren, wenn durch die Änderung des Bauentwurfs die Grundlagen des Preises für eine im Vertrag vorgesehene Leistung geändert werden, so gilt für den Pauschalpreisvertrag § 2 Abs. 7 Nr. 1 Satz 1 und 2 VOB/B. Danach bleibt beim Pauschalpreisvertrag die Vergütung zwar grundsätzlich unverändert. Etwas anderes gilt nur dann, wenn die ausgeführte Leistung von der vertraglich vorhergesehenen so erheblich abweicht, dass dem Auftragnehmer ein weiteres Festhalten an der ursprünglich vereinbarten Pauschalsumme nicht mehr zumutbar ist.

**Tipp:**
Sollte der Auftraggeber den Bauentwurf insoweit abändern, dass dies letztlich einer Neuanfertigung der Planung gleichkommt, so überschreitet er seine Befugnis zur Änderung des Bauentwurfs. Der Auftragnehmer braucht die Änderungen aufgrund des ihm zustehenden

Leistungsverweigerungsrechts hinsichtlich der Änderung nicht zu befolgen und gerät auch nicht in Verzug. Klauseln im Bauvertrag, durch die das Leistungsverweigerungsrecht des Auftragnehmers ausgeschlossen wird, sind unwirksam. Letztlich bleibt dem Auftraggeber nur die Möglichkeit, einen neuen Vertrag unter den neuen Bedingungen abzuschließen oder mit dem Auftragnehmer eine einvernehmliche Vertragsänderung zu vereinbaren.

**Anmerkung:**
Hier besteht ein bedeutsamer Unterschied zum BGB-Bauvertrag. Beim BGB-Bauvertrag sind einseitige Änderungen des Bauentwurfs durch den Auftraggeber nicht möglich. Sofern der Vertrag abgeändert werden soll, bedarf es zweier übereinstimmender Willenserklärungen, also eines Angebots und einer Annahme. Zu einer Änderung gehören also grundsätzlich immer zwei: der Auftraggeber und der Auftragnehmer.

# Allgemeine Geschäftsbedingungen

AGB sind alle für eine Vielzahl von Verträgen vorformulierten Vertragsbedingungen, die eine Vertragspartei, der Verwender, der anderen Vertragspartei bei Abschluss eines Vertrags stellt. AGB liegen vor, wenn die Vertragspartner die einzelnen Bedingungen nicht individuell ausgehandelt haben, sondern Vertragsklauseln verwenden.

Als Allgemeine Vertragsbedingungen sind die Bestimmungen der VOB/B wirksam in den Bauvertrag einzubeziehen.

**Einbeziehung gegenüber Verbrauchern**

Gegenüber Verbrauchern, also privaten Auftraggebern, ist gem. § 305 Abs. 2 BGB ein ausdrücklicher Hinweis und die Möglichkeit zur zumutbaren Kenntnisverschaffung Voraussetzung für die Einbeziehung der VOB/B in den Bauvertrag. Dies gilt dann, wenn die Einbeziehung gegenüber einem Verbraucher erfolgt und nicht der Verbraucher der Verwender ist. Kenntnisnahmemöglichkeit bedeutet, dass der Verbraucher spätestens beim Vertragsschluss die Möglichkeit haben muss, sich mit dem Inhalt der VOB/B vertraut zu machen. Vor diesem Hintergrund ist es insbesondere nicht möglich, wenn der Verwender eine Klausel in den Bauvertrag aufnimmt, worin er dem Verbraucher als Vertragspartner lediglich anbietet, auf Wunsch den VOB-Text zur Verfügung zu stellen, da damit der Verbraucher gerade nicht die Möglichkeit der Kenntnisnahme bei Vertragsschluss hat.

**Einbeziehung gegenüber Unternehmern**

Gegenüber Unternehmern oder der öffentlichen Hand kann die VOB/B formlos in den Vertrag einbezogen werden. Es bedarf also weder eines Hinweises noch der Überlassung des VOB-Texts. Erforderlich ist aber, dass der Unternehmer als Vertragspartner dem Angebot des Verwenders auf Einbeziehung der VOB/B in den Vertrag tatsächlich zustimmt, was allerdings wiederum auch stillschweigend oder konkludent erfolgen kann und nicht ausdrücklich erfolgen muss.

**Die Privilegierung der VOB/B als Ganzes**

Die Bestimmungen der VOB/B stellen Allgemeine Geschäftsbedingungen dar. Sie unterliegen damit der AGB-rechtlichen Inhaltskontrolle, also der Überprüfung, ob sie mit den Regelungen über die Allgemeinen Geschäftsbedingungen in der

§§ 305 ff BGB in Einklang stehen oder nicht. Bestimmungen in Allgemeinen Geschäftsbedingungen sind nach §§ 307 bis 309 BGB unwirksam, wenn sie den Vertragspartner des Verwenders entgegen den Geboten von Treu und Glauben unangemessen benachteiligen, wobei sich eine Benachteiligung schon allein daraus ergeben kann, dass die Bestimmung nicht klar und verständlich ist (sog. Transparenzgebot). Eine unangemessene Benachteiligung ist im Zweifel anzunehmen, wenn eine Bestimmung mit wesentlichen Grundgedanken der gesetzlichen Regelung, von der abgewichen wird, nicht zu vereinbaren ist oder wesentliche Rechte oder Pflichten, die sich aus der Natur des Vertrags ergeben, so einschränkt, dass die Erreichung des Vertragszwecks gefährdet ist.

Die VOB/B stellt einen im Ganzen einigermaßen ausgewogenen Ausgleich der Interessen des Auftraggebers und des Auftragnehmers dar, ist also grundsätzlich, soweit sie als Ganzes vereinbart wird, AGB-konform. Man spricht dabei auch von der Privilegierung der VOB/B als Ganzes. Die VOB/B wird bei der Frage, ob sie dem Recht der AGB entspricht, grundsätzlich eigentlich als ganzes Werk betrachtet, das in sich ausgewogen ist. Sie enthält Vor- und Nachteile für den Auftragnehmer, benachteiligt ihn jedoch insgesamt nicht unverhältnismäßig. So wird grundsätzlich im Rahmen der Inhaltskontrolle nicht jede einzelne Klausel der VOB/B auf Vereinbarkeit mit dem Recht der AGB hin überprüft, sondern das gesamte Klauselwerk als solches.

In der Vergangenheit war man sich oftmals uneinig darüber, ob bei VOB-Bauverträgen, die mit Verbrauchern i. S. d. § 13 BGB abgeschlossen wurden, die Privilegierung der VOB/B überhaupt gilt. Diese Diskussion wurde insbesondere durch das Forderungssicherungsgesetz, das zum 01.01.2009 in Kraft getreten ist und durch das § 310 BGB ergänzt wurde, beendet. Der BGH hat unter teilweiser Abänderung seiner bis dahin vertretenen Rechtsprechung eine Privilegierung der VOB/B gegenüber Verbrauchern verneint. Begründet hat er das damit, dass eine Privilegierung nur dann gerechtfertigt ist, wenn gewährleistet ist, dass der Vertragspartner, dem gegenüber die VOB/B verwendet wird, durch Interessenvertretungen im Vergabe- und Vertragsausschuss vertreten ist. Lediglich dann habe er ausreichend Gelegenheit, sich in eine ausgewogene und den Bedürfnissen der Bauvertragsparteien entsprechende Gestaltung der VOB/B einzubringen. Dies ist gerade bei Verbrauchern aber zumeist nicht der Fall, da der Verbraucher die Tragweite der Regelungen der VOB/B meist nicht einschätzen kann und deshalb besonders schutzbedürftig ist. Dies wurde durch den Gesetzgeber im Forderungssicherungsgesetz bestätigt, indem er die neu gefasste Privilegierung in § 310 Abs. 1 Satz 3 BGB aufgenommen hat und diese auf Verträge gegenüber Unternehmern beschränkt hat.

Bei der Verwendung der VOB/B gegenüber Verbrauchern wird also jede einzelne Bestimmung in der VOB/B der vollständigen Inhaltskontrolle der §§ 307 bis 309 BGB unterzogen. Folge hiervon ist, dass damit eine ganze Reihe von Regelungen, die zulasten des Verbrauchers als Auftraggeber gehen, unwirksam sind und an deren Stelle das Gesetz, also das Werkvertragsrecht des BGB, tritt. Umgekehrt sind verbraucherfreundliche Regelungen, die an sich ebenfalls vom Gesetz abweichen, nach wie vor auch gegenüber Verbrauchern wirksam.

Gegenüber Unternehmern i. S. d. § 14 BGB, juristischen Personen des öffentlichen Rechts und Sondervermögen des öffentlichen Rechts ist die VOB/B auch weiterhin privilegiert, sofern von ihr nicht abgewichen wird, sie also als Ganzes vereinbart ist. Im Fall von Abweichungen werden, wie bisher, zulasten des Verwenders die Bestimmungen der VOB/B der vollständigen Inhaltskontrolle nach den §§ 307 bis 309 BGB unterzogen.

**Praxistipp:**
Da es in der Praxis kaum Bauverträge gibt, die keine Abweichungen von der VOB/B enthalten, wird der Verwender des Vertragsformulars häufig mit einer Überprüfung der VOB/B anhand der §§ 307 bis 309 BGB zu rechnen haben. Letztlich kann man vor diesem Hintergrund dem Auftragnehmer als Verwender des Vertragstexts nur anraten, seine Bauverträge insgesamt so zu gestalten, dass auch nach einer Inhaltskontrolle die Kernregelungen erhalten bleiben, die seinem Sicherheits- und Risikointeresse entsprechen.

# Allgemeine Technische Vertragsbedingungen für Bauleistungen

Nach § 1 Abs. 1 Satz 1 VOB/B wird die vom Auftragnehmer auszuführende Leistung nach Art und Umfang durch den Vertrag bestimmt. Nach Satz 2 der Bestimmung gelten als ein Bestandteil des Vertrags beim VOB-Bauvertrag auch die Allgemeinen Technischen Vertragsbedingungen für Bauleistungen (ATV). Dies wird in der VOB/B durch den Zusatz „VOB/C" am Ende des § 1 Abs. 1 VOB/B ausdrücklich klargestellt.

Für VOB-Bauverträge, die nicht über ein zwingendes Vergabeverfahren nach der VOB/A zustande kommen, also zwischen privatem Auftraggeber und privatem Auftragnehmer, hat die Bestimmung des § 1 Abs. 1 Satz 2 VOB/B v. a. insoweit Bedeutung, als im Bauvertrag lediglich die VOB/B vereinbart sein muss. Sofern die VOB/B wirksam vereinbart ist, ist auch automatisch die VOB/C Vertragsgegenstand.

Die Allgemeinen Technischen Vertragsbedingungen für Bauleistungen in Teil C der VOB sind in verschiedene DIN untergliedert, wobei sich eingangs der Bestimmungen der VOB/C die „Allgemeinen Regelungen für Bauleistungen jeder Art", DIN 18299, befinden. Die weiteren DIN, beginnend mit der DIN 18300, die jeweils einzelne Gewerke zum Inhalt haben und hierzu speziellere Regelungen beinhalten als die allgemein gehaltene DIN 18299, gehen dieser Norm dabei regelmäßig vor.

In der VOB/C 2012 wurden insgesamt sieben Allgemeine Technische Vertragsbedingungen für Bauleistungen (ATV) materiell fortgeschrieben. Insgesamt 29 ATV wurden redaktionell überarbeitet, die ATV DIN 18323 „Kampfmittelräumarbeiten" und die ATV DIN 18326 „Renovierungsarbeiten an Entwässerungskanälen" wurden neu erarbeitet. Die nachfolgenden Allgemeinen Technischen Vertragsbedingungen für Bauleistungen wurden fachtechnisch überarbeitet:

| | |
|---|---|
| ATV DIN 18299 | Allgemeine Regeln für Bauarbeiten jeder Art |
| ATV DIN 18303 | Verbauarbeiten |
| ATV DIN 18304 | Ramm-, Rüttel- und Pressarbeiten |
| ATV DIN 18309 | Einpressarbeiten |
| ATV DIN 18313 | Schlitzwandarbeiten mit stützenden Flüssigkeiten |
| ATV DIN 18317 | Verkehrswegebauarbeiten – Oberbauschichten aus Asphalt |
| ATV DIN 18339 | Klempnerarbeiten |

# Anordnungen des Auftraggebers

Nach § 2 Abs. 5 VOB/B sind die vereinbarten Preise nach bestimmten Vergütungsregeln den Umständen anzupassen, wenn seitens des Auftraggebers der Bauentwurf geändert wird oder andere Anordnungen getroffen werden, die eine Anpassung des Preises rechtfertigen.

Hiervon ist strikt der Fall zu unterscheiden, wonach der Auftraggeber gem. § 2 Abs. 6 VOB/B → zusätzliche Leistungen vom Auftragnehmer fordert. Die Unterscheidung ist deshalb von Bedeutung, da der Auftragnehmer seinen Anspruch auf eine Mehrvergütung im Fall der Anordnung zusätzlicher Leistungen vor Ausführung der Arbeiten dem Auftraggeber gegenüber zwingend anzukündigen hat. Dieses Erfordernis entfällt, wenn der Auftraggeber lediglich Anordnungen trifft, wonach keine → zusätzlichen Leistungen auszuführen sind, oder wenn er lediglich den Bauentwurf abändert.

Keiner Ankündigung des Anspruchs auf Mehrvergütung bedarf es etwa, wenn vom Auftraggeber lediglich Bauumstände geändert werden, die nicht im Risikobereich des Auftragnehmers liegen, etwa eine vom Auftraggeber angeordnete vorläufige Baueinstellung oder Arbeitsunterbrechung. Bauumstände werden auch geändert, wenn eine im Vertrag vorgesehene Eisenbahnstrecke nicht für den Materialtransport geeignet ist und deshalb vom Auftraggeber angeordnet wird, dass das Material auf andere Art und Weise befördert werden muss. Hier bedarf es also keiner Ankündigung einer Mehrvergütung durch den Auftragnehmer vor Ausführung der Arbeiten.

Sofern der Auftraggeber eine Mehrung der vertraglich vereinbarten Leistungspositionen anordnet, sich der Vertrag nicht inhaltlich, sondern um die vereinbarten Mengen oder Massen ändert, so verlangt der Auftraggeber vom Auftragnehmer mehr als ursprünglich vereinbart, also eine zusätzliche Leistung. Der Anspruch auf Mehrvergütung ist dem Auftraggeber gegenüber also zwingend anzuzeigen, bevor die zusätzlichen Arbeiten ausgeführt werden.

Die Anordnungsbefugnis ist beschränkt auf geänderte und → zusätzliche Leistungen. Sie erstreckt sich nicht darauf, dass der Auftraggeber berechtigt wäre, andere Leistungen als die vertraglich vereinbarten oder sogar neue und selbstständige weitere Leistungen vom Auftragnehmer zu verlangen. Eine solche Anordnung braucht vom Auftragnehmer nicht berücksichtigt zu werden.

Die Vereinbarung eines neuen Preises soll vor Ausführung der Arbeiten getroffen werden, wenn lediglich Anordnungen vorliegen, die keine → zusätzlichen Leistungen betreffen. Die Vereinbarung über einen neuen Preis vor der Ausführung ist daher in diesen Fällen nicht Voraussetzung für einen Mehrvergütungsanspruch des Auftragnehmers. Wenn zusätzliche Leistungen angeordnet werden, ist eine Vereinbarung über die zusätzliche Vergütung vor der Ausführung zu vereinbaren, es sei denn, es liegt ein Notfall vor, der die unverzügliche Ausführung der Arbeiten erforderlich macht. Grundsätzlich sollte stets vor der Ausführung der Arbeiten die Vereinbarung getroffen worden sein, um nachträgliche Streitigkeiten über die zusätzliche Vergütung zu vermeiden.

Siehe auch: → Mehrkosten
→ Mehrvergütung
→ Minderkosten
→ Zusätzliche Leistungen

**Praxistipp:**
Es ist dem Auftragnehmer zu empfehlen, stets seinen Anspruch auf eine Mehrvergütung gegenüber dem Auftraggeber schriftlich anzuzeigen. Gerade dann, wenn sich der Auftragnehmer nämlich nicht sicher ist, ob der Auftraggeber nun lediglich eine Anordnung i. S. v. § 2 Abs. 5 VOB/B getroffen hat, bei welcher keine Ankündigung des Anspruchs auf Mehrvergütung erforderlich ist, oder ob er → zusätzliche Leistungen nach § 2 Abs. 6 VOB/B gefordert hat, bei welcher der Auftragnehmer zwingend vor Ausführung seiner Arbeiten einen Mehrvergütungsanspruch ankündigen muss, ist der Auftragnehmer stets auf der sicheren Seite, wenn er einen Mehrvergütungsanspruch rein vorsorglich angekündigt hat.

# Arbeiten an einem Bauwerk

Die Verjährungsfrist für Arbeiten an Bauwerken beträgt nach § 13 Abs. 4 Nr. 1 VOB/B vier Jahre, gerechnet vom Zeitpunkt der → Abnahme an.

Für andere Werke, deren Erfolg in der Herstellung, Wartung oder Veränderung einer Sache besteht und für die vom Feuer berührten Teile von Feuerungsanlagen beträgt sie zwei Jahre. Arbeiten an einem Bauwerk umfassen alle vertraglichen Leistungspflichten des Auftragnehmers, die sich auf die Errichtung, die Veränderung, die Erweiterung oder den Erhalt des Bauwerks beziehen sowie wesentlich und ursächlich hierzu beitragen. Ein Bauwerk ist jede Sache, die durch Verwendung von Arbeit und Material i. V. m. dem Erdboden hergestellt wird. Der Begriff geht weiter als der des Gebäudes und umfasst Bauwerke, die sowohl oberhalb als auch unterhalb der Erdoberfläche errichtet werden, etwa Eisenbahngleise, Straßen, aber auch Rohrleitungsnetze. Der Begriff umfasst auch nicht lediglich Bauten insgesamt, sondern auch die Herstellung einzelner Bauteile, also auch Fahrbahnmarkierungen bei Straßenbauten. Ferner zählen hierzu Instandsetzungs- und Änderungsarbeiten an bestehenden Gebäuden.

**Beispiele:**

**Abrucharbeiten**
Sofern der Auftragnehmer den Auftrag erhalten hat, ein bestehendes Bauwerk abzureißen, um im Anschluss ein neues Bauvorhaben dort zu errichten, handelt es sich bei den Abbrucharbeiten um Arbeiten an einem Bauwerk. Die

Mängelansprüche bezüglich dieser Arbeiten verjähren also in vier Jahren ab Abnahme der Abbrucharbeiten als Teilleistungen.

**Gerüstarbeiten**
Sofern einem Auftragnehmer die Errichtung eines Bauwerks in Auftrag gegeben wurde und als eigene Position im Leistungsverzeichnis die Aufstellung des Gerüsts steht, so sind in den Gerüstarbeiten jedenfalls Arbeiten an einem Bauwerk zu sehen.

## Arbeiten an anderen Werken als Bauwerken

Zunächst hat man beim VOB-Bauvertrag hinsichtlich der Verjährungsfrist für Mängelansprüche des Auftraggebers dahin gehend unterschieden, ob „Arbeiten an einem Bauwerk" oder „Arbeiten an einem Grundstück" vorliegen. Diese Unterscheidung ist mit Inkrafttreten der VOB/B 2006 entfallen. In der VOB/B gibt es nach wie vor unverändert in § 13 Abs. 4 Nr. 1 Satz 1 die Bestimmung, wonach die Verjährungsfrist für Mängelansprüche für Bauwerke vier Jahre beträgt, sofern nichts anderes zwischen den Bauvertragsparteien vereinbart wurde. Die Bestimmung lautet wie folgt:

„(1) Ist für Mängelansprüche keine Verjährungsfrist im Vertrag vereinbart, so beträgt sie für Bauwerke vier Jahre, für andere Werke, deren Erfolg in der Herstellung, Wartung oder Veränderung einer Sache besteht, und für die vom Feuer berührten Teile von Feuerungsanlagen zwei Jahre. Abweichend von Satz 1 beträgt die Verjährungsfrist für feuerberührte und abgasdämmende Teile von industriellen Feuerungsanlagen ein Jahr."

Arbeiten an einem Grundstück werden seit Inkrafttreten der VOB/B Fassung 2006 umfasst von den sog. „Arbeiten, deren Erfolg in der Herstellung, Wartung oder Veränderung einer Sache besteht", sofern sie keine Bauwerke sind.

Gemäß § 13 Abs. 4 Nr. 2 VOB/B beträgt schließlich die Verjährungsfrist für Mängelansprüche für Anlagenteile von maschinellen und elektrotechnischen bzw. elektronischen Anlagen, bei denen die Wartung Einfluss auf die Sicherheit und Funktionsfähigkeit hat, wenn nichts anderes vereinbart ist, abweichend von § 13 Abs. 4 Nr. 1 VOB/B zwei Jahre, wenn der Auftraggeber sich dafür entschieden hat, dem Auftragnehmer die Wartung für die Dauer der Verjährungsfrist nicht zu übertragen. Das gilt auch, wenn für weitere Leistungen eine andere Verjährungsfrist vereinbart ist.

Siehe auch: → Verjährung von Mängelansprüchen

# Aufmaß

Nach § 14 Abs. 2 VOB/B sind die für die Abrechnung erforderlichen Feststellungen dem Fortgang der Leistungen entsprechend **möglichst gemeinsam** vorzunehmen, wobei die Abrechnungsbestimmungen in den → Technischen Vertragsbedingungen und in den anderen Vertragsunterlagen zu beachten sind. Für Leistungen, die bei Weiterführung der

Arbeiten nur schwer feststellbar sind, hat der Auftragnehmer rechtzeitig gemeinsame Feststellungen zu beantragen.

Diese Feststellungen, die der Abrechnung der Arbeiten des Auftragnehmers dienen, werden i. d. R. in Gestalt eines Aufmaßes niedergelegt.

Das Aufmaß enthält nach Anzahl, Maß und ggf. Gewicht die vom Auftragnehmer ausgeführten Bauleistungen. Wie das Aufmaß der einzelnen Gewerke konkret zu erstellen ist, ergibt sich grundsätzlich aus den → Allgemeinen Technischen Vertragsbedingungen für Bauleistungen, die in den jeweiligen DIN-Vorschriften im Teil C der VOB festgehalten sind.

Das Aufmaß muss nicht zwingend gemeinsam, also von beiden Vertragsparteien, erstellt werden. Vielmehr ist es grundsätzlich Aufgabe des Auftragnehmers, ein sachgerechtes und richtiges Aufmaß zu erstellen, das die Grundlage für seine Abrechnung bildet. Der Auftragnehmer wird immer ein großes eigenes Interesse daran haben, ein Aufmaß zu erstellen und seiner Abrechnung zugrunde zu legen. Sofern die VOB/B den Passus enthält, dass die Aufmaßnahme möglichst gemeinsam erfolgen solle, hat dies zwar lediglich empfehlenden Charakter. Ein nur vom Auftragnehmer erstelltes Aufmaß kann also einer Abrechnung zugrunde gelegt werden. Allerdings empfiehlt es sich in jedem Fall, soweit in der Praxis durchführbar, aus Beweisgründen ein gemeinsames Aufmaß zu nehmen, um später bezüglich der Richtigkeit der abgerechneten Massen und Mengen nicht beweispflichtig zu bleiben. Bestreitet der Auftraggeber die Massen und Mengen, so ist nämlich grundsätzlich der Auftragnehmer beweispflichtig dafür, dass die Mengen und Massen richtig sind.

In der Baupraxis können folgende Fallgestaltungen auftreten:

- Das Aufmaß wird gemeinsam von Auftragnehmer und Auftraggeber erstellt. Ist dies der Fall, so ist das Aufmaß für beide Parteien bindend, unabhängig davon, ob es sich um einen privaten oder öffentlichen Auftraggeber handelt. Unterlaufen den Vertragsparteien allerdings Fehler bei den für das Aufmaß maßgeblichen Berechnungen oder Messungen, so kann das Aufmaß grundsätzlich angefochten werden.
- Das Aufmaß wird nur vom Auftragnehmer erstellt. In diesem Fall hat der Auftragnehmer zu beweisen, dass das Aufmaß korrekt ist. Er kann sich dabei auf das von ihm erstellte Aufmaß stützen, selbst dann, wenn im Bauvertrag ein gemeinsames Aufmaß vereinbart wurde. Der Auftragnehmer trägt in diesem Fall allerdings das Risiko des nur bedingt vorliegenden Beweises für die Richtigkeit des von ihm erstellten Aufmaßes. Dies könnte ihm dann zum Verhängnis werden, wenn – etwa bei Tiefbauarbeiten – die von ihm erbrachten Leistungen nicht mehr nachvollziebar sind.
- Das Aufmaß wird nur vom Auftragnehmer erstellt, und der Auftraggeber hat die Mitwirkung bei der Aufmaßnahme verweigert. In diesem Fall kann der Auftragnehmer zum vollen Nachweis der Richtigkeit seiner Abrechnung das von ihm erstellte Aufmaß heranziehen. Der Auftraggeber trägt, weil er gegen den in der Baupraxis allgemein geltenden Grundsatz der → Kooperationspflicht und seine Mitwirkungspflicht nach § 642 BGB verstoßen hat, das

volle Beweisrisiko hinsichtlich der Unrichtigkeit des vom Auftragnehmer erstellten Aufmaßes.

Die Aufmaßnahme hat „dem Baufortschritt entsprechend" zu erfolgen. Die VOB/B legt nicht explizit fest, in welchen zeitlichen Abschnitten genau die Aufmaßnahme zu erfolgen hat.

Sie hat aber nicht zur Voraussetzung, dass etwa die gesamten Bauleistungen oder einzelne Gewerke fertig gestellt sein müssten. Vielmehr kann der Auftragnehmer schon eine (erneute) Aufmaßnahme verlangen, wenn Baufortschritte überhaupt zu erkennen sind. Vor allem dann, wenn zu befürchten steht, dass durch Folgearbeiten eine Aufmaßnahme nicht mehr möglich ist, wie etwa im Tiefbau, kann der Auftragnehmer eine gemeinsame Aufmaßnahme vom Auftraggeber fordern.

Sofern ein Architekt mit der Bauüberwachung betraut wurde, kann der Auftragnehmer davon ausgehen, dass der Architekt auch berechtigt ist, die Aufmaßnahme für den Auftraggeber mit durchzuführen. Nimmt der Architekt sie in diesem Fall vor, so liegt ein gemeinsames Aufmaß mit den oben beschriebenen Folgen vor.

Siehe auch: → Kooperationspflicht

§ 14 Abs. 2 Satz 1 VOB/B bestimmt, dass das Aufmaß möglichst gemeinsam vorzunehmen ist. Das bedeutet aber nicht, dass in jedem Fall eine körperliche Aufmaßnahme durch beide Vertragsparteien durchzuführen wäre. Es genügt vielmehr für die Annahme eines gemeinsamen Aufmaßes, dass Auftragnehmer und Auftraggeber bzw. der vom Auftraggeber insoweit bevollmächtigte Architekt die für die Abrechnung maßgeblichen Mengen anhand der Ausführungspläne festlegen. Wenn also der Auftraggeber und der Auftragnehmer die vom Auftragnehmer erbrachte Leistung nicht auf der Baustelle selbst nachmessen, sondern die abzurechnenden Mengen lediglich anhand der maßgeblichen Ausführungspläne festlegen, und der Auftraggeber später diese Zahlen bestreitet, so hat er, da ein gemeinsames Aufmaß vorliegt, genau darzutun und zu beweisen, weshalb die Zahlen unrichtig sein sollen. Er kann sich letztlich einseitig nur dann von diesem gemeinsamen Aufmaß lösen, wenn er nachweist, dass die gemeinsam getroffenen Feststellungen nicht der Wirklichkeit entsprechen und ihm dies erst nach der gemeinsamen Aufmaßnahme bekannt geworden ist.

**Aktuelle Rechtsprechung:**
Ein Auftragnehmer führte Erd-, Kanal- und Straßenbauarbeiten im Auftrag der öffentlichen Hand aus. Im Bauvertrag war vorgesehen, dass die Vertragsparteien ein gemeinsames Aufmaß zu nehmen haben. Ferner wurde vereinbart, dass beiderseitig unterzeichnete Originalaufmaße an den Auftraggeber zu übergeben sind. Entgegen dieser Vereinbarung hat der Auftragnehmer jedoch lediglich ein einseitiges Aufmaß erstellt und auf dieser Grundlage abgerechnet. Nach der Prüfung der Schlussrechnung durch den Auftraggeber zahlt dieser lediglich einen Teilbetrag aus und lehnt im Übrigen Zahlungen ab, mit der Begründung, dass die Aufmaßunterlagen unvollständig und fehlerhaft seien. Der Auftragnehmer trat daraufhin seine Ansprüche an einen Dritten ab, der den Differenzbetrag aus der Schlussrechnung einklagte. Das Gericht wies die Klage ab. Zwar scheitert der weiterge-

hende Vergütungsanspruch des Auftragnehmers nicht etwa daran, dass anstatt des vertraglich vorgesehenen gemeinsamen Aufmaßes lediglich ein einseitiges Aufmaß durch den Auftragnehmer genommen wurde, da der Auftragnehmer gleichwohl auch auf der Grundlage eines von ihm erstellten einseitigen Aufmaßes abrechnen kann. Allerdings kann der Auftraggeber in diesem Fall die so ermittelten Mengen und Massen ohne Weiteres bestreiten, was dazu führt, dass der Auftragnehmer dann den Umfang der von ihm tatsächlich erbrachten Leistungen darlegen und beweisen muss. Hierbei reicht es nicht aus, dass der Auftragnehmer auf beigefügte Aufmaßblätter verweist.

Er muss bezüglich der strittigen Mengen vielmehr im Einzelnen detailliert ausführen, welche Mengen in welchen Bereichen angefallen sind und woraus sich die Mengenangaben letztlich herleiten. Der Hinweis auf abstrakte technische Sollwerte reicht hierfür ebenso wenig aus wie eine Nachunternehmerrechnung. Mangels Beweissicherung durch ein gemeinsames Aufmaß trägt der Auftragnehmer also das Risiko, dass er die tatsächlich erbrachten Leistungen nicht mehr in vollem Umfang darlegen und beweisen kann, zumal es zulässig ist, dass der Auftraggeber alle nicht ausdrücklich anerkannten Aufmaße einfach bestreitet.
*OLG Naumburg, Urteil vom 30.11.2007, 1 U 18/07; BGH, Beschluss vom 20.12.2010, VII ZR 216/07 (Nichtzulassungsbeschwerde zurückgewiesen)*

**Aktuelle Rechtsprechung:**
Zwischen den Parteien wurde ein Pauschalpreisvertrag geschlossen, der von der Auftraggeberin außerordentlich

gekündigt wurde. Nach Ausspruch der Kündigung des Bauvertrags fordert der Auftragnehmer die Auftraggeberin unter Fristsetzung auf, ein gemeinsames Aufmaß zu nehmen und die Abnahme für die bis zum Ausspruch der Kündigung erbrachten Leistungen durchzuführen. Die Auftraggeberin reagiert hierauf nicht. Der Auftragnehmer erstellt daraufhin sein eigenes Aufmaß und auf Basis dieses Aufmaßes seine Schlussrechnung. Bezüglich der bis zur Kündigung nicht fertig gestellten Leistungen lässt die Auftraggeberin Ersatzvornahme durchführen. Nach Schlussrechnungsstellung bestreitet die Auftraggeberin die Richtigkeit des einseitigen Aufmaßes und zahlt einen Teilbetrag der Schlussrechnungssumme nicht an den Auftragnehmer aus, was diesen veranlasste, Klage auf Zahlung der restlichen Vergütung zu erheben.

Das Gericht lässt die Einwendungen der Auftraggeberin gegen das Aufmaß des Auftragnehmers nicht gelten. Bezüglich der Beweislast für die zutreffenden Mengen und Massen verweist das Gericht auf das Schreiben des Auftragnehmers, mit dem er die Auftraggeberin aufgefordert hatte, ein gemeinsames Aufmaß zu nehmen. Angesichts dessen, dass die Auftraggeberin der Aufforderung zur gemeinsamen Aufmaßnahme nicht nachgekommen ist und stattdessen die Restleistungen von Dritten hat fertig stellen und damit insbesondere verdecken lassen, so dass sich der Umfang der Arbeiten des Auftragnehmers nunmehr nicht mehr oder nur mit unzumutbarem Aufwand feststellen lässt, kehrt sich die Beweislast zulasten der Auftraggeberin um. Die Auftraggeberin hat in diesem Fall jedoch keine Umstände dargelegt, die Zweifel an der Richtigkeit des Aufmaßes des Auftrag-

nehmers begründen würden, sodass die restliche Vergütung zuzusprechen war.
*OLG Düsseldorf, Urteil vom 06.10.2009, 21 U 130/08*

# Auftragsänderung

Siehe: → Anordnungen des Auftraggebers
→ Änderung des Bauentwurfs

# Auftragsentziehung

Siehe: → Kündigung durch den Auftraggeber

# Ausführung

§ 4 VOB/B regelt die einzelnen Rechte und Pflichten von Auftragnehmer und Auftraggeber während der Bauausführung. Diese Rechte und Pflichten werden unter den einzelnen Schlagworten detailliert erläutert. An dieser Stelle wird ein zusammenfassender Überblick über die jeweiligen Rechte und Pflichten der Vertragsparteien gegeben.

**Auftraggeberpflichten und -rechte**
Der Auftraggeber hat während der Ausführung der Arbeiten insbesondere die Pflicht,

1. für die Aufrechterhaltung der Ordnung auf der Baustelle zu sorgen und das Zusammenwirken der einzelnen Unternehmer zu regeln,

2. dafür zu sorgen, dass die erforderlichen öffentlich-rechtlichen Genehmigungen und Erlaubnisse herbeigeführt werden,
3. dem Auftragnehmer unentgeltlich die notwendigen Lager- und Arbeitsplätze, Zufahrtswege, Anschlussgleise sowie vorhandene Anschlüsse für Wasser und Strom zur Nutzung oder Mitbenutzung zu überlassen (Nutzung von Einrichtungen),
4. auf Verlangen des Auftragnehmers eine gemeinsame Zustandsfeststellung zu treffen.

Er hat insbesondere das Recht,
1. die Ausführung der Arbeiten zu überwachen. Dabei hat er Zutritt zu Arbeitsplätzen, Werkstätten und Lagerräumen, wo die Leistungen erbracht werden (Überwachungsrecht des Auftraggebers und Zutrittsrecht des Auftraggebers),
2. dass ihm die Ausführungsunterlagen ausgehändigt und die erforderlichen Auskünfte erteilt werden, wenn dadurch keine Geschäftsgeheimnisse des Auftragnehmers preisgegeben werden (Auskunftsrecht),
3. Anordnungen zu treffen, die zur vertragsgemäßen Ausführung der Leistungen erforderlich sind,
4. vom Auftragnehmer zu verlangen, dass Stoffe oder Bauteile, die dem Vertrag oder den Proben nicht entsprechen, innerhalb einer von ihm gesetzten Frist von der Baustelle entfernt werden,
5. dem Auftragnehmer den Auftrag zu entziehen, wenn er Leistungen nicht im eigenen Betrieb ausführt, sondern von Nachunternehmern ausführen lässt, und nicht innerhalb einer vom Auftraggeber gesetzten Frist die Arbeiten im eigenen Betrieb ausführt. Der Zustimmung durch den Auftraggeber bedarf es allerdings nicht, wenn der Betrieb

des Auftragnehmers nicht auf diese Leistungen eingerichtet ist (siehe auch: Kündigung durch den Auftraggeber).

**Hinweis:**
In § 4 Abs. 8 VOB/B stehen in Nr. 2 hinter den Wörtern „Vergabe- und Vertragsordnung für Bauleistungen" die Wörter „Teile B und C". Obwohl eigentlich schon in § 1 Abs. 1 Satz 2 VOB/B hinreichend deutlich zum Ausdruck kommt, dass bei Vereinbarung der VOB/B auch automatisch die VOB/C vereinbart ist, steht dies nochmals klarstellend im Text.

Siehe: → Anordnungen des Auftraggebers
→ Auskunftsrecht
→ Kündigung durch den Auftraggeber
→ Nutzung von Einrichtungen

**Auftragnehmerpflichten und -rechte**
Dem Auftragnehmer stehen während der Bauausführung die nachfolgenden Pflichten und Rechte zu. Er hat insbesondere die Pflicht,

1. gegen Anordnungen des Auftraggebers Bedenkenmitteilungen vorzubringen, wenn er die Anordnungen für unberechtigt oder unzweckmäßig hält, die Anordnungen jedoch auszuführen, wenn nicht gesetzliche oder behördliche Bestimmungen entgegenstehen,
2. die Arbeiten unter eigener Verantwortung nach dem Vertrag auszuführen, wobei er die anerkannten Regeln der Technik sowie die gesetzlichen und behördlichen Bestimmungen zu beachten hat,
3. für Ordnung auf seiner Arbeitsstelle zu sorgen (Ordnung auf der Baustelle),

4. dafür zu sorgen, dass die gesetzlichen, behördlichen und berufsgenossenschaftlichen Verpflichtungen gegenüber seinen Arbeitnehmern eingehalten werden,
5. Bedenkenmitteilungen gegenüber dem Auftraggeber abzugeben, wenn er Bedenken gegen die vorgesehene Art der Ausführung, gegen die Güte der vom Auftraggeber gelieferten Stoffe oder Bauteile oder gegen Leistungen der Vorunternehmer hat,
6. die von ihm ausgeführten Leistungen und die ihm übergebenen Gegenstände bis zur Abnahme gegen Beschädigung und Diebstahl zu schützen,
7. auf Verlangen des Auftraggebers ausgeführte Leistungen oder ihm überlassene Gegenstände gegen Eis und Schnee sowie vor Grundwasser und Winterschäden zu schützen,
8. Mängel, die sich bereits während der Bauausführung zeigen, zu beseitigen,
9. die Leistungen im eigenen Betrieb auszuführen, sofern dieser darauf eingerichtet ist, und bei Weitervergabe der Leistungen die VOB/B dem Vertrag mit dem Nachunternehmer zugrunde zu legen sowie den Nachunternehmer dem Auftraggeber auf Verlangen zu benennen.

Siehe auch: → Abnahme
→ Bedenkenmitteilung
→ Kündigung durch den Auftraggeber

Verstöße gegen die vorgenannten Pflichten aus § 4 VOB/B führen grundsätzlich zu Schadensersatzansprüchen der jeweils betroffenen Vertragspartei. Die Pflichten stellen zwar lediglich Nebenpflichten der Vertragsparteien dar, doch lösen auch Verstöße gegen Nebenpflichten Schadensersatzansprüche aus. Der Pflichtenkatalog ist im Übrigen nicht abschließend, sondern beschreibt nur die wesentlichen Pflichten der Vertragsparteien während der Bauausführung.

## Ausführungsfristen

Siehe auch: → Vertragsfristen

## Auskunftsrecht

Dem Auftraggeber stehen während der Ausführung der Bauarbeiten Zutrittsrechte, Einsichtsrechte und Auskunftsrechte zu. Der Auftragnehmer hat dem Auftraggeber alle erforderlichen Auskünfte zu erteilen, die der Auftraggeber benötigt, um den Bauablauf ausreichend und ordnungsgemäß überwachen zu können. Der Auftragnehmer braucht dem Auftraggeber jedoch keine Auskünfte über bestimmte Umstände zu erteilen, wenn er damit Gefahr laufen würde, dass Betriebsgeheimnisse preisgegeben werden. Betriebsgeheimnisse liegen dann vor, wenn der Auftragnehmer ein objektiv begründetes, berechtigtes wirtschaftliches Interesse daran hat, dass nur ein eng begrenzter Personenkreis über diese Kenntnisse verfügt. In Betracht kommen bspw. Informationen über bestimmte Verfahrenstechniken oder Formeln.

**Praxistipp:**
Sofern der Auftragnehmer dem Auftraggeber vertrauliche Auskünfte erteilt, zu deren Geheimhaltung er eigentlich berechtigt wäre, und er den Auftraggeber ausdrücklich

auf die Vertraulichkeit der Auskünfte hinweist, so macht sich der Auftraggeber schadensersatzpflichtig, wenn er diese Auskünfte – auch nach Beendigung des Vertrags – an Dritte weitergibt. Zusätzlich stehen dem Auftragnehmer Unterlassungsansprüche gegen den Auftraggeber zu, die er ggf. gerichtlich, auch im Wege einer einstweiligen Verfügung, durchsetzen kann.

Auch dem Auftragnehmer stehen Auskunftsansprüche gegenüber dem Auftraggeber zu.

- Nach § 5 Abs. 1 VOB/B hat der Auftragnehmer etwa die Ausführung der vertraglich vereinbarten Werkleistungen nach verbindlichen Vertragsfristen zu beginnen, angemessen zu fördern und zu vollenden. Wenn für den Beginn der Ausführung keine Frist vereinbart ist, hat der Auftraggeber dem Auftragnehmer auf Verlangen Auskunft über den voraussichtlichen Beginn zu erteilen. Der Auftragnehmer hat sodann innerhalb von zwölf Werktagen nach Aufforderung zu beginnen.
- Mit dem Inkrafttreten des Forderungssicherungsgesetzes zum 01.01.2009 hat § 641 Abs. 2 BGB, der auch bei VOB-Bauverträgen Anwendung findet, zudem eine Änderung erfahren, die ein für den Auftragnehmer durchaus interessantes Auskunftsrecht gegenüber dem Auftraggeber gewährt. Die Vergütung des Auftragnehmers als Nach- oder Subunternehmer aus Werkleistungen, die er für seinen Auftraggeber, der Generalunternehmer oder Bauträger ist, erbracht hat, ist demnach dann zur Zahlung fällig, wenn der Auftragnehmer dem Auftraggeber eine Frist zur Auskunft darüber gesetzt hat, ob und in welcher Höhe der Bauherr an den Auftraggeber eine Zahlung für die Werkleistungen des Auftragnehmers gezahlt oder der

Bauherr die Werkleistungen gegenüber dem Auftraggeber abgenommen hat, sofern die weiteren Fälligkeitsvoraussetzungen des § 16 Abs. 3 VOB/B vorliegen.

**Aktuelle Rechtsprechung:**
Wird die Werkleistung vor der Abnahme durch Dritte beschädigt, die ebenfalls dem Bauherrn vertraglich verpflichtet sind, so ist dieser verpflichtet, dem Geschädigten umfassend und sachgemäß Auskunft über die Vertragsgestaltung zu geben. Scheitert ein Schadensersatzanspruch gegen den vermeintlich Verantwortlichen infolge einer falschen Auskunft des Bauherrn, so muss dieser dem Werkunternehmer die notwendigen Prozesskosten erstatten.
*OLG Koblenz, Urteil vom 25.09.2008, 5 U 550/08*

# Ausschlusswirkung der Schlusszahlung

Siehe: → Schlusszahlung
→ Vorbehalt der Schlusszahlung

# B

## Bauabzugssteuer

Die Bauabzugssteuer wurde mit Wirkung zum 01.01.2002 durch das Gesetz zur Eindämmung der illegalen Beschäftigung eingeführt. Demnach ist bei allen Zahlungen von unternehmerisch tätigen Auftraggebern oder juristischen Personen des öffentlichen Rechts für im Inland erbrachte Bauleistungen auf Rechnung des ebenfalls unternehmerisch tätigen Auftragnehmers ein Abzug in Höhe von 15 % des Bruttorechnungsbetrags vorzunehmen und einzubehalten, wenn der Auftragnehmer keine Freistellungsbescheinigung vorlegt oder bestimmte Freigrenzen überschritten werden.

Die Freistellungsbescheinigung wird vom zuständigen Finanzamt des Auftragnehmers ausgestellt. Das Finanzamt stellt eine Freistellungsbescheinigung nur dann aus, wenn es zu der Überzeugung gelangt ist, dass der ihm zustehende Steueranspruch nicht gefährdet ist.

Der Auftraggeber kann für den Fall, dass keine Freistellungsbescheinigung vorgelegt wird und dem Auftragnehmer zustehende Freigrenzen überschritten werden, den Abzugsbetrag einbehalten, muss ihn dann aber innerhalb von zehn Tagen nach Ablauf des Monats, in welchem er die restliche Zahlung an den Auftragnehmer erbracht hat, an das für den Auftragnehmer zuständige Finanzamt zugunsten des Auftragnehmers abführen. Aus diesem Grund besteht für den Auftragnehmer nicht die Möglichkeit, den Abzug durch Stellung einer Sicherheit, etwa eine Bankbürgschaft, abzulösen. Für den Auftraggeber besteht der Nachteil in einem Einbehalt der Bauabzugssteuer v. a. darin, dass er zunächst einmal das zuständige Finanzamt des Auftragnehmers ausfindig machen muss und dann sämtliche Formalitäten bei der Anmeldung selbst vorzunehmen hat.

Im Ergebnis muss der Auftraggeber also, etwa auf eine Abschlags- oder Schlussrechnung hin, lediglich die verbleibenden 85 % der Bruttorechnungssumme (abzüglich eines etwa vereinbarten Sicherheitseinbehalts) an den Auftragnehmer auszahlen. Die weiteren 15 % sind dann innerhalb der vorgenannten Frist an das Finanzamt abzuführen.

Der Auftragnehmer kann den Einbehalt der Bauabzugssteuer nicht nur durch Vorlage einer Freistellungsbescheinigung abwenden. Dem Auftraggeber steht auch dann kein Recht auf Einbehalt zu, wenn die Höhe der Bruttorechnungssumme einen Betrag in Höhe von 5.000 Euro nicht übersteigt. Bei der Ermittlung dieser Bagatellgrenze kommt es nicht nur auf die Leistungen für das betreffende Bauvorhaben an. Vielmehr sind sämtliche Leistungen des Auftragnehmers, die er für den jeweiligen Auftraggeber innerhalb eines Kalenderjahres erbracht hat, zu addieren. Übersteigen sämtliche Forderungen innerhalb des Kalenderjahres die Bagatellgrenze, so steht dem Auftraggeber das Recht zu, die Bauabzugssteuer einzubehalten, wenn der Auftragnehmer nicht eine Freistellungsbescheinigung vorlegt.

Der Begriff „Bauleistung“ ist weit auszulegen. Es fallen darunter alle Leistungen des Auftragnehmers, die der Herstellung, Instandsetzung, Instandhaltung, der Änderung oder der Beseitigung von Bauwerken dienen. Hierzu zählen auch Baustoffe und Bauteile sowie etwa Fenster, Türen oder Bodenbeläge. Nicht zu den Bauleistungen zählend und somit im Hinblick auf die Bauabzugssteuer steuerfrei sind Leistungen von Architekten oder Sonderfachleuten sowie Materiallieferungen von Baustoffhändlern.

**Praxistipp 1:**
Das jeweils zuständige Finanzamt des Auftragnehmers hat nach § 48 b Abs. 1 EStG die Freistellungsbescheinigung zu erteilen, wenn der zu sichernde Steueranspruch nicht gefährdet erscheint. Dabei steht dem Finanzamt nicht das Recht zu, die Erteilung der Bescheinigung deshalb zu verweigern, weil der Auftragnehmer regelmäßig mit der Begleichung von Steuerschulden in Verzug gerät. Dies würde dem Sinn und Zweck der Bauabzugssteuer widersprechen, die lediglich dazu dienen soll, die illegale Bautätigkeit in Deutschland einzudämmen. Das Gesetz darf vom Finanzamt nicht dazu missbraucht werden, säumige Steuerzahler zu bestrafen oder Steuerschulden einzutreiben. Nur dann, wenn ausreichend konkrete Anhaltspunkte und Feststellungen dahin gehend bestehen, dass der Auftragnehmer Steuergesetze nicht einhalten will, kann das Finanzamt die Erteilung der Bescheinigung versagen.
*Finanzgericht Berlin, Beschluss vom 21.12.2001, Az. 8 B 8108/01*

**Praxistipp 2:**
Der Auftraggeber ist nicht verpflichtet, vor jeder Zahlung an den Auftragnehmer nachzuprüfen, ob die einmal vom Auftragnehmer vorgelegte Freistellungsbescheinigung

noch Gültigkeit hat oder ob sie zwischenzeitlich widerrufen wurde.
*OFD Münster, Verfügung vom 25.02.2002, Az. S 2303-2 St 13-31*

**Praxistipp 3:**
Der Auftragnehmer oder ein sonstiger Gläubiger einer Werklohnforderung kann den vollen Werklohn einklagen und ggf. auch vollstrecken, weil die Bauabzugssteuer den Anspruch auf Zahlung des Werklohns unberührt lässt. Das gilt allerdings dann nicht mehr, wenn der Auftraggeber bereits die Bauabzugssteuer an das Finanzamt gezahlt hat. Es gilt aber zu beachten, dass erst die Zahlung und nicht schon die Anmeldung der Bauabzugssteuer Erfüllungswirkung hat. Erst ab dem Zeitpunkt der erfolgten Zahlung besteht also für den Auftragnehmer nicht mehr das Recht fort, die volle Vergütung einzufordern. Er hat seinen Anspruch um den Betrag der Bauabzugssteuer zu kürzen. Nichts anderes folgt aus § 48c Abs. 1 EStG. Aus dieser Vorschrift ergibt sich lediglich, dass die für den Steuerschuldner günstigen steuerrechtlichen Folgen, nämlich die Anrechnung auf die von ihm zu entrichtenden Steuern, eintreten können. Die Anrechnung geschieht nicht von selbst, sondern erst durch Zahlung und einen Akt des Finanzamts. Das folgt aus § 48c Abs. 3 EStG, wonach das Finanzamt die Anrechnung ablehnen kann, wenn der Betrag nicht abgeführt wurde und Anlass zur Annahme eines Missbrauchs besteht.
*OLG München, Urteil vom 19.01.2005, 13 W 3007/04*

# Baubeginn/Baubeginnanzeige

Nach § 5 Abs. 1 VOB/B hat der Auftragnehmer die Ausführung der vertraglich vereinbarten Bauleistungen nach den verbindlichen → Vertragsfristen zu beginnen, wobei die in einem Bauzeitenplan enthaltenen Einzelfristen nur dann als verbindlich gelten, wenn dies ausdrücklich im Bauvertrag vereinbart ist.

Sofern der Auftragnehmer zunächst rein interne Vorbereitungshandlungen für die Bauausführung trifft, beginnt er noch nicht mit den Bauausführungen. Wenn er also etwa Material bestellt, Baugeräte anmietet, Subunternehmer beauftragt oder Arbeitspläne für seine Mitarbeiter erstellt, liegt noch kein Baubeginn vor. Er ist jedoch dann anzunehmen, wenn er den eigentlichen Produktionsvorgang eingeleitet hat, also z. B. damit begonnen hat, Betonfertigteile zu erstellen, oder wenn er Baugeräte zum Bauplatz schaffen lässt. Um mit den Bauarbeiten zu beginnen, muss der Auftragnehmer also die rein interne Planungs- und Vorbereitungsphase bereits verlassen haben und tatsächlich entweder mit der Produktion von Bauteilen oder aber mit der Einrichtung der Baustelle begonnen haben.

Sofern die Vertragsparteien einen Ausführungstermin oder eine Ausführungsfrist, innerhalb welcher die Bauarbeiten begonnen werden müssen, vereinbart haben, richtet sich die Verpflichtung des Auftragnehmers, mit den Bauleistungen zu beginnen, ausschließlich nach diesen vertraglichen Vereinbarungen.

Sind keine Vertragsfristen vereinbart, so richtet sich die Verpflichtung des Auftragnehmers, mit den Arbeiten zu beginnen, nach § 5 Abs. 2 VOB/B. Danach gilt Folgendes:

- Der Auftraggeber hat dem Auftragnehmer auf dessen Verlangen hin den voraussichtlichen Ausführungsbeginn mitzuteilen.
- Innerhalb von zwölf Werktagen nach Abruf der Bauleistungen hat der Auftragnehmer mit den Arbeiten zu beginnen.
- Der Auftragnehmer hat dem Auftraggeber den Beginn der Bauarbeiten anzuzeigen (Baubeginnanzeige).

**Auskunftspflicht des Auftraggebers**

Ist kein öffentlicher Auftraggeber beteiligt und wurde kein Vergabeverfahren nach der VOB/A durchgeführt, so ist in § 5 Abs. 2 VOB/B geregelt, dass dem Auftragnehmer ein Auskunftsanspruch gegenüber dem Auftraggeber hinsichtlich der Bekanntgabe des Ausführungsbeginns zusteht.

Teilt der Auftraggeber den voraussichtlichen Ausführungstermin nicht oder nicht unverzüglich mit, sind Schadensersatzansprüche des Auftragnehmers gegen den Auftraggeber denkbar. Ebenso kann der Auftragnehmer die Verlängerung von Vertragsfristen fordern und ggf. den Bauvertrag nach § 9 Abs. 1 VOB/B kündigen. Der Auftragnehmer muss allerdings nachweisen, dass es aufgrund einer verspäteten Mitteilung des Auftraggebers zu Behinderungen kam und ihm hieraus wiederum finanzielle oder sonstige Schäden entstanden sind.

**Pflicht, innerhalb von zwölf Werktagen nach Abruf mit der Ausführung zu beginnen**
Der Auftragnehmer ist verpflichtet, innerhalb der 12-Werktage-Frist nach dem Abruf der Leistungen durch den Auftraggeber mit den Arbeiten zu beginnen. Beginnt er innerhalb der Frist nicht mit den Arbeiten, so macht er sich unter Umständen schadensersatzpflichtig.

Sollte der Auftraggeber einseitig eine Ausführungsfrist festlegen, die länger oder kürzer als die 12-Werktage-Frist ist, so ist dies unzulässig. Der Auftragnehmer hat auch in diesem Fall weiterhin das Recht, innerhalb der 12-Werktage-Frist die Arbeiten zu beginnen und muss damit nicht früher anfangen. Es ist den Vertragsparteien jedoch unbenommen, durch eine entsprechende Vereinbarung auch eine kürzere oder eine längere Ausführungsfrist zu vereinbaren. In diesem Fall ist dann die vereinbarte Ausführungsfrist maßgeblich.

Der Abruf des Auftraggebers ist nicht an eine bestimmte Form gebunden. Er kann also sowohl mündlich wie schriftlich erfolgen. Aus Dokumentations- und Beweisgründen ist aber auch hier wieder die Schriftform anzuraten.

**Baubeginnanzeige**
Die Baubeginnanzeige ist ebenfalls nicht formgebunden. Sie ist im Übrigen nur dann zu erklären, wenn keine Vertragsfristen vereinbart wurden und der Auftraggeber die Bauleistungen abgerufen hat.

**Praxistipp:**
Wenn die Vertragsparteien im Bauvertrag einen Termin für den Baubeginn verbindlich festlegen und dieser aufgrund

von Verzögerungen von Vorunternehmern nicht gehalten werden kann, sich also um einige Wochen oder gar Monate verschiebt, so stehen dem Auftragnehmer die nachfolgenden Rechte gegenüber dem Auftraggeber zu: Er kann, sofern er den Bauvertrag mit dem Auftraggeber aufrechterhalten will, die ihm durch die Verzögerungen eingetretenen Mehrkosten ersetzt verlangen. Er hat gegenüber dem Auftraggeber einen Anspruch auf Schadensersatz nach § 6 Abs. 6 VOB/B, wenn der Auftraggeber die eingetretenen Verzögerungen schuldhaft verursacht hat. Dies ist etwa der Fall, wenn er seiner Verpflichtung zur Bereitstellung von Einrichtungen nicht nachgekommen ist und sich deshalb die Arbeiten der Vorunternehmer verzögert haben. Will der Auftragnehmer nicht lediglich Schadensersatz und Mehrkosten geltend machen, sondern den Bauvertrag nicht mehr erfüllen, so hat er die folgenden Möglichkeiten: Ruft der Auftraggeber die Arbeiten verspätet ab, so befindet er sich automatisch in Annahmeverzug. Der Auftragnehmer ist aufgrund des Verzugs des Auftraggebers berechtigt, den Bauvertrag aus wichtigem Grund gem. § 9 Abs. 1 VOB/B zu kündigen. Zusätzlich, nicht etwa nur alternativ, kann der Auftragnehmer bei einer mehr als dreimonatigen Verzögerung hinsichtlich des Abrufs den Bauvertrag auch nach § 6 Abs. 7 VOB/B kündigen.
Vorstehende Grundsätze gelten jedoch nur dann, wenn die Bauvertragsparteien einen verbindlichen Baubeginntermin vereinbart haben. Haben die Bauvertragsparteien hingegen keinen verbindlichen Baubeginntermin im Bauvertrag oder sonst wirksam vereinbart, hat der Auftragnehmer zunächst einen Anspruch gegen den Auftraggeber, den voraussichtlichen Baubeginn mitzuteilen. Hat der Auftragnehmer einen Bauvertrag mit einem öffentli-

chen Auftraggeber geschlossen (Vergabeverfahren nach VOB/A) und wurden in den Verdingungsunterlagen keine Angaben zum Baubeginn gemacht, kann der Auftragnehmer in aller Regel davon ausgehen, dass der öffentliche Auftraggeber die Arbeiten innerhalb von zwei Monaten abruft. Erfolgt in diesem Zeitraum kein Abruf, so steht dem Auftragnehmer das Recht zu, nach Ablauf einer von ihm gesetzten Nachfrist Schadensersatz vom Auftraggeber zu verlangen. Ein Rücktritt vom Vertrag scheidet jedoch aus.

**Aktuelle Rechtsprechung:**
Ein Unternehmer verpflichtete sich gegenüber einem privaten Bauherrn zur Errichtung eines Einfamilienhauses. Im Bauvertrag wurde als Baubeginn vereinbart „spätestens 21 Werktage nach Erteilung der Baugenehmigung". Die Bauherren drängten nach Erteilung der Baugenehmigung auf den Baubeginn, während der Bauunternehmer keinerlei Anstalten machte, mit dem Bau zu beginnen. Schließlich setzten sie ihm noch vor Ablauf der 21-Werktage-Frist am 06.09.2005 eine Nachfrist zum Baubeginn bis spätestens 14.09.2005. Auch daraufhin wird der Unternehmer nicht tätig. Nach fruchtlosem Ablauf der Nachfrist erklärten die Bauherren die Kündigung des Vertrags, woraufhin der Unternehmer 42.000 Euro Restvergütung wegen nicht mehr ausgeführter Arbeit nach § 649 Satz 1 BGB und die Bauherren Widerklage auf Rückzahlung von etwa 8.000 Euro an Abschlagszahlungen forderten. Das KG Berlin hat die Klage des Unternehmers abgewiesen. Zur Begründung führte das Gericht aus, dass die Kündigung als Rücktritt gem. § 323 BGB auszulegen ist. Voraussetzung für einen wirksamen Rücktritt ist

eine erfolglose Fristsetzung zur Durchführung der Arbeiten, wobei die Fristsetzung nur wirksam ist, wenn die Leistung des Auftragnehmers fällig ist. Das war vorliegend der Fall. Die Verpflichtung des Auftragnehmers zur Aufnahme der Bauarbeiten wurde mit der Erteilung der Baugenehmigung fällig und nach Ansicht des Gerichts nicht erst mit Ablauf der vereinbarten 21-Werktage-Frist. Nach Ablauf dieser Frist tritt vielmehr bereits Verzug ein, während die Fälligkeit sofort mit der Erteilung der Baugenehmigung gegeben war.
*KG, Urteil vom 15.07.2008, Az. 21 U 40/07*

# Bauforderungssicherungsgesetz

Zweck des Bauforderungssicherungsgesetzes, das früher „Gesetz zur Sicherung von Bauforderungen" hieß und mit GSB abgekürzt wurde, und durch das Forderungssicherungsgesetz, das zum 01.01.2009 in Kraft getreten ist, geändert wurde, ist es, dass bei nicht zweckentsprechender Verwendung von Baugeld, das der Baugeldempfänger, i. d. R. der Bauträger, dem Baugeldgläubiger, zumeist dem Bauhandwerker, ein Schadensersatzanspruch gegen den Baugeldempfänger zusteht. Besonderheit ist dabei, dass dieser Schadensersatzanspruch zu einer sog. „Durchgriffshaftung" führen kann, die bei den beteiligten Personen, die hinter einer Kapitalgesellschaft, also etwa einer GmbH, stehen, wie dem Geschäftsführer oder die Geschäftsführerin einer GmbH, zu einer persönlichen Haftung mit dem privaten Vermögen führt. Bei einer GmbH bedeutet dies also, dass dann, wenn die Voraussetzungen für einen Schadensersatzanspruch nach dem BauFordSiG vorliegen, der Bauhandwerker nicht nur auf das Gesellschaftsvermögen zugreifen kann, sondern darüber hinaus auch auf das Privatvermögen des Geschäftsführers oder der Geschäftsführerin.

Vom Schutzbereich des Bauforderungssicherungsgesetzes nicht umfasst sind Baubetreuer und Treuhänder, die lediglich im Sinne eines Geschäftsbesorgungsvertrags tätig werden, und Vermieter von Baumaschinen, da es sich hierbei um, wegen eines Mietvertrags, überlassene Sachen handelt und insofern diese Sachen im Eigentum des Vermieters bleiben.

**Erweiterung des Baugeldbegriffs**

Nach den Vorschriften des ehemaligen GSB lag Baugeld nur dann vor, wenn folgende Merkmale gegeben waren:

- Es musste sich um eine Fremdfinanzierung handeln.
- Das gewährte Geld musste die Zweckbestimmung haben, die Kosten des Bauvorhabens zu bestreiten.
- Die Gewährung des Geldes musste mit einer grundpfandrechtlichen Sicherung des Geldgebers durch Eintragung einer Hypothek oder einer Grundschuld im Grundbuch verbunden sein oder die Übertragung des Eigentums an dem Grundstück erfolgte erst nach der Herstellung des Bauvorhabens.

Diese engen Voraussetzungen für die Entstehung von Baugeld gelten nun nur noch im unmittelbaren Verhältnis des Darlehensgebers, also der Bank, zum Darlehensnehmer, also dem Bauherrn. Verlässt das Baugeld aber den Bereich des Bauherrn und gelangt es in die Hände des Bauunternehmers (Generalunternehmer oder Bauträger), so wird komplett auf die vorstehend aufgeführten sog. Baugeldmerkmale verzichtet. Nach § 1 Abs. 3 Satz 2 BauFordSiG ist es nur noch erforderlich, dass das Geld „im Zusammenhang mit der Herstellung des Baus oder des Umbaus" geleistet wurde. Dies hat zur Konsequenz, dass in jeder Zahlung, die etwa aufgrund einer Abschlagsrechnung geleistet wurde, nun Baugeld zu sehen ist.

Letztlich kann man also zusammenfassend festhalten, dass durch die Neuregelung im BauFordSiG der Baugeldbegriff auf die gesamte Kette „Bauherr – Generalunternehmer – alle Nachunternehmer" ausgeweitet wurde und unter den Baugeldbegriff seitdem nicht mehr nur kreditfinanzierte Gelder fallen, sondern auch Eigenmittel des Bauherrn bzw. des Auftraggebers, die dieser an einen Baugeldempfänger für die Baumaßnahme zahlt.

**Baugeldverwendungspflicht**

Gemäß § 1 Abs. 1 BauFordSiG ist der Empfänger von Baugeld verpflichtet, das Baugeld zur Befriedigung solcher Personen, die an der Herstellung des Baus aufgrund eines Werk-, Dienst- oder Lieferungsvertrags beteiligt sind, zu verwenden. Weil diese Baugeldverwendungspflicht unverzüglich nach Erlangung der Verfügungsgewalt des Baugeldempfängers über das Baugeld beginnt, ist mit der vorstehend beschriebenen Erweiterung des Baugeldbegriffs gleichzeitig eine nicht unerhebliche Erweiterung der Baugeldverwendungspflicht verbunden, die in der Praxis wohl noch Auswirkungen haben wird.

Die zweckwidrige Verwendung von Baugeld durch den Empfänger führt einerseits zu strafrechtlichen Konsequenzen und in zivilrechtlicher Hinsicht auch zu möglichen persönlichen

Schadensersatzansprüchen gegenüber den Handelnden des insolventen Unternehmens, das den Verstoß begangen hat.

**Wegfall der Buchführungspflicht**

In § 2 des ehemaligen GSB wurde derjenige, der die Herstellung eines Neubaus unternimmt und entweder Baugewerbetreibender war oder sich für den Neubau Baugeld gewähren ließ, verpflichtet, ein Baubuch zu führen. Mit Inkrafttreten des Forderungssicherungsgesetzes zum 01.01.2009 ist diese Baubuchführungspflicht weggefallen. Es gilt jedoch zu berücksichtigen, dass bezüglich der zweckwidrigen Baugeldverwendung durch den Baugeldempfänger auf den Zeitpunkt der Tathandlung abzustellen ist, sodass dann, wenn vor dem 01.01.2009 gegen die Baugeldverwendungspflicht verstoßen wurde, noch das ehemalige GSB anzuwenden ist, mit der Folge, dass die Verpflichtung zur Führung eines Baubuchs in diesen Fällen noch besteht.

**Vermutungsregelung des § 1 Abs. 4 BauFordSiG**

Neu eingeführt wurde mit dem Forderungssicherungsgesetz auch die Vermutungsregelung des § 1 Abs. 4 BauFordSiG. Demnach trifft die Beweislast dafür, dass Baugeldeigenschaft vorliegt oder wie Baugeld verwendet worden ist, den Baugeldempfänger. Es wird also zunächst vermutet, dass sowohl Baugeldeigenschaft vorliegt, als auch, dass ein Verstoß gegen die Baugeldverwendungspflicht besteht. Es muss jetzt also der Baugeldempfänger den Zahlungsfluss des erhaltenen Baugelds nachweisen.

**Aktuelle Rechtsprechung:**
Ein Bauunternehmer hatte im Jahr 2009 Verfassungsbeschwerde gegen das Bauforderungssicherungsgesetz erhoben. Er vertrat die Auffassung, dass das Gesetz nicht verfassungskonform sei, da es gegen den Gleichbehandlungsgrundsatz in Art. 3 des Grundgesetztes (GG), gegen das Grundrecht der Berufsfreiheit in Art. 12 Abs. 1 GG und gegen das Rechtsstaatsgebot in Art. 20 Abs. 3, Art. 103 Abs. 2 GG verstoße sowie die Allgemeine Erklärung der Menschenrechte und die Europäische Menschenrechtskonvention verletze. Die Verfassungsbeschwerde hatte jedoch keinen Erfolg. Das Bundesverfassungsgericht hatte die Verfassungsbeschwerde nicht zur Entscheidung angenommen. Eine Verletzung von Art. 3, Art. 20 und Art. 103 GG wurde nach Ansicht des Gerichts nicht hinreichend substantiiert dargelegt. Soweit eine Verletzung des Grundrechts der Berufsfreiheit gerügt worden sei, sei die Verfassungsbeschwerde unbegründet. Das Bauforderungssicherungsgesetz beschränke nämlich die Berufsausübung in verfassungsrechtlich zulässiger Weise. Umfang und Inhalt des Eingriffs in das Grundrecht sind hinreichend bestimmt und verhältnismäßig. Die Eignung des Gesetzes, Unternehmer im Insolvenzfall zu schützen, ist schon dann zu bejahen, wenn es diesen Zweck nur möglicherweise erreichen kann, was beim Bauforderungssicherungsgesetz der Fall ist.

Dem Gesetzgeber kommt insoweit ein weiter Einschätzungsspielraum zu. Lediglich objektiv untaugliche Mittel sind verfassungsrechtlich zu beanstanden. Auch stehe der Eingriff durch das Gesetz nicht zum angestrebten Erfolg außer Verhältnis. Die erheblichen Beeinträchtigungen der wirtschaftlichen Handlungsfreiheit des Unternehmers sind zumutbar, um erhebliche Forderungsausfälle in der Bauwirtschaft zu vermeiden.

**Aktuelle Rechtsprechung:**
Die klagende GmbH & Co KG handelt mit Baustoffen. Sie verklagte den Geschäftsführer der später insolvent gegangenen Komplementärin einer V. GmbH & Co KG auf Zahlung von Schadensersatz mit der Begründung, er habe Baugeld zweckwidrig verwendet. Die Klägerin hatte im Wesentlichen im Jahr 2008 an die spätere Insolvenzschuldnerin (nachfolgend KG genannt) Baumaterial zum Gesamtkaufpreis von weit mehr als 100.000 Euro geliefert. Auftraggeber der Baumaßnahme waren zwei Gemeinden und eine Stadt, die von der KG Tief- und Straßenbauarbeiten durchführen ließen. Anfang 2009 leisteten die drei Auftraggeber für Arbeiten, die von der KG mit dem von der Klägerin gelieferten Baumaterial ausgeführt worden waren, Zahlungen in einem die Klageforderung weit übersteigenden Umfang. Mit diesem Geld beglich der beklagte Geschäftsführer der KG sonstige Verbindlichkeiten der KG und bewahrte das Geld nicht getrennt von seinem sonstigen Vermögen auf. Nachdem die KG insolvent wurde, meldete die Klägerin Forderungen gegen die KG in Höhe von 561.000 Euro zur Insolvenztabelle an. Gestützt auf §§ 823 Abs. 2 BGB sowie 1 Abs. 1 und 3 Nr. 2 BauFordSiG hat das Landgericht der Klage gegen den Geschäftsführer stattgegeben, mit der Begründung, bei den empfangenen Zahlungen habe es sich um Baugeld gehandelt und der beklagte Geschäftsführer habe gegen die ihn persönlich treffende Geschäftsführerpflicht verstoßen, Baugelder nicht zweckwidrig zu verwenden, sondern im Umfang der Verbindlichkeiten der KG aus Baustofflieferungen der Klägerin an diese auszubezahlen.

Dagegen wandte sich der Geschäftsführer mit seiner Berufung und meinte, das BauFordSiG sei nicht anwendbar, da es nur für Gebäude gelte. Dem folgte auch das Berufungsgericht nicht und bestätigte die erstinstanzliche Entscheidung. Die für Straßen- undTiefbauarbeiten bestimmten Leistungen der Klägerin werden vom BauFordSiG umfasst. Der Begriff „Bau" ist gleichbedeutend mit dem Begriff „Bauwerk". Was unter einem Bauwerk zu verstehen ist, das ergibt sich aus der gefestigten Rechtsprechung des BGH. Danach ist „Bauwerk" eine unbewegliche, durch Verwendung von Arbeit und Material i. V. m. dem Erdboden hergestellte Sache. Es umfasst auchTiefbauwerke, wie Straßen und straßennutzbare Hofpflasterungen. Gemessen hieran handelte es sich auch bei den Bauten, für die die Klägerin das Material lieferte, um Arbeiten für und an Bauwerken.
*OLG Koblenz, Urteil vom 03.02.2011, 5 U 631/10*

**Aktuelle Rechtsprechung:**
Ist einem Kreditvertrag eine Zweckbestimmung für das Darlehen nicht zu entnehmen, so handelt es sich Kraft konkludenter Vereinbarung dennoch um Baugeld i. S. v. § 1 BauFordSiG, wenn die Kredit gebende Bank dem Bauunternehmer auf Wunsch der Bauherren die Finanzierung des Bauvorhabens mit einer Bankbescheinigung bestätigt.
*OLG Schleswig, Urteil vom 17.04.2008, Az. 5 U 156/07*

# Baugewährleistungsversicherung

Mängelansprüche des Auftraggebers aufgrund nach der Abnahme auftretender Mängel werden bislang vorrangig durch selbstschuldnerische unbefristete Bürgschaften abgedeckt.

Zwar ist der Auftraggeber durch die Hingabe einer Bürgschaft weitgehend hinsichtlich der entstehenden Mangelbeseitigungskosten gesichert, wobei er im Fall der Insolvenz des Auftragnehmers jedoch auf den Sicherungsbetrag beschränkt ist. Übersteigen die Mangelbeseitigungskosten den Sicherungsbetrag, geht der Auftraggeber hinsichtlich des überschießenden Betrags leer aus. Für den Auftragnehmer stellt die Hingabe einer Bürgschaft keine finanzielle Entlastung dar, da zwar zunächst das sich verbürgende Kreditinstitut für die Kosten der Mangelbeseitigung aufkommt, allerdings beim Auftragnehmer in voller Höhe Regress nimmt.

Etwa vom Auftragnehmer vor Beginn der Bauausführung abgeschlossene Bauleistungsversicherungen stellen für ihn ebenfalls keine Absicherung dar, da diese Versicherungen regelmäßig nur unvorhergesehene Sachschäden abdecken, die vor der Abnahme entstehen. Betriebshaftpflichtversicherungen bieten lediglich Schutz gegen allgemeine Haftpflichtschäden während der Bauphase, nicht jedoch für Mangelansprüche des Auftraggebers. Baugewährleistungsversicherungen decken hingegen hauptsächlich diejenigen Kosten ab, welche im Rahmen von Mangelbeseitigungen nach der Abnahme entstehen. Gedeckt sind ferner Kosten aus der Befriedigung von Minderungsansprüchen, die nach der Abnahme geltend gemacht werden.

Dabei werden auch Subunternehmer in den Versicherungsumfang einbezogen. Umfasst werden vom Versicherungsumfang ferner unterlassene Bedenkenmitteilungen und daraus sich ergebende Schäden. Schließlich kommen die Versicherungen auch für Verfahrenskosten auf, die im Zusammenhang mit gerichtlichen Auseinandersetzungen aufgrund von Mängelansprüchen entstehen.

Die Versicherung ist vor Ausführung der Bautätigkeiten abzuschließen.

**Praxistipp:**
Dem Auftragnehmer ist gerade bei der Ausführung von Bauleistungen im Zusammenhang mit größeren Bauvorhaben der Abschluss einer Baugewährleistungsversicherung anzuraten. Sofern der Auftragnehmer dabei Mitglied einer ARGE ist, ist eine Beschränkung der Baugewährleistungsversicherung auf diejenige Quote vorzunehmen, die seiner prozentualen Beteiligung entspricht.

# Bauhandwerkersicherung nach § 648a BGB

Da die VOB/B das Werkvertragsrecht des BGB lediglich ergänzt und § 17 VOB/B lediglich den Fall regelt, dass und in welcher Art und Weise bei entsprechender Vereinbarung im Vertrag der Auftraggeber Sicherheit vom Auftragnehmer verlangen kann, sind die Vorschriften des § 648a BGB über die Bauhandwerkersicherheitsleistung, die der Auftragnehmer vom Auftraggeber verlangen kann, auch auf VOB-Bauverträge anzuwenden.

Der Auftragnehmer ist, soweit es keine anderslautende Vereinbarung gibt, bis zur Abnahme vorleistungspflichtig. Dies bringt für ihn eine Reihe von finanziellen Risiken mit sich:

1. Der Auftragnehmer trägt das volle finanzielle Risiko, wenn der Auftraggeber vor Zahlung insolvent wird und seiner Zahlungsverpflichtung nicht mehr nachkommen kann. Er kann in diesen Fällen darauf beschränkt sein, seine Vergütungsansprüche lediglich noch zur Insolvenztabelle anzumelden, und erhält meist nach Jahren, wenn überhaupt, nur einen geringen Bruchteil der ihm zustehenden Vergütung. In das Bauvorhaben eingebrachte Gegenstände kann er nicht wieder entfernen, da diese Eigentum des Grundstückeigentümers geworden sind.
2. Der Auftragnehmer ist auch dann schutzlos, wenn der Auftraggeber zwar zahlen kann, aber nicht zahlen will. Er kann seinen Anspruch dann gerichtlich einfordern. Bauprozesse dauern jedoch i. d. R. sehr lange und kosten viel Geld. Da viele mittelständische Betriebe nicht Jahre auf die Zahlung von Vergütung warten können, sind sie oftmals gezwungen, Vergleiche einzugehen, bei welchen sie auf einen nicht unerheblichen Teil der Vergütung verzichten müssen. Dies wird oftmals bewusst von Auftraggebern ausgenutzt, indem sie schlichtweg Schlussrechnungen grundlos erheblich kürzen und den Auftragnehmer auf den Klageweg verweisen.

Da auch die Bauhandwerkersicherungshypothek erhebliche Schwächen aufweist (siehe: → Bauhandwerkersicherungshypothek), wurde bereits mit dem Bauhandwerkersicherungsgesetz, das am 01.05.1993 in Kraft getreten ist, § 648a BGB in das Gesetz eingefügt, wonach dem Auftragnehmer über die Handwerkersicherungshypothek hinaus weitere

Sicherungsmöglichkeiten eingeräumt wurden. Die Vorschrift hat in der Baupraxis zwischenzeitlich erhebliche Bedeutung erlangt. Sie ist auf alle Bauverträge anzuwenden, die nach dem 01.05.1993 abgeschlossen wurden.

Mit dem Inkrafttreten des Forderungssicherungsgesetzes zum 01.01.2009 hat § 648a BGB zuletzt zudem wesentliche Änderungen erfahren, die für den Auftragnehmer erhebliche Vorteile bieten.

Nach § 648a Abs. 1 BGB in der aktuellen Fassung, wie sie mit Inkrafttreten des Forderungssicherungsgesetzes seit dem 01.01.2009 gilt, kann der Unternehmer eines Bauwerks, einer Außenanlage oder eines Teils davon vom Besteller Sicherheit für die auch in Zusatzaufträgen vereinbarte und noch nicht gezahlte Vergütung einschließlich dazugehöriger Nebenforderungen, die mit 10 % des zu sichernden Vergütungsanspruchs anzusetzen sind, verlangen. Dies gilt in demselben Umfang auch für Ansprüche, die an die Stelle der Vergütung treten. Der Anspruch des Unternehmers auf die Sicherheit wird nicht dadurch ausgeschlossen, dass der Auftraggeber Erfüllung verlangen kann oder das Werk abgenommen hat. Ansprüche, mit denen der Auftraggeber gegen den Vergütungsanspruch des Unternehmers aufrechnen kann, bleiben bei der Berechnung der Vergütung unberücksichtigt, es sei denn, sie sind unstreitig oder rechtskräftig festgestellt.

Zu den Regelungen im Einzelnen:

**Anspruchsberechtigte**

Verlangen kann die Sicherheit nach dem Wortlaut der Vorschrift „der Unternehmer eines Bauwerks, einer Außenanlage oder eines Teils davon". Unternehmer eines Bauwerks ist jeder, der die Herstellung eines Bauwerks oder eines Teils hiervon übernommen hat. Darunter fallen grundsätzlich

- alle Auftragnehmer, die ein Bauwerk herstellen,
- Architekten,
- Sonderfachleute, wie etwa Statiker,
- Unternehmer einer Außenanlage, wie etwa Garten- und Landschaftsbauer, sowie
- Subunternehmer gegenüber ihren Auftraggebern.

**Aktuelle Rechtsprechung:**
Abbruchunternehmer sind – jedenfalls dann, wenn sie ausschließlich Abbruch- und Abrissarbeiten vornehmen – nicht vom geschützten Personenkreis umfasst. In seiner Entscheidung vom 01.06.1995, 4 W 1/95, hat das OLG Bremen festgestellt, dass Abbruch und Abriss dann keine Arbeiten an einem Bauwerk i. S. d. § 648 BGB sind, wenn sie isoliert vergeben wurden, sodass der Abbruchunternehmer für seinen Werklohn folglich nicht die Eintragung einer Bauhandwerkersicherungshypothek und damit auch keine Sicherheit nach § 648 a BGB fordern kann. Anders ist dies aber, wenn die Abbrucharbeiten nicht isoliert vergeben wurden. In einem vor dem OLG München entschiedenen Rechtsstreit erbrachte ein Tiefbauunternehmen bei einem innerstädtischen Wohnbauvorhaben Abbruch-, Aushub- und Entsorgungsarbeiten. Dabei wurde nicht nur ein beidseitig an die Nachbargebäude angrenzendes Haus abgebrochen, vielmehr wurden auch die gemeinsamen Nachbarwände zur Erhaltung der Standfestigkeit „vernadelt". Daneben war der Auftragnehmer auch damit beauftragt worden, unterirdische Bereiche

eines Kellers abzubrechen und zu entsorgen. Nachdem die Auftraggeberin die Schlussrechnung nicht zahlte, beantragte der Auftragnehmer die Eintragung einer Bauhandwerkersicherungshypothek im Wege der einstweiligen Verfügung. Das Gericht hat die Verfügung erlassen. Dabei hat es darauf abgestellt, dass die Abbrucharbeiten im Zusammenhang mit weiteren Vorbereitungsarbeiten, wie Aushub und insbesondere der Mauerwerksvernadelung, erbracht wurden. Solche Leistungen sind sicherungsfähig.
*OLG Bremen, Beschluss vom 01.06.1995, 4 W 1/95 sowie OLG München, Beschluss vom 17.09.2004, 28 W 2286/04*

Nicht unter den geschützten Personenkreis fallen:
- all diejenigen, die mit dem Auftraggeber lediglich einen Werklieferungsvertrag und keinen Bauvertrag abgeschlossen haben,
- Baustofflieferanten,
- gem. § 648a Abs. 6 BGB Auftraggeber, die eine juristische Person des öffentlichen Rechts oder ein sog. öffentlichrechtliches Sondervermögen sind, über deren Vermögen ein Insolvenzverfahren unzulässig ist, oder
- eine natürliche Person, die die Bauarbeiten zur Herstellung oder Instandsetzung eines Einfamilienhauses mit oder ohne Einliegerwohnung ausführen lässt. Dies gilt jedoch nicht bei der Betreuung des Bauvorhabens durch einen zur Verfügung über die Finanzierungsmittel des Auftraggebers ermächtigten Baubetreuer.

**Anspruch des Unternehmers auf die Sicherheit**
Eine ganz wesentliche und für den Auftragnehmer überaus bedeutsame Neuerung wurde mit dem Forderungssiche-

rungsgesetz zum 01.01.2009 in § 648a BGB aufgenommen. Im Gegensatz zur bis dahin gültigen Regelung räumt der Gesetzgeber dem Auftragnehmer nun einen Anspruch auf die Sicherheit ein. Statt einer bloßen Obliegenheit gibt es jetzt also eine Verpflichtung des Auftraggebers, dem Auftragnehmer die Sicherheit zu gewähren. Bislang konnte der Auftragnehmer, wenn die Frist zur Gewährung der Sicherheit ergebnislos verstrichen war, die Leistung verweigern und allenfalls noch den Bauvertrag kündigen. Dadurch, dass ihm nunmehr ein Anspruch auf Stellung der Sicherheit eingeräumt worden ist, hat er zusätzlich die Wahl, ob er bei Nichtleistung der Sicherheit diese einklagt oder aber den Bauvertrag kündigt. Das Sicherungsverlangen kann also auch aktiv verfolgt werden, da es als Anspruch ausgestaltet wurde.

**Hinweis:**
Es stellt sich damit aber die Frage, ob der Auftragnehmer seinen einklagbaren Anspruch auf dem schnellen Weg über eine Urkundenklage einfordern kann, wenn ihm der Auftraggeber diese innerhalb der vom Auftragnehmer gesetzten Frist nicht leistet. Der Vorteil einer Urkundenklage gegenüber einer „normalen" Klage ist der, dass der Auftragnehmer wesentlich schneller an ein Urteil gelangt und damit den ihm zustehenden Anspruch auf Gewährung einer Sicherheit weitaus schneller durchsetzen könnte, als seinen hinter dem Sicherungsverlangen stehenden eigentlichen Zahlungsanspruch. Da die Erhebung einer Urkundenklage aber nach § 592 Zivilprozessordnung (ZPO) nur dann zulässig ist, wenn es sich um einen auf Geldzahlung gerichteten Anspruch handelt, kann der Anspruch nach derzeit offensichtlich herr-

schender Meinung in Rechtsprechung und Literatur nicht im Urkundenprozess geltend gemacht werden.

**Zeitpunkt des Verlangens nach der Sicherheit und Verlangen nach Abnahme**

Das Recht, die Bauhandwerkersicherheit zu fordern, besteht bereits unmittelbar nach Abschluss des Bauvertrags. Da § 648a BGB, wie ausgeführt, einen gesetzlichen Anspruch auf Gewährung der Sicherheit enthält, ist es nicht erforderlich, dass hierzu eine Regelung im Bauvertrag enthalten ist. Auch ohne dass hierzu etwas im Bauvertrag steht, kann also der Auftragnehmer die Sicherheit vom Auftraggeber verlangen. Der Anspruch auf Stellung der Sicherheit besteht während der gesamten Bauphase und kann innerhalb dieses Zeitraums grundsätzlich jederzeit geltend gemacht werden. Auch nach der Abnahme ist der Auftragnehmer noch berechtigt, die Bauhandwerkersicherheit vom Auftraggeber zu fordern, was sich aus § 648a Abs. 1 Satz 3 BGB ergibt. Leistet der Auftraggeber auf das berechtigte Sicherungsverlangen des Auftragnehmers innerhalb einer von ihm gesetzten Frist nach der Abnahme die Sicherheit nicht, so kann der Auftragnehmer die Mangelbeseitigung verweigern. Dies gilt auch dann, wenn der Auftraggeber die ihm zustehenden Mängelansprüche an einen Dritten abgetreten hat. Nach Ablauf der Frist kann der Auftragnehmer die Mangelbeseitigung dann endgültig verweigern. Ihm steht in diesem Fall die Vergütung zu, die er jedoch um den mangelbedingten Minderwert der Werkleistung zu kürzen hat.

**Insolvenzrechtliche Bedeutung**

Der Umstand, dass dem Auftragnehmer ein Anspruch auf Gewährung der Sicherheitsleistung eingeräumt ist, hat auch insolvenzrechtliche Bedeutung. Lange war es umstritten, ob die Stellung einer Sicherheit nach § 648a BGB in den letzten drei Monaten bzw. einen Monat vor Antrag auf Eröffnung des Insolvenzverfahrens insolvenzfest ist. Aufgrund des nun bestehenden Anspruchs wird die Stellung des Unternehmers gegenüber dem Insolvenzverwalter verbessert. Eine im Zeitraum der besonderen Insolvenzanfechtung dem Unternehmer gewährte Sicherheit ist nicht mehr gem. § 131 Abs. 1 InsO als inkongruent anzusehen. Das schließt eine Anfechtung zwar nicht grundsätzlich aus, erhöht aber die Darlegungs- und Beweisanforderungen an den Insolvenzverwalter, wenn er seinen Anfechtungsanspruch durchsetzen will.

**Aufforderung**

Der Auftragnehmer muss den Auftraggeber zur Stellung einer Sicherheit auffordern, wobei diese Aufforderung formfrei ist, also auch mündlich erklärt werden kann. Es ist dringend anzuraten, die Aufforderung schriftlich zu verfassen, da hiermit nachträgliche Beweis- und Dokumentationsschwierigkeiten vermieden werden können.

Die Aufforderung kann frühestens bei Vertragsschluss und jederzeit während der Bauausführung erfolgen. Dass die Aufforderung auch noch nach der Abnahme erfolgen kann, entsprach bislang höchstrichterlicher Rechtsprechung und ist mit der durch das Forderungssicherungsgesetz zum 01.01.2009 in Kraft getretenen Neufassung des § 648a BGB auch gesetzlich festgeschrieben worden.

**Fristsetzung**
Der Auftragnehmer hat dem Auftraggeber eine angemessene Frist zu setzen, die i. d. R. ein bis drei Wochen betragen sollte, damit dem Auftraggeber die Möglichkeit eingeräumt wird, die Sicherheit beibringen zu können. Eine zu kurz bemessene Frist wird in eine angemessen lange Frist umgedeutet. Das Aufforderungsschreiben ist damit ebensowenig wie die Fristsetzung selbst unwirksam. Auch die Nachfrist des § 648a Abs. 5 Satz 1 BGB i. V. m. § 643 Satz 1 BGB muss angemessen sein. Sie darf jedoch kürzer bemessen sein als die erste Frist nach § 648a Abs. 1 Satz 1 BGB.

**Aktuelle Rechtsprechung:**
In einem vom Landgericht München I entschiedenen Fall beauftragte ein privater Bauherr einen Bauunternehmer im Juli 2005 mit den Rohbauarbeiten an einem Wohn- und Geschäftshaus. Nachdem der Bauunternehmer mit den Arbeiten begonnen hatte, verlangte er vom Bauherrn eine Sicherheit nach § 648a BGB in Höhe der Bruttoauftragssumme zuzüglich des Zuschlags in Höhe von 10 %. Zur Stellung dieser Sicherheit setzte er dem Bauherrn eine Frist bis zum 28.09.2005, die er später nochmals bis zum 17.10.2005 verlängerte. Nach fruchtlosem Fristablauf setzte der Bauunternehmer dem Bauherrn am 18.10.2005 eine Nachfrist von zweieinhalb Tagen bis zum 21.10.2005, 12.00 Uhr. Der Bauherr bot bis dahin lediglich eine unzureichende Sicherheit an. Am 21.10.2005 um 14.00 Uhr erklärte der Bauunternehmer, dass der Vertrag nunmehr als aufgehoben gelte und verlangte pauschalierten Schadensersatz in Höhe von 35.000 Euro nach § 648a Abs. 5 Satz 4 BGB. Der Bauherr war u. a. auch der Ansicht, dass die Nachfrist zu kurz bemessen gewesen sei und in eine angemessen lange Frist umzudeuten sei, die

aber deswegen nicht mehr zum Tragen komme, da der Bauunternehmer bereits die Vertragsbeendigung erklärt habe.

Das Landgericht München I folgte dem nicht und verurteilte den Bauherrn zur Zahlung dem Grunde nach, da die Höhe des pauschalierten Schadensersatzes noch streitig war. Auch die Nachfrist nach §§ 648a Abs. 5 Satz 1, 643 Satz 1 BGB müsse angemessen sein, dürfe jedoch kürzer sein als die erste Frist nach § 648a Abs. 1 BGB. Allgemein sei für die Angemessenheit der Nachfrist ein Zeitraum von ein bis zwei Tagen bis zu einer Woche anzusetzen. Im vorliegenden Fall sei der Zeitraum von zweieinhalb Tagen deshalb nicht unangemessen, weil der Bauherr schon innerhalb der ersten Frist keine taugliche Sicherheit angeboten hatte. Auch das Berufungsgericht, das OLG München, war dieser Ansicht und empfahl die Rücknahme der Berufung.
*OLG München, Beschluss vom 11.06.2008, Az. 9 U 1913/08*

Nach der amtlichen Begründung des Gesetzgebers zu § 648a BGB soll allerdings hingegen eine Frist von sieben bis zehn Tagen ausreichend sein. Dabei sei zudem zu berücksichtigen, dass, etwa bei größeren Bauvorhaben, eine längere Frist erforderlich sein kann. Der Auftragnehmer sollte daher dem Auftraggeber grundsätzlich etwas mehr Zeit lassen, die Sicherheit beizubringen, bevor er Konsequenzen zieht. Solange nämlich die angemessene Frist noch nicht abgelaufen ist, steht dem Auftragnehmer noch kein Leistungsverweigerungsrecht zu.
*OLG Naumburg, Urteil vom 16.08.2001, Az. 2 U 17/01*

**Androhung der Folgen**
Nach § 648a Abs. 5 BGB ist es nicht erforderlich, dass der Auftragnehmer in seinem Sicherungsverlangen auf die

Folgen hinweist. Nach dem Wortlaut der Vorschrift genügt alleine schon der fruchtlose Ablauf der angemessenen Frist zur Gewährung der Sicherheit, um eine der Konsequenzen auszuüben. Es ist also nicht mehr nötig, das Leistungsverweigerungsrecht, die Kündigung oder die gerichtliche Geltendmachung des Anspruchs aus Stellung der Sicherheit anzudrohen.

**Höhe der Sicherheit**
Der Auftragnehmer kann Sicherheit bis zur Höhe des voraussichtlichen Vergütungsanspruchs verlangen, wie er sich aus dem Vertrag oder Zusatzauftrag ergibt, zuzüglich etwaiger Nebenforderungen, die pauschal mit 10 % anzusetzen sind. Bereits geleistete Abschlagszahlungen, Vorauszahlungen und Teilschlusszahlungen sind dabei in Abzug zu bringen. Bei Vorliegen von Mängeln sind die voraussichtlichen Mängelbeseitigungskosten in einfacher Höhe in Abzug zu bringen.

**Arten von Sicherheiten**
Das Gesetz schreibt keine bestimmten Arten von Sicherheiten vor, sodass grundsätzlich alle Sicherungsmittel nach §§ 232 ff. BGB in Betracht kommen. Sie müssen nicht zwingend von Dritten, etwa einem Kreditinstitut, erbracht werden, sondern können auch vom Auftraggeber selbst erbracht werden. Die Sicherheit darf nicht befristet sein. Der Auftragnehmer kann darüber hinaus nicht verlangen, dass ihm eine Bürgschaft auf erstes Anfordern ausgehändigt wird, es sei denn, die Vertragsparteien haben dies individuell vereinbart.

Nach § 648a Abs. 2 BGB kann die Sicherheit auch durch eine Garantie oder ein sonstiges Zahlungsversprechen eines im

Geltungsbereich des BGB zum Geschäftsbetrieb befugten Kreditinstituts oder Kreditversicherers geleistet werden. Das Kreditinstitut oder der Kreditversicherer darf jedoch Zahlungen an den Auftragnehmer nur vornehmen, soweit der Auftraggeber den Vergütungsanspruch des Auftragnehmers entweder anerkannt hat oder durch ein vorläufig vollstreckbares Urteil zur Zahlung der Vergütung verurteilt worden ist und die Voraussetzungen vorliegen, unter denen die Zwangsvollstreckung begonnen werden darf.

**Kosten der Sicherheit**
Der Auftragnehmer ist verpflichtet, dem Auftraggeber die üblichen Kosten für die Gewährung der Sicherheit zu erstatten. Die Kosten hat der Auftraggeber dem Auftragnehmer nachzuweisen. Der Auftraggeber hat jedoch nicht das Recht, die Aushändigung der Sicherheit an den Auftragnehmer von der Erstattung der Kosten abhängig zu machen. Ebenso kann er die Aushändigung nicht davon abhängig machen, dass ihm der Auftragnehmer seinerseits wiederum eine Sicherheit hinsichtlich der Kosten aushändigt.

**Folgen der Nichtleistung und verspäteten Leistung der Sicherheit**
Sofern der Auftraggeber die geforderte Sicherheit nicht innerhalb der gesetzten Frist leistet, stehen dem Auftragnehmer die nachfolgenden Rechte zu:

1. Er kann die (weitere) Ausführung seiner Leistungen verweigern, also die (weiteren) Arbeiten einstellen,
2. er kann den Vertrag kündigen oder
3. er kann weiterarbeiten und die Sicherheit einklagen.

**Hinweis:**
Kündigt der Unternehmer den Vertrag, so muss ihm der Auftraggeber den Schaden ersetzen, der dem Unternehmer dadurch entstanden ist, dass er auf die Wirksamkeit des Vertrags vertraut hat. Bislang war dabei in § 648a BGB eine Pauschale in Höhe von 5 % der noch nicht ausgeführten Teilleistung geregelt, die dem Auftragnehmer im Kündigungsfalle zusteht. In § 649 BGB war dies nicht der Fall. Der Auftragnehmer musste bislang im Fall der freien Kündigung umständlich seinen Anspruch darlegen und nachweisen. Nachdem aber mit dem Forderungssicherungsgesetz zum 01.01.2009 in § 649 Satz 3 BGB ebenfalls eine Pauschale in Höhe von 5 % eingeführt wurde, kann der Auftraggeber nun nicht mehr auf die Vorschrift des § 649 BGB ausweichen.

Erbringt der Auftraggeber die geforderte Sicherheit durch Bankbürgschaft, so muss er eine bis zur Beendigung des Bauvertrags befristete Bürgschaft nicht akzeptieren. Eine solche Bürgschaft ist für den Auftragnehmer im Fall der vorzeitigen Kündigung des Bauvertrags durch den Auftraggeber nahezu wertlos, da er hinsichtlich der ihm noch zustehenden Vergütungsansprüche gegenüber dem Auftraggeber wieder ohne Sicherheit dasteht. Er kann eine unbefristete Bürgschaft fordern. Händigt der Auftraggeber innerhalb der ihm vom Auftragnehmer gesetzten angemessenen Frist nur eine bis zur Beendigung des Bauvertrags befristete Bürgschaft an den Auftragnehmer aus und weigert er sich, eine unbefristete Bürgschaft zu stellen, so hat er keine Sicherheit erbracht.

**Praxistipp:**
Bezüglich des Umfangs einer § 648a-BGB-Bürgschaft sollte der Auftragnehmer aufpassen: Stellt der Bürge im Auftrag des Auftraggebers gegenüber dem Auftragnehmer nämlich eine § 648a-BGB-Bürgschaft und bezieht er sich im Bürgschaftstext ausdrücklich auf den genauer bezeichneten Generalunternehmervertrag und auf die vom Auftragnehmer zu erbringenden Vorleistungen, so deckt die Bürgschaft auch nur diese Vorleistungen ab. Leistungsänderungen und Leistungsanordnungen gem. § 1 Abs. 3, 4 Satz 1 VOB/B werden von einer Zahlungsbürgschaft, die auf den Hauptvertrag Bezug nimmt, nicht abgedeckt. Der § 648a-BGB-Bürge wird von seiner Haftung frei, wenn die vom Hauptschuldner geleisteten Zahlungen bzw. Verrechnungen ausreichen, um die verbürgte Hauptverbindlichkeit zu tilgen.
*Kammergericht Berlin, Urteil vom 09.01.2006, Az. 10 U 231/04; BGH, Beschluss vom 08.05.2007 (Nichtzulassungsbeschwerde zurückgewiesen)*

**Aktuelle Rechtsprechung:**
Ein Auftragnehmer klagte zu verschiedenen Bauverträgen gegen den Auftraggeber Sicherheiten gem. § 648a BGB ein. Der Auftraggeber lehnt dies mit dem Argument ab, dass man im Vorfeld der Beauftragung über das Thema Sicherheiten gesprochen und nachfolgend vereinbart habe, gegenseitig für die gesamte Geschäftsbeziehung auf Sicherheiten jeglicher Art zu verzichten. Zwar wisse er, dass gem. § 648a Abs. 7 BGB eine derartige Vereinbarung unwirksam sei, er halte das jetzige Vorgehen des Auftragnehmers aber für treuwidrig. Sowohl in erster als auch in zweiter Instanz bekommt der

Auftragnehmer jedoch Recht. Das OLG Hamm wies in seinen Entscheidungsgründen insbesondere darauf hin, dass die vom Auftraggeber behauptete Abrede nach § 648a Abs. 7 BGB unwirksam ist, da sie die Rechte des Auftragnehmers unzulässig beschränke. Unwirksam ist eine Vereinbarung, wechselseitig auf Sicherheiten zu verzichten, auch dann, wenn sie die Bedingung für den Vertragsabschluss geworden ist.

Der Auftragnehmer verhält sich überdies auch nicht treuwidrig, wenn er von den ihm gesetzlich zustehenden unverzichtbaren Rechten Gebrauch macht. Dies gilt auch dann, wenn er sich dadurch widersprüchlich verhält. Hinzu kommt, dass dem Auftraggeber die Unwirksamkeit der Abrede nach eigenem Bekunden bekannt war.
*OLG Hamm, Beschluss vom 28.01.2011, 19 U 155/10*

# Bauhandwerkersicherungshypothek

Nach § 648 BGB kann der Unternehmer eines Bauwerks oder eines Teils hiervon für seine Forderungen gegenüber dem Auftraggeber verlangen, dass dieser eine Sicherungshypothek an seinem Baugrundstück zugunsten des Auftragnehmers einräumt. Diese Möglichkeit steht auch dem Auftragnehmer eines Bauvertrags nach der VOB zu, da die VOB/B lediglich die gesetzlichen Bestimmungen des Werkvertragsrechts im BGB ergänzt und hierzu keine Regelungen in der VOB/B getroffen werden. Die Regelung über die Sicherungshypothek ist in vielerlei Hinsicht unzureichend und in der Baupraxis wenig praktikabel.

Der Auftraggeber muss grundsätzlich Eigentümer des Baugrundstücks sein. Für die Identität zwischen Eigentümer und Auftraggeber ist der Zeitpunkt des Antrags auf Eintragung einer Vormerkung bzw. einer Sicherungshypothek maßgeblich. Wenn also der Bauherr das Grundstück erst im Verlauf der Bauausführung erwirbt, so ist es dem Auftragnehmer möglich, eine Bauhandwerkersicherungshypothek eintragen zu lassen. Bei den vielfältigen Unternehmereinsatzformen ist es in der Baupraxis jedoch häufig der Fall, dass es an einer Identität von Auftraggeber (Bauherr) und Grundstückseigentümer fehlt.

Wenn etwa vom Bauherrn ein Generalübernehmer mit der Ausführung beauftragt wird und dieser seinerseits wieder Subunternehmer mit der Ausführung einzelner Gewerke beauftragt, so ist es dem Subunternehmer nicht möglich, zur Sicherung seiner Ansprüche gegenüber dem Generalübernehmer eine Bauhandwerkersicherungshypothek eintragen zu lassen, da der Generalübernehmer nicht Eigentümer des Baugrundstücks ist. Die Bauhandwerkersicherungshypothek spielt somit in der Baupraxis eine untergeordnete Rolle. Für das Sicherungsinteresse des Bauhandwerkers steht diesem das weitaus effektivere Rechtsinstitut des § 648a BGB zur Verfügung.

Siehe auch: → Bauhandwerkersicherung nach § 648a BGB

Lediglich in einzelnen Ausnahmefällen, nämlich dann, wenn es der Grundsatz von Treu und Glauben erfordert, wird das Erfordernis der Identität von Grundstückseigentümer und Auftraggeber aufgeweicht. Erforderlich ist hierfür, dass der

Grundstückseigentümer unter Ausnutzung des Umstands, dass er nicht Eigentümer des Grundstücks ist, mit einem von ihm bewusst gesteuerten Auftraggeber versucht, sich missbräuchlich einen Vorteil zu verschaffen, und dass der Auftragnehmer schutzwürdig ist.

Sind mehrere Auftraggeber Eigentümer eines Grundstücks, ist das Grundstück insgesamt mit der Sicherungshypothek zu belasten. Werden die vom Auftragnehmer zu erbringenden Bauleistungen auf mehreren Grundstücken des Auftraggebers erbracht, so kann die Sicherungshypothek an jedem Baugrundstück des Auftraggebers in voller Höhe der Forderung eingeräumt werden. Hat der Auftragnehmer bereits eine Sicherheit nach § 648a BGB erlangt, so ist er im Übrigen nicht mehr berechtigt, eine Bauhandwerkersicherungshypothek vom Auftraggeber zu verlangen.

**Sicherbare Forderungen**

Sicherbar sind zunächst die Vergütungsansprüche des Auftragnehmers für Leistungen, die er tatsächlich erbracht hat. Die Vergütungsforderung muss nicht fällig sein. Gesichert werden können ferner Vergütungsansprüche, die nach einer Vertragskündigung durch den Auftraggeber oder den Auftragnehmer entstanden sind. Voraussetzung für die Sicherung dieser Ansprüche ist jeweils, dass im Vertrag die Zahlung der Vergütung nicht von weiteren Voraussetzungen abhängig gemacht wurde, die zum Zeitpunkt des Verlangens noch nicht vorliegen. Sicherbar sind schließlich neben der Vergütungsforderung auch evtl. Schadensersatzansprüche des Auftragnehmers gegenüber dem Auftraggeber.

**Aktuelle Rechtsprechung:**
Nach dem Zugang einer Kündigung kann die Eintragung einer Vormerkung zur Sicherung einer Bauhandwerkersicherungshypothek aus einer Abschlagsrechnung, die vor einer ausgesprochenen Kündigung erstellt worden ist, nicht mehr verlangt werden.

Ein Auftragnehmer machte in einem zuletzt vom Landgericht Hannover entschiedenen Fall gegen den Auftraggeber eine Forderung aus einer Abschlagsrechnung geltend. Der Auftraggeber kündigte den Bauvertrag, wobei zwischen den Parteien strittig geblieben ist, ob eine freie Kündigung oder eine Kündigung aus wichtigem Grunde vorlag. Der Auftragnehmer beantragte daraufhin den Erlass einer einstweiligen Verfügung, gerichtet auf die Eintragung einer Vormerkung für eine Bauhandwerkersicherungshypothek, drang damit aber letztlich bei Gericht nicht durch. Grund hierfür war, dass der Auftragnehmer keine Abschlagszahlung mehr verlangen konnte, sondern seine Vergütung im Rahmen einer Schlussrechnung geltend machen musste. Aus diesem Grund war auch eine Vormerkung zur Sicherung einer Abschlagsrechnung nicht eintragungsfähig. Die zu sichernde Forderung muss zwar noch nicht fällig sein, allerdings muss sie zumindest fällig werden können. Forderungen, denen eine dauerhafte Einrede entgegensteht, sind nicht sicherbar. Aufgrund der ausgesprochenen Kündigung, die die Schlussrechnungspflicht zur Folge hatte, war die Möglichkeit der Fälligkeit gerade nicht mehr gegeben.
*LG Hannover, Urteil vom 15.02.2008, Az. 16 O 329/07*

**Anmerkung:**
Diese Entscheidung ist mit gewisser Vorsicht zu genießen, da sie in Widerspruch zu einer Entscheidung des OLG München (veröffentlicht in BauR 2005, 1960) steht. Nach Auffassung der Münchner Richter kann ein Unternehmer die Eintragung einer Vormerkung zur Sicherung des Anspruchs auf Einräumung einer Sicherungshypothek aus einer Abschlagsrechnung auch dann noch fordern, wenn bereits Schlussrechnungsreife eingetreten ist und der zugrunde liegende Werkvertrag gekündigt ist.

**Verfahren**
Die Bestellung der Sicherungshypothek erfolgt durch Einigung von Auftragnehmer und Auftraggeber über die Eintragung der Hypothek und Eintragung in das Grundbuch, wobei das erforderliche Verfahren nach der Grundbuchordnung einzuhalten ist. Da die Eintragung regelmäßig viel Zeit in Anspruch nimmt, wird in der Baupraxis zunächst eine Vormerkung im Grundbuch eingetragen, die darauf gerichtet ist, dass die Sicherungshypothek eingetragen wird. Dies geht erheblich schneller und ist im Wege der einstweiligen Verfügung durchzusetzen.

Sollte der Auftraggeber nach Eintragung der Vormerkung über das Grundstück verfügen, dieses etwa veräußern, so sind diese Verfügungen gegenüber dem Auftragnehmer unwirksam.

**Praxistipp 1:**
Kündigt der Auftraggeber den Bauvertrag, ohne dass ein wichtiger Grund vorliegt (siehe: → Freie Kündigung), so

kann der Auftragnehmer die vereinbarte Vergütung verlangen, wobei er sich jedoch das anrechnen lassen muss, was er sich infolge der Kündigung erspart hat oder zu ersparen böswillig unterlassen hat. Der Auftragnehmer kann in diesem Fall hinsichtlich der Vergütung, die ihm noch gegen den Auftraggeber zusteht, vom Auftraggeber die Einräumung einer Bauhandwerkersicherungshypothek an dessen Grundstück verlangen, auch wenn der Wortlaut des § 648 BGB dahingeht, dass bei nicht vollendeten Bauleistungen nur die Einräumung der Sicherungshypothek für einen der geleisteten Arbeit entsprechenden Teil gefordert werden kann.

**Praxistipp 2:**
Die Bauhandwerkersicherungshypothek sichert aber nicht nur Vergütungsansprüche für bereits erbrachte Bauleistungen des Auftragnehmers, sondern umfasst auch Forderungen aus dem Bauvertrag, ohne dass der Auftragnehmer durch von ihm erbrachte Bauleistungen dem Baugrundstück eine Werterhöhung zukommen lassen müsste. Der Auftragnehmer hat im Fall der freien Kündigung durch den Auftraggeber ein berechtigtes Interesse daran, dass die ihm noch zustehende Vergütung ausreichend gesichert ist.
OLG Düsseldorf, Beschluss vom 14.08.2003, Az.: 5W 17/03

**Hinweis:**
Ein Antrag auf Eintragung einer Vormerkung im Wege einer einstweiligen Verfügung auf Eintragung einer Bauhandwerkersicherungshypothek ist auch dann begründet, wenn

**zwar nicht** eine BGB-Gesellschaft als Auftraggeberin, jedoch ihre Gesellschafter als Eigentümer des Baugrundstücks im Grundbuch eingetragen sind.
*LG Hannover, Urteil vom 15.02.2008, Az. 16 O 329/07, derzeit noch nicht rechtskräftig*

**Aktuelle Rechtsprechung:**
Der Architekt hat erst dann einen Anspruch auf Eintragung einer Bauhandwerkersicherungshypothek, wenn mit den Bauarbeiten aufgrund seiner Planung begonnen wurde.
*OLG Hamburg, Beschluss vom 18.03.2009, Az. 14 W 24/09*

# Bauüberwachung

Gemäß § 4 Abs. 1 Nr. 2 VOB/B hat der Auftraggeber das Recht, nicht aber die Pflicht, die Bauarbeiten zu überwachen. Der Auftragnehmer ist grundsätzlich selbst dafür verantwortlich, dass die Bauarbeiten ordnungsgemäß ausgeführt werden. Sofern der Auftraggeber von seinem Recht auf Überwachung der Bauleistungen keinen Gebrauch macht, kann ihm hieraus beim Auftreten von Schäden oder Mängeln grundsätzlich keine Mitverantwortung angelastet werden.

Der Architekt ist, auch wenn er vom Auftraggeber mit der Objektüberwachung beauftragt wurde, nicht Erfüllungsgehilfe des Auftraggebers, sodass bei etwaigen Pflichtverstößen zwar möglicherweise der Architekt haftet, nicht aber auch der Auftraggeber.

Sinn und Zweck des Überwachungsrechts des Auftraggebers ist es, frühzeitig etwaigen Bauverzögerungen entgegenzuwirken und Meinungsverschiedenheiten bereits im Vorfeld auszuräumen.

Das Überwachungsrecht des Auftraggebers setzt sich im Wesentlichen aus drei Komponenten zusammen, nämlich

1. dem Zutrittsrecht,
2. dem Einsichtsrecht und
3. dem Auskunftsrecht.

**Zutrittsrecht**

Dem Auftraggeber steht das Recht zu, Arbeitsplätze, Werkstätten und Lagerräume, in oder auf welchen die Bauleistungen durch den Auftragnehmer erbracht werden, zu betreten. Dabei müssen sich diese nicht unbedingt auf der Baustelle befinden. Das Zutrittsrecht umfasst vielmehr auch Lagerstätten des Auftragnehmers, die sich außerhalb der Baustelle befinden. Das Zutrittsrecht erstreckt sich jedoch nicht auf Räumlichkeiten oder Stätten, über die der Auftragnehmer nicht bestimmen oder verfügen kann. Zu denken sind hier v. a. an Räumlichkeiten von Subunternehmern. Auch dann, wenn im Bauvertrag zwischen dem Auftragnehmer und einem Subunternehmer die Geltung der VOB/B vereinbart wurde und sich das Überwachungsrecht aus § 4 VOB/B ergibt, gilt dies nur zwischen dem Vertragspartner des Subunternehmervertrags, also dem Auftragnehmer und dem Subunternehmer, nicht aber auch zugunsten des Auftraggebers.

**Einsichtsrecht**

Das Einsichtsrecht des Auftraggebers besagt, dass der Auftragnehmer auf Verlangen des Auftraggebers diesem Werkzeichnungen und sonstige Ausführungsunterlagen sowie die Ergebnisse von Güteprüfungen hinsichtlich von Baustoffen auszuhändigen hat, die auf der Baustelle verwendet werden. Der Auftraggeber soll so in die Lage versetzt werden, nachprüfen zu können, ob die erbrachten Bauleistungen auch den vertraglich vereinbarten Leistungen entsprechen.

**Auskunftsrecht**

Siehe: → Auskunftsrecht

**Praxistipp:**
Das Überwachungsrecht des Auftraggebers ist nicht zu verwechseln mit dem ihm zustehenden Anordnungsrecht (siehe: → Anordnungen des Auftraggebers). Das Überwachungsrecht des Auftraggebers ist auf die ihm zustehenden Zutritts-, Auskunfts- und Einsichtsrechte beschränkt. Er kann die Arbeiten des Auftragnehmers zwar überprüfen und ihm durchaus auch Ratschläge erteilen und Verbesserungsvorschläge unterbreiten. Diese sind jedoch für den Auftragnehmer nicht verbindlich. Er muss sie nicht befolgen, soweit es sich nicht um Anordnungen des Auftraggebers handelt. Der Auftragnehmer ist, auch wenn der Auftraggeber sein Überwachungsrecht besonders intensiv ausübt, nach wie vor allein verantwortlich dafür, dass die von ihm ausgeführten Arbeiten ordentlich und fachgerecht ausgeübt werden. Der Auftraggeber kann im Rahmen des ihm zustehenden Überwachungsrechts dem Auftragnehmer nicht vorschreiben, wie er die von ihm zu erbringenden Arbeiten ausführen soll.

# Bedarfspositionen

Bedarfspositionen sind Positionen, die Bauleistungen betreffen, welche zunächst nicht beauftragt werden, bezüglich derer der Auftraggeber sich jedoch vorbehält, sie noch nachträglich anzuordnen. Der Auftraggeber will mit Bedarfspositionen erreichen, dass bereits im Vorfeld der tatsächlichen Beauftragung ein verbindlicher Preis festgelegt wird, der für beide Vertragsparteien dann maßgeblich ist.

Der Auftraggeber muss die Ausführung von Bedarfspositionen erst anordnen, wenn diese vom Auftragnehmer ausgeführt werden sollen, wobei er hinsichtlich der Entscheidung, ob er nun die Positionen anordnet, frei ist. Ein Anspruch auf Ausführung von Bedarfspositionen steht dem Auftragnehmer gegenüber dem Auftraggeber nicht zu.

**Praxistipp:**
Sind im Leistungsverzeichnis Bedarfspositionen enthalten, so kann der Auftraggeber zwar entscheiden, wann und ob er die Ausführung der unter diesen Positionen beschriebenen Leistungen ausführen lässt. Entscheidet sich der Auftraggeber aber, die Bedarfspositionen ausführen zu lassen, so hat er sie **vom Auftragnehmer** des maßgeblichen Bauvertrags ausführen zu lassen. Der Auftraggeber ist nicht berechtigt, die Arbeiten von einem anderen Unternehmer durchführen zu lassen.
*OLG Hamburg, Urteil vom 07.11.2003, Az. 1 U 108/02*

# Bedenkenmitteilung

Der Auftragnehmer ist nach § 4 Abs. 1 Nr. 4 VOB/B verpflichtet, gegen → Anordnungen des Auftraggebers, die er für unberechtigt oder unzweckmäßig hält, Bedenken geltend zu machen, hat die Anordnungen jedoch auf Verlangen auszuführen, wenn nicht behördliche oder gesetzliche Vorschriften entgegenstehen. Davon zu unterscheiden ist die Pflicht des Auftragnehmers nach § 4 Abs. 3 VOB/B, Bedenken anzumelden, wenn er solche gegen die vorgesehene Art der Ausführung, gegen die Güte der vom Auftraggeber gelieferten Stoffe oder Bauteile oder gegen die Leistungen anderer Unternehmer hat.

**Bedenken gegen Anordnungen des Auftraggebers**
Der Auftragnehmer muss die Anordnungen für unberechtigt oder unzweckmäßig halten. Unberechtigt ist die Anordnung dann, wenn sie nicht notwendig ist, um die Fertigstellung der Bauleistungen zu erreichen. Unzweckmäßig ist sie, wenn durch sie die Leistung nicht oder nur unter erschwerten Bedingungen zu erreichen ist.

Maßgeblich ist dabei eine subjektive Betrachtungsweise aus der Sicht des Auftragnehmers, nicht etwa eine objektive, da die VOB/B davon spricht, dass nach Ansicht des Auftragnehmers die Anordnungen unzweckmäßig oder unberechtigt sind. Die Geltendmachung der Bedenken ist formfrei möglich, sie kann also sowohl schriftlich wie auch mündlich erfolgen. Es empfiehlt sich aber, wie sonst auch, die Bedenkenmitteilung aus Beweis- und Dokumentationsgründen schriftlich abzufassen. Adressat der Bedenkenmitteilung ist der Auftraggeber oder eine sonst zum Empfang ausdrücklich bevollmächtigte Person.

Der Auftragnehmer ist nach erfolgter Bedenkenmitteilung verpflichtet, die Anordnungen des Auftraggebers dennoch zu befolgen, wenn der Auftraggeber dies ausdrücklich verlangt. Er ist berechtigt, die Befolgung der Anordnungen zu verweigern, wenn die Durchführung gegen gesetzliche oder behördliche Bestimmungen verstößt. Hierunter sind etwa öffentlich-rechtliche Bestimmungen, wie z. B. das Bauordnungsrecht, zu verstehen, aber auch zivilrechtliche Normen, v. a. dann, wenn nachbarschaftliche Interessen beeinträchtigt werden.

Sofern dem Auftragnehmer durch eine unberechtigte oder unzweckmäßige Anordnung Mehrkosten entstehen, hat der Auftraggeber dem Auftragnehmer diese Mehrkosten zu ersetzen. Dabei kommt es nicht darauf an, ob der Auftraggeber die Anordnung schuldhaft getroffen hat.

**Bedenken gegen die Art der Ausführung etc.**
Nach § 4 Abs. 3 VOB/B muss der Auftragnehmer Bedenken

- gegen die vorgesehene Art der Ausführung,
- wegen der Sicherung gegen Unfallgefahren,
- gegen die Güte der vom Auftraggeber gelieferten Stoffe und Bauteile oder
- gegen die Leistungen anderer Unternehmer haben.

Der Auftragnehmer hat zu überprüfen, ob die ihm überlassene Planung korrekt ist. Dabei reicht die Prüfungspflicht nur so weit, wie sie ein sachkundiger Auftragnehmer des entsprechenden Gewerks haben muss und kann. Ferner können sich Bedenken aus der Leistungsbeschreibung oder aus den einzuhaltenden Regeln der Technik ergeben.

Bedenken gegen die Sicherung gegen Unfallgefahren können sich nur aus Unfallverhütungsvorschriften, welche der Auftraggeber vorgibt, ergeben, da der Auftragnehmer selbst für die Sicherung gegen Unfallgefahren auf der Baustelle verantwortlich ist.

Bedenken gegen die vom Auftraggeber gelieferten Stoffe oder Bauteile können sich sowohl auf deren Art als auch auf deren Qualität beziehen. Vor allem dann, wenn neue Baustoffe oder Materialien verwendet werden, hat der Auftragnehmer sie auf die Geeignetheit hin zu überprüfen.

Der Auftragnehmer hat nicht die Pflicht, Bauleistungen anderer Unternehmer in jedem Fall zu prüfen. Seiner Prüfungspflicht sind Grenzen gesetzt. Leistungen etwa, die ein Vorunternehmer erbracht hat, und auf denen die Leistungen des Auftragnehmers nicht aufbauen, hat er nicht zu überprüfen. Grundsätzlich ist er nur verpflichtet, diejenigen Vorleistungen auf deren Mangelhaftigkeit hin zu überprüfen, auf denen er seine Leistung aufbauen will. So hat etwa ein Parkettleger den Estrich dahin gehend zu überprüfen, ob er ihm eine geeignete Basis für das aufzubringende Parkett bietet. Maßgeblich für seine Prüfungspflicht ist die von ihm zu erwartende Fachkenntnis. Die Bedenken sind gegenüber dem Auftraggeber zwingend schriftlich und unverzüglich mitzuteilen. Er hat seine Bedenken klar und deutlich und für jedermann verständlich zu formulieren.

**Rechtsfolgen**
Unterlässt der Auftragnehmer die Bedenkenmitteilung vollständig, so haftet er für die hieraus resultierenden Folgen, etwa für Mängel. Teilt er die Bedenken im Fall des § 4 Abs. 3 VOB/B lediglich mündlich, also nicht in der vorgeschriebenen Schriftform mit und hat der Auftraggeber die Bedenkenmitteilung zur Kenntnis genommen, so hat der Auftraggeber dafür zu sorgen, dass die angemeldeten Bedenken überprüft werden und ggf. Abhilfe geschafft wird. Unterlässt der Auftraggeber dies, so trifft den Auftragnehmer keine Haftung.

Für mangelhafte Leistungen anderer Unternehmer hat der Auftragnehmer i. d. R. nicht zu haften. Baut er also auf einer mangelhaften Bauleistung eines Vorunternehmers auf, so haften Vorunternehmer und Auftragnehmer nebeneinander auf Mangelbeseitigung, wobei jeder nur hinsichtlich seines Werks zur Nacherfüllung verpflichtet ist. Nur in Ausnahmefällen kann der Auftraggeber sowohl Vorunternehmer als auch Auftragnehmer für die volle Schadensbeseitigung in Anspruch nehmen. Sofern der Auftragnehmer im Rahmen der Mängelbeseitigung seiner Leistungen auch gezwungen ist, Teile der Vorleistungen nachzubessern, so hat er gegenüber dem Vorunternehmer einen Schadensersatzanspruch in Höhe der Kosten für die Mängelbeseitigung an den Leistungen des Vorunternehmers.

Wird der Auftragnehmer vom Auftraggeber mit einer Leistung (hier: Verlegung von Betonplatten) beauftragt und hat ein Vorunternehmer gem. den fehlerhaften Vorgaben des Architekten des Auftraggebers den Estrich verlegt, der daher Mängel aufweist, so hat er im Rahmen seiner Verpflichtung zur Bedenkenanmeldung dem Auftraggeber diese Mängel genau und aus Nachweisgründen schriftlich anzuzeigen.

Wenn der Architekt daraufhin den Auftragnehmer damit beauftragt, den Estrich nach einer von ihm vorgegebenen Verfahrensweise nachzubessern, die aber, was für den Auftragnehmer klar erkennbar ist, ebenfalls nicht geeignet ist, die Mangelhaftigkeit zu beheben, so hat er auch gegen diese Art der Ausführung Bedenken anzumelden. Führt er die Arbeiten gem. den fehlerhaften Vorgaben des Architekten dennoch aus, ohne erneut Bedenken vorzubringen, und zeigen daher die von ihm ausgeführten Plattenbelagsarbeiten ebenfalls Mängel, so kann sich der Auftragnehmer letztlich nicht darauf berufen, er habe rechtzeitig Bedenken angemeldet. Dem Auftragnehmer ist daher in derart gelagerten Fällen anzuraten, stets dann, wenn er irgendwelche Bedenken gegen die Art der Ausführung hegt, umgehend schriftlich Bedenken anzumelden. Es ist besser, einmal zu viel als einmal zu wenig Bedenken angemeldet zu haben. Nur so bewegt sich der Auftragnehmer auf der sicheren Seite, und er wird von der Gewährleistungspflicht nach § 13 Abs. 3 VOB/B frei.

**Praxistipp:**
Wird der Auftragnehmer vom Auftraggeber mit Bauleistungen beauftragt, bei welchen nicht erprobtes Material zum Einsatz kommen soll, so ist der Auftragnehmer nicht verpflichtet, bezüglich des unerprobten Materials Bedenken anzumelden. Wenn nämlich der Auftraggeber dem Auftragnehmer von sich aus Material zur Verarbeitung vorschreibt, von dem er weiß, dass es noch nicht ausrei-

chend erprobt ist, so muss er spätere Mängel von vornherein einkalkulieren und kann sich nicht darauf berufen, der Auftragnehmer hätte ihn darauf hinweisen müssen, dass bei Verwendung des Materials Mängelrisiken vorliegen.
*OLG Hamm, Urteil vom 04.04.2003, Az. 34 U 132/01*

**Wichtiger Hinweis:**
Auch wenn das OLG Celle in dem vorstehenden Urteil entschieden hat, dass sich die Prüfungs- und Hinweispflichten eines Fliesenlegers ausschließlich aus der DIN 18352 („Fliesen- und Plattenarbeiten") ergeben und darin eine Messung der Restfeuchte im Estrich durch den Fliesenleger nicht vorgesehen ist, sollte diese Entscheidung in diesem Zusammenhang mit Vorsicht gesehen werden, da dieser Leitsatz von der ständigen Rechtsprechung des BGH abweicht. Der BGH, der vorliegend die Nichtzulassungsbeschwerde lediglich wegen revisionsrechtlicher Gründe zurückgewiesen hat, hat in seiner Entscheidung vom 07.06.2001 anders geurteilt und festgestellt, dass der Umfang der Verpflichtung eines Fliesenlegers, Vorleistungen anderer Unternehmer zu prüfen, **nicht** durch die DIN 18352 Abschnitt 3.1.3 (Fassung 1985) abschließend umschrieben wird. Hat demnach der Fliesenleger, ohne den Estrich zu prüfen und ohne einen Hinweis auf möglicherweise durch die Beschaffenheit des Estrichs einhergehende Mängel an seinem Gewerk zu geben, auf einen Estrich ohne ausreichendes Gefälle den Fliesenbelag aufgebracht, so hat der Fliesenleger für den dadurch entstandenen Schaden aufzukommen. Sollte der Estrich durch das Abschlagen der Fliesen derart beschädigt werden, dass ein Gefälle nicht mehr hergestellt werden kann, hat der Flie-

senleger auch die Kosten der Neuverlegung des Estrichs zu tragen.
*OLG Celle, Urteil vom 14.10.2004, 5 U 34/04; BGH, Beschluss vom 22.09.2005, VII ZR 262/04 (Nichtzulassungsbeschwerde zurückgewiesen) sowie BGH, Urteil vom 07.06.2001, VII ZR 471/99*

**Aktuelle Rechtsprechung:**
Der Auftraggeber, Eigentümer eines Schwimmbads, beauftragt den Auftragnehmer mittels eines VOB-Bauvertrags mit dem Einbau von Wasseraufbereitungsanlagen. Im Leistungsverzeichnis schreibt er ausdrücklich vier verschieden dimensionierte Filterbehälter eines ganz bestimmten Fabrikats aus. Diesbezüglich meldet der Auftragnehmer im Rahmen einer Anlaufbesprechung mündlich Bedenken an, die jedoch nicht aufgegriffen werden. Nach Fertigstellung, Abnahme und Inbetriebnahme treten an mehreren Filterbehältern Risse auf. Der Auftragnehmer wechselt auf die entsprechende Mangelrüge des Auftraggebers hin zunächst die schadhaften Filter gegen neue Filter desselben Fabrikats aus und baut diese ein. Es zeigen sich erneut Risse, weshalb der Auftraggeber den Auftragnehmer auf Erstattung von Mangelbeseitigungskosten in Höhe von insgesamt 213.800 Euro in Anspruch nimmt.

Nachdem der Auftraggeber zunächst in erster Instanz Erfolg hatte, wies das Berufungsgericht die Klage ab. Das Gericht führte zur Begründung aus, dass durch die Vorgabe eines konkreten Filtertyps eine Haftung des Auftragnehmers entfällt, da der Mangel auf einem vom Auftraggeber vorgeschriebenen Baustoff zurückzuführen ist. Eine Wahlmöglichkeit habe für den Auftragnehmer schon allein deshalb nicht bestanden, da

sein Nebenangebot, das andere Filter vorsah, von Auftraggeberseite abgelehnt wurde. Für ein Festhalten an der einmal gemachten Vorgabe bedürfe es keiner erneuten Vorgabe. Die einmal gemachte Materialvorgabe gilt vielmehr grundsätzlich auch dann weiter, wenn Mangelbeseitigungen erforderlich werden. Wenn der Auftraggeber die konkret zu verwendenden Baustoffe selbst aussucht, dann muss er auch grundsätzlich für deren uneingeschränkte Tauglichkeit einstehen. Nach der Beweisaufnahme stand fest, dass eine Haftung des Auftragnehmers somit ausscheide, da ausschließlich ein genereller Konstruktionsmangel und kein Ausführungsmangel des Auftragnehmers vorgelegen habe.
*OLG Jena, Urteil vom 02.04.2008, 2 U 811/05; BGH, Beschluss vom 27.01.2011, VII ZR 96/08 (Nichtzulassungsbeschwerde zurückgewiesen)*

**Aktuelle Rechtsprechung:**
Der Auftragnehmer muss im Rahmen seiner Prüfungs- und Hinweispflichten nur Prüfmethoden anwenden, die ihm als ordentlichem Handwerker oder Techniker zugänglich oder vertraut sein müssen. Zu aufwendigen technischen Untersuchungen oder gar zur Beauftragung von Sachverständigen ist er nicht verpflichtet.
*OLG Jena, Urteil vom 02.04.2008, 2 U 811/05; BGH, Beschluss vom 27.01.2011, VII ZR 96/08 (Nichtzulassungsbeschwerde zurückgewiesen)*

# Behinderung der Ausführung

Nach § 6 Abs. 1 VOB/B hat der Auftragnehmer, wenn er sich in der ordnungsgemäßen Ausführung der Leistung behindert glaubt, dies dem Auftraggeber unverzüglich mitzuteilen (siehe: → Behinderungsanzeige). Unter einer Behinderung der Ausführung sind sämtliche Ereignisse zu verstehen, die den Leistungs- oder Produktionsablauf sowohl in sachlicher wie in zeitlicher und räumlicher Hinsicht verzögern.

Für das Vorliegen einer Behinderung ist nicht Voraussetzung, dass der Auftragnehmer die Arbeiten einstellen muss. Es reicht aus, dass die Arbeiten langsamer als geplant vorangehen, etwa weil Vorunternehmer ihre Leistungen noch nicht fertiggestellt haben oder vom Auftraggeber einzuholende Genehmigungen noch nicht vorliegen.

Die zur Behinderung führenden Ereignisse dürfen dem Auftragnehmer nicht schon bei Vertragsschluss bekannt gewesen sein, vielmehr durften sie ihm weder bekannt noch hinreichend voraussehbar gewesen sein, sodass sie vom Auftragnehmer in den Produktionsablauf nicht von Beginn an einkalkuliert werden konnten.

Die Behinderungen können vom Auftragnehmer, vom Auftraggeber oder von keiner der Vertragsparteien verursacht sein.

- Hat der Auftragnehmer Behinderungen zu vertreten, so macht er sich gegenüber dem Auftraggeber, etwa bei der Überschreitung vertraglich vereinbarter Vertragsfristen, schadensersatzpflichtig.
- Hat der Auftraggeber die Behinderungen zu vertreten, so führen die Behinderungen bei Vorliegen der entsprechenden Voraussetzungen (siehe Behinderungsanzeige) zur Verlängerung von Vertragsfristen sowie bei Verschulden des Auftraggebers zu Schadensersatzansprüchen

des Auftragnehmers bis hin zum Recht auf Kündigung des Bauvertrags.

- Sind die Behinderungen schließlich von keiner Vertragspartei verursacht, so führt dies in aller Regel ebenfalls zur Verlängerung der Vertragsfristen.

Sofern der Auftragnehmer auch ohne die Behinderung nicht schneller hätte arbeiten können, wirkt sich dies im Ergebnis nicht aus. Der Auftragnehmer muss also immer prüfen, ob mit den hindernden Umständen nachteilige Folgen verbunden sind.

Siehe auch: → Behinderungsanzeige
→ Behinderungsschaden
→ Unterbrechung der Ausführung
→ Verlängerung von Vertragsfristen

**Praxistipp:**
Schließt der Auftragnehmer mit dem Auftraggeber einen Bauvertrag, in welchem verbindliche Ausführungsfristen vereinbart werden, so ist der Auftragnehmer zwar grundsätzlich nicht daran gehindert, soweit möglich, noch vor dem vereinbarten Ausführungsbeginn die Arbeiten aufzunehmen. Hat dies jedoch zur Folge, dass er die Arbeiten noch vor dem vereinbarten Fertigstellungstermin weitestgehend fertigstellt und lediglich Restarbeiten deshalb noch nicht ausgeführt werden können, weil ein Vorunternehmer seine Leistungen noch nicht erbracht hat, die für die weitere Ausführung der Arbeiten des Auftragnehmers nötig sind, so kann sich der Auftragnehmer nicht darauf

berufen, er sei in der Ausführung seiner Arbeiten behindert, weil der Vorunternehmer seine Arbeiten noch nicht ausgeführt habe. Er kann in diesem Fall keine Schadensersatzansprüche wegen Behinderung gegenüber dem Auftraggeber geltend machen.

**Beispiel:**
Ein Unternehmer wird damit beauftragt, Betonwerksteinarbeiten auszuführen. Ausführungsbeginn soll gem. den vertraglich festgelegten Ausführungsfristen der 22.09.1997 und Fertigstellungstermin der 04.10.1997 sein. Der Auftragnehmer beginnt bereits am 16.09.1997 und hat bereits nach einer Woche seine Arbeiten weitestgehend fertiggestellt. Am 25.09.1997 meldet er beim Auftraggeber Behinderung an, da ein Vorunternehmer Arbeiten noch nicht erbracht hat, auf denen seine Arbeiten aufbauen. Er kündigt dem Auftraggeber an, dass er jeden Tag eine Einsatzpauschale fordere. Am 26.09.1997 zieht er seine Mitarbeiter von der Baustelle ab, da diese keine Arbeit mehr haben. Die Arbeiten werden erst später abgeschlossen, nachdem der Vorunternehmer die Leistungen erbracht hat. Die angekündigte Einsatzpauschale kann der Auftragnehmer vom Auftraggeber in diesem Fall nicht ersetzt verlangen.

**Hinweis:**
Diejenige Bauvertragspartei, die eine Behinderung zu vertreten hat, hat der anderen Bauvertragspartei den Schaden zu ersetzen, der dieser aufgrund der Bauverzögerung entsteht. Sofern jedoch ein anderer Bauunternehmer mit den von ihm zu erbringenden Vorleistungen in Verzug gerät, muss

sich nach ständiger Rechtsprechung des BGH der Auftraggeber diesen Verzug des Bauunternehmers nicht zurechnen lassen, sodass er dem Auftragnehmer gegenüber nicht aus § 6 Abs. 6 VOB/B auf Schadensersatz haftet. Es fehlt – mangels der Zurechnung – am für diese Vorschrift erforderlichen Verschulden. Das heißt jedoch nicht zugleich auch, dass der Auftragnehmer schutzlos ist. Der BGH hat vielmehr entschieden, dass er sich – auch beim VOB-Vertrag – stattdessen auf § 642 BGB berufen kann, weil der Auftraggeber eine ihm obliegende Mitwirkungshandlung, nämlich die Überlassung eines bearbeitungsfähigen Baufelds, unterlässt. Durch den Verweis in § 6 Abs. 6 Satz 2 VOB/B auf den § 642 BGB wurde die Rechtsprechung des BGH deutlich gemacht. Der Satz 2 lautet wie folgt: „Im Übrigen bleibt der Anspruch des Auftragnehmers auf angemessene Entschädigung nach § 642 BGB unberührt, sofern die Anzeige nach Abs. 1 Satz 1 erfolgt oder wenn Offenkundigkeit nach Abs. 1 Satz 2 gegeben ist."

# Behinderungsanzeige

Glaubt sich der Auftragnehmer in der ordnungsgemäßen Ausführung seiner Arbeiten behindert, so hat er dies dem Auftraggeber unverzüglich und schriftlich anzuzeigen. Unterlässt der Auftragnehmer diese Anzeige, so hat er nur dann einen Anspruch gegen den Auftraggeber auf Berücksichtigung der hindernden Umstände, wenn dem Auftraggeber diese Umstände offenkundig und die hindernde Wirkung dieser offenkundigen Umstände bereits bekannt waren.

Nur dann, wenn der Auftragnehmer die Behinderungsanzeige formgerecht und unverzüglich vorbringt oder Offenkundigkeit vorliegt, kann der Auftragnehmer eine → Verlängerung von Vertragsfristen oder, sofern der Auftraggeber die Behinderungen zu verantworten hat, einen → Behinderungsschaden geltend machen.

Der Auftragnehmer hat vor der Anzeige sorgfältig zu überprüfen, ob Tatsachen vorliegen, von denen er glaubt, dass sie ihn an der ordnungsgemäßen Erbringung seiner Arbeiten behindern. Es ist nicht Voraussetzung, dass hindernde Tatsachen auch tatsächlich vorliegen, der Auftragnehmer muss nur die Besorgnis haben, dass sie vorliegen.

Für die Anzeige ist Schriftform vorgeschrieben. Sinn und Zweck der Schriftform liegt in Beweis- und Dokumentationszwecken. Eine mündliche Anzeige ist nicht wirkungslos, der Nachweis für den Auftragnehmer ist dann aber schwierig. Kann der Auftragnehmer nicht nachweisen, dass er Behinderungen angezeigt hat, so haftet er. Dem Auftragnehmer ist also dringend anzuraten, die Behinderungsanzeigen immer schriftlich zu verfassen.

Sofern der Auftragnehmer keine schriftliche Behinderungsanzeige verfasst hat, er jedoch die hindernden Umstände vollständig und klar beschrieben in sein Bautagebuch einträgt, so reicht dies für eine wirksame Behinderungsanzeige aus, wenn er das Bautagebuch umgehend an den Auftraggeber oder einen seiner Bevollmächtigten weitergibt.

Die Anzeige muss zwingend die Tatsachen enthalten, von denen der Auftragnehmer annimmt, sie würden ihn in der Ausführung behindern, und zugleich auch die Gründe, weshalb er die Besorgnis hat, dass Behinderungen vorliegen. Es reicht nicht aus, wenn er lediglich den Hinweis darauf gibt, dass Unterlagen fehlen oder ein Vorunternehmer Arbeiten nicht fertiggestellt hat. Zu richten ist die Anzeige entweder an den Auftraggeber direkt oder an einen seiner Bevollmächtigten. Ausreichend ist es jedoch auch, wenn er die Anzeige an einen Architekten oder Ingenieur richtet, der mit der Bauaufsicht beauftragt wurde.

Bei unterlassener Anzeige besteht ein Anspruch auf Berücksichtigung der hindernden Umstände nur, wenn dem Auftraggeber offenkundig die Tatsachen und deren hindernde Wirkung bekannt waren. Unter welchen Voraussetzungen eine Behinderungsanzeige wegen Offenkundigkeit unterbleiben kann, ergibt sich aus dem Zweck der regelmäßig erforderlichen Behinderungsanzeige. Diese Anzeige dient dem Schutz des Auftraggebers. Sie dient der Information des Auftraggebers über die Störung. Der Auftraggeber soll gewarnt und ihm die Möglichkeit eröffnet werden, Behinderungen abzustellen. Er soll zugleich vor unberechtigten Behinderungsansprüchen geschützt werden. Die rechtzeitige und korrekte Behinderungsanzeige erlaubt ihm nämlich, Beweise für eine in Wahrheit nicht oder nicht im geltend gemachten Umfang bestehende Behinderung zu sichern. Nur wenn die Informations-, Warn- und Schutzfunktion im Einzelfall keine Anzeige erfordert, ist die Behinderungsanzeige wegen Offenkundigkeit entbehrlich.

Im Rahmen eines Bauprozesses hat der Auftragnehmer bei Fehlen einer Behinderungsanzeige nachzuweisen, dass dem Auftraggeber die Tatsachen offenkundig waren. Da dieser Nachweis schwer zu führen ist, ist dem Auftragnehmer dringend anzuraten, bei der Besorgnis des Bestehens einer

Behinderung sofort eine schriftliche Anzeige an den Auftraggeber zu verfassen.

Siehe auch:
→ Behinderung der Ausführung
→ Behinderungsschaden
→ Unterbrechung der Ausführung
→ Verlängerung von Vertragsfristen

**Praxistipp:**
Um seine Ansprüche auf Schadensersatz wegen hindernder Umstände nicht zu verlieren, sollte jeder Auftragnehmer bei der Besorgnis des Vorliegens von Hinderungsgründen in jedem Fall eine formgerechte und inhaltlich vollständige Behinderungsanzeige verfassen und diese zur Sicherheit nicht dem Architekten, sondern dem Auftraggeber übersenden, um sicherzustellen, dass ein entsprechender Zugang der Anzeige beim richtigen Adressaten, und das ist regelmäßig der Auftraggeber, stattfindet. Er sollte darauf achten, dass seine Behinderungsanzeige die folgenden Voraussetzungen aufweist:

a) Sie ist unverzüglich nach Auftreten der Behinderung zu verfassen.
b) Sie ist in Schriftform abzufassen.
c) Sie ist sehr ausführlich unter Angabe der Gründe, weshalb eine Behinderung vorliegen soll, abzufassen.
d) Sie ist an den richtigen Adressaten zu richten.

Auch hier gilt, dass der Auftragnehmer besser eine Anzeige zu viel als eine Anzeige zu wenig abfasst und diese besser zu ausführlich begründet, als dass letztlich Zweifel an der Wirksamkeit mangels ausreichender Begründung entstehen. Der Auftragnehmer muss jedoch in der Behinderungsanzeige nicht angeben, in welcher Höhe seiner Erwartung nach Schadensersatzansprüche aufgrund der Behinderung entstehen. Er wird oftmals zum Zeitpunkt der Abfassung der Behinderungsanzeige, die unverzüglich an den Auftraggeber zu richten ist, gar nicht in der Lage sein, den Schaden ansatzweise zu übersehen.

**Aktuelle Rechtsprechung:**
Ein Auftragnehmer wurde mit Bauvertrag vom 27.07.1998 beauftragt, den Rohbau (Los 1) und das Dach (Los 2) für ein Zweifamilienhaus zu erstellen. Die Vertragsparteien vereinbarten für Los 1 als Fertigstellungstermin den 09.10.1998 und für Los 2 den 20.11.1998. Der Auftragnehmer verpflichtete sich darüber hinaus wirksam zur Zahlung einer Vertragsstrafe für den Fall der schuldhaften Überschreitung der Fertigstellungstermine.

Im Verlauf der Bauausführung kam es zu Verzögerungen, die letztlich dazu führten, dass die Abnahme erst am 29.04.1999 erfolgte. Wegen der Überschreitung der Fertigstellungstermine machte nunmehr die Auftraggeberin Vertragsstrafenansprüche geltend. Hiergegen wandte sich der Auftragnehmer mit dem Argument, die vereinbarten Fristen seien verlängert worden, weil ihm die Ausführungspläne nicht rechtzeitig ausgehändigt worden seien.

Das sah das Gericht anders. Zunächst stellte es fest, dass die Leistungen des Loses 1 planmäßig ausgeführt wurden. Die erste Verzögerung gab es dann bei den Abdichtungsarbeiten, mit denen zwar planmäßig am 11.08.1998 begonnen wurde, die aber nicht wie geplant am 27.08.1998, sondern

erst am 24.09.1998 beendet waren. Es war für das Gericht nicht ersichtlich, dass die am 03.08.1998 übergebenen Ausführungspläne für die Durchführung der Abdichtungsarbeiten erforderlich waren. Folglich war deren spätere Übergabe nicht ursächlich für eine Verzögerung der Bauausführung durch die Klägerin. Der Auftragnehmer hatte zudem vertraglich die Verantwortung für die Koordinierung der Pläne aller Architekten übernommen. Sollten die Pläne tatsächlich früher benötigt worden sein, so wäre es Sache des Auftragnehmers gewesen, diese rechtzeitig anzufordern.
*OLG Rostock, Urteil vom 29.12.2004, 3 U 19/04; BGH, Beschluss vom 20.10.2005, VII ZR 18/05 (Nichtzulassungsbeschwerde zurückgewiesen)*

# Behinderungsschaden

Der Auftragnehmer hat bei Auftreten von Behinderungen zunächst alles zu tun, was ihm zugemutet werden kann, um die Weiterführung der Arbeiten zu ermöglichen. Sobald die Behinderungen wegfallen, hat er ohne Weiteres und unverzüglich die Arbeiten wieder aufzunehmen und den Auftraggeber hiervon zu unterrichten.

Nach § 6 Abs. 6 VOB/B hat jeweils der Vertragspartner einen Anspruch auf Schadensersatz gegen den anderen, der die Behinderungen zu vertreten hat. Der Behinderungsschaden umfasst den Ersatz des nachweislich entstandenen Schadens sowie des entgangenen Gewinnes, sofern grobe Fahrlässigkeit oder Vorsatz bei der Verursachung der Behinderungen vorliegt.

**Schadensersatzanspruch des Auftragnehmers**
Der Auftraggeber haftet gegenüber dem Auftragnehmer nur dann auf Ersatz des ihm entstandenen Schadens, wenn er die Behinderungen schuldhaft verursacht hat. Dies ist v. a. dann der Fall, wenn sich der Auftraggeber verpflichtet hat, bestimmte Leistungen selbst vorzunehmen oder bereitzustellen, und er mit der Herstellung oder Bereitstellung in Verzug gerät. Dies ist etwa der Fall, wenn vertraglich festgelegt ist, dass bestimmte Baugeräte vom Auftraggeber zur Verfügung zu stellen sind, und er dieser Verpflichtung nicht oder verspätet nachkommt.

Das Gleiche gilt, wenn der Auftraggeber seiner Verpflichtung zur Vornahme bestimmter Mitwirkungshandlungen, wie etwa der Einholung der Baugenehmigung oder etwa der unentgeltlichen Bereitstellung von Stromanschlüssen, nicht nachkommt.

Der Behinderungsschaden wird durch einen Vergleich derjenigen Kosten, die hypothetisch angefallen wären, wenn die Behinderungen nicht eingetreten wären, mit den tatsächlich angefallenen Kosten ermittelt. Die Differenz ist dem Auftragnehmer zu ersetzen. Wenn also bspw. der Auftragnehmer einen → Subunternehmer beauftragt und durch ein Verschulden des Auftraggebers aufgrund von ihm verursachter Behinderungen die Arbeiten für zwei Wochen zum Stillstand kommen, wird der Subunternehmer dem Auftragnehmer seine Mehrkosten berechnen, wenn er in dieser Zeit seine Arbeitnehmer nicht beschäftigen kann. Diese Mehrkosten kann der Auftragnehmer grundsätzlich an den Auftraggeber als Schadensersatzposition weitergeben.

Zu ersetzen sind durch verlängerte Bauzeiten entstandene höhere Lohnkosten und zusätzliche Materialkosten. Da der Auftragnehmer seine Arbeitskräfte für die Baustelle einplant, kann er vom Auftraggeber verlangen, dass Kosten für unbeschäftigtes Personal ebenso ersetzt werden wie Kosten für nicht einsetzbares Gerät (direkte Kosten). Auf diese direkten Kosten ist zudem ein prozentualer Aufschlag für sog. „Allgemeine Geschäftskosten", wie etwa zusätzliche Kosten für die Lohnbuchhaltung, vorzunehmen. Auch zu ersetzen sind ggf. höhere Versicherungsprämien, die ihre Ursache in der behinderungsbedingten Bauverzögerung haben.

Schließlich sind dem Auftragnehmer Kosten zu erstatten, die er für Sachverständige zur Schadensermittlung aufwendet, als auch Vorfinanzierungszinsen für verauslagte Gehälter, die in der Zeit, während der die Baustelle ruht, entstehen.

**Schadensersatzanspruch des Auftraggebers**
Wenn nicht der Auftraggeber die Behinderung zu vertreten hat, sondern der Auftragnehmer, stehen dem Auftraggeber Schadensersatzansprüche gegen den Auftragnehmer zu.

Der Schadensersatzanspruch des Auftraggebers umfasst in erster Linie den Verzugsschaden. Wenn der Auftraggeber aufgrund der Behinderungen weitere Arbeiten erst später ausführen lässt und dadurch die Fertigstellung des Bauwerks hinausgezögert wird, kann er etwa Mietausfallschaden oder erforderlich gewordene Hotelkosten dem Auftragnehmer in Rechnung stellen. Wenn der Auftraggeber Generalunternehmer ist und der Bauherr aufgrund einer vom Nachunternehmer des Generalunternehmers verursachten Behinderung und damit nicht fristgerechten Fertigstellung des Bauwerks den Generalunternehmer auf Zahlung einer Vertragsstrafe in Anspruch nimmt, kann der Generalunternehmer die Vertragsstrafe der Höhe nach als Schadensersatz an den Nachunternehmer weitergeben.

Ebenso sind auch dem Auftraggeber Sachverständigenkosten zu ersetzen, die dieser aufwendet, um feststellen zu lassen, worauf der Terminverzug beruht und wie hoch der Schaden des Auftraggebers ist.

Entgangenen Gewinn kann der Auftraggeber, ebenso wie der Auftragnehmer, nur bei Vorsatz und grober Fahrlässigkeit geltend machen.

Siehe auch: → Behinderungsanzeige
→ Behinderung der Ausführung
→ Verlängerung von Vertragsfristen

**Praxistipp 1:**
Der Auftragnehmer hat bei der (gerichtlichen) Geltendmachung von Schadensersatzansprüchen aufgrund von vom Auftraggeber zu vertretenden Behinderungen zu berücksichtigen, dass er sich ggf. bestehende Zinsvorteile aus früheren Zahlungen des Auftraggebers anrechnen lassen muss.

Wenn der Auftragnehmer vom Auftraggeber z. B. eine Vorauszahlung auf erst noch auszuführende Bauleistungen erhalten hat, hat er bei der Berechnung des konkreten Schadens die Zinsvorteile in Abzug zu bringen, die er bei ordnungsgemäßer Anlage des Vorauszahlungsbetrags erwirtschaftet hat oder hätte erwirtschaften können.

Dies kann im Einzelfall zu erheblichen Abzügen führen. Berücksichtigt der Auftragnehmer den Vorteilsausgleich nicht und klagt, obwohl erhebliche Zinsvorteile, etwa aus einer größeren Vorauszahlung, bestehen, so läuft er Gefahr, dass er mit einem größeren Teil seiner Forderung oder ggf. sogar ganz unterliegt. Er hat dann quotal zum Unterliegen die Kosten des Verfahrens zu tragen.

Gleiches gilt für einen Verzögerungsschaden wegen verspäteter Fertigstellung einer Eigentumswohnung. Es sind in diesem Fall die Vorteile anzurechnen, die der geschädigte Käufer aus ersparten Zinsaufwendungen für die Kaufpreisfinanzierung erlangt.

**Praxistipp 2:**
Verlangt der Auftragnehmer Ersatz von Behinderungsschäden, so reicht es grundsätzlich nicht aus, wenn er lediglich eine oder mehrere Pflichtverletzungen, etwa Planlieferverzüge, vorträgt. Er muss vielmehr darüber hinaus darlegen und beweisen, welche Behinderungen mit welcher Dauer und mit welchem Umfang daraus verursacht wurden. Handelt es sich um mehrere Pflichtverletzungen, so muss er dies jeweils für den Einzelfall vortragen. Für eine Schadensersatzklage aus § 6 Nr. 6 VOB/B (Anm.: VOB/B 2009: § 6 Abs. 6) ist i. d. R. eine konkrete, bauablaufbezogene Darstellung der jeweiligen Behinderung erforderlich und unumgänglich. Dem Auftragnehmer ist im Behinderungsfall die Erstellung einer aussagekräftigen Dokumentation zumutbar. Für die eine Haftung des Auftraggebers begründende Kausalität zwischen Pflichtverletzung und dem Behinderungsschaden hat der Auftragnehmer im Streitfall

den vollen Beweis zu führen. Hingegen besteht hinsichtlich der die Haftung ausfüllenden Kausalität, also etwa hinsichtlich der Folgen der Behinderungen im Bauablauf oder der Höhe des Schadens, die Möglichkeit für das Gericht, diese zu schätzen.
*BGH, Urteil vom 24.02.2005, VII ZR 141/03*

# Besondere Leistungen

Besondere Leistungen gem. Nr. 4.2 der ATV DIN 18299 ff. sind vom Auftragnehmer nur auszuführen, wenn sie in der Leistungsbeschreibung ausdrücklich erwähnt sind. Besondere Leistungen sind besonders zu vergüten. Die in Abschnitt 4.2 der jeweiligen DIN-Vorschriften der VOB/C aufgeführten besonderen Leistungen stellen nur Beispiele dar. Die Aufzählung ist nicht abschließend.

Beispiel:
**ATV DIN 18299**
*4.2 Besondere Leistungen*
Besondere Leistungen sind Leistungen, die nicht Nebenleistungen nach Abschnitt 4.1 sind und nur dann zur vertraglichen Leistung gehören, wenn sie in der Leistungsbeschreibung besonders erwähnt sind.
Besondere Leistungen sind z. B.:
4.2.1 Maßnahmen nach Abschnitt 3.1 und Abschnitt 3.3
4.2.2 Beaufsichtigen der Leistungen anderer Unternehmer
4.2.3. Erfüllen von Aufgaben des Auftraggebers (Bauherrn) hinsichtlich der Planung der Ausführung des Bau-

vorhabens oder der Koordinierung gemöß Baustellenverordnung
4.2.4 Sicherungsmaßnahmen zur Unfallverhütung für Leistungen anderer Unternehmer
4.2.5 Besondere Schutz- und Sicherheitsmaßnahmen bei Arbeiten in kontaminierten Bereichen, z. B. messtechnische Überwachung, spezifische Zusatzgeräte für Baumaschinen und Anlagen, abgeschottete Arbeitsbereiche
4.2.6 Besondere Schutzmaßnahmen gegen Witterungsschäden, Hochwasser und Grundwasser, ausgenommen Leistungen nach Abschnitt 4.1.10
4.2.7 Versicherung der Leistung bis zur Abnahme zugunsten des Auftraggebers oder Versicherung eines außergewöhnlichen Haftpflichtwagnisses
4.2.8 Besondere Prüfung von Stoffen und Bauteilen, die der Auftraggeber liefert
4.2.9 Aufstellen, Vorhalten, Betreiben und Beseitigen von Einrichtungen zur Sicherung und Aufrechterhaltung des Verkehrs auf der Baustelle, z. B. Bauzäune, Schutzgerüste, Hilfsbauwerke, Beleuchtungen, Leiteinrichtungen
4.2.10 Aufstellen, Vorhalten, Betreiben und Beseitigen von Einrichtungen außerhalb der Baustelle zur Umleitung, Regelung und Sicherung des öffentlichen und Anliegerverkehrs sowie das Einholen der hierfür erforderlichen verkehrstechnischen Genehmigungen und Anordungen nach der StVo
4.2.11 Bereitstellen von Teilen der Baustelleneinrichtung für andere Unternehmer oder den Auftraggeber
4.2.12 Besondere Maßnahmen aus Gründen des Umweltschutzes, der Landes- und Denkmalpflege
4.2.13 Entsorgen von Abfall über die Leistungen nach den Abschnitt 4.1.11 und und Abschnitt 4.1.12 hinaus

4.2.14 Besonderer Schutz der Leistung, der vom Auftraggeber für eine vorzeitige Benutzung verlangt wird, seine Unterhaltung und spätere Beseitigung
4.2.15 Beseitigen von Hindernissen
4.2.16 Zusätzliche Maßnahmen für die Weiterarbeit bei Frost und Schnee, soweit sie dem Auftragnehmer nicht ohnehin obliegen
4.2.17 Besondere Maßnahmen zum Schutz und zur Sicherung gefährdeter baulicher Anlagen und benachbarter Grundstücke
4.2.18 Sichern von Leitungen, Kabeln, Dränen, Kanälen, Grenzsteinen, Bäumen, Pflanzen und dergleichen

**Praxistipp:**
Haben Auftraggeber und Auftragnehmer die Ausführung von Besonderen Leistungen im Bauvertrag nicht vorgesehen und werden diese nachträglich erforderlich, so stellen sie → zusätzliche Leistungen gem. § 2 Abs. 6 VOB/B dar. Die Vergütung sowie die Leistungsverpflichtung des Auftragnehmers berechnen sich dementsprechend.

**Aktuelle Rechtsprechung:**
Ein Metallbauunternehmen hatte den Auftrag erteilt bekommen, im Rahmen einer umfassenden Gebäudesanierung Brandschutztüren zu liefern und einzubauen. Im Leistungsverzeichnis war hierzu bestimmt, dass die Arbeiten „einschließlich aller erforderlichen Nebenarbeiten und Befestigungs- und Füllmittel entsprechend den Brandschutz- und Rauchschutzanforderungen" zu erbringen sind. In weiteren Positionen des Leistungsverzeichnisses wurde auf diese

Position Bezug genommen. Der Auftragnehmer war der Ansicht, dass es sich bei dem von ihm während der Ausführung geforderten Vergießen von Ankern um zusätzliche zu vergütende Leistungen handelte. Er klagte schließlich wegen des von ihm abgerechneten Nachtrags, da der Auftraggeber diesen nicht bezahlen wollte. Das Gericht wies die Klage ab und sprach die Nachtragsvergütung nicht zu. Es vertrat die Auffassung, dass im Ausschreibungstext unmissverständlich beschrieben worden sei, dass auch das Vergießen der Anker der Stahlblechtüren vom Text des Leistungsverzeichnisses erfasst worden sei und daher eine zusätzliche Vergütung nicht gefordert werden könne. Selbst dann, wenn das Vergießen in der DIN 18360 Abschnitt 4.2.4. als „Besondere Leistung“ definiert sei, ergebe sich angesichts der unmissverständlichen Fassung des Leistungsverzeichnisses kein zusätzlicher Vergütungsanspruch.
*OLG Köln, Urteil vom 22.02.2011, 15 U 147/10; BGH, Beschluss vom 22.03.2012, VII ZR 61/11 (Nichtzulassungsbeschwerde zurückgewiesen)*

## Besondere Vertragsbedingungen

Bei Widersprüchen im Bauvertrag gelten gem. § 1 Abs. 2 VOB/B nacheinander:

- die → Leistungsbeschreibung
- die besonderen Vertragsbedingungen
- etwaige → Zusätzliche Vertragsbedingungen
- etwaige → Zusätzliche technische Vertragsbedingungen
- die → Allgemeinen technischen Vertragsbedingungen für Bauleistungen
- die → Allgemeinen Vertragsbedingungen für die Ausführung von Bauleistungen

Die Besonderen Vertragsbedingungen sind Bedingungen, die der Auftraggeber dem Bauvertrag für ein Bauvorhaben, also nicht generell allen seinen Vorhaben, zugrunde legt. Zusätzliche Vertragsbedingungen hingegen sind Bedingungen des Auftraggebers, die er allen seinen Bauprojekten zugrunde legt. Die besonderen Vertragsbedingungen gehen damit den zusätzlichen Vertragsbedingungen als speziellere Regelung vor.

Siehe auch: → Allgemeine Geschäftsbedingungen
→ Zusätzliche Vertragsbedingungen
→ Widerspruch im Bauvertrag

## Bestandteile des Vertrags

Nach § 1 Abs. 1 VOB/B wird die Leistung, die vom Auftragnehmer auszuführen ist, durch den Vertrag bestimmt. Als Bestandteile des Vertrags gelten dabei gem. § 1 Abs. 1 Satz 2 VOB/B auch die → Allgemeinen technischen Vertragsbedingungen für Bauleistungen, die in Teil C der VOB enthalten sind. Dies hat zur Konsequenz, dass immer dann, wenn im Bauvertrag die VOB/B wirksam einbezogen wurde, auch die VOB/C als vereinbart gilt. Die VOB/C ist damit in einem VOB-Bauvertrag stets Vertragsbestandteil. Dies gilt jedoch nicht für Teil A der VOB. Die Bestimmungen der VOB/A betreffen Regelungen über die Vergabe von Bauleistungen. Die Vergabe findet jedoch vor Vertragsschluss statt und kann daher nicht Vertragsbestandteil selbst sein.

Siehe auch: → Allgemeine Technische Vertragsbedingungen für Bauleistungen

# Bürgschaft

Nach § 17 VOB/B ist eine Sicherheitsleistung im Bauvertrag zu vereinbaren. Ist nichts anderes vereinbart, so kann die Sicherheit in drei verschiedenen Arten geleistet werden, nämlich

- durch Einbehalt von Geld (siehe → Sicherheitseinbehalt),
- durch Hinterlegung von Geld oder
- durch Bürgschaft eines Kreditinstituts oder Kreditversicherers, sofern das Kreditinstitut oder der Kreditversicherer in der Europäischen Gemeinschaft oder in einem Staat der Vertragsparteien des Abkommens über den Europäischen Wirtschaftsraum oder in einem Staat der Vertragsparteien des WTO-Übereinkommens über das öffentliche Beschaffungswesen zugelassen ist.

Die Bürgschaft hat in der Baupraxis eine vorrangige Bedeutung als Sicherheitsleistung. Sie dient als Vertragserfüllungsbürgschaft dazu, die vertragsgemäße Ausführung der Bauleistungen sicherzustellen, und als Gewährleistungsbürgschaft dazu, die Mängelansprüche des Auftraggebers abzusichern.

Die Bürgschaft ist dadurch gekennzeichnet, dass sie in vollem Umfang abhängig ist vom Bestehen der zu sichernden Forderung. Dies bedeutet, dass der Bürge nur so lange aus der Bürgschaft in Anspruch genommen werden kann, wie auch die zu sichernde Forderung besteht. Besteht die Forderung nicht mehr, so besteht auch kein Anspruch mehr gegen den Bürgen aus der einmal ausgehändigten Bürgschaft. Eine ausgehändigte Originalbürgschaftsurkunde ist nach Zahlung der Forderung durch den Schuldner umgehend an den Bürgen wieder auszuhändigen. Diese „Akzessorietät" der Bürgschaft zur sichernden Forderung hat auch zur Konsequenz, dass eine Bürgschaft vom Gläubiger der zu sichernden Forderung nicht an einen Dritten abgetreten werden kann, ohne dass dieser auch die zu sichernde Forderung mit abtritt. Die Bürgschaft „klebt" also an der zu sichernden Forderung und kann nicht eigenständig oder isoliert ohne eine zu sichernde Forderung bestehen.

**Tauglichkeit des Bürgen**

Sofern der Auftragnehmer eine Bürgschaft, etwa zur Sicherung von Mängelansprüchen, an den Auftraggeber aushändigen möchte, ist zunächst Voraussetzung, dass der Auftraggeber den Bürgen als tauglich anerkennt. Ein Bürge ist gem. § 239 Abs. 1 BGB tauglich, wenn er ein der Höhe der zu leistenden Sicherheit angemessenes Vermögen besitzt und seinen allgemeinen Gerichtsstand im Inland hat. Zudem muss der Auftraggeber nach § 17 Abs. 4 Satz 1 VOB/B den Bürgen auch tatsächlich als tauglich anerkennen.

Wird die Sicherheit durch einen Bürgen gestellt, der den gesetzlichen Vorgaben entspricht, ist der Auftraggeber verpflichtet, diesen als tauglich anzuerkennen. Macht er dies nicht, so hat er das Recht auf Sicherheitsleistung verwirkt. Oftmals kommt es in der Baupraxis vor, dass Konzernbürgschaften gestellt werden. Derartige Bürgschaften stellen jedoch keine tauglichen Bürgschaften i. S. d. § 17 VOB/B dar. Allenfalls dann, wenn dies die Bauvertragsparteien ausdrücklich im Vertrag vereinbaren, kommen Konzernbürgschaften in Betracht.

**Aktuelle Rechtsprechung:**

In einem Bauvertrag wurde zwischen den Bauvertragsparteien eine Sicherheitsleistung vereinbart. Der Auftragnehmer, eineTochtergesellschaft der P. H. AG, löste den Sicherheitseinbehalt durch Übergabe einer Konzernbürgschaft ab, obwohl im Bauvertrag keine ausdrückliche Vereinbarung über die Stellung einer Konzernbürgschaft enthalten war. Dennoch erklärte sich der Bauherr mit der Übergabe der Konzernbürgschaft einverstanden. Noch während des Laufs der Verjährungsfrist für Mängelansprüche fiel die P. H. AG in Insolvenz. Der Bauherr klagte daraufhin auf Stellung einer Bürgschaft durch eine andere Bürgin. Das Landgericht Berlin gab dem Bauherrn Recht. Die vom Auftragnehmer übergebene Konzernbürgschaft wurde mit Eröffnung des Insolvenzverfahrens über deren Vermögen ohne Verschulden des Bauherrn unzureichend. Dem steht nicht entgegen, dass der Bauherr die Konzernbürgschaft zunächst akzeptiert hatte. Mit der Entgegennahme der Konzernbürgschaft wurde insbesondere keine nachträgliche Vereinbarung dahin gehend getroffen, dass die Sicherheit durch einen bestimmten Gegenstand zu leisten ist, dessen Wertminderung dann eine Verpflichtung gem. § 240 BGB ausschließen würde. Nach § 240 BGB ist die geleistete Sicherheit zu ergänzen oder durch eine anderweitige Sicherheit zu ersetzen, wenn sie ohne Verschulden des Berechtigten unzureichend wird.

*LG Berlin, Urteil vom 12.11.2003, 2 O 624/02*

**Schriftformerfordernis**

Die Bürgschaftserklärung ist vom Bürgen schriftlich zu erklären. Sie hat zu enthalten:

1. die Erklärung, dass der Bürge für eine fremde Schuld einzustehen hat,

2. die Bezeichnung des Auftraggebers,
3. die Bezeichnung des Auftragnehmers,
4. die Bezeichnung der Forderung, für die sich der Bürge verbürgt, also etwa Mängelansprüche, die im Rahmen der Verjährungsfrist auftreten, und schließlich
5. die Angabe des Zwecks der Sicherung.

Zu ihrer Wirksamkeit ist es ferner erforderlich, dass die Bürgschaft vom Bürgen unterzeichnet ist.

**Selbstschuldnerische Bürgschaft**
Nach § 17 Abs. 4 Satz 2 VOB/B ist die Bürgschaft „unter dem Verzicht der Einrede der Vorausklage" abzugeben (→ Selbstschuldnerische Bürgschaft).

Der Verzicht auf die Einrede der Vorausklage muss ausdrücklich in die Bürgschaftsurkunde aufgenommen sein. Er bedeutet, dass der Auftraggeber, an den die Bürgschaft ausgehändigt wurde, unmittelbar gegen den Bürgen vorgehen kann und sich nicht erst an den Auftragnehmer halten muss. Er bedeutet aber nicht, dass der Bürge keine Einwendungen gegen die Forderung des Auftraggebers geltend machen könnte. Ihm stehen vielmehr alle Einwendungen, eingeschlossen die Einrede der Verjährung, zu, die auch dem Auftragnehmer gegenüber dem Auftraggeber zustehen, für welchen sich der Bürge verbürgt hat.

**Unbefristete Bürgschaft**
Die Bürgschaft darf, ebenfalls nach § 17 Abs. 4 Satz 2 VOB/B, nicht auf bestimmte Zeit begrenzt sein. Zwar darf eine Bürgschaft grundsätzlich auch befristet sein, die VOB/B erkennt

eine Bürgschaft jedoch nur dann als geeignetes Sicherungsmittel an, wenn diese unbefristet ausgestellt ist, also nicht zeitlich begrenzt wurde.

Die Bürgschaftserklärung darf nicht dahin gehend lauten, dass der Bürge nur von einem bestimmten Zeitpunkt an oder nur innerhalb eines bestimmten Zeitraums in Anspruch genommen werden darf. Könnte eine Bürgschaft nach der VOB/B auch zeitlich begrenzt, etwa auf die Dauer von vier Jahren ab Abnahme, ausgestellt werden, so liefe der Auftraggeber Gefahr, dass er die Bürgschaft bereits vor Ablauf der Verjährungsfrist aushändigen müsste, wenn er z. B. ein selbstständiges Beweisverfahren beantragt hätte, durch das die Verjährungsfrist gehemmt wurde. Dauert die Hemmung z. B. zwei Jahre, so müsste der Auftraggeber die Bürgschaft vor Ablauf der Verjährungsfrist an den Bürgen wieder aushändigen und wäre hinsichtlich seiner Mängelansprüche ungesichert.

**Ausstellung nach Vorgaben des Auftraggebers**
Schließlich hat die Bürgschaft nach den Vorgaben des Auftraggebers ausgestellt zu werden, wobei er selbstverständlich an die Vorgaben der VOB/B gebunden ist. Nach den Vorgaben des Auftraggebers bedeutet also nicht, dass dieser völlig frei in der Bestimmung der Vorgaben wäre.

**Aktuelle Rechtsprechung:**
Auch wenn der Bürgschaftsanspruch in seinem Bestand abhängig von der Hauptforderung ist, so ist unbedingt zu berücksichtigen, dass er ein selbstständiger Anspruch bleibt, der auch einer eigenständigen Verjährung unterliegt. Da die Hauptforderung und die Bürgschaftsforderung jeweils

selbstständig verjähren, sind jedenfalls dann gegen den Bürgen gerichtliche Schritte zur Verjährungshemmung erforderlich, wenn der Bürge nach notwendiger Rücksprache mit dem Hauptschuldner nicht mit einer Verjährungsverlängerung einverstanden ist oder die Bürgschaft nicht in wirksamer Weise eine zugunsten des Bürgschaftsgläubigers verlängerte Verjährung festlegt.
*OLG Celle, Urteil vom 10.09.2008, Az. 14 U 2/08*

# Bürgschaft auf erstes Anfordern

Nach § 17 Abs. 4 Satz 3 VOB/B kann der Auftraggeber vom Auftragnehmer nicht fordern, dass dieser ihm eine sog. „Bürgschaft auf erstes Anfordern“ aushändigt.

Eine Bürgschaft auf erstes Anfordern i. S. d. VOB/B ist eine Bürgschaft, worin sich der Bürge gegenüber dem Auftraggeber verpflichten müsste, auf die erste Zahlungsanforderung hin zu zahlen. Bei dieser Form der Bürgschaft kann der Bürge keine Einwendungen gegen die Forderung des Auftraggebers vorbringen. Er könnte sich bspw. nicht darauf berufen, dass angebliche Mängel gar nicht vorliegen, oder sich nicht auf die Verjährung von Mängelansprüchen berufen. Dies wäre erst dann möglich, wenn der Bürge auf die Anforderung hin gezahlt hat und dann die Zahlung vom Auftraggeber wieder herausverlangt wird.

Die Bürgschaft auf erstes Anfordern kann grundsätzlich mittels einer Vertragsklausel nicht mehr gefordert werden. Dies gilt sowohl für eine → Vertragserfüllungsbürgschaft als auch für eine → Gewährleistungsbürgschaft.

Zwar kann der Auftraggeber nicht verlangen, dass eine Bürgschaft auf erstes Anfordern an ihn ausgehändigt wird. Dem steht es jedoch nicht entgegen, dass eine solche doch ausgestellt und ausgehändigt wird.

In diesem Fall hat der Bürge den Auftragnehmer unverzüglich darüber zu unterrichten, dass eine Inanspruchnahme durch den Auftraggeber bevorsteht, damit der Auftragnehmer mögliche Einreden und Einwendungen gegen die Forderung des Auftraggebers unverzüglich geltend machen kann, da der Bürge selbst diese nicht kennt. Der Auftragnehmer kann dann ggf. eine einstweilige Verfügung beantragen, die darauf gerichtet ist, dass dem Auftraggeber untersagt wird, den Bürgen in Anspruch zu nehmen. Auf diesem Weg kann dann doch verhindert werden, dass der Bürge auf erstes Anfordern des Auftraggebers hin zahlt.

**Hinweis:**
Wenn eine Bauvertragsklausel vorsieht, dass entgegen der Bestimmung in der VOB/B der Auftragnehmer verpflichtet ist, eine **Vertragserfüllungsbürgschaft auf erstes Anfordern** an den Auftraggeber auszuhändigen, ist diese Klausel unwirksam mit der Folge, dass sie ersatzlos entfällt und die gesetzliche Regelung maßgeblich ist. Da nach der VOB/B nur dann eine Sicherheit zu leisten ist, wenn dies vertraglich vereinbart ist, hat dies zur Folge, dass der Auftragnehmer aufgrund des ersatzlosen Wegfalls der Klausel keine Vertragserfüllungsbürgschaft auszuhändigen hat.

Formularmäßige Klauseln über die Stellung von **Gewährleistungsbürgschaften auf erstes Anfordern** sind unwirksam, wenn

- ein vereinbarter Sicherheitseinbehalt nur durch eine solche Bürgschaft abgelöst werden kann und
- dem Auftragnehmer alle weiteren in der VOB/B vorgesehenen Sicherungsmittel nicht ermöglicht werden (→ Bürgschaft).

Daraus folgt, dass eine Klausel über die Stellung einer Gewährleistungsbürgschaft auf erstes Anfordern dann zulässig ist, wenn die weiteren Sicherungsmittel, etwa Hinterlegung von Geld oder die Einzahlung des Sicherheitseinbehalts auf ein Sperrkonto, als Alternativen zur Verfügung stehen.

Siehe auch: → Bürgschaft
→ Einrede der Vorausklage
→ Gewährleistungssicherheit
→ Sicherheitseinbehalt
→ Sperrkonto
→ Vertragserfüllungsbürgschaft

**Aktuelle Rechtsprechung**:
Sofern der Auftragnehmer nach den Allgemeinen Vertragsbedingungen des Auftraggebers einen **unverzinslichen** Sicherheitseinbehalt **ausschließlich** durch eine Bürgschaft auf erstes Anfordern ablösen kann, so ist diese Klausel insgesamt unwirksam, da sie den Auftragnehmer unangemessen benachteiligt. Dies hat zur Folge, dass der Auftragnehmer nicht verpflichtet ist, eine Gewährleistungssicherheit zu stel-

len. Die ursprünglich ggf. an den Auftraggeber ausgehändigte Bürgschaft auf erstes Anfordern kann der Auftragnehmer notfalls gerichtlich herausfordern. Die unwirksame Klausel über die Stellung einer Bürgschaft auf erstes Anfordern kann auch nicht dahin gehend umgedeutet werden, dass der Auftragnehmer zwar keine Bürgschaft auf erstes Anfordern zu stellen hat, sondern lediglich eine einfache selbstschuldnerische Bürgschaft. Eine solche Umdeutung lässt das Gesetz nicht zu.
*OLG München, Urteil vom 03.02.2004, Az. 9 U 3458/03*

**Aktuelle Rechtsprechung:**
Der Auftragnehmer wurde mit der Ausführung von Bauleistungen im Zusammenhang mit der Errichtung einer Luxusjacht beauftragt. In den Allgemeinen Geschäftsbedingungen des Auftraggebers war u. a. die Klausel enthalten, wonach der Auftragnehmer eine Gewährleistungsgarantie in Höhe von 10 % gem. eines dem Vertrag beigefügten Musters zu stellen hatte. Dieses Muster sah eine Garantie zur Zahlung „auf erste schriftliche Anforderung" vor. Nach der Fertigstellung der Bauleistungen und Abnahme rügte der Auftraggeber Mängel und nahm die Bürgin aus einer von dieser zugunsten des Auftragnehmers gegebenen Gewährleistungsgarantie „auf erstes Anfordern" für vermeintlich entstandene Ersatzvornahmekosten in Anspruch. Da die Bürgin die Auszahlung verweigerte, klagte der Auftraggeber auf Zahlung des Garantiebetrags. Das Gericht wies die Klage ab. Es sah einen Anspruch aufgrund der Unwirksamkeit der Garantie als nicht gegeben an. Das Bürgschaftsmuster stellt ebenso wie die anderen Vertragsunterlagen Allgemeine Geschäftsbedingungen dar. Diese benachteiligen den Auf-

tragnehmer wie bei einer Bürgschaft „auf erstes Anfordern" unangemessen, denn durch die Möglichkeit der nachweislosen Inanspruchnahme werden die Rechte des Auftragnehmers über das zulässige Maß hinaus eingeschränkt. Insoweit gilt für eine Garantie dasselbe wie für eine Bürgschaft.
*LG München I, Urteil vom 02.03.2011, 3 O 9706/10*

**Aktuelle Rechtsprechung:**
Gibt der Auftraggeber dem Auftragnehmer in seinen Allgemeinen Geschäftsbedingungen für die Gewährleistungssicherung ein Wahlrecht zwischen einem Bareinbehalt und einer Bürgschaft auf erstes Anfordern vor, so benachteiligt dies den Auftragnehmer unangemessen, sodass die Sicherungsabrede nichtig ist. Eine Umdeutung der Sicherungsabrede dahin, dass eine Gewährleistungsbürgschaft ohne erstes Anfordern zu stellen sei, ist nicht möglich.
*LG Stuttgart, Urteil vom 21.10.2008, 15 O 118/08*

# D

## Direktzahlungen

Nach § 16 Abs. 6 VOB/B ist der Auftraggeber berechtigt, Zahlungen an Gläubiger eines Auftragnehmers zu leisten, soweit sie an der Ausführung der vertraglichen Leistung des Auftragnehmers aufgrund eines mit diesem abgeschlossenen Dienst- oder Werkvertrags beteiligt sind, wegen Zahlungsverzugs des Auftragnehmers die Fortsetzung ihrer Leistungen zu Recht verweigern und die Direktzahlung die Fortsetzung der Leistung sicherstellen soll.

Die Regelung trifft in der Baupraxis auf die Fälle zu, in denen der Auftragnehmer als Hauptunternehmer bzw. Generalunternehmer einen oder mehrere Nachunternehmer mit der Ausführung von Teilen der Arbeiten beauftragt hat, die der Auftragnehmer insgesamt für den Auftraggeber zu erbringen hat. Wenn der Auftragnehmer (Hauptunternehmer) in diesen Fällen die oder den Nachunternehmer nicht bezahlen kann, so berührt dies zunächst nicht den Vertrag zwischen dem Auftraggeber und dem Auftragnehmer. Der Auftraggeber ist nur verpflichtet, Zahlungen an den Auftragnehmer zu leisten, nicht aber auch an den Nachunternehmer, wenn dieser vom Auftragnehmer nicht (mehr) bezahlt wird. Der Nachunternehmer kann jedoch die Arbeiten bei Nichtzahlung aufgrund des ihm gegenüber dem Auftragnehmer zustehenden Zurückbehaltungsrechts einstellen, sodass auch der Auftraggeber ein großes Interesse hat, dass der Nachunternehmer sein Geld erhält. Er will schließlich, dass die Arbeiten insgesamt fristgerecht erledigt werden. Hier gibt ihm die VOB/B die Möglichkeit, Zahlungen unmittelbar an den Nachunternehmer zu richten anstatt an den Auftragnehmer. Letztlich müssen hierfür die nachfolgenden Voraussetzungen vorliegen:

1. Der Auftraggeber muss aus dem mit dem Auftragnehmer geschlossenen Vertrag heraus verpflichtet sein, Zahlungen an diesen zu leisten. Die Zahlungsverpflichtung des Auftraggebers kann sich dabei sowohl auf eine Schlusszahlung, eine Abschlagszahlung als auch eine Vorauszahlung beziehen.
2. Der Auftraggeber darf nur an Gläubiger des Auftragnehmers zahlen, die an der Ausführung des Bauvorhabens, über welches der Auftraggeber mit dem Auftragnehmer einen Vertrag geschlossen hat, beteiligt sind. Zahlt der Auftraggeber an einen Dritten, der zwar eine Forderung gegen den Auftragnehmer hat, welche aber nichts mit Bauleistungen am Bauvorhaben zu tun hat, so bleibt er gegenüber dem Auftragnehmer trotz der Zahlung an den Dritten zur Zahlung verpflichtet, er muss also den Betrag letztlich nochmals an den Auftragnehmer leisten. In Betracht kommen hier Zahlungen an Baustofflieferanten, die auf Basis eines Kaufvertrags Material an die Baustelle geliefert haben.
3. Der Dritte, i. d. R. der Nachunternehmer, muss eine fällige Forderung gegen den Auftragnehmer haben, und der Auftragnehmer muss sich ihm gegenüber in Zahlungsverzug befinden. Sofern der Auftraggeber auf eine noch nicht fällige Forderung direkt an den Nachunternehmer zahlt, muss er ggf. nochmals an den Auftragnehmer zahlen. Der Auftraggeber muss also vor der Zahlung an den Dritten genau prüfen, ob die Forderungen fällig sind.

4. Die vom Nachunternehmer erbrachten Leistungen müssen in Zusammenhang mit dem Bauvorhaben stehen, bezüglich dessen ein Vertrag zwischen Auftraggeber und Auftragnehmer geschlossen wurde.
5. Der Nachunternehmer muss die Weiterführung seiner Arbeiten eingestellt haben, weil er vom Auftragnehmer nicht bezahlt wurde.
6. Sofern der Auftraggeber an den Nachunternehmer zahlt, muss dies geschehen, damit der Nachunternehmer seine Arbeiten wieder aufnimmt.

Da es für den Auftraggeber schwierig ist, abzuklären, inwieweit dem Nachunternehmer tatsächlich fällige Forderungen gegen den Auftragnehmer zustehen, räumt ihm § 16 Abs. 6 Satz 2 VOB/B das Recht ein, vom Auftragnehmer Auskunft darüber zu verlangen, ob und inwieweit er die Forderungen des Nachunternehmers als berechtigt ansieht. Hierzu hat er ihm eine angemessene Frist zu setzen. Der Auftragnehmer ist auf dieses Auskunftsverlangen hin verpflichtet, sich darüber zu erklären. Unterlässt er dies oder erklärt er sich nicht innerhalb der Frist, so gelten die Voraussetzungen der Direktzahlung als anerkannt. Der Auftragnehmer kann sich im Nachhinein dann nicht mehr darauf berufen, dass die Forderung des Nachunternehmers gar nicht fällig war.

**Aktuelle Rechtsprechung:**
Leistet ein Auftraggeber Zahlungen gem. § 16 Abs. 6 VOB/B an den Nachunternehmer des Auftragnehmers, so sind diese Zahlungen nicht von vornherein als eine vorsätzliche Gläubigerbenachteiligung im Falle der Insolvenz des Auftragnehmers anzusehen, die zu einer Insolvenzanfechtung

führt. Eine objektive Gläubigerbenachteiligung als Grundvoraussetzung jeder Insolvenzanfechtung liegt vor, wenn die Handlung entweder die Schuldenmasse vermehrt oder aber die Aktivmasse verringert, damit der Zugriff auf das Vermögen des Insolvenzschuldners vereitelt, erschwert oder verzögert wird und wenn sich die Befriedigungsmöglichkeiten der Insolvenzgläubiger ohne diese Handlung besser gestaltet hätten. Ein Anfechtungsrecht des Insolvenzverwalters gegenüber dem Auftraggeber besteht lediglich in den Fällen, in denen die Initiative zur Direktzahlung vom Auftragnehmer ausgeht oder dieser den Auftraggeber zur Direktzahlung an den Nachunternehmer auffordert.
*BGH, Urteil vom 29.09.2011, IX ZR 74/09*

# Druckzuschlag

Treten nach der Abnahme Mängel an den Bauleistungen des Auftragnehmers auf, zu deren Beseitigung er verpflichtet ist, hat der Auftraggeber diese dem Auftragnehmer anzuzeigen und ihn unter Fristsetzung zur Mangelbeseitigung aufzufordern.

Siehe auch: → Mangelbeseitigung
→ Symptomtheorie

§ 641 Abs. 3 BGB, der auf den VOB-Bauvertrag entsprechend anzuwenden ist und durch das Forderungssicherungsgesetz mit Wirkung zum 01.01.2009 geändert wurde, bestimmt hierzu, dass der Auftraggeber dann, wenn er vom Auftragnehmer die Beseitigung eines Mangels verlangen kann, er nach der Fälligkeit die Zahlung eines angemessenen Teils der

Vergütung verweigern kann, wobei als angemessen i. d. R. das Doppelte der für die Beseitigung des Mangels oder der Mängel erforderlichen Kosten verstanden wird.

**Tipp:**
Wenn der Auftragnehmer beweisen will, dass der Druckzuschlag tatsächlich niedriger ist als der Auftraggeber behauptet, dann sollte er möglichst frühzeitig dafür Sorge tragen, dass die tatsächliche Höhe der Mangelbeseitigungskosten ermittelt wird. Er kann dann schon rechtzeitig dem Auftraggeber die maßgeblichen Belege vorhalten, aus denen sich ergibt, dass die Kosten niedriger sind, als von ihm behauptet wird. Er kann damit u. U. verhindern, dass der Auftraggeber die Mangelbeseitigungskosten künstlich aufbläht, mit dem Ziel, damit einen höheren Einbehalt erzielen zu können.

Dadurch, dass der Auftraggeber berechtigt ist, i. d. R. das Doppelte der zu erwartenden Mangelbeseitigungskosten einzubehalten, soll auf den Auftragnehmer Druck ausgeübt werden, dass er baldmöglichst die Mangelbeseitigung vornimmt. Hieraus erklärt sich der Begriff „Druckzuschlag".

Der Auftraggeber ist berechtigt, den Druckzuschlag auszuüben, bis die Mängel endgültig beseitigt sind. Sobald der Auftragnehmer die Mängel beseitigt hat, erlischt das Recht des Auftraggebers, einen Betrag wegen Mängeln zurückzubehalten. Für den Auftragnehmer ist in diesem Zusammenhang v. a. von Bedeutung, dass der Auftraggeber auch dann nicht mehr berechtigt ist, einen Einbehalt wegen vorliegender Mängel auszuüben, wenn der Auftragnehmer ihn nach der Abnahme aufgefordert hat, eine Bauhandwerkersicherheit nach

§ 648 oder § 648a BGB zu stellen und ihm hierzu eine angemessene Frist gesetzt hat. Kommt der Auftraggeber seiner Pflicht zur Stellung der Sicherheit nicht nach, steht ihm kein Zurückbehaltungsrecht mehr zu. Der Druckzuschlag entfällt.

Siehe auch: → Bauhandwerkersicherung nach § 648a BGB
→ Bauhandwerkersicherungshypothek

**Aktuelle Rechtsprechung:**
Verweigert der Auftraggeber dem Auftragnehmer das Recht, eine Mangelbeseitigung durchzuführen, etwa weil er ihm Baustellenverbot erteilt, so gerät er, bei Vorliegen der weiteren Voraussetzungen, in Annahmeverzug. Hieraus ergeben sich die entsprechenden Verzugsfolgen. Der Auftraggeber verliert jedoch in diesem Fall nicht sein Recht, weiterhin ein Zurückbehaltungsrecht im Hinblick auf die noch offene Vergütungsforderung des Auftragnehmers geltend zu machen. Hierfür wäre es erforderlich, dass der Auftraggeber seinen Anspruch verwirkt. Allein der Annahmeverzug des Auftraggebers hat nicht zur Folge, dass er sein Recht auf Vornahme des Druckzuschlags verwirkt hätte.
*BGH, Urteil vom 24.07.2003, Az. VII ZR 79/02*

# Durchgriffsfälligkeit

Mit dem Forderungssicherungsgesetz, das zum 01.01.2009 in Kraft getreten ist, wurde in § 641 Abs. 2 BGB eine für den Auftragnehmer bedeutsame Änderung des geltenden Rechts vorgenommen. Da die Vorschrift auf den VOB/B-Bauvertrag entsprechend anzuwenden ist, wirkt sich diese

Gesetzesänderung auch zugunsten des Auftragnehmers eines VOB/B-Bauvertrags aus.

Die Bestimmung in § 641 Abs. 2 BGB zur sog. Durchgriffsfälligkeit soll der bedenklichen Praxis vieler Auftraggeber (Generalunternehmer und Bauträger) entgegenwirken, dass Leistungen von Auftragnehmern (Nachunternehmern), die von dem Bauherrn längst bezahlt wurden, von den Auftraggebern gegenüber den Auftragnehmern nicht abgenommen werden, wodurch die Zahlung der Vergütung der Auftragnehmer durch die Auftraggeber hinausgezögert wird. Bislang war in § 641 Abs. 2 BGB geregelt, dass die Vergütung eines Auftragnehmers für ein Werk, dessen Herstellung der Auftraggeber einem Dritten (dem Bauherrn) versprochen hat, spätestens dann fällig wird, wenn und soweit der Auftraggeber vom Bauherrn für das versprochene Werk wegen dessen Herstellung seine Vergütung oder Teile hiervon erhalten hat. Diese Regelung war in der Praxis schon deshalb höchst problematisch, weil der Auftragnehmer gar nicht die Möglichkeit besaß, sich Kenntnis darüber zu verschaffen, ob denn der Auftraggeber, der ihn mit den Leistungen beauftragt hat, von dem Bauherrn überhaupt eine Zahlung erhalten hat. Ein Auskunftsanspruch des Auftragnehmers war gesetzlich nicht geregelt. Mit dem Inkrafttreten des Forderungssicherungsgesetzes hat der Gesetzgeber nun die Stellung des Auftragnehmers in § 641 Abs. 2 BGB gegenüber dem Generalunternehmer gestärkt. Es ist jetzt die Vergütung des Nachunternehmers dann fällig, wenn

- der Auftraggeber vom Bauherrn seine Vergütung zumindest teilweise erhalten hat oder
- die Leistungen des Auftragnehmers vom Bauherrn bereits abgenommen wurden oder

- der Auftragnehmer dem Auftraggeber erfolglos eine Frist zur Auskunft hierüber gesetzt hat.

**Tipp:**
Dem Auftragnehmer, der als Nach-(Sub-)unternehmer tätig ist, ist dringend anzuraten, von dem jetzt im Gesetz festgeschriebenen Auskunftsanspruch Gebrauch zu machen. Er sollte dabei den Auftraggeber auffordern, ihm die Auskunft innerhalb einer bestimmten Frist zu erteilen. Erteilt der Auftraggeber keine Auskunft innerhalb dieser Frist, die natürlich angemessen sein muss, dann hat dies zur Folge, dass er seine Vergütung einfordern kann. Wenn der Auftraggeber zwar eine Auskunft erteilt, diese aber fehlerhaft ist, dann steht dem Auftragnehmer u. U. ein Schadensersatzanspruch gegen den Auftraggeber zu.

Eines sollte der Auftragnehmer bei einem VOB/B-Bauvertrag aber unbedingt beachten: Unabhängig von § 641 Abs. 2 BGB besteht sein Vergütungsanspruch grundsätzlich immer nur dann, wenn zusätzlich eine prüfbare Rechnung vorliegt und die Prüfungsfrist des § 16 Abs. 3 VOB/B abgelaufen ist.

Der Nachunternehmer sollte beachten, dass dem Hauptunternehmer natürlich auch dann, wenn die Voraussetzungen für eine Durchgriffsfälligkeit nach § 641 Abs. 2 BGB vorliegen, ein Leistungsverweigerungsrecht im Fall von Mängeln zusteht. Hierzu folgender aktueller Fall aus der Rechtsprechung, dem zwar noch die ehemalige Fassung des § 641 Abs. 2 BGB zugrunde lag, was jedoch keinen Einfluss auf die Entscheidung hat, da sich diesbezüglich die Rechtslage auch nach dem Inkrafttreten des Forderungssicherungsgesetzes nicht geändert hat.

Ein Nachunternehmer erbrachte aufgrund eines im Jahr 2004 abgeschlossenen Vertrags für den Hauptunternehmer Spenglerarbeiten. Der Bauherr bezahlte den Hauptunternehmer vollständig und nahm die Bauleistungen in Gebrauch (fiktive Abnahme). Der Nachunternehmer erhielt seine Vergütung vom Hauptunternehmer hingegen nicht vollständig, weshalb er den noch offenen Restwerklohn in Höhe von 48.000 Euro gegenüber dem Hauptunternehmer einklagte. Dieser verteidigte sich damit, dass ihm Minderungsansprüche wegen fehlerhafter Verschraubung in Höhe von 40.000 Euro zustünden und er daher von seinem Leistungsverweigerungsrecht gegenüber dem Nachunternehmer Gebrauch machen könne. Zu Recht meinte das Gericht; § 641 Abs. 2 BGB regelt allein die Durchgriffsfälligkeit des Vergütungsanspruchs des Nachunternehmers als Auftragnehmer, schließt aber nicht das Leistungsverweigerungsrecht des Hauptunternehmers als Auftraggeber aus. Das folge aus Wortlaut, Inhalt und Systematik des § 641 Abs. 2 BGB.

Danach entfällt allein die Fälligkeitsvoraussetzung der Abnahme nach § 641 Abs. 1 Satz 1 BGB, wenn der Hauptunternehmer vom Bauherrn die Vergütung für die vom Nachunternehmer erbrachte Leistung erhalten hat. Zu berücksichtigen ist dabei v. a., dass man selbst dann, wenn man aus der vom Bauherrn dem Hauptunternehmer ungeschmälert geleisteten Zahlung auf dessen Zufriedenheit mit der erbrachten Werkleistung schließen kann, eine solche Zufriedenheit bei der Abnahme eine spätere Geltendmachung von Mängelansprüchen innerhalb der Verjährungsfrist nicht ausschließt. Es besteht also zu Recht ein Sicherungsinteresse des Hauptunternehmers.

# E

## Einbehalt

Siehe auch: → Sicherheitseinbehalt

## Einheitspreis und Einheitspreisvertrag

Den Einheitspreisvertrag sieht die VOB/B als die regelmäßige Vertragsform vor. Dies ergibt sich daraus, dass in § 2 Abs. 2 VOB/B geregelt ist, dass die Vergütung des Auftragnehmers nach den vertraglichen Einheitspreisen und den tatsächlich ausgeführten Leistungen berechnet wird, sofern keine andere Berechnungsart (z. B. durch Pauschalsumme, nach Stundenlohnsätzen oder nach Selbstkosten) vereinbart ist.

Hieraus ergibt sich im Gegenschluss, dass dann, wenn etwa nach Stundenlohnsätzen abgerechnet werden soll, dies ausdrücklich vereinbart werden muss, siehe auch § 2 Abs. 10 VOB/B. Sofern im Bauvertrag ausdrücklich die Abrechnung nach Einheitspreisen vereinbart ist, liegt ein Einheitspreisvertrag vor, und es ist nach Einheitspreisen und ausgeführter Menge abzurechnen. Ist keine Bestimmung über die Abrechnung getroffen worden, kann zwar nicht nach vereinbarten Einheitspreisen abgerechnet werden, da ja gerade keine Vereinbarung über die Höhe der Einheitspreise vorliegt. Insoweit ist die Vorschrift in der VOB/B missglückt. In diesem Fall wird jedoch eine Abrechnung nach Einheitspreisen als vereinbart unterstellt.

Die abzurechnenden Einheitspreise müssen bei Fehlen einer Vereinbarung üblich und angemessen sein; ein Leistungsverzeichnis mit vereinbarten Einheitspreisen liegt in diesem Fall regelmäßig nicht vor.

Beim Einheitspreisvertrag wird die Vergütung des Auftragnehmers nach Leistung bemessen, und zwar i. d. R. zu Einheitspreisen für technisch und wirtschaftlich einheitliche Teilleistungen, die unter Ordnungszahlen zusammengefasst werden. Diese sind festzulegen und nach Maß, Gewicht oder Stückzahl, den sog. „Vordersätzen", in die Leistungsbeschreibung aufzunehmen. Der Einheitspreis errechnet sich dann in der Weise, dass der Auftragnehmer nach vorheriger sorgfältiger Kalkulation den Einzelpreis nach der jeweils maßgeblichen Maß-, Gewichts- oder Stückeinheit bestimmt. Hiervon zu unterscheiden ist der sog. Positionspreis. Dieser ergibt sich letztlich aus einer Multiplikation der Vordersätze mit dem Einheitspreis. Als Gesamtpreis bezeichnet man dann letztlich die Angebotsendsumme, die sich aus der Addition der Positionspreise zuzüglich der Mehrwertsteuer ergibt.

Da sich die Vergütung beim Einheitspreisvertrag nach der tatsächlich ausgeführten Menge bemisst, ist es unschädlich, wenn im Leistungsverzeichnis vom Auftragnehmer zunächst eine geringere Menge angegeben wurde. Abgerechnet wird letztlich die tatsächlich ausgeführte Menge nach den angebotenen Einheitspreisen.

Siehe auch: → Pauschalpreis/Pauschalpreisvertrag
→ Stundenlohnvereinbarung

**Aktuelle Rechtsprechung:**
Rechnet der Auftragnehmer die von ihm für den Auftraggeber erbrachten Leistungen nach Einheitspreisen und Aufmaß ab, so hat er im Streitfall zu beweisen, dass eine vom Auftraggeber behauptete und nach Ort, Zeit und Umständen im Einzelnen dargelegte niedrigere Pauschalvereinbarung in Wirklichkeit nicht getroffen wurde. Der Auftragnehmer muss also zwar grundsätzlich seine Berechtigung zur Abrechnung nach Einheitspreisen und Aufmaß nachweisen und zugleich die vom Auftraggeber behauptete niedrigere Pauschalvereinbarung widerlegen. Dabei darf man jedoch den Auftragnehmer nicht in für ihn aussichtlose Beweisschwierigkeiten bringen. Der Auftraggeber muss daher zunächst detailliert die angebliche Pauschalvereinbarung nach Zeit, Ort und Höhe darlegen und beweisen. Gelingt ihm dies nicht, muss der Auftragnehmer sich gar nicht erst überlegen, wie er die behauptete Pauschalvereinbarung widerlegen kann. Er ist in diesem Fall berechtigt, nach Einheitspreisen und Aufmaß abzurechnen.
*OLG München, Urteil vom 29.03.2000, Az. 27 U 668/99 sowie BGH, Urteil vom 26.03.1992, Az. VII ZR 180/91*

Grundsätzlich ist also der Auftraggeber bei Vorliegen eines Einheitspreisvertrags für seine Behauptung beweispflichtig, die Parteien hätten sich nach Vertragsabschluss auf einen Pauschalpreisvertrag verständigt, da er sich auf die Vertragsänderung beruft. Wenn also ursprünglich nachweislich ein Einheitspreisvertrag zustande gekommen ist, dann muss der Auftraggeber im gerichtlichen Verfahren den Beweis führen, dass man nachträglich noch eine Pauschalpreisvereinbarung getroffen hat. Kann er dies nicht, verbleibt es bei der Vereinbarung eines Einheitspreisvertrags.

*OLG Köln, Urteil vom 06.10.2010, 11 U 39/10; BGH, Beschluss vom 22.03.2012, VII ZR 211/10*

**Aktuelle Rechtsprechung:**
Sofern in der Auftragserteilung auf Grundlage eines Einheitspreisangebots eine Pauschalierung der Auftragsendsumme lediglich vorbehalten und nicht ausdrücklich vereinbart ist, so bleibt es bei dem Einheitspreisvertrag. Allein der Vorbehalt der Pauschalierung des Vertragspreises im Wege der Abrundung des Angebotspreises führt noch nicht dazu, dass eine solche Pauschalierung vorgenommen wurde und damit ein Pauschalpreisvertrag anstatt des Einheitspreisvertrags vorliegt.
*OLG Schleswig, Urteil vom 29.06.2010, 3 U 92/09*

**Aktuelle Rechtsprechung:**
In zwei Positionen eines einheitspreisvertraglichen VOB/B-Angebots hatte ein Auftragnehmer einen Einheitspreis angesetzt, der 894-fach höher lag, als der ortsübliche Preis. Nachdem der Zuschlag erteilt worden war, erhöhten sich durch Konkretisierungen der auftraggeberseitigen Planung die Mengen der Positionen um das drei- bis siebenfache, so dass die Positionspreise statt eines Anteils von etwa 1,36 % des Gesamtpreises nun nach geringfügiger Herabsetzung des Einheitspreises, einen Anteil von etwa 8 % ausmachten. Bei denselben Mengen, aber unter Berücksichtigung der ortsüblichen Preise, hätte der Anteil bei etwa 0,009 % gelegen und ohne die Mengenmehrungen bei 0,002 %. Der Auftraggeber vergütete zwar 110 % der ausgeschriebenen Mengen zum beauftragten Einheitspreis, allerdings vergütete er die restlichen Mengen nicht, da er der Ansicht war, dass der neu gebildete Einheitspreis sittenwidrig sei. Der

BGH sah das nicht unbedingt so. Er verwies den Rechtsstreit mit folgender Begründung an das OLG Jena zurück. Die 800-fache Überhöhung des Einheitspreises als objektiv auffälliges, wucherähnliches Missverhältnis von Leistung und Gegenleistung begründet eine Vermutung für ein „sittlich verwerfliches Gewinnstreben" des Auftragnehmers, das dieser jedoch entkräften kann. Das konnte der Auftragnehmer sodann auch. Er konnte nachvollziehbar darlegen, dass die Positionen ein derart geringes Volumen im Vergleich zum Gesamtpreis gehabt haben, dass sich eine Spekulation auf Mehrmengen, für die es bei Angebotsbearbeitung objektiv keine Anhaltspunkte gab, nicht gelohnt hätte. Er hat sich ganz einfach keine Gedanken zu dieser Position gemacht.
*BGH, Urteil vom 18.12.2008, Az. VII ZR 201/06; OLG Jena, Urteil vom 11.08.2009, Az. 5 U 899/05.*

## Einrede der Vorausklage

Nach § 17 Abs. 1 VOB/B können Auftraggeber und Auftragnehmer im Bauvertrag eine Sicherheitsleistung vereinbaren, die dazu dient, die vertragsgemäße Ausführung der Arbeiten des Auftragnehmers oder die Mängelansprüche des Auftraggebers abzusichern. Soweit im Bauvertrag nichts anderes vorgesehen ist, kann die Sicherheit auch in Form einer Bankbürgschaft beigebracht werden.

Siehe auch: → Bürgschaft
→ Bürgschaft auf erstes Anfordern

Bei der Sicherheitsleistung durch Bürgschaft ist u. a. Voraussetzung, dass die Bürgschaftserklärung schriftlich und unter dem Verzicht auf die Einrede der Vorausklage abgegeben wird.

„Einrede der Vorausklage" bedeutet in diesem Zusammenhang, dass der Bürge die Zahlung aus der Bürgschaft so lange nicht vorzunehmen braucht, bis nicht der Gläubiger eine Zwangsvollstreckung gegen den Schuldner ohne Erfolg versucht hat. Erst dann also, wenn eine Zwangsvollstreckung gegen den Schuldner erfolglos geblieben ist, hat der Bürge bei einer Bürgschaft ohne Verzicht gegen die Einrede der Vorausklage für die Forderung des Gläubigers gegen den Schuldner einzustehen. Die Bürgschaft, die unter dem Verzicht auf diese Einrede abgegeben wird, bezeichnet man als selbstschuldnerische Bürgschaft.

Eine Bürgschaft, bei welcher der Auftraggeber die Einrede der Vorausklage erheben könnte, würde dem Zweck einer Sicherheitsleistung in der Baupraxis entgegenstehen, sodass die Vertragserfüllungs- und Gewährleistungsbürgschaften nach der VOB/B stets unter dem Verzicht der Einrede der Vorausklage abzugeben sind. Der Verzicht bedeutet für den Auftraggeber, dass der Bürge grundsätzlich unmittelbar in Anspruch genommen werden kann, ohne dass er zuvor gerichtliche Schritte gegen den Auftragnehmer vornehmen müsste. Er bedeutet jedoch nicht zugleich, dass der Bürge nicht etwa auch Einwendungen oder die Einrede der Verjährung gegen die Forderung des Auftraggebers geltend machen könnte, v. a. dann, wenn das Vorliegen behaupteter Mängel bestritten wird und der Bürge aus einer Gewährleistungsbürgschaft in Anspruch genommen werden soll. Dieses Recht steht neben dem Auftragnehmer auch dem Bürgen zu, solange keine → Bürgschaft auf erstes Anfordern abgegeben wurde.

Der Bürge hat, wenn es sich um ein Kreditinstitut handelt, den Auftragnehmer von der Inanspruchnahme durch den Auftraggeber unverzüglich zu unterrichten, damit ihm vor Zahlung aus der Bürgschaft die Möglichkeit zur Stellungnahme gegeben wird. Dies ist deshalb von Bedeutung, da bei berechtigten Einwendungen eine Zahlung aus der Bürgschaft unterbleiben kann.

Siehe auch: → Bürgschaft auf erstes Anfordern
→ Gewährleistungssicherheit

# Einwendungen gegen die Prüfbarkeit der Schlussrechnung

Gemäß § 16 Abs. 3 Nr. 1 VOB/B wird der Anspruch auf die Schlusszahlung alsbald nach Prüfung und Feststellung fällig, spätestens aber innerhalb von 30 Tagen nach Zugang der Schlussrechnung beim Auftraggeber. Die Frist verlängert sich auf höchstens 60 Tage, wenn sie aufgrund der besonderen Natur oder Merkmale der Vereinbarung sachlich gerechtfertigt ist und ausdrücklich vereinbart wurde. Werden Einwendungen gegen die Prüfbarkeit unter Angabe der Gründe nicht bis zum Ablauf der jeweiligen Frist erhoben, kann der Auftraggeber sich nicht mehr auf die fehlende Prüfbarkeit berufen (§ 16 Abs. 3 Nr. 1 Satz 3 VOB/B).

Die bisherige Bestimmung in § 16 Abs. 3 Nr. 1 VOB/B 2009, nach der der Anspruch auf die Schlusszahlung spätestens innerhalb von zwei Monaten nach Zugang der Schlussrechnung fällig wurde, wurde an die Vorgaben der Europäischen Richtlinie 2011/7/EU, der sog. Zahlungsverzugsrichtlinie, angepasst. Es ist also künftig grundsätzlich nur noch eine Zahlungsfrist von maximal 30 Tagen nach Zugang der Schlussrechnung vorgesehen, es sei denn, es wurde zwischen den Parteien ausdrücklich eine erweiterte Zahlungsfrist von weiteren 30 Tagen vereinbart und diese Verlängerung ist sachlich gerechtfertigt. Die Neufassung des § 16 Abs. 3 Nr. 1 Satz 3 VOB/B 2012 ist an die Regelung im bisherigen § 16 Abs. 3 Nr. 1 Satz 2 VOB/B 2009 angelehnt. Bisher konnte sich der Auftraggeber nicht mehr auf die fehlende Prüfbarkeit berufen, wenn er nicht spätestens innerhalb von zwei Monaten nach Zugang der Schlussrechnung Einwendungen gegen die Prüfbarkeit erhoben hatte. Im Hinblick auf die unterschiedlichen Fristenregelungen in § 16 Abs. 3 Nr. 1 und 2 VOB/B 2012 wird nunmehr auf den „Ablauf der jeweiligen Frist“ abgestellt.

Auch die neu gefasste Bestimmung über die Prüfbarkeit der Schlussrechnung in der VOB/B 2012 besagt jedoch nicht, dass der Auftraggeber nach Ablauf der Prüfungsfrist keine Einwände gegen die Schlusszahlung mehr vorbringen dürfte. Vielmehr bezieht sich die Bestimmung lediglich auf Einwendungen, die die fehlende Prüfbarkeit der Schlussrechnung betreffen.

Siehe auch: → Prüfbarkeit der Schlussrechnung

# Einzelfristen

Einzelfristen, die auch → Zwischenfristen genannt werden, sind Fristen, die dem Auftraggeber die Möglichkeit einräumen, den Baufortschritt zu kontrollieren. Mit Einzelfristen regeln die Vertragspartner nicht die Fertigstellung der vertraglich vereinbarten Gesamtleistung, sondern Termine, zu denen einzelne Teile von Bauleistungen des Auftragnehmers fertiggestellt sein müssen. Werden die Einzel- oder Zwischenfristen vom Auftragnehmer eingehalten, so hat der Auftraggeber Anhaltspunkte dafür, dass die Arbeiten vereinbarungsgemäß vorangehen. Er verringert dadurch das Risiko, dass die Fertigstellung nicht innerhalb der verbindlichen → Vertragsfristen erfolgt, da er rechtzeitig bei Nichteinhaltung von Einzelfristen reagieren und entsprechende Vorkehrungen treffen kann, um die Fertigstellung der Arbeiten zum vereinbarten Fertigstellungstermin zu sichern.

Nach § 5 Abs. 1 Satz 2 VOB/B gelten Einzelfristen, die in einem Bauzeitenplan vereinbart werden, nur dann als verbindlich, wenn dies ausdrücklich im Bauvertrag so festgelegt wurde. Einzelfristen stellen also grundsätzlich keine verbindlichen Vertragsfristen dar, sondern lediglich Kontrollfristen, die dem Auftraggeber die Möglichkeit der Überwachung des Baufortschritts ermöglichen sollen. Will der Auftraggeber verbindliche Einzelfristen vereinbaren, so hat er die in einem Bauzeitenplan enthaltenen Fristen im Bauvertrag nochmals ausdrücklich als verbindliche Fristen zu kennzeichnen.

Es bietet sich v. a. bei Bauverträgen über größere Projekte, etwa bei der Erstellung einer Reihenhausanlage oder eines großen Wohnhauses durch einen Bauträger, an, verbindliche

Vertragsfristen für einzelne Teilleistungen festzulegen. Beispielsweise ist es in einem solchen Fall möglich, Einzelfristen bezüglich der Einbringung der Rohinstallation, der Fenster, Türen etc. zu vereinbaren. Zudem bietet es sich an, bezüglich der Fertigstellung einzelner Häuser einer Reihenhausanlage Einzelfristen zu vereinbaren. Wichtig ist jedoch in jedem Fall, die Einzelfristen als verbindlich im Bauvertrag zu kennzeichnen, damit der Auftragnehmer gehalten ist, diese Fristen auch zu beachten.

Siehe auch: → Vertragsfristen
→ Vertragsstrafe
→ Zwischenfristen

**Praxistipp:**
Haben Auftragnehmer und Auftraggeber im Bauvertrag sowohl verbindliche Einzelfristen als auch eine verbindliche Fertigstellungsfrist inhaltlich, optisch und sprachlich voneinander getrennt vereinbart und wurden sowohl die Überschreitung von Einzelfristen als auch die Überschreitung der Fertigstellungsfrist unter Vertragsstrafe gestellt, so liegen getrennt voneinander zu beurteilende Vertragsstrafenregelungen vor. Ist in diesem Fall die Vertragsstrafenregelung zwar hinsichtlich der Einzelfristen unwirksam, da sie den Auftragnehmer unangemessen benachteiligt und daher gegen die Bestimmungen über Allgemeine Geschäftbedingungen verstößt, ist die Vertragsstrafenregelung hinsichtlich der Fertigstellungsfrist aber wirksam und überschreitet der Auftragnehmer sowohl Einzelfristen als auch die Fertigstellungsfrist, so kann der Auftraggeber Vertragsstrafenansprüche wegen Überschreitung der

Fertigstellungsfrist vom Auftragnehmer verlangen. Die Ansprüche des Auftraggebers beruhen in diesem Fall auf der Überschreitung der Fertigstellungsfrist, weshalb es auf die Frage, ob die Vertragsstrafenregelungen bezüglich der Einzelfristen gegen die Bestimmungen über Allgemeine Geschäftsbedingungen verstößt, gar nicht ankommt. Anders wäre dies zu beurteilen, wenn der Auftragnehmer zwar Einzelfristen überschreitet, die Gesamtarbeiten jedoch termingerecht fertigstellt, und der Auftraggeber aufgrund der Überschreitung der Einzelfristen Vertragsstrafenansprüche geltend machen will. Ihm stehen in diesem Fall keine Ansprüche gegen den Auftragnehmer zu. Letztlich sollte der Auftragnehmer also berücksichtigen, dass dann, wenn getrennte Vertragsstrafenregelungen hinsichtlich Einzel- und Fertigstellungsfristen vorliegen, bei Unwirksamkeit der Regelungen hinsichtlich der Einzelfristen nicht auch zugleich die Vertragsstrafenregelung hinsichtlich der Fertigstellungsfrist unwirksam ist.

# Ersatzvornahme

Sofern sich herausstellt, dass die Arbeiten des Auftragnehmers mangelhaft erbracht wurden, steht dem Auftragnehmer das Recht zu, die Mängel selbst beseitigen zu dürfen. Der Auftraggeber kann korrespondierend hierzu vom Auftragnehmer verlangen, dass dieser die Mängel beseitigt. Damit dem Interesse des Auftraggebers auf möglichst rasche Beseitigung der Mängel durch den Auftragnehmer Rechnung getragen und die Mangelbeseitigung durch den Auftragnehmer nicht unzumutbar lange hinausgeschoben wird, sieht die VOB/B, ebenso wie das BGB, die Möglichkeit vor, dass der Auftraggeber bei Vorliegen der entsprechenden Voraussetzungen die Mängel auf Kosten des Auftragnehmers beseitigen lassen kann.

Gemäß § 13 Abs. 5 Nr. 2 VOB/B kann demnach der Auftraggeber die Mängel auf Kosten des Auftragnehmers beseitigen lassen, wenn dieser einer Aufforderung des Auftraggebers zur Mangelbeseitigung innerhalb einer vom Auftraggeber gesetzten angemessenen Frist nicht nachkommt.

Das Recht, die Mängel auf Kosten des Auftragnehmers beseitigen zu lassen, wird als Ersatzvornahmerecht des Auftraggebers bezeichnet. Die Voraussetzungen für die Durchführung der Ersatzvornahme sind folgende:

1. Es muss ein durchsetzbarer Anspruch des Auftraggebers gegen den Auftragnehmer auf Beseitigung von Mängeln vorliegen.
2. Der Auftraggeber muss den Auftragnehmer zur Mangelbeseitigung aufgefordert und zugleich eine angemessene Frist zur Beseitigung der Mängel gesetzt haben.
3. Die Frist muss abgelaufen sein, ohne dass der Auftragnehmer die Mängel beseitigt hat.
4. Die Beseitigung der Mängel darf nicht unzumutbar oder unmöglich sein. Sie darf ferner keinen unverhältnismäßig hohen Aufwand erfordern.

**Anspruch auf Mangelbeseitigung**

Der Anspruch des Auftraggebers gegen den Auftragnehmer, am Bauwerk vorhandene und auf Bauleistungen des Auftragnehmers zurückzuführende Mängel zu beseitigen, wird zu dem Zeitpunkt fällig, zu welchem die Aufforderung des Auftraggebers zur Mangelbeseitigung dem Auftragnehmer zugeht.

Der Anspruch des Auftraggebers muss durchsetzbar sein. Dies bedeutet, dass ihm keine Einreden des Auftragnehmers entgegenstehen dürfen. So darf der Anspruch etwa nicht bereits verjährt sein. Ferner muss sich der Auftraggeber die Geltendmachung von Mängelansprüchen gegenüber dem Auftragnehmer bei der Abnahme vorbehalten haben, sofern ihm die Mängel bereits bei der Abnahme bekannt waren. Hat er bei der Abnahme bezüglich dieser Mängel keinen Vorbehalt erklärt, so ist sein Anspruch auf Beseitigung der Mängel nicht durchsetzbar. Der Anspruch auf Mangelbeseitigung ist schließlich auch dann nicht durchsetzbar, wenn die Mangelbeseitigung dem Auftragnehmer nicht zugemutet werden kann. Der Auftraggeber ist dann auf die Geltendmachung von Minderung beschränkt.

Schließlich darf der Auftraggeber eine vom Auftragnehmer angebotene Mangelbeseitigung nicht zurückweisen oder die Mangelbeseitigung unmöglich machen, indem er z. B. dem Auftragnehmer ein Hausverbot erteilt oder sich weigert, einem Terminvorschlag des Auftragnehmers zur Durchführung von Mangelbeseitigungsarbeiten zuzustimmen.

**Aufforderung zur Mangelbeseitigung**
Die Aufforderung zur Mangelbeseitigung bedarf eigentlich keiner bestimmten Form, sie ist also theoretisch auch mündlich möglich. Dem Auftraggeber ist jedoch dringend anzuraten, aus Beweisgründen eine schriftliche Aufforderung an

den Auftragnehmer zu richten, um nachweisen zu können, dass die Voraussetzung für die Ersatzvornahme und die Geltendmachung eines entsprechenden Kostenvorschusses vorliegen. Die Schriftform ist auch deshalb dringend anzuraten, da mit Zugang der schriftlichen Mängelrüge beim Auftragnehmer die sog. → Quasiunterbrechung der Verjährungsfrist für die gerügten Mängel beginnt. Nur dann, wenn nachgewiesen werden kann, dass und welche Mängel wann gegenüber dem Auftragnehmer gerügt wurden, ist es dem Auftraggeber möglich, nachzuweisen, dass die Verjährungsfrist hinsichtlich der gerügten Mängelansprüche zu einem bestimmten Zeitpunkt unterbrochen wurde.

Der Auftraggeber muss gem. der → Symptomtheorie des BGH in seiner Mangelbeseitigungsaufforderung die Mängel anhand der vorliegenden Symptome ausreichend genau beschreiben. Er ist nicht verpflichtet, die Ursachen zu nennen und technische Ausführungen hierzu zu machen.

Es bedarf keiner Fristsetzung des Auftraggebers mehr, wenn der Auftragnehmer die Beseitigung der Mängel ernsthaft und endgültig verweigert hat. In diesem Fall wäre es pure Förmelei, wenn man auf einer Fristsetzung bestehen würde, da sich die Meinung des Auftragnehmers durch eine Fristsetzung kaum ändern lassen würde. Sie ist auch entbehrlich, wenn dem Auftraggeber eine Mangelbeseitigung durch den Auftragnehmer nicht mehr zugemutet werden kann. Dies dürfte in der Baupraxis jedoch nur in ganz wenigen Ausnahmefällen anzunehmen sein.

Sofern der Auftraggeber eine zu kurz bemessene Frist gesetzt hat, ist diese in eine angemessen lange Frist umzudeuten. Die zu knapp bemessene Fristsetzung ist nicht unwirksam.

**Fruchtloser Ablauf der Frist**

Die Frist ist dann fruchtlos verstrichen, wenn der Auftragnehmer untätig geblieben ist. Hat er jedoch etwas unternommen und hat dies nicht zum gewünschten Erfolg geführt, so muss der Auftraggeber erst nochmals eine Frist setzen, es sei denn, eine weitere Fristsetzung ist dem Auftraggeber nicht mehr zumutbar. Führt der Auftraggeber eine Ersatzvornahme durch, ohne dass die vorbezeichneten Voraussetzungen vorgelegen haben, so kann er keine Erstattung der Mangelbeseitigungskosten vom Auftragnehmer verlangen. Weitergehende Schadensersatzansprüche, die auch bei einer ordnungsgemäßen Nachbesserung durch den Auftragnehmer nicht hätten vermieden werden können, bleiben jedoch bestehen, wie etwa ein erlittener Verdienstausfall des Auftraggebers während der Zeit der Mangelbeseitigungsarbeiten.

Siehe auch:
→ Kostenvorschuss
→ Mangelbeseitigung
→ Nacherfüllungsanspruch des Auftraggebers
→ Nacherfüllungsanspruch des Auftragnehmers
→ Quasiunterbrechung
→ Symptomtheorie

**Praxistipp 1:**

Der Auftraggeber ist bei der Beauftragung einer Fachfirma für die Durchführung der Ersatzvornahme nicht verpflichtet, den günstigsten Anbieter zu beauftragen. Zwar muss er zunächst mehrere Angebote einholen, er ist jedoch nicht verpflichtet, etwa eine Ausschreibung durch-

zuführen und danach den kostengünstigsten Anbieter auszusuchen. In diesem Zusammenhang ist auch die Entscheidung des OLG Celle vom 11.12.2003 zu sehen. Hier hat der Auftraggeber vom Auftragnehmer Ersatz seiner Kosten für die Durchführung einer (berechtigten) Ersatzvornahme geltend gemacht. Er ließ die Ersatzvornahme unter Hinzuziehung eines Architekten und eines Sachverständigen beseitigen, wobei Kosten in Höhe von 35.500 Euro entstanden sind. Der Auftragnehmer will nur 23.800 Euro zahlen, weil er der Ansicht ist, die Arbeiten hätten zu diesem Preis ausgeführt werden können. Das Gericht hat dem Auftraggeber den vollen Anspruch zuerkannt mit der Begründung, dass dann, wenn Aufwendungen für die Beseitigung von Mängeln bereits angefallen sind, die der Auftragnehmer zu verantworten hat, der vom Auftragnehmer zu ersetzende Schaden in der tatsächlich erlittenen Geldeinbuße zu sehen ist. Etwas anderes würde nur dann gelten, wenn der Auftraggeber gegen seine Pflicht verstößt, grundsätzlich den Schaden gering zu halten. Sofern er aber Architekten und Sachverständige zurate zieht, darf er auf deren Fachkenntnisse vertrauen.
*OLG Celle, Urteil vom 11.12.2003, Az. 6 U 105/03*

Die Ersatzvornahme kann also für den Auftragnehmer teuer werden. Er sollte sich daher genau überlegen, ob er die geforderte Mangelbeseitigung wirklich verweigern oder nicht lieber doch fristgemäß durchführen will.

**Praxistipp 2:**
Achtung! Ein Auftragnehmer, der nach Abnahme eine Sicherheit gem. § 648a BGB verlangt, aber nicht erhält,

kann die Mangelbeseitigung verweigern und kommt damit nicht in Verzug. Lässt der Auftraggeber danach die Mängel im Wege der Ersatzvornahme beseitigen, so ist er nicht berechtigt, die Ersatzvornahmekosten – etwa durch Aufrechnung mit dem Werklohn – gegenüber dem Auftragnehmer geltend zu machen.

**Aktuelle Rechtsprechung:**
Der Auftragnehmer hat im Rahmen eines zwischen ihm und dem Auftraggeber abgeschlossenen Bauvertrags Blechabdeckungen und Aluminiumfensterbankabdeckungen für eine Fassade hergestellt und eingebracht. Die Leistungen hat der Auftragnehmer erwiesenermaßen mangelhaft ausgeführt. Der Auftraggeber forderte ihn daher mit Schreiben vom 24.11.2006 auf, die bestehenden Mängel bis spätestens zum 27.11.2006 zu beseitigen. Er beauftragte jedoch bereits tags darauf, also noch während des Laufs der Mangelbeseitigungsfrist, eine Drittfirma mit der Demontage der Glasfassade, die als Vorarbeit zur Mangelbeseitigung erforderlich war. Der Auftragnehmer besserte daraufhin seine Leistungen fristgemäß nach. Nach Kündigung des Bauvertrags durch den Auftraggeber forderte der Auftragnehmer die Zahlung des ihm noch zustehenden Restwerklohns. Hiergegen wandte der Auftraggeber ein, der Auftragnehmer habe ihm die Kosten für die Demontage und die Wiederanbringung der Glasfassade durch den Drittunternehmer zu erstatten. Das Gericht sprach dem Auftragnehmer jedoch den vollen Restwerklohn zu.

Zwar umfasst der Nacherfüllungsanspruch des Auftraggebers grundsätzlich alle Arbeiten, die zur Mangelbeseitigung

erforderlich sind, auch wenn hierzu in die Gewerke anderer Unternehmer eingegriffen werden muss oder Arbeiten erforderlich sind, die vom Auftragnehmer nicht selbst erbracht werden können. Es war hier also auch die Demontage und Wiederanbringung der Glasfassade als notwendige Vor- bzw. Nacharbeit zur Mangelbeseitigung vom Nacherfüllungsanspruch des Auftraggebers umfasst. Allerdings stehe es dem Auftragnehmer einerseits frei, wie er die Nacherfüllung organisieren und durchführen möchte und andererseits ist der Auftraggeber insbesondere zunächst einmal verpflichtet, die dem Auftragnehmer gesetzte Mangelbeseitigungsfrist abzuwarten, bevor er eine Ersatzvornahme veranlasst. Aus diesem Grund bestand kein Anspruch auf Erstattung der Ersatzvornahmekosten, sodass der gesamte, der Höhe nach unstreitige, Restwerklohn zuzusprechen war.
*OLG Naumburg, Urteil vom 15.11.2011, 1 U 51/11*

**Aktuelle Rechtsprechung:**
Der Auftragnehmer hat den Grund und die Höhe seines Werklohnanspruchs auch dann in jeder Hinsicht darzulegen und ggf. zu beweisen, wenn der Auftraggeber aufgrund von Mängeln eine Ersatzvornahme durchgeführt hat und der genaue Umfang der vom Auftragnehmer erbrachten Leistung daher nicht mehr nachvollzogen werden kann. Die Durchführung der berechtigten Ersatzvornahme durch den Auftraggeber stellte im vom Oberlandesgericht Stuttgart zu beurteilenden Fall auch keine Beweisvereitelung dar, auch wenn sie dazu geführt hat, dass sich die Art und die Menge des streitgegenständlichen, vom Auftragnehmer eingebauten, Materials nicht mehr feststellen ließen.

Es wäre vielmehr Aufgabe des Auftragnehmers gewesen, den Umfang der von ihm geleisteten Arbeiten zuvor durch einen entsprechenden Antrag im Rahmen eines selbstständigen Beweisverfahrens feststellen zu lassen.
*OLG Stuttgart, Urteil vom 30.12.2009, 9 U 18/09; BGH, Beschluss vom 09.02.2012 (Nichtzulassungsbeschwerde zurückgewiesen)*

**Aktuelle Rechtsprechung**:
Im Bestreiten von Mängeln im gerichtlichen Verfahren liegt nicht auch eine ernsthafte und endgültige Verweigerung der Nachbesserung. Sind jedoch in einem selbstständigen Beweisverfahren Mängel festgestellt worden und erklärt sich der Auftragnehmer dessen ungeachtet nicht zur Mangelbeseitigung bereit, sondern bestreitet er die Mängel zum großen Teil, so ist dies als endgültige Verweigerung einer Mangelbeseitigung anzusehen.
*OLG München, Urteil vom 22.12.2010, 9 U 5082/09; BGH Beschluss vom 12.01.2012, VII ZR 30/11 (Nichtzulassungsbeschwerde zurückgewiesen).*

# Eventualleistungen

Siehe auch: → Bedarfspositionen

# F

## Fälligkeit der Schlusszahlung

Nach der Neufassung des § 16 in der VOB/B 2012 wird gem. § 16 Abs. 3 Nr. 1 VOB/B der Anspruch auf die Schlusszahlung nunmehr alsbald nach Prüfung und Feststellung fällig, spätestens jedoch innerhalb von 30 Tagen nach Zugang der Schlussrechnung. Die Frist verlängert sich auf bis zu 60 Tage, wenn sie aufgrund der besonderen Natur oder Merkmale der Vereinbarung sachlich gerechtfertigt ist und wenn sie ausdrücklich vereinbart wurde. Die Prüfung der Schlussrechnung ist nach Möglichkeit zu beschleunigen. Verzögert sie sich, so ist das unbestrittene Guthaben als Abschlagszahlung sofort zu zahlen.

Gemäß Art. 4 Abs. 3 der Richtlinie 2011/7/EU, die besser bekannt ist als „Zahlungsverzugsrichtlinie", ist bei öffentlichen Auftraggebern eine Vereinbarung, nach der die Zeit für die Erfüllung der Entgeltforderung 30 Tage nach Zugang einer Rechnung überschreitet, nur wirksam, wenn sie ausdrücklich getroffen und aufgrund der besonderen Natur oder der Merkmale der Vereinbarung sachlich gerechtfertigt ist. Die Zahlungsfrist darf nach den Vorgaben der Europäischen Richtlinie in keinem Fall 60 Kalendertage überschreiten. Der neu ausgestaltete § 16 Abs. 3 VOB/B 2012 ändert die bisherige Regelung im Sinne dieser Richtlinie ab. Wenn bislang in § 16 Abs. 3 VOB/B 2009 geregelt war, dass der Anspruch auf die Schlusszahlung spätestens innerhalb von zwei Monaten fällig wird, so wurde die Regelung nunmehr mit der VOB/B 2012 an die Richtlinienvorgaben angepasst, indem künftig grundsätzlich lediglich noch eine Zahlungsfrist von 30 Tagen nach Zugang der prüfbaren Schlussrechnung vorgesehen ist und eine Verlängerung nur unter den vorgenannten Voraussetzungen in Betracht kommt.

Eine Fälligkeit vor Ablauf der jeweiligen Frist ist nur dann anzunehmen, wenn der Auftraggeber die Prüfung der Schlussrechnung schneller vornimmt und dem Auftragnehmer das Prüfungsergebnis bereits vor Ablauf der Frist mitteilt. Die Schlussrechnung ist schließlich nur dann zur Zahlung fällig, wenn neben dem Ablauf der jeweiligen Prüfungsfrist die Bauleistungen des Auftragnehmers zuvor abgenommen wurden. Dabei ist es unerheblich, welche Abnahmeform vorliegt, ob etwa ausdrücklich abgenommen wurde, eine fiktive Abnahme oder eine stillschweigende Abnahme vorliegt. Liegt keine Abnahme vor, so liegt auch nach Ablauf der jeweiligen Prüfungsfrist noch keine Fälligkeit der Schlussrechnung vor.

**Hinweis:**
Der Gesetzgeber hat im Übrigen die Stellung des Nachunternehmers gegenüber dem Generalunternehmer bereits mit Einführung des Forderungssicherungsgesetzes zum 01.01.2009 gestärkt. Arbeitet ein Auftragnehmer als Nach- bzw. Subunternehmer für seinen Auftraggeber, der Generalunternehmer ist, so ist die Vergütung für die von ihm erbrachten Leistungen gem. § 641 Abs. 2 BGB dann fällig, wenn neben den Voraussetzungen des § 16 Abs. 3 VOB/B der Auftraggeber vom Bauherrn seine Vergütung zumindest teilweise erhalten hat oder das Werk vom Bauherrn abgenommen worden ist oder der Auftragnehmer dem Auftraggeber

erfolglos eine Frist zur Auskunft darüber gesetzt hat, ob der Bauherr gezahlt oder abgenommen hat.

## Fälligkeit von Abschlagszahlungen

Mit Inkrafttreten der VOB/B in der Fassung 2012 hat auch die Regelung über die Fälligkeit von Abschlagszahlungen Änderungen erfahren. Gemäß § 16 Abs. 1 Nr. 1 VOB/B 2012 sind Abschlagszahlungen auf Antrag in möglichst kurzen Zeitabständen oder zu den vereinbarten Zeitpunkten zu gewähren, und zwar in Höhe des Werts der jeweils nachgewiesenen vertragsgemäßen Leistungen einschließlich des ausgewiesenen, darauf entfallenden Umsatzsteuerbetrags. Die Leistungen sind durch eine prüfbare Aufstellung nachzuweisen, die eine rasche und sichere Beurteilung durch den Auftraggeber ermöglichen muss. Als Leistungen gelten hierbei auch die für die geforderte Leistung eigens angefertigten und bereitgestellten Bauteile sowie die auf der Baustelle angelieferten Stoffe und Bauteile, wenn dem Auftraggeber nach seiner Wahl das Eigentum an ihnen übertragen ist oder entsprechende Sicherheit gegeben wird. Die Ansprüche auf Abschlagszahlungen werden nunmehr nach 21 Tagen nach Zugang der Aufstellung zur Zahlung fällig.

**Hinweis:**
Hier ergibt sich eine Änderung im Vergleich zur VOB/B 2009. Nach § 16 Abs. 1 Nr. 3 VOB/B 2009 wurden Ansprüche auf Abschlagszahlungen binnen 18 Werktagen nach Zugang der Aufstellung beim Auftraggeber zur Zahlung fällig. Nunmehr tritt Fälligkeit nach 21 Tagen ein. Die Fristenregelungen in

§ 16 VOB/B 2012 wurden durchgängig von Werktagen auf Kalendertage umgestellt. Nachdem jedoch in § 16 Abs. 1 Nr. 3 VOB/B 2012 auch die Tageszahl von 18 auf 21 erhöht wurde, ergibt sich hierdurch letztlich keine wesentliche Änderung des maßgeblichen Fälligkeitszeitraums.

Sofern der Auftraggeber die Abschlagsrechnung bei Fälligkeit nicht bezahlt, hat der Auftragnehmer die folgenden Möglichkeiten:

1. Der Auftragnehmer kann ihm eine angemessene Nachfrist setzen. Zahlt er auch innerhalb der Nachfrist nicht, so hat der Auftragnehmer vom Ende der Nachfrist an Anspruch auf Zinsen in Höhe der in § 288 Abs. 2 BGB angegebenen Zinssätze. Nach § 288 Abs. 2 BGB beträgt der Zinssatz für Geldforderungen acht Prozentpunkte über dem jeweiligen Basiszinssatz, wenn kein Verbraucher beteiligt ist. Der jeweils aktuelle Basiszinssatz wird regelmäßig von der Deutschen Bundesbank unter www.bundesbank.de veröffentlicht. Achtung: § 16 Abs. 5 Nr. 3 VOB/B 2012 hat im Vergleich zur bisherigen Regelung in der VOB/B 2009 eine weitergehende Bestimmung bezüglich des Verzugseintritts erhalten. Demnach kommt der Auftraggeber, auch ohne dass es einer Nachfristsetzung bedarf, spätestens 30 Tage nach Zugang der Aufstellung bei Abschlagszahlungen in Zahlungsverzug. Dies gilt, wenn der Auftragnehmer seine vertraglichen und gesetzlichen Verpflichtungen erfüllt und den fälligen Betrag nicht rechtzeitig erhalten hat, es sei denn, der Auftraggeber ist für den Zahlungsverzug nicht verantwortlich. Diese Frist verlängert sich zwar auf 60 Tage, wenn sie aufgrund der besonderen Natur oder Merkmale der Vereinbarung sachlich gerechtfertigt ist und ausdrücklich zwischen den

Vertragsparteien vereinbart wurde. Bei Abschlagszahlungen kommen verlängerte Verzugsfristen jedoch nicht in Betracht, da es sich im Gegensatz zu Schlusszahlungen nur um vorläufige Zahlungen handelt, die im Rahmen der Schlussrechnung noch einmal überprüft und gegebenenfalls korrigiert werden.

2. Nach § 16 Abs. 5 Nr. 4 VOB/B darf der Auftragnehmer die Arbeiten bei Zahlungsverzug bis zur Zahlung einstellen, sofern eine dem Auftraggeber zuvor gesetzte angemessene Frist erfolglos verstrichen ist. Dem Auftragnehmer ist in diesem Zusammenhang zur Vermeidung rechtlicher Nachteile grundsätzlich anzuraten, mit der Einstellung der Bauarbeiten zurückhaltend vorzugehen. Hat er nämlich die Arbeiten wegen eines vermeintlichen Zahlungsverzugs des Auftraggebers eingestellt und stellt sich im Nachhinein heraus, dass die Zahlung, aus welchen Gründen auch immer, zum Zeitpunkt der Arbeitseinstellung doch nicht fällig war, so hat der Auftragnehmer unter Umständen für den sich aus der unberechtigten Arbeitseinstellung ergebenden Schaden aufzukommen. Deswegen sollte zunächst immer erst die Fälligkeit der Forderung eingehend geprüft werden, bevor man die Möglichkeit der Arbeitseinstellung in Erwägung zieht.
3. Der Auftragnehmer kann bei Vorliegen der Verzugsvoraussetzungen von der Möglichkeit Gebrauch machen, den Bauvertrag zu kündigen, sofern er dem Auftraggeber eine angemessene Frist zur Vertragserfüllung gesetzt und ihm dabei erklärt hat, dass er nach fruchtlosem Ablauf der Frist den Vertrag kündigen werde.

Siehe auch: → Abschlagsrechnung/Abschlagszahlung
→ Kündigung durch Auftragnehmer

**Hinweis:**
§ 641 Abs. 2 BGB, der mangels anderweitiger Regelung in der VOB/B auch auf VOB-Bauverträge anwendbar ist, hat mit Inkrafttreten des Forderungssicherungsgesetzes zum 01.01.2009 eine für den Auftragnehmer durchaus bedeutsame Ergänzung erfahren. Demnach wird die Vergütung des Auftragnehmers für ein Werk, dessen Herstellung der Auftraggeber einem Dritten (dem Bauherrn) versprochen hat, spätestens dann fällig,

1. soweit der Auftraggeber von dem Dritten für das versprochene Werk wegen dessen Herstellung seine Vergütung oder Teile davon erhalten hat,
2. soweit das Werk des Auftraggebers von dem Dritten abgenommen worden ist oder als abgenommen gilt oder
3. wenn der Auftragnehmer dem Auftraggeber erfolglos eine angemessene Frist zur Auskunft darüber bestimmt hat, ob das Werk abgenommen oder die Vergütung bezahlt wurde.

Man spricht insoweit von der Durchgriffsfälligkeit. Nach der Begründung des Regierungsentwurfs war es dabei eindeutiger Wille des Gesetzgebers, dass auch Abschlagszahlungen des Dritten die Fälligkeit der Vergütung des Auftragnehmers auslösen können.

# Fälligkeit des Sicherheitseinbehalts

Der Auftraggeber kann vom Auftragnehmer sowohl eine Vertragserfüllungssicherheit als auch eine Gewährleistungssicherheit fordern, wenn dies im Bauvertrag vereinbart ist.

Die Sicherheit kann dabei entweder durch Einbehalt, durch Hinterlegung von Geld oder durch eine Bürgschaft erfolgen.

Nach § 17 Abs. 7 VOB/B hat der Auftragnehmer, sofern im Bauvertrag nichts Abweichendes geregelt ist, die Sicherheitsleistung innerhalb von 18 Werktagen nach Vertragsabschluss zu leisten. Umstritten ist, ob die 18-Tage-Frist sowohl für eine Vertragserfüllungssicherheit als auch für eine Gewährleistungssicherheit gilt. Gegen die Anwendbarkeit der Frist auf die Gewährleistungssicherheit spricht der Wortlaut von § 17 Abs. 7 VOB/B, da die Sicherheit 18 Tage nach Vertragsabschluss zu leisten ist und Mängelansprüche erst nach Erbringung gewisser Bauleistungen entstehen. Für die Anwendbarkeit spricht jedoch, dass die Sicherheit lediglich der Sicherung etwaiger Mängelansprüche dienen soll, sodass letztlich die Frist sowohl für die Vertragserfüllungsbürgschaft als auch für die Gewährleistungsbürgschaft gilt. Die 18-Tage-Frist gilt somit für alle Sicherheiten i. S. d. § 17 VOB/B.

Die Frist beginnt bei nachträglicher Vereinbarung von dem Zeitpunkt an zu laufen, zu welchem die nachträgliche Vereinbarung getroffen wurde. Dies bedeutet, dass die Sicherheitsleistung 18 Tage nach der Vereinbarung fällig und an den Auftraggeber auszureichen ist. Abweichende Vereinbarungen über die Fälligkeit der Sicherheitsleistung sind möglich und können auch in besonderen oder zusätzlichen Vertragsbedingungen klausuliert werden.

Sofern die Parteien lediglich einen Sicherheitseinbehalt vereinbart haben, der nicht abgelöst werden kann, läuft die 18-Tage-Frist leer. Sie ist daher auf diese Form der Sicherheitsleistung nicht anwendbar. Der Auftraggeber kann vielmehr vom Rechnungsbetrag den vereinbarten Einbehalt vornehmen.

Wenn der Auftragnehmer seiner Verpflichtung zur Stellung einer Sicherheit innerhalb der 18-Tage-Frist nicht nachkommt, ist der Auftraggeber berechtigt, vom Guthaben des Auftragnehmers einen Betrag in Höhe der vereinbarten Sicherheit einzubehalten. Alternativ besteht für den Auftraggeber jedoch die Möglichkeit, anstatt des Einbehalts den Auftragnehmer auf Stellung einer Sicherheit zu verklagen, wobei er bei seinem Klageantrag unbedingt beachten sollte, dass dem Auftragnehmer grundsätzlich ein Austauschrecht hinsichtlich der verschiedenen Arten von Sicherheiten zusteht.

Eine Kündigung des Bauvertrags allein wegen Nichtstellung der Sicherheit bei Fälligkeit kommt jedoch für den Auftraggeber nicht in Betracht.

**Aktuelle Rechtsprechung:**
Auftraggeber und Auftragnehmer vereinbaren im VOB-Bauvertrag einen Gewährleistungseinbehalt in Höhe von 5 % der Bruttoauftragssumme. Der Auftragnehmer fordert daraufhin den Auftraggeber auf, den Einbehalt auf ein Sparbuch einzubezahlen, was jedoch nicht geschieht. Aus diesem Grund klagt der Auftragnehmer auf Auszahlung des Sicherheitseinbehalts. Der Auftraggeber hält dem Zahlungsanspruch Gewährleistungsansprüche wegen Mängeln entgegen und beruft sich auf ein Zurückbehaltungsrecht. Nach Ansicht des Gerichts zu Recht. Dem Auftraggeber steht ein Zurückbehal-

tungsrecht zu, selbst wenn er gem. § 17 Abs. 6 Nr. 3 VOB/B sein Recht auf die Sicherheitsleistung verloren hat. Gegenüber einer offenen Restwerklohnforderung darf sich der Auftraggeber ohne weiteres mit einem Zurückbehaltungsrecht verteidigen. Es kann daher nichts anderes für den zur Auszahlung fälligen Sicherheitseinbehalt gelten. Durch die Vereinbarung eines Sicherheitseinbehalts wird lediglich die Fälligkeit eines Teils des Werklohns hinausgeschoben.
*OLG Düsseldorf, Urteil vom 19.12.2008, 22 U 86/08; BGH, Beschluss vom 10.12.2009, VII ZR 28/09 (Nichtzulassungsbeschwerde zurückgewiesen)*

Siehe auch: → Bürgschaft
→ Einbehalt
→ Gewährleistungssicherheit
→ Sicherheitseinbehalt

# Fertigstellung

Der Begriff „Fertigstellung" der Bauleistungen durch den Auftragnehmer ist insbesondere im Zusammenhang mit im Bauvertrag vereinbarten Ausführungsfristen (Vertragsfristen) von Bedeutung. Nach § 5 Abs. 1 Satz 1 VOB/B hat der Auftragnehmer die Ausführung nach den Vertragsfristen zu beginnen, angemessen zu fördern und zu vollenden. Sofern er die Vollendung der Ausführung (die Fertigstellung) verzögert und nicht innerhalb der verbindlichen Vertragsfrist bewerkstelligt, stehen dem Auftraggeber u. a. Schadensersatzansprüche gegenüber dem Auftragnehmer zu. Entscheidend ist somit, was unter der Fertigstellung von Bauleistungen exakt zu verstehen ist.

Maßgeblich für den Begriff Fertigstellung ist v. a., was die Vertragspartner im Bauvertrag selbst hierzu bestimmt haben. Sie können bspw. vereinbaren, dass die Leistungen erst dann fertiggestellt sind, wenn neben der Erfüllung der eigentlichen Bauleistungen auch die Baustelle geräumt ist, wenn sämtliches Baugerät abtransportiert ist oder wenn Bestands- und Revisionspläne vorgelegt worden sind.

Fehlt im Bauvertrag eine solche Festlegung, so liegt eine Fertigstellung immer dann vor, wenn die Bauleistungen des Auftragnehmers abnahmereif sind. Dies bedeutet, dass die vertraglich geschuldeten Arbeiten vollständig erbracht sind, wobei es nicht schadet, wenn noch geringfügige Mängel vorliegen oder noch kleinere Restarbeiten auszuführen sind, da auch in diesem Fall eine Abnahme zu erfolgen hat und somit Abnahmereife gegeben ist. Nicht Voraussetzung für die Fertigstellung der Bauleistungen ist jedoch, dass der Auftraggeber die Arbeiten des Auftragnehmers auch tatsächlich abgenommen hat. Die Abnahme ist von der Fertigstellung zu unterscheiden.

Als Faustregel kann gelten, dass die Arbeiten grundsätzlich dann fertiggestellt sind, wenn der Auftraggeber die Möglichkeit hat, die Leistungen des Auftragnehmers auch tatsächlich zu nutzen. Fehlen also bspw. konkrete Vereinbarungen im Bauvertrag über die Erfordernisse der Fertigstellung und kann der Auftraggeber die Bauleistungen des Auftragnehmers nicht nutzen, etwa weil noch ein Baugerüst vorgehalten wird, das den Auftraggeber an der Nutzung hindert, so liegt keine Fertigstellung vor.

Bei der schlüsselfertigen Erstellung eines Hauses kommt es ebenfalls darauf an, ob der Auftraggeber das Haus insgesamt uneingeschränkt nutzen kann. Ist dies nicht möglich, liegt keine Fertigstellung vor.

Siehe auch: → Vertragsfristen

**Praxistipp:**
Aus dem Umstand, dass die Bauleistungen des Auftragnehmers erst dann als fertiggestellt gelten können, wenn sie auch abnahmereif sind, ergeben sich für den Auftragnehmer finanzielle Risiken, derer er sich unbedingt bewusst sein sollte. Sind bspw. die Leistungen des Auftragnehmers aufgrund von umfangreichen Baumängeln nicht abnahmereif und stellt sich dies erst lange Zeit nach Abschluss der Arbeiten, etwa in einem selbstständigen Beweisverfahren, heraus, so hat dies zur Folge, dass eine vom Auftragnehmer bereits vor langer Zeit nach vermeintlicher Fertigstellung gestellte Schlussrechnung nicht zur Zahlung fällig ist, obwohl der Auftraggeber die Bauleistungen längst in Benutzung genommen hat. Zwar kann in der Inbenutzungnahme der Bauleistungen durch den Auftraggeber eine Abnahme zu sehen sein. Dies ist aber nur dann der Fall, wenn die Leistungen des Auftragnehmers fertiggestellt und abnahmereif sind. Sind sie das nicht, ist die Schlussrechnung trotz bereits mehrjähriger Inbenutzungnahme der Bauleistungen durch den Auftraggeber nicht zur Zahlung fällig. Eine Klage des Auftragnehmers auf Zahlung der Schlussrechnungssumme würde bei Gericht abgewiesen werden. Der Auftragnehmer hat die Fälligkeit der Schlussrechnung erst durch Mangelbeseitigung herbeizuführen.
*BGH, Urteil vom 08.01.2004, Az. VII ZR 198/02*

# Fertigstellungsfrist

Siehe auch: → Vertragsfristen

# Fertigstellungsmitteilung

Die Abnahme der Arbeiten des Auftragnehmers kann auf unterschiedliche Art und Weise erfolgen. Eine Abnahmeform stellt dabei die fiktive Abnahme dar. Bei der fiktiven Abnahme kommt es nicht darauf an, ob der Auftraggeber auch tatsächlich abnehmen will, die Abnahme wird vielmehr unterstellt (fingiert), wenn bestimmte Voraussetzungen vorliegen. Eine Form der fiktiven Abnahme ist gem. § 12 Abs. 5 Nr. 1 VOB/B, dass der Auftragnehmer dem Auftraggeber schriftlich mitteilt, seine Leistungen fertiggestellt zu haben. Zwölf Werktage nach Zugang der Fertigstellungsmitteilung gelten die Arbeiten des Auftragnehmers als abgenommen, wenn zuvor keine Abnahme vom Auftraggeber verlangt wurde oder gar eine Abnahme durchgeführt worden ist. Die Fertigstellungsmitteilung des Auftragnehmers muss grundsätzlich schriftlich erfolgen und dem Auftraggeber zugehen. Für den Zugang der Mitteilung ist der Auftragnehmer im Streitfall beweispflichtig. Erst nach Zugang der Mitteilung beim Auftraggeber beginnt die 12-Werktage-Frist zu laufen.

Sofern die Frist abgelaufen ist, ohne dass der Auftraggeber ausdrücklich gegenüber dem Auftragnehmer erklärt hat, er verweigere zu Recht die Abnahme, und ohne dass der Auftraggeber Vorbehalte gegen die Abnahme vorgebracht hat, gelten die Leistungen als abgenommen. Sie gelten auch dann als abgenommen, wenn der Auftraggeber gar nicht abnehmen wollte. Auf den tatsächlichen Abnahmewillen des Auftraggebers kommt es insoweit nicht an.

Die Fertigstellungsmitteilung muss nicht unbedingt auch als solche ausdrücklich bezeichnet werden. Es reicht vielmehr aus, dass sich aus der Mitteilung ergibt, dass der Auftragnehmer seine Arbeiten fertiggestellt hat. Es reicht im Übrigen auch aus, wenn der Auftragnehmer anstatt einer ausdrücklichen Fertigstellungsmitteilung dem Auftraggeber die Schlussrechnung übersendet, da sich hieraus eindeutig ergibt, dass die Leistungen fertiggestellt sind.

**Aktuelle Rechtsprechung:**
Die Parteien schlossen am 20.07.2000 insgesamt drei VOB/B-Bauverträge, in denen sich der Kläger verpflichtete, in insgesamt drei Häusern Heizungs- und Sanitärarbeiten auszuführen. Vereinbart war die VOB/B in der bei Vertragsunterzeichnung gültigen Fassung. Der Kläger führte die Heizungs- und Installationsarbeiten an den drei Anwesen durch und rechnete diese im Laufe des Jahres 2001 mittels jeweiliger Schlussrechungen ab. Die letzte Schlussrechnung datierte vom 20.09.2001 und war Gegenstand der Klage. Eine förmliche oder sonst ausdrückliche Abnahme wurde nicht durchgeführt. Am 17.05.2003 fordert der Auftraggeber, ein Bauträger, den Auftragnehmer schriftlich auf, Mängel zu beseitigen. Am 24.02.2006 erhebt der Bauträger sodann Widerklage gegen den klagenden Auftragnehmer und fordert Mängelbeseitigungskosten in Höhe von insgesamt 124.700 Euro Zinsen.

Das Gericht weist die Widerklage des Bauträgers ab, mit folgender Begründung: Vorliegend griff die Abnahmefiktion gem. § 12 Abs. 5 Nr. 1 VOB/B a. F. ein. Danach gilt die Leistung binnen zwölf Werktagen nach schriftlicher Mitteilung über die Fertigstellung der Leistung als abgenommen, sofern keine Abnahme verlangt wird. Als schriftliche Fertigstellungsanzeige ausreichend ist jede Mitteilung, aus der sich mit hinreichender Sicherheit ergibt, dass die Leistungen fertiggestellt sind. Einer ausdrücklichen Bezeichnung als Fertigstellungsanzeige bedarf es nicht. Insbesondere die Übersendung von Schlussrechnungen lässt diesen Rückschluss zu und genügt daher den Anforderungen des § 12 Abs. 5 Nr. 1 VOB/B a. F. Unstreitig hat der Kläger im Jahr 2001 für alle drei Bauvorhaben die Schlussrechnung gestellt, wobei diejenige vom 21.09.2001 die letzte war. Geht man davon aus, dass diese Rechnung dem Beklagten spätestens am 25.09.2001 vorgelegen hat, so war die Verjährungsfrist der Mängelansprüche des Bauträgers spätestens im Oktober 2003 abgelaufen, da damals in der VOB/B noch die zweijährige Verjährungsfrist für Mängelansprüche geregelt war. Gegenteiliges ergibt sich auch nicht aus dem Schreiben des Beklagten vom 17.05.2003. Darin hat der Bauträger zwar Mängel gegenüber dem Kläger gerügt, was zumindest bezüglich dieser dort gerügten Mängel zu einer Unterbrechung der Verjährungsfrist gem. § 13 Abs. 5 Nr. 1 VOB/B a. F., der sog. Quasiunterbrechung, führte. Mit Zugang dieses Schreibens begann die Verjährung des Mängelbeseitigungsanspruchs zu laufen, die ihrerseits wiederum gem. § 13 Abs. 4 VOB/B a. F. zwei Jahre betrug. Diese Frist war jedoch im Mai 2005 abgelaufen. Die Widerklage des Bauträgers wurde erst am 24.02.2006 erhoben, sodass zum Zeitpunkt der Klageerhebung bereits Verjährung eingetreten war. *OLG Dresden, Urteil vom 03.07.2007, 5 U 1860/06; BGH, Beschluss vom 28.02.2008, VII ZR 150/07 (Nichtzulassungsbeschwerde zurückgewiesen).*

**Praxistipp:**
Der Auftragnehmer hat zu beachten, dass er die Mitteilung unmittelbar an den Auftraggeber richtet. Richtet er sie an den bauleitenden Architekten, so muss er sich vergewissern, ob dieser eine entsprechende Vollmacht zur Entgegennahme der Mitteilung besitzt, da es ansonsten am wirksamen Zugang fehlt und keine Abnahmewirkungen eintreten.

Siehe auch: → Abnahme
→ Abnahmewirkungen
→ Fiktive Abnahme

# Festpreisvertrag

Der Festpreisvertrag ist nicht zu verwechseln mit dem Pauschalpreisvertrag. Beide Begriffe bezeichnen zwei unterschiedliche Vertragsarten und haben voneinander abweichende Rechtsfolgen.

Bei einem Festpreisvertrag garantiert der Auftragnehmer einen fixen Betrag, zu welchem er seine Leistungen erbringen will. Wenn der Vertrag ausdrücklich als Festpreisvertrag bezeichnet ist, kann der Auftragnehmer während der Vertragslaufzeit vom Auftraggeber grundsätzlich nicht verlangen, dass bei Preisänderungen, etwa aufgrund während der Vertragslaufzeit eingetretener Materialpreiserhöhungen, der Festpreis heraufgesetzt wird, sofern die vertraglich vereinbarte Leistung gleichgeblieben ist und keine zusätzlichen Arbeiten ausgeführt werden sollen. Dies gilt auch dann, wenn die Preissteigerungen für den Auftragnehmer in keiner Weise bei Vertragsabschluss vorhersehbar waren. Der Auftragnehmer übernimmt somit das volle Risiko von während der Bauzeit eintretenden Preissteigerungen. Es ist deshalb anzuraten, wenn ein Festpreis angeboten wird, zuvor eine absolut gründliche Kostenermittlung vorzunehmen und ggf. mögliche Preissteigerungen bereits in die Kostenkalkulation bei der Angebotsabgabe mit einzubeziehen.

Dem Auftragnehmer ist zudem bei Abschluss eines Festpreisvertrags dringend anzuraten, darauf zu achten, dass eine Preisanpassungsklausel in den Vertrag mit aufgenommen wird, wonach der Auftragnehmer berechtigt wird, bei während der Bauzeit auftretenden Preiserhöhungen im Hinblick auf Personal- und Materialkosten entsprechende Preisanpassungen vorzunehmen.

Wenn im Bauvertrag der Begriff „Festpreis" auftaucht, aber ersichtlich nach dem Vertragsinhalt beide Vertragspartner von einem Pauschalpreisvertrag ausgingen, so kommt eine Auslegung dahin gehend in Betracht, dass ein Pauschalpreisvertrag vorliegt. Hierzu bedarf es jedoch einer eingehenden Prüfung eines jeden Einzelfalls.

Siehe auch: → Globalpauschalpreisvertrag
→ Pauschalpreis/Pauschalpreisvertrag

**Praxistipp:**
Dem Auftragnehmer ist grundsätzlich anzuraten, keinen Festpreisvertrag abzuschließen. Die Tatsache, dass bei fehlender Preisanpassungsklausel grundsätzlich keine

Anpassung des vereinbarten Festpreises an gestiegene Personal- oder Materialkosten möglich ist, kann zu erheblichen finanziellen Einbußen führen, die auch die Existenz des Auftragnehmers ernsthaft gefährden können. Der Auftragnehmer muss penibel genau zwischen den Begriffen „Festpreis“ und „Pauschalpreis“ unterscheiden. Bei einem vereinbarten Pauschalpreis sind Preisanpassungen grundsätzlich nach den Bestimmungen der VOB/B möglich, sodass stets, wenn kein Einheitspreisvertrag in Betracht kommt, zumindest anstatt eines Festpreisvertrags ein Pauschalpreisvertrag geschlossen werden sollte.

**Aktuelle Rechtsprechung:**
Der folgende Fall spiegelt einprägsam das finanzielle Risiko des Auftragnehmers wider, das er bei Vereinbarung eines Festpreises eingeht. Er verpflichtete sich gegenüber seinem Auftraggeber, verschiedene Stahlbeton- und Maurerarbeiten auszuführen. Im Bauvertrag wurde ein Festpreis auf Grundlage des Angebots des Auftragnehmers vereinbart. In diesem Angebot hatte der Auftragnehmer auf der Grundlage eines freibleibenden Angebots seines Stahllieferanten für die Tonne Stahl 450 Euro netto kalkuliert und auf Basis dieser Kalkulation sein Festpreisangebot erstellt. Eine Stoffpreisklausel bzw. einen Preisanpassungsvorbehalt haben die Parteien im Vertrag nicht vereinbart. Nachdem der Lieferant den Stahl nicht mehr zu dem vorgesehenen Preis beschaffen konnte, musste der Auftragnehmer letztlich für die Tonne Stahl 600 Euro netto an den Lieferanten bezahlen. Daraufhin machte er gegenüber seinem Auftraggeber einen Anspruch auf Preisanpassung gem. § 313 Abs. 1 BGB geltend und forderte diesen gerichtlich ein. Das Gericht verneinte jedoch

den Anspruch und wies die Klage ab. Zur Begründung führte das Gericht aus, dass die Fehlkalkulation des Angebotspreises grundsätzlich zulasten des Auftragnehmers gehe.

Die dem Auftragnehmer gegenüber seiner Urkalkulation entstandenen Stahlmehrkosten fallen alleine in das von ihm durch seine Festpreiszusage übernommene Kalkulationsrisiko und rechtfertigen keine Anpassung des Vertrags. Die Möglichkeit, eine Vertragspflicht unter dem Gesichtspunkt des Wegfalls der Geschäftsgrundlage oder der Änderung der Geschäftsgrundlage (durch veränderte Verhältnisse) anzupassen, besteht nur unter ganz eng begrenzten Voraussetzungen.

Der Grundsatz der Vertragstreue muss lediglich dann zurücktreten, wenn andernfalls ein untragbares, mit Recht und Gerechtigkeit schlechthin unvereinbares Ergebnis nicht zu vermeiden wäre. § 313 BGB ist daher nicht anwendbar, wenn sich durch die Veränderung ein Risiko verwirklicht, das eine Partei zu tragen hat. Wie die Risikosphären der Parteien gegeneinander abzugrenzen sind, ergibt sich aus dem Vertrag, dem Vertragszweck und dem anzuwendenden Recht. Eine stillschweigende Risikoübernahme liegt in der Vereinbarung eines Festpreises. Der vereinbarte Festpreis bleibt grundsätzlich auch bei unerwarteten Kostenerhöhungen bindend. Die Festpreisvereinbarung lässt sich als Preisgarantie deuten, die den Auftragnehmer verpflichtet, den Auftraggeber von über den Festpreis hinausgehenden Forderungen freizustellen. Steigende Selbstkosten können die Annahme einer Änderung der Geschäftsgrundlage insbesondere dann nicht begründen, wenn der Auftragnehmer die Steigerung der Selbstkosten hätte voraussehen können und er sich

durch die Gestaltung der jeweiligen Verträge bewusst sein musste, ein großes Risiko durch Preissteigerungen während der Vertragszeit auf sich zu nehmen. Insoweit hätte er Vorsorge treffen können, d. h. er hatte die Möglichkeit, ein für ihn untragbares und unzumutbares Ergebnis zu vermeiden. Dies gilt auch für den Fall, dass der Vertragspreis für den Auftragnehmer nicht mehr kostendeckend ist, d. h. er im Falle der Durchführung des unveränderten Vertrags durch die Steigerung der Selbstkosten statt eines Gewinns nunmehr einen Verlust zu verkraften hat. Dieser fällt allein in sein unternehmerisches Risiko.
*OLG Düsseldorf, Urteil vom 19.12.2008, 23 U 48/08*

# Freie Kündigung

Nach § 8 Abs. 1 VOB/B kann der Auftraggeber den Bauvertrag jederzeit bis zur Vollendung der Leistungen durch den Auftragnehmer kündigen (freie Kündigung). Nach § 8 Abs. 1 Nr. 2 VOB/B steht dem Auftragnehmer für den Fall, dass der Auftraggeber von seinem Recht auf freie Kündigung Gebrauch macht, die vereinbarte Vergütung zu. Er muss sich jedoch das anrechnen lassen, was er sich aufgrund der Kündigung an Kosten erspart hat oder durch eine anderweitige Verwendung seiner Arbeitskraft und seines Betriebs nach der Kündigung erwirbt oder zu erwerben „böswillig" unterlässt (§ 649 BGB).

**Hinweis:**
Die Vorschrift des § 8 Abs. 1 VOB/B nimmt Bezug auf § 649 BGB. Dem Auftragnehmer steht im Fall der freien Kündigung

seine Vergütung abzüglich der ersparten Aufwendungen zu. Durch das Forderungssicherungsgesetz, in Kraft getreten am 01.01.2009, hat die Bestimmung über die freie Kündigung in § 649 BGB eine für den Auftragnehmer nicht unbedeutende Ergänzung erfahren. Es war bis dahin immer problematisch für den Auftragnehmer, darzulegen, was ihm an Vergütung letztlich zusteht, weil es für ihn nur mit größten Anstrengungen möglich war, zu beweisen, was ihm an Aufwendungen erspart geblieben ist.

Vergütungsansprüche sind nach einer freien Kündigung durch den Auftragnehmer darzulegen und nachzuweisen. Folge hiervon war letztlich, dass nach einer freien Kündigung nur höchst unzureichend abgerechnet wurde. Nunmehr ist in § 649 Satz 3 BGB eine Pauschale enthalten. Es wird vermutet, dass dem Auftragnehmer 5 % der auf den noch nicht abgeschlossenen Teil der Werkleistung entfallenden vereinbarten Vergütung zusteht. Das bedeutet für den Auftragnehmer eine erhebliche Erleichterung, weil er grundsätzlich nicht mehr im Detail nachweisen und vorrechnen muss, was er sich denn jetzt eigentlich genau erspart hat. Zu beachten ist aber für den Auftraggeber, dass er diese Vermutung widerlegen kann, wenn er in der Lage ist, nachzuweisen, dass die noch zu zahlende Vergütung tatsächlich geringer ist.

Der Auftraggeber kann also jederzeit und ohne Vorliegen oder ohne Angabe eines Grunds den Bauvertrag beenden. Dem Auftragnehmer steht dieses Recht auf freie Kündigung nicht zu. Er kann den Bauvertrag nur unter bestimmten Voraussetzungen bei Vorliegen von Gründen kündigen.

Auftraggeber und Auftragnehmer können einvernehmlich und individuell im Bauvertrag vereinbaren, dass dieses Kündigungsrecht des Auftraggebers ausgeschlossen sein soll. Es ist jedoch nicht möglich, dass das Kündigungsrecht einseitig durch eine Vertragsklausel ausgeschlossen wird. Eine solche Klausel wäre unwirksam mit der Folge, dass dem Auftraggeber trotz Verwendung der Klausel das freie Kündigungsrecht nach wie vor zusteht. Gleiches gilt für den Fall, dass die Vertragspartner die Rechtsfolgen einer freien Kündigung im Hinblick auf die dem Auftragnehmer im Fall der Kündigung zustehende Vergütung abändern wollen.

Die Kündigung sollte schriftlich erklärt werden. Dies bietet sich aus Beweis- und Dokumentationsgründen an. Sie muss, auch wenn sie schlüssig oder mündlich erklärt wurde, dem Auftragnehmer nachweislich zugehen. Geht sie ihm nicht zu oder kann ein entsprechender Nachweis im Streitfall nicht erbracht werden, so ist die Kündigung unwirksam und entfaltet keine Wirkungen. Der Bauvertrag besteht fort.

Die Kündigung ist an den Auftragnehmer oder an eine nachweislich für den Empfang der Kündigung bevollmächtigte Person zu richten. Wird sie an eine zur Entgegennahme nicht bevollmächtigte Person gerichtet, so ist sie ebenfalls unwirksam und entfaltet keine Wirkungen.

In der Kündigung hat der Auftraggeber eindeutig zu erklären, dass er den Bauvertrag beenden möchte. Er darf sie nicht unter eine Bedingung stellen. Auch dies führt zur Unwirksamkeit der Kündigungserklärung.

**Aktuelle Rechtsprechung:**
In der folgenden Grundsatzentscheidung hat der BGH unter Aufgabe seiner bis dahin vertretenen Ansicht zum Ausdruck gebracht, dass bei einem frei gekündigten Bauvertrag für die Fälligkeit der Werklohnforderung nun doch grundsätzlich eine Abnahme erforderlich ist.

Auftraggeber und Auftragnehmer haben einen VOB/B-Bauvertrag geschlossen. Nachdem der Auftraggeber den Bauvertrag frei gekündigt hat, stellt der Auftragnehmer seine Werkleistungen mittels Schlussrechnung in Rechnung und fordert vom Bürgen, der für den Auftraggeber eine Zahlungsbürgschaft übernommen hat, die Bezahlung des Rechnungsbetrags. Der Bürge wendet hiergegen ein, dass die Forderung nicht fällig sei, da bislang keine Abnahme durchgeführt wurde. Nach § 641 Abs. 1 BGB ist die Abnahme Fälligkeitsvoraussetzung für den Werklohnanspruch.

Soweit es um die Vergütungsforderung aus einem Bauvertrag geht, besteht kein rechtfertigender Grund, von dieser Voraussetzung abzusehen, wenn der Auftragnehmer infolge der Kündigung des Vertrags lediglich eine Teilleistung erbracht hat. Die Kündigung, die den Vertrag für die Zukunft beendet, beschränkt den Umfang der vom Auftragnehmer geschuldeten Werkleistung auf den bis zur Kündigung erbrachten Teil und seinen Vergütungsanspruch auf diesen Teil der ursprünglich geschuldeten Leistung. Der nunmehr im geschuldeten Leistungsumfang reduzierte Bauvertrag richtet sich bezüglich der Fälligkeit der Vergütungsforderung weiterhin nach den werkvertraglichen Regelungen, wie sie auch für den ursprünglichen Vertragsumfang galten. Es ist kein rechtlich tragfähiger Grund dafür ersichtlich, an die Fäl-

ligkeitsvoraussetzungen des für den erbrachten Leistungsteil geschuldeten Vergütungsanspruchs geringere Anforderungen zu stellen, als sie für den Fall des vollständig durchgeführten Vertrags bestehen. Vielmehr würde eine Reduzierung dieser Anforderungen – ein Verzicht auf die Abnahme als Fälligkeitsvoraussetzung – dazu führen, dass der Auftragnehmer, ohne dass hierfür ein überzeugender Grund zu ersehen ist, selbst in denjenigen Fällen besser gestellt würde, in denen er Anlass zur Kündigung gegeben hat. Allerdings erfordert diese Gleichstellung, dass eine Abnahme der teilweise erbrachten Leistungen grundsätzlich möglich ist.
*BGH, Urteil vom 11.05.2006, VII ZR 146/04*

**Aktuelle Rechtsprechung:**
Die Bauvertragsparteien haben einen Pauschalpreisvertrag vereinbart. Der Auftraggeber spricht gegenüber dem Auftragnehmer eine freie Kündigung aus. Der Auftragnehmer bot dem Auftraggeber daraufhin schriftlich ausdrücklich einen gemeinsamen Termin zur Durchführung der Abnahme an. Letztlich kam es jedoch zu keiner Vereinbarung eines gemeinsamen Abnahmetermins.

Der Auftragnehmer übergab dem Auftraggeber schließlich seine Schlussrechnung. Der Auftraggeber zahlt nicht, weil er die Ansicht vertritt, dass keine Abnahme durchgeführt worden sei und der Werklohnanspruch daher nicht fällig ist. Unter Berücksichtigung der geänderten Rechtsprechung des BGH folgt das Landgericht Köln der Auffassung des Auftraggebers und weist die Klage als seinerzeit unbegründet ab. Es fehle vorliegend an der Fälligkeit der Forderung aus der Schlussrechnung, da eine Abnahme bislang nicht erfolgt ist.

Die Abnahme ist auch bei der Kündigung eines Pauschalvertrags Voraussetzung für die Fälligkeit des Werklohns. Das Schreiben des Auftragnehmers ändert hieran nichts. Es fehlte an der Setzung einer Frist zur Abnahme. Das Schreiben war daher lediglich ein Vorschlag zur Vereinbarung eines Abnahmetermins. Überdies hat sich der Auftraggeber auch nicht geweigert, eine Abnahme durchzuführen, sondern hat nur einen Alternativtermin genannt, den der Auftragnehmer nicht wahrnahm. Die Abnahme war daher nicht entbehrlich.
*LG Köln, Urteil vom 15.06.2012, 32 O 48/12*

**Aktuelle Rechtsprechung:**
Zwar wird grundsätzlich ein Werklohnanspruch des Auftragnehmers nach der Kündigung des Bauvertrags nur fällig, wenn der Auftraggeber das bis zur Kündigung erbrachte Teilwerk abgenommen hat. Die Abnahme ist jedoch dann entbehrlich, wenn der Auftraggeber nach der Kündigung hat weiterbauen und das Bauwerk fertigstellen lassen.
*OLG Schleswig, Urteil vom 09.03.2010, 3 U 55/09*

Die Abrechnung nach einer freien Kündigung gestaltet sich je nach Vorliegen eines Einheitspreisvertrags, eines Pauschalpreisvertrags oder eines Stundenlohnvertrags unterschiedlich.

Siehe auch: → Abrechnung nach freier Kündigung
→ Einheitspreisvertrag
→ Kündigung durch den Auftragnehmer
→ Pauschalpreisvertrag
→ Stundenlohnvereinbarung

**Praxistipp:**
Der Auftraggeber sollte peinlichst genau überprüfen, ob bei einer von ihm beabsichtigten Kündigung aus wichtigem Grund nach § 8 VOB/B alle formellen Voraussetzungen auch tatsächlich erfüllt sind. Liegen diese nämlich nicht vor und hat der Auftraggeber eine solche Kündigung gegenüber dem Auftragnehmer ausgesprochen, so hat dies für den Auftragnehmer durchaus erhebliche finanzielle Vorteile. Hält nämlich der Auftraggeber bei der Kündigung aus wichtigem Grund die formellen Voraussetzungen nicht ein, so kann die Kündigung unter Umständen in eine freie Kündigung umzudeuten sein. Dies hat zur Konsequenz, dass der Auftraggeber gegenüber dem Auftragnehmer weder Erstattung von ihm durch die Kündigung wegen Durchführung einer Ersatzvornahme entstandener Mehrkosten verlangen kann noch Schadensersatz. Der Auftragnehmer hingegen kann in diesem Fall die vereinbarte Vergütung abzüglich ersparter Aufwendungen verlangen.

**Beispiel:**
Wie vorteilhaft sich dies in der Praxis für den Auftragnehmer auswirken kann, zeigt der vom LG Bonn entschiedene Fall, bei welchem der „Schürmannbau" gegenständlich war.

Durch die Überflutung der Schürmann-Baustelle konnte ein Heizungsbauer seine Heizung nicht mehr einbauen, weil der bereits errichtete Gebäudeteil schwer beschädigt wurde. Die Bauausführung wurde daher für mehrere Monate unterbrochen. Daraufhin kündigte der Bund dem Heizungsbauer den Bauvertrag, weil er der fehlerhaften

Ansicht war, aufgrund der Unterbrechung eine Kündigung aus wichtigem Grund aussprechen zu dürfen. Eine solche Kündigung setzt jedoch voraus, dass der Auftragnehmer die Unterbrechung zu verantworten hat, was vorliegend ersichtlich nicht der Fall war. Die Kündigung war also in eine freie Kündigung umzudeuten mit dem Ergebnis, dass der Heizungsbauer nicht nur lediglich die erbrachten Bauleistungen in Höhe von damals 300.000 DM bezahlt bekommen hat, sondern als Folge der freien Kündigung auch den entgangenen Gewinn. Und der belief sich auf insgesamt 2,9 Mio. DM.

# Freistellungsbescheinigung

Seit dem 01.01.2002 haben unternehmerisch tätige Auftraggeber von Bauleistungen des ebenfalls unternehmerisch tätigen Auftragnehmers einen Steuerabzug in Höhe von 15 % der Schlussrechnungssumme an das Finanzamt des Auftragnehmers abzuführen, sofern dieser keine Freistellungsbescheinigung vorlegt.

Siehe auch: → Bauabzugssteuer

Die Freistellungsbescheinigung wird vom zuständigen Finanzamt des Auftragnehmers ausgestellt, wenn aus Sicht des Finanzamts der zu sichernde Steuerabzug des Auftragnehmers nicht gefährdet ist.

Der Auftraggeber ist verpflichtet, den von der Schlussrechnungssumme abgezogenen Betrag innerhalb von zehn

Tagen nach Ablauf des Monats, in dem die weitergehende Zahlung der Rechnung erfolgt ist, an das für den Auftragnehmer zuständige Finanzamt abzuführen. Aus diesem Grund ist es dem Auftragnehmer nicht möglich, anstatt einer Freistellungsbescheinigung eine Sicherheit zu stellen. Hierdurch kann das Recht des Auftraggebers zum Einbehalt der Bauabzugssteuer nicht abgelöst werden.

# Fristverlängerung

Sofern sich der Auftragnehmer in der ordnungsgemäßen Ausführung seiner Arbeiten behindert sieht, muss er dies unverzüglich dem Auftraggeber anzeigen (Behinderung der Ausführung). Im Bauvertrag verbindlich vereinbarte Vertragsfristen (Ausführungsfristen) werden im Fall des Vorliegens von Behinderungen verlängert, wenn sie verursacht sind durch:

- einen Umstand aus dem Risikobereich des Auftraggebers
- Streik oder eine von der Berufsvertretung der Arbeitgeber angeordnete Aussperrung im Betrieb des Auftragnehmers oder in einem unmittelbar für ihn arbeitenden Betrieb
- höhere Gewalt oder andere für den Auftraggeber unabwendbare Umwelteinflüsse

### Fristverlängerung bei Umständen aus dem Risikobereich des Auftraggebers

Zum Risikobereich des Auftraggebers zählen zunächst alle Verletzungen von Vertragspflichten, die dem Auftraggeber auferlegt wurden. So ist es bspw. Aufgabe des Auftraggebers, dafür zu sorgen, dass ein bebaubares Grundstück zur Verfügung gestellt wird, dass Baugenehmigungen eingeholt und Pläne vorgelegt worden sind, erforderliche Genehmigungen vorliegen, Lager- und Arbeitsstätten vorhanden sind, die dem Auftragnehmer unentgeltlich zur Verfügung zu stellen sind, oder aber das alle Mitwirkungshandlungen vom Auftraggeber vorgenommen werden, damit ein reibungsloser Bauablauf gesichert ist, etwa Baugeräte und vom Auftraggeber bereitzustellendes Material zur Verfügung gestellt wird.

Es zählt zudem zum Risikobereich des Auftraggebers, dass er fällige Zahlungen pünktlich leistet. Stellt etwa der Auftragnehmer nach entsprechender Fristsetzung seine Arbeiten ein, weil der Auftraggeber eine fällige Zahlung nicht leistet, so hat er u. a. Anspruch auf entsprechende Verlängerung der Vertragsfristen.

**Fristverlängerung bei Streik und Aussperrung**
Es ist unerheblich, ob der Streik im Betrieb des Auftragnehmers oder in einem unmittelbar für den Betrieb des Auftragnehmers arbeitenden Betrieb rechtmäßig ist oder nicht. In jedem Fall hat der Auftragnehmer einen Anspruch auf Verlängerung der Fristen, wenn er durch einen Streik in der Ausführung seiner Arbeiten behindert wird.

**Fristverlängerung bei höherer Gewalt und unabwendbaren Umständen**
Unter höherer Gewalt sind etwa Krieg und sonstige militärische Auseinandersetzungen zu verstehen. Auch der Begriff

„Aufruhr“, wie er in § 7 Abs. 1 VOB/B verwendet wird, fällt hierunter.

Witterungseinflüsse sind hierunter ebenfalls zu verstehen, also etwa Überschwemmungen und sonstige Naturkatastrophen, die es dem Auftragnehmer nicht ermöglichen, weiterzuarbeiten. Zu beachten ist jedoch, dass Witterungseinflüsse, die der Auftragnehmer bereits bei Vertragsschluss vorhersehen konnte, nicht zu einer Verlängerung von Fristen führen. Die Witterungseinflüsse dürfen also nicht bereits für den Auftragnehmer vorhersehbar gewesen sein, da er sie in diesem Fall bereits bei Angebotsabgabe hätte berücksichtigen und die Vertragsfristen entsprechend großzügig hätten ausgestaltet werden müssen. So muss der Auftragnehmer bspw. damit rechnen, dass im Herbst durchaus Herbststürme auftreten können. Zu unabwendbaren Witterungseinflüssen zählen hingegen wolkenbruchartige Regenfälle mit erheblichen Niederschlagsmengen und ungewöhnlich lange Kälteperioden im Winter.

**Berechnung der Fristverlängerung**
Zunächst hat der Auftragnehmer die Pflicht, bei hindernden Umständen neben der unverzüglichen Anzeige alles ihm Zumutbare zu unternehmen, um die Weiterführung der Arbeiten zu ermöglichen. Sobald die hindernden Umstände wegfallen, hat er die Arbeiten unverzüglich wiederaufzunehmen und den Auftraggeber hiervon zu unterrichten. Die Verlängerung der Vertragsfristen tritt automatisch ein, ohne dass es etwa eines Antrags beim Auftraggeber o. Ä. bedürfte.

Die Fristverlängerung wird nach der Dauer der Behinderung mit einem Zuschlag für die Wiederaufnahme der Arbeiten und einer etwaigen Verschiebung in eine ungünstigere Jahreszeit berechnet. Die Dauer bemisst sich regelmäßig danach, wie lange der Betrieb des Auftragnehmers von den jeweiligen hindernden Umständen betroffen ist. Sobald die Behinderungen sich nicht mehr auf die Arbeiten des Auftragnehmers auswirken können, endet der Zeitraum, um den die Vertragsfristen verlängert werden.

Bei der Bemessung des Zuschlags für die Wiederaufnahme der Arbeiten kommt es auf den jeweiligen Einzelfall an. Zu berücksichtigen ist jedenfalls die Zeit, die der Auftragnehmer braucht, um etwa abtransportiertes Gerät oder Material wieder anzutransportieren.

Siehe auch: → Behinderung der Ausführung
→ Behinderungsanzeige
→ Behinderungsschaden
→ Vertragsfristen

**Praxistipp:**
Der Auftragnehmer kann dann, wenn im Bauvertrag unter Zugrundelegung eines Bauzeitenplans eine verbindliche Ausführungsfrist vereinbart worden ist und erhebliche Bauverzögerungen eintreten, die in den Risikobereich des Auftraggebers fallen, vom Auftraggeber eine entsprechende Verlängerung der Ausführungsfrist zuzüglich des Zuschlags für die Wiederaufnahme der Arbeiten und die Verlagerung in eine günstigere Jahreszeit verlangen. Wird die Ausführungsfrist daraufhin verlängert und kann der Auftragnehmer diese verlängerte Frist aufgrund von Umständen, die nur er und nicht der Auftraggeber zu ver-

treten hat, nicht einhalten, so kann der Auftraggeber vom Auftragnehmer nicht mehr die Zahlung einer ursprünglich vereinbarten Vertragsstrafe verlangen, obwohl die Überschreitung der verlängerten Ausführungsfrist vom Auftragnehmer verursacht ist.

# Fund

Nach § 4 Abs. 9 VOB/B hat der Auftragnehmer, wenn bei der Ausführung von Bauarbeiten auf einem Grundstück Gegenstände von Altertums-, Kunst- oder wissenschaftlichem Wert entdeckt werden, vor jedem weiteren Aufdecken oder Ändern dem Auftraggeber den Fund anzuzeigen und ihm die Gegenstände abzuliefern. Entstehen dem Auftragnehmer dabei Mehrkosten, so hat der Auftraggeber diese dem Auftragnehmer zu ersetzen. Die Vergütung der Mehrkosten bestimmt sich nach den Grundlagen der Preisermittlung für die auszuführenden vertraglichen Arbeiten und den im Zusammenhang mit dem Fund entstandenen besonderen Kosten. An den Fundsachen erwirbt der Auftragnehmer Eigentum zur Hälfte. Die andere Hälfte erhält der Eigentümer der Sache, in der der entdeckte Gegenstand verborgen war, in aller Regel also der Grundstückseigentümer.

# G

## Gefahrtragung

Hinter dem Begriff „Gefahr“ verbirgt sich die Frage, wer etwa bei Beschädigung oder Zerstörung einer vom Auftragnehmer bereits fertiggestellten Bauleistung das Risiko der Neuherstellung sowie der Zahlung der Vergütung trägt. Dementsprechend wird unterschieden zwischen

- der Leistungsgefahr und
- der Vergütungsgefahr.

Die Regelungen über die Gefahrtragung sind strikt von den Regelungen über die Haftung der Bauvertragsparteien in § 10 VOB/B zu unterscheiden. Die Gefahrtragung spielt schon dann eine Rolle, wenn es um die Beschädigung oder Zerstörung der Bauleistungen geht und keine der Vertragsparteien, also weder Auftragnehmer noch Auftraggeber, diese zu verschulden haben. Die Haftung der Vertragsparteien spielt hingegen erst dann eine Rolle, wenn die Beschädigung oder die Zerstörung entweder vom Auftraggeber oder vom Auftragnehmer oder aber auch von einem Dritten, der nicht Bauvertragspartei ist, verursacht wurde.

**Gefahrtragung – Leistungsgefahr**
Bei der Leistungsgefahr wird danach gefragt, ob der Auftragnehmer zur Neuherstellung bzw. zur nochmaligen Erbringung seiner bisher erbrachten Bauleistungen verpflichtet bleibt, wenn diese zufällig beschädigt oder zerstört werden.

Grundsätzlich trägt der Auftragnehmer vom Vertragsschluss bis zur Abnahme die Gefahr dafür, dass die vertraglichen Leistungen erbracht werden, auch wenn diese ganz oder teilweise während der Bauausführung zerstört oder beschädigt werden, es sei denn, der Auftraggeber hat die Zerstörung oder Beschädigung verschuldet. Die Abnahme spielt hierbei also eine Schlüsselrolle. Nach der Abnahme trägt nicht mehr der Auftragnehmer die Leistungsgefahr. Der Auftragnehmer ist also nach der Abnahme nicht mehr verpflichtet, bei zufälliger Zerstörung oder Beschädigung der Leistungen diese nochmals zu erbringen.

**Gefahrtragung – Vergütungsgefahr**

Bei der Vergütungsgefahr wird danach gefragt, ob der Auftraggeber die vereinbarte Vergütung bei zufälligem vorzeitigen Untergang oder einer vorzeitigen zufälligen Beschädigung oder Zerstörung der Bauleistungen an den Auftragnehmer zu zahlen hat oder nicht.

Der Auftragnehmer trägt bis zur Abnahme die Vergütungsgefahr. Dies bedeutet, dass er die vereinbarte Vergütung nicht erhält, wenn vor der Abnahme die Werkleistungen zufällig zerstört oder beschädigt werden. Erst mit der Abnahme endet das Vorleistungsstadium des Auftragnehmers. Das bedeutet, dass er erst mit der Abnahme seine Vergütung beanspruchen kann. Wenn nunmehr die Werkleistungen des Auftragnehmers nach der Abnahme zerstört oder beschädigt werden, schuldet der Auftraggeber grundsätzlich die volle Vergütung.

Von diesen Grundsätzen gibt es in der VOB/B und im BGB eine Reihe von Ausnahmen, die die Vergütungs- und Leistungsgefahr vorverlagern.

1. Sofern die Arbeiten vom Auftragnehmer nicht erbracht werden können, etwa weil das Grundstück nicht bebaubar ist, hat er die Arbeiten nicht zu erbringen, und der Auftraggeber muss die vereinbarte Vergütung nicht bezahlen. Ist der Untergang vom Auftraggeber zu verantworten, so schuldet er dem Auftragnehmer die Bezahlung der bis dahin erbrachten Leistungen und darüber hinaus den Ersatz eines ggf. deswegen entstandenen Schadens.
2. Die Vergütungs- und Leistungsgefahr geht bereits vor der Abnahme auf den Auftraggeber über, wenn dieser sich in Annahmeverzug befindet, d. h., wenn der Auftragnehmer seine Arbeiten erbracht hat und der Auftraggeber bspw. die Abnahme zu Unrecht verweigert.
3. Schließlich geht die Leistungsgefahr ebenfalls bereits vor der Abnahme auf den Auftraggeber über, wenn die Ausführung der Arbeiten des Auftragnehmers nicht mehr möglich sind oder die bereits erbrachten Leistungen des Auftragnehmers beschädigt oder zerstört werden, sofern dies seinen Grund darin hat, dass der Auftraggeber mangelhafte Baustoffe zur Verfügung gestellt hat oder eine Ausführungsanordnung des Auftraggebers die Ursache hierfür war. Für die Vergütungsgefahr gilt indes, dass der Auftragnehmer in diesem Fall vom Auftraggeber eine Teilvergütung für die bis zur Zerstörung oder Beschädigung erbrachten Leistungen verlangen kann sowie zusätzlich die nicht in der Vergütung enthaltenen Auslagen.

Siehe auch: → Abnahme
→ Abnahmewirkungen
→ Leistungsgefahr
→ Vergütungsgefahr

**Praxistipp:**
Interessant für den Auftragnehmer dürfte in diesem Zusammenhang eine Entscheidung des BGH zum Schürmannbau in Bonn sein. Ende Dezember 1993 überflutete der Rhein die Baugrube des Schürmannbaus. Dabei wurden u. a. auch Starkstrominstallationen, die bereits von einem Auftragnehmer des Bundes ausgeführt worden waren, völlig zerstört. Zur Überflutung war es gekommen, weil der vom Bund beauftragte Rohbauunternehmer eine Abdichtung zwischen Schlitzwand und Baukörper entfernt hatte. Dadurch konnte das damals herrschende Rheinhochwasser eindringen und es kam zu einem Auftrieb des bis dahin bereits eingebrachten Bauwerks. Als Folge hiervon rissen die Wände, und die Starkstrominstallationen wurden zerstört. Der Auftragnehmer forderte seine Vergütung ein. Der Bund weigerte sich, weil er meinte, er sei für die Zerstörung der Installationen nicht verantwortlich gewesen und trage daher nicht die Vergütungsgefahr. Dies sah der BGH jedoch anders. Er sprach dem Auftragnehmer die Vergütung zu, weil der Bund als Auftraggeber für den Hochwasserschutz während der Bauzeit verantwortlich war. Es kommt in diesem Fall nicht darauf an, ob ein weiterer Auftragnehmer die Ursache für den Schaden gesetzt hat.

# Generalübernehmer

Der Generalübernehmer schließt mit dem Bauherrn einen Generalübernehmervertrag. In diesem Vertrag verpflichtet er sich gegenüber dem Bauherrn zur Planung und meistens zur schlüsselfertigen Errichtung des Bauvorhabens. Mit der Bauausführung beauftragt er wiederum dritte Unternehmer. Der Generalübernehmer ist vom Generalunternehmer zu unterscheiden.

Generalübernehmer sind meistens Architekten oder Bauträger, die neben den von ihnen zu erbringenden Planungsleistungen auch die Koordinierung und das Management des Bauvorhabens übernehmen. Bauleistungen führt der Generalübernehmer jedoch nicht selbst aus.

Zur Realisierung der Bauleistungen beauftragt der Generalübernehmer i. d. R. einen Generalunternehmer, der dann dem Generalübernehmer die Ausführung der Bauleistungen schuldet. Maßgeblich für die vom Generalunternehmer oder Subunternehmer zu erbringenden Leistungen ist dann der zwischen Generalunternehmer oder sonstigen zu beteiligenden Unternehmern (Subunternehmern) und Generalübernehmer geschlossene Vertrag. Der Generalübernehmer ist also im Verhältnis zum Bauherrn Auftragnehmer und im Verhältnis zum Generalunternehmer bzw. sonstigen zu beteiligenden Unternehmern Auftraggeber.

Dem Generalübernehmervertrag kann nicht die VOB/B als Ganzes zugrunde gelegt werden, da Inhalt des Vertrags nicht nur Bauleistungen sind, sondern vielmehr auch Planungs-, Projektsteuerungs- und Managementleistungen. Beim Generalunternehmervertrag ist dies jedoch möglich, da sich der → Generalunternehmer nicht zur Ausführung von Planungs- und Managementleistungen verpflichtet, sondern ausschließlich zur Ausführung der Bauleistungen.

**Praxistipp:**
Der Generalübernehmer schließt die einzelnen Verträge mit den Auftragnehmern nicht in Vertretung des Bauherrn ab, sodass nicht etwa der Bauherr gegenüber dem Auftragnehmer verpflichtet wird, sondern ausschließlich der Generalübernehmer. Dem Auftragnehmer stehen daher Vergütungsansprüche nur gegenüber dem Generalübernehmer, nicht aber auch gegenüber dem Bauherrn zu. Legt der Generalübernehmer dem Bauherrn einen vorformulierten Vertragstext vor, der mit „Werkvertrag" überschrieben ist, und enthält dieser vorformulierte Vertragstext eine Klausel, wonach der Bauherr den Generalübernehmer beauftragt und bevollmächtigt, in seinem Namen alle Handwerker zu beauftragen, die zur Fertigstellung des Bauwerks gem. dem Generalübernehmervertrag erforderlich sind, so ist diese Klausel **unwirksam**. Sie ist für den Bauherrn überraschend, weil er sich als Auftraggeber bei einem Generalübernehmervertrag regelmäßig nur gegenüber dem Generalübernehmer verpflichtet, nicht aber auch noch gegenüber dem einzelnen Handwerker. Würde man eine solche Klausel als wirksam ansehen, so hätte dies letztlich zur Folge, dass der Bauherr sowohl gegenüber dem Generalübernehmer zur Zahlung verpflichtet ist als auch gegenüber dem einzelnen Handwerker. Hierin ist eine unangemessene Benachteiligung des Bauherrn zu sehen, die zur Unwirksamkeit der Vertragsklausel führt.

# Generalunternehmer

Der Generalunternehmer wird vom Auftraggeber, dem Bauherrn, i. d. R. mit der schlüsselfertigen Errichtung des Bauvorhabens beauftragt. Hierfür schließt der Bauherr als Auftraggeber mit dem Generalunternehmer als Auftragnehmer einen Generalunternehmervertrag. Der Generalunternehmer seinerseits bedient sich zur Erfüllung seiner vertraglichen Verpflichtungen gegenüber dem Bauherrn zu einem Teil wiederum Subunternehmern, mit welchen er seinerseits Bauverträge mit ausdrücklicher Erlaubnis des Bauherrn abschließt. Der Generalunternehmer ist im Verhältnis zum Bauherrn Alleinunternehmer. Die von ihm beauftragten Subunternehmer sind im Verhältnis zum Bauherrn Erfüllungsgehilfen des Generalunternehmers.

Der Generalunternehmer unterscheidet sich somit also vom Bauunternehmer dadurch, dass er nicht sämtliche Bauleistungen selbst erbringt, sondern lediglich wesentliche Teile hiervon.

Der Generalunternehmer ist aus dem Generalunternehmervertrag mit dem Bauherrn heraus verpflichtet, bei der Auswahl der → Subunternehmer besondere Sorgfalt an den Tag zu legen. Er ist ferner verpflichtet, genau zu prüfen, ob Forderungen der Nachunternehmer berechtigt sind, die er seinerseits gegenüber dem Bauherrn geltend macht.

Mit Inkrafttreten des Forderungssicherungsgesetzes zum 01.01.2009 wurde die Vorschrift des § 641 Abs. 2 BGB geändert. Demnach wird nunmehr die Vergütung des Auftragnehmers, der als Subunternehmer bzw. Nachunternehmer für den Auftraggeber, der Generalunternehmer ist, tätig ist, dann fällig, wenn der Generalunternehmer von seinem Auftraggeber, also in aller Regel dem Bauherrn, für das versprochene Werk wegen dessen Herstellung seine Vergütung oder Teile hiervon erhalten hat, oder wenn der Bauherr die Werkleistungen gegenüber dem Generalunternehmer abgenommen hat oder – und das ist neu – wenn der Auftragnehmer dem Generalunternehmer erfolglos eine angemessene Frist zur Auskunft darüber bestimmt hat, ob der Bauherr gezahlt oder die Werkleistungen abgenommen hat. Hat der Generalunternehmer dem Bauherrn wegen möglicher Mängel der Werkleistungen eine Sicherheit geleistet, dann gilt dies jedoch nur, wenn der Auftragnehmer dem Generalunternehmer entsprechende Sicherheit leistet.

**Aktuelle Rechtsprechung:**
In der folgenden Entscheidung hatte das Gericht darüber zu befinden, ob eine sog. „Pay when paid"-Klausel in einem Bauvertrag wirksam vereinbart werden kann, soweit sie nicht individuell ausgehandelt wurde. Der Generalunternehmer schloss mit einem Nachunternehmer einen Nachunternehmervertrag. In diesem Vertrag war eine sog. „Pay when paid"-Klausel" enthalten, gem. der die Zahlung von Rechnungen des Nachunternehmers erst innerhalb von fünf Werktagen nach Zahlungseingang des Bauherrn beim Generalunternehmer zu leisten waren. Nach Fertigstellung und Abnahme der Werkleistungen des Nachunternehmers wird schlussgerechnet. Der Nachunternehmer fordert die Zahlung des Rechnungsbetrags vom Generalunternehmer. Nachdem dieser unter Verweis auf die Klausel und den Umstand, dass der Bauherr noch nicht bezahlt habe, die Zahlung ablehnt, klagt der Nachunternehmer seinen Werklohn ein. Das Gericht sprach dem Nachunternehmer die Vergütung zu. Zur Begründung führte es u. a. aus, dass die sog. „Pay when paid"-Klausel,

die nach den Feststellungen des Gerichts nicht individuell ausgehandelt worden war, im Generalunternehmervertrag gem. den Bestimmungen über Allgemeine Geschäftsbedingungen in den §§ 305 ff BGB unwirksam ist. Sie verstößt insbesondere gegen § 307 Abs. 2 Nr. 1 BGB. Maßgeblich für die Unwirksamkeit ist, dass Klauseln in Allgemeinen Geschäftsbedingungen den Vertragspartner des Verwenders entgegen den Geboten von Treu und Glauben unangemessen benachteiligen, was nach der Vorschrift im Zweifel dann anzunehmen ist, wenn eine Bestimmung mit den wesentlichen Grundgedanken der gesetzlichen Regelung, von der abgewichen wird, nicht zu vereinbaren ist. Genau diese Voraussetzungen waren vorliegend jedoch gegeben. Die Klausel soll nämlich dem Generalunternehmer über die in § 641 Abs. 2 Nr. 2 BGB festgeschriebene Fälligkeit der Vergütung hinaus einen Zahlungsaufschub gewähren. Eine Auszahlung der fälligen Forderung des Nachunternehmers wird nunmehr zusätzlich davon abhängig gemacht, dass der Auftraggeber des Generalunternehmers seinerseits eine Vergütung an den Generalunternehmer auszahlt. Der Nachunternehmer könnte also durch diese Klausel trotz beanstandungsfreier Werkleistungen seine Vergütung nicht realisieren, solange der Bauherr seinerseits keine Zahlung an den Generalunternehmer vornimmt. Inhaltlich führt diese Klausel damit zu einer Forderungsstundung auf letztlich unbestimmte Zeit. Dies stellt eine erhebliche Abweichung der in § 641 Abs. 2 Nr. 2 BGB normierten Regelung dar, sodass die Klausel unwirksam ist.
*LG Saarbrücken, Urteil vom 07.11.2011, 3 O 201/11*

**Aktuelle Rechtsprechung:**
Sofern ein Nachunternehmer, der mit einem Generalunternehmer einen Bauvertrag abgeschlossen hat, mit dem Bau-

herrn, also dem Auftraggeber des Generalunternehmers, im Falle einer mangelhaften Werkleistung einen Gewährleistungs- und Einwendungsverzicht auch mit Wirkung für den Generalunternehmer vereinbart, ist der Generalunternehmer nicht mehr berechtigt, der Werklohnklage des Nachunternehmers Mängelansprüche entgegenzuhalten.
*OLG Hamm, Urteil vom 22.02.2010, 17 U 67/09; BGH Beschluss vom 24.05.2012, VII ZR 47/10 (Nichtzulassungsbeschwerde zurückgewiesen)*

**Aktuelle Rechtsprechung**:
Zwischen dem Bauherrn eines Einkaufszentrums und dem Generalunternehmer wird ein Bauvertrag über die Errichtung des Rohbaus abgeschlossen. Als die Tiefgarage fertiggestellt ist, wird festgestellt, dass der Boden nicht eben ist, weshalb der Bauherr vom Generalunternehmer die Beseitigung der Mängel fordert. Der Generalunternehmer erkundigt sich bei einem Fachbetrieb, ob dieser in der Lage sei, diese Mängel zu beseitigen, woraufhin der Fachbetrieb ein entsprechendes Angebot über die Ausführung der Ausgleichsmaßnahmen unterbreitet. Zu einer Beauftragung durch den Generalunternehmer kommt es jedoch nicht.

Daneben bewirbt sich der Fachbetrieb beim Bauherrn um die Ausführung von Beschichtungsarbeiten. In diesem Angebot, das der Fachbetrieb an den Bauherrn gerichtet hat, ist angegeben, dass die Ausgleichsmaßnahmen, die neben den Beschichtungsarbeiten als Bedarfspositionen aufgeführt sind, angeblich vom Generalunternehmer beauftragt worden seien, er diese Arbeiten aber auch im Auftrag des Bauherrn erbringen würde.

Der Bauherr beauftragt daraufhin den Fachbetrieb lediglich mit der Durchführung der Beschichtungsarbeiten. Der Fachbetrieb führt aber zudem auch die Ausgleichsmaßnahmen aus und kündigt gegenüber dem Bauherrn Mehrkosten an. Nachdem die Schlussrechnung vorliegt, kürzt der Bauherr diese um die Positionen, die die Ausgleichsmaßnahmen betreffen. Nachdem auch der Generalunternehmer die Zahlung dieser Kosten verweigert, klagt der Fachbetrieb die Differenz ein. Das Gericht wies die Klage ab. Zur Begründung führte es aus, dass ein Vertrag zwischen dem Generalunternehmer und dem Fachbetrieb nicht zustande gekommen ist. Das Angebot des Fachbetriebs hat der Generalunternehmer weder ausdrücklich noch konkludent angenommen. Nachdem der Generalunternehmer wusste, dass der Fachbetrieb im direkten Auftrag des Bauherrn tätig war, musste er deshalb nicht annehmen, dass der Fachbetrieb trotzdem Arbeiten für ihn anstatt für den Bauherrn hätte ausführen wollen. Eine Geschäftsführung ohne Auftrag schied auch aus, da der Fachbetrieb kein fremdes Geschäft geführt hat, sondern einen vermeintlichen, tatsächlich aber bezüglich der Ausgleichsmaßnahmen nicht geschlossenen Werkvertrag mit dem Bauherrn erfüllte.
*OLG Nürnberg, Urteil vom 21.10.2010, 13 U 2409/09; BGH, Beschluss vom 13.10.2011, VII ZR 205/10 (Nichtzulassungsbeschwerde zurückgewiesen)*

# Gesamtschuldner

Bei der Realisierung eines Bauvorhabens sind mitunter mehrere Beteiligte für einen Mangel verantwortlich.

Sind mehrere Beteiligte für einen Mangel verantwortlich, so haften sie dem Auftraggeber gegenüber in vielen Fällen als Gesamtschuldner. Dies bedeutet, dass der Auftraggeber seine Mängelansprüche gegenüber einem Verantwortlichen seiner Wahl uneingeschränkt geltend machen kann. Der in Anspruch Genommene muss in voller Höhe einstehen, hat aber seinerseits wiederum Regressansprüche gegenüber weiteren Mitverantwortlichen. In der Baupraxis spielen v. a. die nachfolgenden Fallkonstellationen eine Rolle:

- Mitglieder einer ARGE (Arbeitsgemeinschaft) haften im Zweifel als Gesamtschuldner, soweit keine anderweitige Vereinbarung getroffen wurde, sodass also ein Mitglied auch für Mängel des anderen haftet.
- Wird ein Bauvorhaben von mehreren Auftragnehmern, Bauunternehmern, Architekten sowie Sonderfachleuten errichtet, so haften diese grundsätzlich als Gesamtschuldner, wenn sie für denselben Mangel oder Schaden verantwortlich sind.
- Bauleitender Architekt und Bauunternehmer haften dann als Gesamtschuldner, wenn der Bauunternehmer seine Herstellungspflicht und der bauleitende Architekt seine Aufsichtspflicht verletzt hat.
- Planender Architekt und bauleitender Architekt haften ebenfalls als Gesamtschuldner, wenn beide für den Mangel verantwortlich sind.
- Zwischen dem Bauunternehmer und dem planenden Architekten oder anderen Sonderfachleuten besteht ein Gesamtschuldverhältnis, wenn sie gemeinsam für einen Mangel verantwortlich sind. Der Bauunternehmer aller-

dings haftet in diesem Fall nur für seinen Verursachungsanteil, da der planende Architekt im Verhältnis zum Bauunternehmer als Erfüllungsgehilfe anzusehen ist.

**Praxistipp:**
Sind ein Bauhandwerker sowie ein bauleitender Architekt im Zuge der Realisierung eines Bauvorhabens für einen Mangel gemeinsam verantwortlich, weil der Handwerker seine Herstellungspflicht und der bauleitende Architekt seine Aufsichtspflicht verletzt hat, so können sie als Gesamtschuldner in Anspruch genommen werden. Das heißt, dass der Auftraggeber sowohl vom Architekten als auch vom Handwerker Schadensersatz verlangen kann. Entscheidet sich der Auftraggeber in diesem Fall dafür, den Architekten in voller Höhe in Anspruch zu nehmen, so kann der Architekt nicht einwenden, der Auftraggeber habe es unterlassen, dem Handwerker erst eine Frist zur Nachbesserung zu setzen. Auch ohne den Handwerker zur Mangelbeseitigung aufgefordert zu haben, kann der Auftraggeber den Architekten voll in die Verantwortung nehmen. Der Architekt hat den verbliebenen Schaden zu ersetzen.

**Aktuelle Rechtsprechung:**
Die Klausel in einem formularmäßigen Architektenvertrag „Wird der Architekt für einen Schaden in Anspruch genommen, so haftet er nur in dem Umfang, in dem er im Verhältnis zu einem Dritten haftbar ist." ist unwirksam, weil durch sie das Leitbild einer gesamtschuldnerischen Haftung zwischen Architekten und Unternehmer beseitigt und das Ergebnis eines Regressprozesses zulasten des Geschädigten vorweggenommen würde.
*OLG Oldenburg, Urteil vom 03.07.2007, Az. 2 U 137/05*

**Aktuelle Rechtsprechung:**
In seiner Entscheidung vom 02.06.2010 hat das Oberlandesgericht Celle Grundsätze für die Annahme eines Gesamtschuldverhältnisses dargelegt. Demnach setzt ein Gesamtschuldverhältnis zwischen mehreren Bauunternehmern voraus, dass die Unternehmer eine Zweckgemeinschaft im Sinne einer Erfüllungsgemeinschaft hinsichtlich ihrer gleichen primären Leistungspflichten bilden, die darauf gerichtet sind, ein und dieselbe Bauleistung zu erbringen. An einer ein Gesamtschuldverhältnis begründenden Zweckgemeinschaft fehlt es insbesondere, wenn die Unternehmer voneinander getrennte Bauleistungen erbringen ohne dass eine zweckgerichtete Verbindung ihrer Bauleistungen besteht. Eine zweckgerichtete Verbindung verschiedener Bauleistungen liegt im Regelfall nicht vor, wenn verschiedene Bauleistungen nur aufeinander aufbauen und damit schon zeitlich nacheinander geschuldet werden.
*OLG Celle, Urteil vom 02.06.2010, 14 U 205/03*

# Gewährleistung

Für die Anwendung von Gewährleistungsvorschriften ist die Abnahme grundsätzlich zwingende Voraussetzung. § 13 VOB/B regelt die Gewährleistungsrechte, die zeitlich erst nach der Abnahme Anwendung finden. Die Vorschrift enthält eine weitestgehend abschließende Regelung über die dem Auftragnehmer beim VOB-Vertrag zustehenden Gewährleistungsrechte nach der Abnahme. Diese sind im Überblick:
- Mangelbeseitigung (Nacherfüllung)
- Ersatzvornahme
- Vorschusszahlung für Ersatzvornahmekosten

- Minderung
- Schadensersatz

Nach § 13 Abs. 1 VOB/B hat der Auftragnehmer dem Auftraggeber seine Leistung zum Zeitpunkt der → Abnahme frei von Mängeln zu verschaffen. Zur Definition des Begriffs „Mangel" siehe auch: → Mangelbegriff.

**Mangelbeseitigung (Nacherfüllung)**
§ 13 Abs. 5 Nr. 1 Satz 1 VOB/B gibt dem Auftraggeber das Recht, vom Auftragnehmer die Beseitigung eines Mangels zu verlangen, wenn die Arbeiten des Auftragnehmers diesen Mangel aufweisen. Der Auftragnehmer ist verpflichtet, alle während der Verjährungsfrist auftretenden Mängel, die auf eine vertragswidrige Leistung zurückzuführen sind, auf seine Kosten zu beseitigen, wenn es der Auftraggeber vor Ablauf der Frist schriftlich verlangt. Dabei hat nicht nur der Auftraggeber das Recht, die Mangelbeseitigung (Nacherfüllung) vom Auftragnehmer zu verlangen, es hat auch der Auftragnehmer einen Anspruch gegen den Auftraggeber, die Mangelbeseitigung (Nacherfüllung) durchzuführen.

Der Auftraggeber hat folglich dem Auftragnehmer zunächst eine Frist zur Mangelbeseitigung (Nacherfüllung) zu setzen, bevor er eine Ersatzvornahme durchführt oder durchführen lässt. Erst dann, wenn die Frist erfolglos verstrichen ist, steht dem Auftraggeber das Recht zu, die Mängel auf Kosten des Auftragnehmers beseitigen zu lassen. Unterlässt der Auftraggeber diese Fristsetzung, so kann er vom Auftragnehmer grundsätzlich keine Erstattung der Ersatzvornahmekosten verlangen, es sei denn, der Auftragnehmer hat dem Auftraggeber hinreichend deutlich zum Ausdruck gebracht, dass er sich weigere, eine Mangelbeseitigung (Nacherfüllung) vorzunehmen. Hier bedarf es dann ausnahmsweise keiner Fristsetzung.

Wie und auf welche Art und Weise der Auftragnehmer die Mangelbeseitigung (Nacherfüllung) durchführt, bleibt grundsätzlich ihm selbst überlassen. Sie muss lediglich erfolgreich sein. Der Auftraggeber kann jedenfalls grundsätzlich keine bestimmte Art der Mangelbeseitigung (Nacherfüllung) fordern.

Siehe auch: → Mangelbeseitigung vor der Abnahme

**Praxistipp 1:**
Der Auftragnehmer sollte penibel genau darauf achten, dass er mit seiner Verpflichtung zur Nacherfüllung nicht in Verzug gerät, da dies hohe finanzielle Nachteile mit sich bringen könnte. Ist der Auftragnehmer nämlich bspw. als Nachunternehmer für den Hauptunternehmer tätig und gerät er diesem gegenüber mit der Nacherfüllung in Verzug, so kann der Hauptunternehmer gegenüber dem Nachunternehmer Ansprüche geltend machen, die er aufgrund der verspäteten Nacherfüllung des Nachunternehmers nicht mehr gegenüber dem Bauherrn, also dem Auftraggeber des Hauptunternehmers, durchsetzen kann.

Um den Auftragnehmer zu veranlassen, zeitnah die Mangelbeseitigung durchzuführen, hat der Auftraggeber das Recht, nach erfolgloser Fristsetzung zur Mangelbeseitigung diese durch eine Drittfirma auf Kosten des Auftragnehmers durchführen zu lassen. Dieses Recht nennt man „Ersatzvornahmerecht".

Siehe auch: → Ersatzvornahme

**Praxistipp 2:**
Der Auftragnehmer sollte sich dessen bewusst sein, dass grundsätzlich er über die Art und Weise der Mangelbeseitigung entscheidet. Wenn also etwa die Bauleistungen des Auftragnehmers mangelhaft sind und der Auftraggeber den Auftragnehmer unter Fristsetzung zur Mangelbeseitigung auffordert, der Auftragnehmer sich wiederum bereit erklärt, die Mangelbeseitigung fachgerecht durchzuführen, so kann der Auftraggeber die Mangelbeseitigung nicht zurückweisen, weil der Auftragnehmer nicht nach einem von ihm vorgegebenen Sanierungskonzept vorgeht. Der Auftragnehmer ist frei in seiner Entscheidung darüber, in welcher Form er die Mangelbeseitigung durchführt. Nur dann, wenn sie ersichtlich nicht geeignet ist, die Mängel zu beseitigen, kann der Auftraggeber die Mangelbeseitigung durch den Auftragnehmer zurückweisen. Lässt der Auftraggeber eine Ersatzvornahme durchführen, nachdem er unberechtigt die Mangelbeseitigung durch den Auftragnehmer verweigert hat, so kann er nicht Erstattung der Ersatzvornahmekosten verlangen. Der Auftragnehmer muss also in einem solchen Fall trotz Aufforderung durch den Auftraggeber nicht zahlen.
*BGH, Urteil vom 27.11.2003, Az. VII ZR 93/01*

Im VOB-Vertrag ist der Auftraggeber in den folgenden drei Ausnahmefällen zur Minderung berechtigt:

- Die Mangelbeseitigung ist dem Auftraggeber nicht zumutbar,
- die Mangelbeseitigung ist nicht möglich oder
- die Mangelbeseitigung würde einen unverhältnismäßig hohen Aufwand für den Auftragnehmer bedeuten.

Der Auftragnehmer sollte nicht allein hohe Kosten der Nachbesserung zum Anlass nehmen, sich auf die Unzumutbarkeit der Mangelbeseitigung zu berufen, um damit zu einem für ihn ggf. günstigeren Minderungsanspruch des Auftraggebers zu gelangen. An die Unzumutbarkeit hat der BGH nämlich hohe Anforderungen gestellt. Demnach kann sich der Auftragnehmer nicht allein deshalb, da die Nachbesserung zu teuer oder für ihn zu unwirtschaftlich sei, bereits auf die Unzumutbarkeit berufen. Der Auftraggeber hat ein berechtigtes Interesse daran, dass der Auftragnehmer mangelfreie Bauleistungen erbringt. Aus diesem Grund kann die Mangelbeseitigung nicht allein wegen hoher Kosten verweigert werden. Es ist auch ohne Bedeutung, in welchem Verhältnis der Mangelbeseitigungsaufwand zu den Vertragspreisen steht. Der Auftragnehmer trägt nämlich stets das volle Risiko dafür, dass er den Bauvertrag korrekt erfüllt, also mangelfreie Leistungen abliefert. Dabei ist keine Rücksicht auf die Höhe des Mangelbeseitigungsaufwands zu nehmen, auch wenn dieser höher ist als der vereinbarte Preis. Ausnahmsweise dann, wenn der Auftraggeber objektiv lediglich ein geringes Interesse an der Mangelbeseitigung hat und die Kosten der Mangelbeseitigung äußerst hoch sind, kann man von einer Unverhältnismäßigkeit der Mangelbeseitigung ausgehen, die den Auftragnehmer zur Verweigerung derselben berechtigt.

**Aktuelle Rechtsprechung:**
Die Beklagte beauftragte die klagende Auftragnehmerin in einem VOB-Bauvertrag mit der Errichtung von drei Stahlhallen in einem Gewerbegebiet. Nach Fertigstellung verweigerte die Beklagte die Abnahme aufgrund wesentlicher Mängel, woraufhin die Klägerin ein selbstständiges Beweisverfahren bei Gericht zur Feststellung der Mangelfreiheit ihrer Leistungen beantragte. Aufgrund des für die Klägerin jedoch nachteiligen Beweisergebnisses besserte diese in der Folgezeit nach, indem sie Schrauben an den Hallendächern 1 und 2 neu einbrachte.

Nach Abzug eines weiteren Minderungsbetrags für weiter festgestellte Mängel verlangte die Klägerin von der Beklagten Restwerklohn in Höhe von etwa 93.000 Euro. Sie stützte ihren Vergütungsanspruch darauf, dass sie die Mängel ordnungsgemäß nachgebessert habe und die Beklagte aufgrund noch vorliegender geringfügiger Mängel nicht mehr zur Abnahmeverweigerung berechtigt sei. Die Beklagte hingegen berief sich darauf, dass keine ordnungsgemäße Mangelbeseitigung erfolgt sei, da nach wie vor Mängel an Paneelen und Tropfblechen im Giebelbereich vorlägen. Die Leistungen der Klägerin seien daher nach wie vor nicht abnahmefähig und der Werklohn folglich nicht zur Zahlung fällig.

Das Gericht sah dies anders und sprach der Klägerin den Werklohn weitgehend zu. Nach Ansicht des Gerichts war die Werklohnforderung fällig, da die Beklagte die Abnahme zu Unrecht verweigerte. Gemäß § 12 Nr. 3 VOB/B (Anm.: VOB/B 2009 § 12 Abs. 3) kann die Abnahme nur wegen wesentlicher Mängel verweigert werden. Liegt kein wesentlicher Mangel vor, dann ist die Beklagte nicht mehr zur Abnahmeverwei-

gerung berechtigt. Die Beseitigung des Mangels, dass der notwendige Abstand zwischen Tropfblechen und Paneelen im Giebelbereich nicht gewahrt ist, konnte die Klägerin gem. § 13 Nr. 6 VOB/B (Anm.: VOB/B 2009 § 13 Abs. 6) verweigern, da die Beseitigung einen unverhältnismäßig hohen Aufwand (etwa 15.000 Euro) erfordert hätte. Dieser Aufwand stand in keinem vernünftigen Verhältnis zu dem mit der Beseitigung der Mängel erzielbaren Erfolg und dem Nachteil, der der Beklagten verblieb, wenn keine Mangelbeseitigung erfolgt.
*OLG Celle, Urteil vom 19.05.2005, 6 U 23/04*

**Schadensersatz**
Nach § 13 Abs. 7 Nr. 1 VOB/B haftet der Auftragnehmer bei schuldhaft verursachten Mängeln für sämtliche Schäden bei der Verletzung oder der Tötung von Personen. Auf die Schwere des Verschuldens kommt es hierbei nicht an. Nach § 13 Abs. 7 Nr. 2 VOB/B haftet er zudem für alle sonstigen von ihm verursachten Schäden, sofern er diese vorsätzlich oder grob fahrlässig herbeigeführt hat.

Im Übrigen ist dem Auftraggeber der Schaden an der baulichen Anlage zu ersetzen, zu deren Herstellung, Instandhaltung oder Änderung die Leistung dient, wenn ein wesentlicher Mangel vorliegt, der die Gebrauchsfähigkeit erheblich beeinträchtigt und auf ein Verschulden des Auftragnehmers zurückzuführen ist. Einen darüber hinausgehenden Schaden hat der Auftragnehmer nur dann zu ersetzen,
a) wenn der Mangel auf einem Verstoß gegen die anerkannten Regeln der Technik beruht,
b) wenn der Mangel in dem Fehlen einer vertraglich vereinbarten Beschaffenheit besteht oder

c) soweit der Auftragnehmer den Schaden durch Versicherung seiner gesetzlichen Haftpflicht gedeckt hat oder eine solche zu tarifmäßigen, nicht auf außergewöhnliche Verhältnisse abgestellten Prämien und Prämienzuschlägen bei eines im Inland zum Geschäftsbetrieb zugelassenen Versicherer hätte decken können.

Eine Einschränkung oder Erweiterung der Haftung kann in begründeten Sonderfällen vereinbart werden.

**Hinweis:**
In § 13 Abs. 4 Nr. 1 und 2 VOB/B unterscheidet man entsprechend dem Werkvertragsrecht im BGB zwischen den „Arbeiten an einem Bauwerk", bei denen die Verjährungsfrist vier Jahre ab Abnahme beträgt, und den „Arbeiten an anderen Werken, deren Erfolg in der Herstellung, Wartung oder Veränderung einer Sache besteht, und für die vom Feuer berührten Teile von Feuerungsanlagen", bei denen die Verjährungsfrist jeweils zwei Jahre ab Abnahme beträgt. § 13 Abs. 4 Nr. 2 VOB/B stellt klar, dass dann, wenn für Teile von maschinellen und elektrotechnischen/elektronischen Anlagen, bei denen die Wartung Einfluss auf Sicherheit und Funktionsfähigkeit hat, nichts anderes vereinbart ist, für diese Anlagenteile die Verjährungsfrist für Mängelansprüche abweichend von Nr. 1 des § 13 Abs. 4 VOB/B zwei Jahre beträgt, wenn der Auftraggeber sich dafür entschieden hat, dem Auftragnehmer die Wartung für die Dauer der Verjährungsfrist nicht zu übertragen. Klargestellt wird zudem, dass dies auch dann gilt, wenn für weitere Leistungen eine andere Verjährungsfrist vereinbart wurde.

Siehe auch: → Arbeiten an anderen Werken als Bauwerken
→ Verjährungsfrist für Mängelansprüche

## Gewährleistungsfristen

Siehe auch: → Verjährung von Mängelansprüchen

## Gewährleistungssicherheit

Nach § 17 Abs. 1 VOB/B ist eine Sicherheit für Mängelansprüche ausdrücklich zu vereinbaren. Dabei soll die Sicherheit, sofern von Auftraggeber und Auftragnehmer keine anderweitigen Regelungen getroffen worden sind, dazu dienen, die vertragsgemäße Ausführung der Leistung und die Mängelansprüche sicherzustellen. Die Sicherheit für Mängelansprüche nach § 17 Abs. 1 Nr. 2 VOB/B beinhaltet die folgenden Rechte des Auftraggebers:

1. Sie deckt die Haftung des Auftragnehmers für sämtliche während der Verjährungsfrist auftretenden Mängel ab, gleich, ob sie vor oder bei der Abnahme als solche erkannt wurden.
2. Damit verbunden deckt sie alle Ansprüche des Auftraggebers gegen den Auftragnehmer auf Zahlung eines Kostenvorschusses für die zu erwartenden Kosten einer Mangelbeseitigung.
3. Sie deckt die Ansprüche des Auftraggebers auf Restfertigstellung der Bauleistungen.
4. Mängelansprüche des Auftraggebers gegen den Auftragnehmer aus Nachtragsleistungen.

Nicht gedeckt sind hingegen von der Gewährleistungssicherheit:

1. Ansprüche des Auftraggebers gem. § 4 Abs. 7 VOB/B auf Mangelbeseitigung für Mängel, die bereits vor der Abnahme entstanden sind
2. Vertragsstrafenansprüche des Auftraggebers, auch wenn er sich diese bei der Abnahme vorbehalten hat

**Höhe der Sicherheit**

Die Höhe der zu leistenden Sicherheit muss klar und unmissverständlich vereinbart sein. Unklarheiten gehen zulasten des Auftraggebers und können dazu führen, dass die gesamte Vereinbarung über die Stellung einer Sicherheit unwirksam ist. Die Höhe der Sicherheitsleistung wird in aller Regel durch einen bestimmten Prozentsatz angegeben. Dieser Prozentsatz bezieht sich zumeist auf die vom Auftraggeber an den Auftragnehmer zu leistende Bruttoschlussrechnungssumme.

Formularmäßige Klauseln über Gewährleistungssicherheiten in Bauverträgen sind unwirksam, wenn dort z. B. geregelt wird, dass

- die Sicherheit für einen Zeitraum von mehr als fünf Jahren geleistet werden muss,
- ein Gewährleistungseinbehalt von 10 % auf fünf Jahre vereinbart ist, der nicht verzinst wird und vom Auftraggeber nicht auf ein Sperrkonto eingezahlt zu werden braucht, oder
- ein Bareinbehalt in Höhe von 5 % der Bruttoschlussrechnungssumme „bis zur Behebung aller Mängel" vorgenommen werden kann.

Hinsichtlich der Bemessung der Höhe der Sicherheitsleistung verweist § 17 Abs. 6 Nr. 1 Satz 2 auf § 13b UStG, wonach Schlussrechnungen in den meisten Fällen nur noch als Nettorechnungen gestellt werden. Weil in der Baupraxis viele Auftraggeber die Ansicht vertreten hatten, dass sich auch bei Vorliegen einer Nettorechnung die Höhe des Sicherheitseinbehalts nach der fiktiven und in der Rechnung tatsächlich nicht ausgewiesenen Bruttorechnungssumme richtet und folglich einen höheren Sicherheitseinbehalt aus einem Prozentsatz dieser fiktiven Bruttorechnungssumme vorgenommen haben, ist nunmehr bestimmt, dass bei Rechnungen ohne Umsatzsteuerausweis nach § 13b UStG auch der Sicherheitseinbehalt ausschließlich nach der Nettosumme zu berechnen ist.

**Arten der Sicherheit**
Grundsätzlich können die Vertragspartner individuell vereinbaren, wie eine Sicherheit geleistet zu werden hat. Sie sind dabei nicht auf die in § 17 VOB/B bezeichneten Möglichkeiten begrenzt. Bei einer fehlenden Vereinbarung der Vertragspartner kommen gem. § 17 Abs. 2 VOB/B als Sicherheiten v. a. in Betracht:

- → Einbehalt von Geld
- → Hinterlegung von Geld
- → Bürgschaften

**Aktuelle Rechtsprechung:**
Eine Bürgschaft besteht trotz Vollbeendigung und Erlöschens der Hauptschuld ausnahmsweise als eigenständige Verbindlichkeit fort, wenn der Untergang der Hauptschuld auf der Verwirklichung eines Risikos beruht, gegen das die Bürgschaft den Gläubiger gerade absichern soll. Demnach besteht jeden-

falls eine der Absicherung von Gewährleistungsansprüchen dienende Bürgschaft auch dann fort, wenn die Vermögenslosigkeit der Hauptschuldnerin erst durch deren Liquidation herbeigeführt wird. Hierzu entschied das Landgericht Hamburg den nachfolgenden Fall: Ein Bürge übernahm im Jahr 1999 eine Gewährleistungsbürgschaft für die Hauptschuldnerin H, eine GmbH. In der Folgezeit wurde die GmbH ordnungsgemäß liquidiert. Der Auftraggeber forderte vom Bürgen Zahlung aus der Bürgschaft wegen unstrittiger Mängel. Der Bürge verteidigte sich damit, dass mit Vollbeendigung der GmbH durch Liquidation die Hauptschuld und damit die akzessorische Bürgschaft erloschen seien. Das sah das Gericht jedoch anders. Zwar ist grundsätzlich eine Bürgschaft in ihrem Bestand und Umfang von der Hauptforderung abhängig. Diese sog. Akzessorietät hat zur Folge, dass mit dem Erlöschen der Hauptschuld der Bürge frei wird, und zwar auch dann, wenn die Hauptschuld infolge des Untergangs des Hauptschuldners erlischt. Von diesem Grundsatz gibt es jedoch Ausnahmen und zwar dann, wenn er mit dem Schutzzweck des Bürgschaftsvertrags kollidiert. Die Liquidation einer GmbH etwa soll notwendigerweise die Vermögenslosigkeit der Liquidationsgesellschaft herbeiführen, sodass eine GmbH nur bei tatsächlich eingetretener Vermögenslosigkeit als Rechtsperson untergehen kann. Im Fall der Vermögenslosigkeit der Hauptschuldnerin soll hingegen ihrem Schutzzweck entsprechend gerade die Bürgschaft eingreifen. Die Gewährleistungsbürgschaft besteht in diesem Fall fort.
*LG Hamburg, Urteil vom 02.07.2008, Az.: 317 O 347/07*

**Aktuelle Rechtsprechung:**
Die regelmäßige Verjährung der Ansprüche aus einer Gewährleistungsbürgschaft beginnt erst, wenn sich der

Mängelbeseitigungsanspruch nach Fristablauf oder nach endgültiger Verweigerung der Mängelbeseitigung durch den Auftragnehmer in einen auf Geldzahlung gerichteten Anspruch auf Erstattung der Ersatzvornahmekosten gewandelt hat. Ansprüche aus einer Bürgschaft unterliegen unabhängig von der Verjährung der Hauptschuld einer selbstständigen Verjährung und verjähren in drei Jahren. Die Verjährung beginnt mit dem Schluss des Jahres, in dem der Bürgschaftsanspruch entstanden ist und der Gläubiger die entsprechende Tatsachenkenntnis hat.
*LG Konstanz, Urteil vom 30.04.2009, Az. 2 O 27/09*

**Aktuelle Rechtsprechung:**
Eine Gewährleistungsbürgschaft, mit der ein Gewährleistungseinbehalt abgelöst wird, haftet regelmäßig lediglich für Gewährleistungsansprüche, die nach der Abnahme aufgetreten sind. Mängel, die bereits vor oder bei der Abnahme gerügt wurden, werden von der Gewährleistungsbürgschaft nicht gedeckt.
*OLG München, Urteil vom 18.11.2008, 28 U 3572/08*

**Aktuelle Rechtsprechung:**
In einem Bauvertrag wurde zwischen den Bauvertragsparteien vereinbart, dass zur Absicherung aller sich aus dem Vertrag ergebenden Verpflichtungen eine Vertragserfüllungsbürgschaft in Höhe von 5 % der Auftragssumme zu stellen ist. Daraufhin hat der Auftragnehmer eine solche Bürgschaft gestellt, die zugleich auch noch Gewährleistungsansprüche abgedeckt hat. Nachdem im Bauvertrag auch geregelt wurde, dass zusätzlich zur Stellung der Vertragserfüllungsbürgschaft zur Sicherung der Gewährleistungsansprüche zudem

ein Bareinbehalt in Höhe von 5 % der Auftragssumme vorgenommen werden darf, der durch eine Gewährleistungsbürgschaft abgelöst werden kann, nimmt der Auftraggeber nach der Abnahme aufgrund von Mängelansprüchen einen entsprechenden Bareinbehalt vor und verwertet diesen letztlich, indem er gegen die Vergütungsforderung aufrechnet. Ebenso nimmt er auch die Bürgschaft in Anspruch, nachdem diese ebenfalls Mängelansprüche abgedeckt hat.

Der Bürge meint, es handle sich um eine unzulässige Doppelsicherung und fordert die Herausgabe der Bürgschaft vom Auftraggeber. Das Gericht gab ihm Recht, mit folgender Begründung: Nach der ständigen Rechtsprechung des Bundesgerichtshofs hat der Sicherungsnehmer lediglich Anspruch auf eine Sicherheit, wenn die Parteien vereinbart haben, dass der Sicherungsgeber berechtigt sein soll, den Bareinbehalt durch eine Bürgschaft abzulösen. Das Austauschrecht des Auftragnehmers schließt es nach der Rechtsprechung des BGH aus, dass der Auftraggeber eine ordentlich ersetzte Sicherheit weiterhin behalten darf. Er ist daher verpflichtet, die ersetzte Sicherheit herauszugeben. Übertragen auf diesen Fall bedeutet dies, dass die Gewährleistungsbürgschaft zusammen mit der Vertragserfüllungsbürgschaft bereits vor dem vorgenommenen Bareinbehalt gestellt und vom Auftraggeber angenommen worden ist und daher der Bareinbehalt nicht mehr vorgenommen hätte werden dürfen.
*OLG Celle, Urteil vom 24.06.2010, 13 U 186/09*

# Globalpauschalpreisvertrag

Siehe auch: → Pauschalpreis/Pauschalpreisvertrag

# H

## Haftung

Es ist strikt zwischen den Begriffen „Haftung" und „Gefahrtragung" zu unterscheiden.

Von Gefahrtragung spricht man dann, wenn weder der Auftraggeber noch der Auftragnehmer die Beschädigung oder die Zerstörung von Bauleistungen zu vertreten haben, wenn also bspw. die Bauleistungen aufgrund von unabwendbaren Witterungseinflüssen zerstört werden, die keine der Vertragsparteien vorhersehen konnte. Maßgeblich ist dabei der Zeitraum von Beginn der Ausführung bis zur Abnahme.

Von Haftung spricht man hingegen, wenn entweder der Auftraggeber, der Auftragnehmer oder ein Dritter eine Beschädigung oder Zerstörung der Bauleistungen verschuldet hat. Die Haftung der Vertragsparteien regelt § 10 VOB/B.

§ 10 Abs. 1 VOB/B regelt die Haftung von Auftraggeber und Auftragnehmer zueinander, während § 10 Abs. 2 bis 6 VOB/B die Haftung der Vertragsparteien im Innenverhältnis betrifft, wenn ein Dritter durch beide geschädigt wird.

**§ 10 Abs. 1 VOB/B: Haftung untereinander**
Auftragnehmer und Auftraggeber haften einander für eigenes Verschulden und für das Verschulden von Vertretern und Bevollmächtigten sowie Erfüllungsgehilfen bei der Beschädigung oder Zerstörung von Bauleistungen. Wenn also etwa

der bevollmächtigte Architekt aufgrund von Unachtsamkeit vom Auftragnehmer bereits erbrachte Bauleistungen beschädigt, so haftet der Auftraggeber dem Auftragnehmer auf Ersatz des hieraus entstandenen Schadens. Der Auftragnehmer hingegen ist gegenüber dem Auftraggeber verantwortlich für schuldhafte Zerstörungen oder Beschädigungen, die von einem von ihm beauftragten Subunternehmer verursacht werden, und muss ggf. die beschädigten Bauleistungen nochmals herstellen, ohne dabei eine zusätzliche Vergütung vom Auftraggeber beanspruchen zu können. Selbstverständlich kann er hinsichtlich des entstandenen Schadens beim Subunternehmer Regress nehmen.

## § 10 Abs. 2 bis 6 VOB/B: Haftung im Innenverhältnis

### Haftung des Auftraggebers

Der Auftraggeber trägt im Innenverhältnis die Verantwortung alleine, wenn er eine verbindliche Anordnung getroffen hat, ihn der Auftragnehmer auf die mit dieser Anordnung verbundenen Risiken hingewiesen hat und aufgrund der vom Auftragnehmer auf Veranlassung des Auftraggebers ausgeführten Anordnung einem Dritten ein Schaden entsteht. Dies gilt im Übrigen auch dann, wenn ein hierzu Bevollmächtigter des Auftraggebers die Anordnung getroffen hat.

### Haftung des Auftragnehmers

Der Auftragnehmer trägt den Schaden alleine, wenn er ihn durch eine Betriebshaftpflichtversicherung gedeckt hat oder durch eine solche zu tarifmäßigen Prämien bei einem im Inland zum Geschäftsbetrieb zugelassenen Versicherer hätte decken können. Wenn einem Dritten, etwa dem Nachbarn des Baugrundstücks, dadurch ein Schaden entsteht, weil der Auftragnehmer

- angrenzende Grundstücke unbefugt betritt oder beschädigt,
- Boden oder andere Gegenstände außerhalb der vom Auftraggeber angewiesenen Flächen entnimmt oder ablagert oder
- Wege oder Wasserläufe versperrt,

so trägt der Auftragnehmer im Verhältnis zum Auftraggeber die Haftung allein. Er kann also keinen Regress beim Auftraggeber nehmen, wenn er vom Nachbarn (Dritten) in Anspruch genommen wird.

Wenn der Auftragnehmer gewerbliche Schutzrechte verletzt, so haftet er im Verhältnis zum Auftraggeber alleine, wenn der Auftraggeber die Verwendung zwar vorgeschrieben, aber zugleich den Auftragnehmer darauf hingewiesen hat, dass diesbezüglich ein solches Schutzrecht besteht, oder wenn er selbst die Verwendung geschützter Gegenstände oder das geschützte Verfahren angeboten hat.

Ist eine Vertragspartei gegenüber der anderen von der Ausgleichspflicht befreit, so gilt die Befreiung auch zugunsten ihrer gesetzlichen Vertreter und Erfüllungsgehilfen, wenn sie nicht vorsätzlich oder grob fahrlässig gehandelt haben.

Schließlich regelt § 10 Abs. 6 VOB/B, dass dann, wenn ein geschädigter Dritter sowohl den Auftraggeber als auch den Auftragnehmer wegen eines Schadens in Anspruch nehmen kann und dieser etwa nur den Auftragnehmer in voller Höhe in Anspruch nimmt, obwohl im Verhältnis zwischen Auftraggeber und Auftragnehmer nur der Auftraggeber haftet, der

Auftragnehmer vom Auftraggeber verlangen kann, dass dieser ihn gegenüber dem Dritten von der geltend gemachten Forderung befreit. Zahlt der Auftragnehmer, so muss er in diesem Fall zuvor dem Auftraggeber Gelegenheit zur Äußerung gegeben haben, da mit der Zahlung regelmäßig ein Anerkenntnis der Forderung verbunden ist und dem Auftraggeber die Möglichkeit gegeben werden muss, etwaige Einwendungen gegen die Forderung geltend zu machen, da er ja letztlich vom Auftragnehmer in Regress genommen werden wird.

Siehe auch: → Gefahrtragung
→ Gesamtschuldner
→ Leistungsgefahr
→ Vergütungsgefahr

## Hauptunternehmer

Der Hauptunternehmer ist ein Auftragnehmer, der vom Auftraggeber mit der Erbringung der gesamten Bauleistungen beauftragt wird. Der Hauptunternehmer bedient sich hierzu jedoch weiterer Unternehmer, sog. Subunternehmer (Nachunternehmer).

Mit Inkrafttreten des Forderungssicherungsgesetzes zum 01.01.2009 wurde die Bestimmung in § 641 Abs. 2 BGB, die auch auf den VOB-Bauvertrag anwendbar ist, ergänzt und erweitert. Diese Änderungen sind für den Hauptunternehmer durchaus von nicht unerheblicher Bedeutung. Demnach wird die Vergütung des Auftragnehmers der als Subunternehmer bzw. Nachunternehmer für den Auftraggeber, der Hauptunternehmer bzw. Generalunternehmer ist, dann fällig, wenn der Haupt- bzw. Generalunternehmer von seinem Auftraggeber, also in aller Regel dem Bauherrn, für das versprochene Werk wegen dessen Herstellung seine Vergütung oder Teile hiervon erhalten hat oder wenn der Bauherr die Werkleistungen gegenüber dem Haupt- bzw. Generalunternehmer abgenommen hat oder wenn der Auftragnehmer dem Haupt- bzw. Generalunternehmer erfolglos eine angemessene Frist zur Auskunft darüber bestimmt hat, ob der Bauherr gezahlt oder die Werkleistungen abgenommen hat. Hat der Haupt- bzw. Generalunternehmer dem Bauherrn wegen möglicher Mängel der Werkleistungen eine Sicherheit geleistet, dann gilt dies jedoch nur, wenn der Auftragnehmer dem Haupt- bzw. Generalunternehmer entsprechende Sicherheit leistet.

Siehe auch: → Generalunternehmer

# Hinterlegung von Geld

Sofern die Vertragsparteien im Bauvertrag eine Sicherheitsleistung vereinbart haben, kann diese nach § 17 Abs. 2 VOB/B entweder durch Einbehalt, durch Hinterlegung von Geld oder durch Bürgschaft geleistet werden, es sei denn, es wurde im Vertrag etwas anderes vereinbart. Wird die Sicherheit durch Hinterlegung von Geld geleistet, so hat der Auftragnehmer den Betrag bei einem zu vereinbarenden Geldinstitut auf ein Sperrkonto einzuzahlen, über das der Auftragnehmer und der Auftraggeber nur gemeinsam verfügen können. Anfallende Zinsen stehen in diesem Fall dem Auftragnehmer zu.

Beim VOB-Vertrag ist, sofern nichts anderes im Vertrag vereinbart wurde, die Hinterlegungsordnung nicht anzuwenden. Der Geldbetrag ist lediglich auf ein gemeinsames Sperrkonto (Und-Konto) einzuzahlen.

Siehe auch: → Bürgschaft
→ Einbehalt
→ Gewährleistungssicherheit
→ Sperrkonto

# I

## Inbenutzungnahme

Beim VOB-Vertrag kommen mehrere Formen der fiktiven Abnahme in Betracht. Eine hiervon ist die fiktive Abnahme nach § 12 Abs. 5 Nr. 2 VOB/B.

Demnach wird eine Abnahme dann unterstellt (fingiert), wenn keine der Vertragsparteien eine Abnahme verlangt hat und der Auftraggeber die Leistung oder einen Teil der Leistung in Benutzung genommen hat mit Ablauf von sechs Werktagen nach Beginn der Nutzung.

Siehe auch: → Fiktive Abnahme

Keine Inbenutzungnahme liegt allerdings vor, wenn die Arbeiten des Auftragnehmers, etwa der fertiggestellte Rohbau, benutzt wird, um weitere Gewerke auszuführen. Der Rohbau muss hier zwangsläufig weiter genutzt werden, damit etwaige Vertragsfristen eingehalten werden können.

Die Arbeiten des Subunternehmers gelten dann als durch den Hauptunternehmer bzw. Generalunternehmer abgenommen, wenn der Hauptunternehmer oder Generalunternehmer dem Bauherrn die Nutzung überlässt. Im Vertragsverhältnis Subunternehmer zu Generalunternehmer oder Hauptunternehmer liegt dann nach Ablauf von sechs Werktagen ab Nutzungsüberlassung an den Bauherrn eine Abnahme vor, sofern die weiteren Abnahmevoraussetzungen der fiktiven Abnahme vorliegen.

Wenn der Auftraggeber die Leistungen des Auftragnehmers lediglich erproben will, die Benutzung also nicht darauf ausgerichtet ist, die Leistungen endgültig in Gebrauch zu nehmen, liegt keine Ingebrauchnahme vor. In diesem Fall scheidet folgerichtig auch eine fiktive Abnahme aus.

Nicht nur eine fiktive Abnahme durch Inbenutzungnahme ist möglich, sondern auch eine → stillschweigende Abnahme. Der Unterschied zwischen fiktiver Abnahme und stillschweigender Abnahme liegt darin, dass es bei der fiktiven Abnahme nicht auf den Willen des Auftraggebers ankommt, die Bauleistungen auch tatsächlich abnehmen zu wollen, und dass bei der stillschweigenden Abnahme hingegen der Wille des Auftraggebers zur Abnahme gegeben sein muss. Bei der stillschweigenden Abnahme ersetzt der Auftraggeber die ausdrückliche Abnahmeerklärung lediglich durch gewisse Handlungen, wie etwa die Inbenutzungnahme der Bauleistungen, wobei er sich bewusst ist, dass er hiermit die Bauleistungen abnimmt und den entsprechenden Willen zur Abnahme besitzt. Beide Abnahmeformen haben unterschiedliche Voraussetzungen und dürfen daher nicht, wie so oft, miteinander verwechselt werden.

**Praxistipp 1:**
Für den Auftragnehmer ist die Frage, ob der Auftraggeber die fertiggestellten Werkleistungen in Benutzung genommen hat, deshalb so bedeutsam, da in der Inbenutzungnahme und dem Ablauf einer angemessenen Prüfungsfrist der Bauleistungen durch den Auftraggeber nach Inbenutzungnahme eine stillschweigende Abnahme liegen kann bzw. sechs Werktage nach Inbenutzungnah-

me eine Abnahme fingiert wird, wenn nicht zuvor eine Abnahme ausdrücklich verlangt wurde. Die Abnahme ist u. a. Fälligkeitsvoraussetzung für seinen Vergütungsanspruch. Dabei sollte sich der Auftragnehmer vor Augen führen, dass der Auftraggeber, will er den Eintritt der Abnahmewirkungen verhindern, unmittelbar nach der Inbenutzungnahme ausdrücklich die Abnahme verweigern muss. Verweigert der Auftraggeber nicht ausdrücklich die Abnahme, sondern rügt er gegenüber dem Auftragnehmer lediglich das Vorliegen von Mängeln, so stellt dies nur dann eine Abnahmeverweigerung dar, wenn es sich um grobe Mängel handelt. Ansonsten treten die Abnahmewirkungen ein. Eine Mängelrüge ist grundsätzlich keiner Abnahmeverweigerung gleichzusetzen.

**Aktuelle Rechtsprechung**:
In den vom Auftraggeber verwendeten Vertragsbedingungen findet sich die nachfolgende Klausel:

„Ziffer 8:
(1) § 12 Nr. 5 Abs. 1 und 2 VOB/B (Anm.: VOB/B 2009 § 12 Abs. 5 Nr. 1 und 2) gelten nicht. Nur eine tatsächlich durchgeführte Abnahme hat die Wirkung einer Abnahme. Wird keine tatsächliche Abnahme im Verhältnis zwischen den Vertragsparteien durchgeführt, so tritt an ihre Stelle die Abnahme im Verhältnis zwischen den Architekten und deren Auftraggebern, und zwar in dem Umfang, wie die Abnahme in diesem Verhältnis jeweils durchgeführt wird."

In diesem Fall stritten nun die Parteien u. a. darum, ob die Klausel wirksam ist oder nicht. Das Gericht entschied, dass

die Klausel unwirksam ist. Zwar ist es durchaus zulässig, die fiktive Abnahme durch Allgemeine Geschäftsbedingungen auszuschließen. Es widerspricht aber dem gesetzlichen Leitbild, wonach die Abnahme die Hinnahme des erstellten Werks verbunden mit der Anerkennung des Werks als im Wesentlichen vertragsgerechte Leistung darstellt, wenn tatsächliche Erklärungen, die eine Abnahme i. S. v. § 12 VOB/B darstellen, ausgeschlossen werden. Die Abnahmeklausel sei so zu verstehen, dass nur eine tatsächlich vor Ort am Bauvorhaben durchgeführte Abnahme die Abnahmewirkungen auszulösen vermag. Bei Wirksamkeit der Klausel würde einer dahin gehenden Erklärung des Auftraggebers, dass er das Werk als im Wesentlichen vertragsgerecht anerkenne, die Wirksamkeit im Sinne einer Abnahme genommen werden. Da dadurch der Auftragnehmer unangemessen benachteiligt wird, ist die vorstehende Klausel unwirksam.
*LG Itzehoe, Urteil vom 30.11.2005, 2 O 278/05*

**Praxistipp 2:**
Wird in einem VOB-Bauvertrag abweichend von § 12 Nr. 4 Abs. 1 Satz 1 VOB/B (Anm.: VOB/B 2012 § 12 Abs. 4 Nr. 1 Satz 1) die förmliche Abnahme für alle Fälle vertraglich vereinbart, so muss keine Vertragspartei sie mehr eigens gem. § 12 Nr. 4 Abs. 1 VOB/B (Anm.: VOB/B 2012 § 12 Abs. 4 Nr. 1) verlangen. Wird innerhalb der Frist des § 12 Nr. 5 Abs. 1 VOB/B (Anm.: VOB/B 2012 § 12 Abs. 5 Nr. 1) kein Abnahmetermin anberaumt und die Abnahme auch nicht ausdrücklich verweigert, so ist davon auszugehen, dass auf die förmliche Abnahme verzichtet wird, sodass nach Ablauf von sechs Werktagen nach Inbenutzungnahme gem. § 12 Nr. 5 Abs. 2 VOB/B (Anm.: VOB/B 2012 § 12

Abs. 5 Nr. 2) die Abnahme als erfolgt gilt.
*KG Berlin, Urteil vom 04.04.2006, 7U 247/05*

**Aktuelle Rechtsprechung:**
Nach einheitlicher obergerichtlicher Rechtsprechung ist grundsätzlich in der Nutzung eines Bauvorhabens ein Verzicht auf eine förmliche Abnahme durch konkludentes Verhalten zu sehen. Dass dem jedoch nicht so sein muss, wenn das Werk des Auftragnehmers nicht frei von Mängeln ist, verdeutlicht der folgende Fall.

Ein Auftragnehmer fordert vom Auftraggeber Werklohn. Im Bauvertrag hatten die Parteien eine förmliche Abnahme vereinbart. Noch vor Übersendung der Schlussrechnung war der Auftraggeber in das vom Auftragnehmer errichtete Haus eingezogen, da der Mietvertrag für die zuvor vom Auftraggeber bewohnte Wohnung gekündigt war und weil zudem die Wohnungsbauförderung nicht verloren gehen sollte. Im Haus fehlten zum Zeitpunkt des Einzugs z. T. noch die Innentüren sowie die Badinstallation im Erdgeschoss. Nach Erhalt der Schlussrechnung zeigte der Auftragnehmer gegenüber dem Auftraggeber die bestehenden Mängel an und forderte deren Beseitigung. Zudem leistete er keine Zahlungen mit dem Argument, die Forderung sei noch gar nicht fällig, da die Leistungen mangelhaft sind und es an der vereinbarten förmlichen Abnahme fehle, die der Auftraggeber aufgrund der erheblichen Mängel verweigerte. Der Auftragnehmer klagte daraufhin seinen Werklohn ein. Das Gericht wies die Klage ab, mit der Begründung, dass die Werklohnforderung nicht fällig ist.

Die Parteien hatten im Bauvertrag ausdrücklich eine förmliche Abnahme vereinbart. Diese förmliche Abnahme ist nicht deshalb entbehrlich geworden, da der Auftraggeber vor der Fertigstellung in das Haus eingezogen ist. Der Einzug in das nicht fertiggestellte Haus erfolgte lediglich aus den vorgenannten Gründen. Zudem wurde die Abnahme bislang zu Recht aufgrund des Vorliegens wesentlicher Mängel vom Auftraggeber verweigert.
*OLG Brandenburg, Urteil vom 04.04.2007, 13 U 105/06*

# Individualvereinbarung

In einem Bauvertrag ist zwischen Vertragsklauseln und Individualvereinbarungen zu unterscheiden.

Sofern der Bauvertrag eine für eine Vielzahl von Verträgen vorformulierte Klausel enthält, unterliegt sie regelmäßig der Überprüfung nach den Bestimmungen über Geschäftbedingungen. Klauseln eines Verwenders, die den Vertragspartner unangemessen benachteiligen, sind unwirksam. Unwirksame Klauseln haben grundsätzlich keine Geltung und werden durch die gesetzlichen Regelungen ersetzt, was im Einzelfall erhebliche Auswirkungen für den Auftragnehmer wie den Auftraggeber haben kann.

Siehe auch: → Allgemeine Geschäftsbedingungen

Die Vertragsparteien können jedoch in einem Bauvertrag individuelle Vereinbarungen treffen, die nicht einer Inhaltskontrolle anhand der Bestimmungen über Allgemeine Geschäftsbedingungen unterliegen.

Eine Individualvereinbarung liegt vor, wenn der Verwender zu Verhandlungen über den Vertragsinhalt bereit ist und seine Verhandlungsbereitschaft unzweifelhaft gegenüber dem anderen Vertragspartner zum Ausdruck bringt. Derjenige, der sich zwar grundsätzlich immer verhandlungsbereit erklärt, aber jedes Mal den Vertragsinhalt nicht abändert, kann sich grundsätzlich nicht darauf berufen, dass eine Vertragsbestimmung individuell vereinbart wurde. Es liegt dann eine Klausel vor, die einer Inhaltskontrolle nach den Bestimmungen über → Allgemeine Geschäftsbedingungen zu unterziehen ist.

Ferner müssen die Vertragsbedingungen tatsächlich auch ausgehandelt worden sein. Reines Verhandeln genügt dabei nicht. Sofern Allgemeine Geschäftsbedingungen verwendet werden, muss der Kernbereich der betreffenden Klausel ernsthaft zur Disposition gestellt und dem Vertragspartner die ernsthafte Möglichkeit eingeräumt werden, die Klausel auch abzuändern. Eine so veränderte Klausel unterliegt dann als Individualvereinbarung keiner Inhaltskontrolle nach den Bestimmungen über Allgemeine Geschäftsbedingungen mehr.

Individualvereinbarungen dürfen jedoch nicht gegen ein gesetzliches Verbot verstoßen oder sittenwidrig sein, ansonsten sind auch sie unwirksam.

**Praxistipp:**
Enthält der Bauvertrag eine Klausel, wonach der Auftragnehmer einen Sicherheitseinbehalt nur durch Aushändigung einer → Bürgschaft auf erstes Anfordern ablösen

kann, so ist diese Klausel unwirksam und der Auftraggeber hat die Bürgschaft an den Auftragnehmer herauszugeben.

Hiervon ist jedoch die folgende Fallkonstellation zu unterscheiden: Enthält der Bauvertrag eine Klausel, welche die Ablösung eines Sicherheitseinbehalts durch Aushändigung einer einfachen Bürgschaft zulässt, so ist diese Klausel wirksam. Treffen die Bauvertragsparteien jedoch eine zusätzliche individuell ausgehandelte Vereinbarung, wonach der Auftragnehmer sich verpflichtet, anstatt der einfachen Bürgschaft eine Bürgschaft auf erstes Anfordern zu stellen, so hat der Auftraggeber Anspruch auf Aushändigung einer Bürgschaft auf erstes Anfordern. Es steht den Parteien frei, eine derartige Vereinbarung individuell zu treffen. Nur Klauseln, die den Auftragnehmer verpflichten, eine Ablösung nur durch eine Bürgschaft auf erstes Anfordern vornehmen zu dürfen, sind unwirksam. Dem Auftragnehmer ist also dringend anzuraten, keine individuelle Vereinbarung über die Ablösung eines Sicherheitseinbehalts nur durch die Bürgschaft auf erstes Anfordern zu treffen.
*LG Rostock, Urteil vom 25.06.2003, Az. 6 O 8/03*

**Exkurs: Die Privilegierung der VOB/B**
Seit Inkrafttreten des Forderungssicherungsgesetzes zum 01.01.2009 ist die VOB/B bei Verwendung gegenüber einem Verbraucher nicht mehr privilegiert. Verwendet also ein Unternehmer gegenüber einem Auftraggeber, der Verbraucher ist, die VOB/B, dann findet stets zulasten des Unternehmers eine Inhaltskontrolle jeder Klausel der VOB/B statt. Auf

die Frage, ob der Unternehmer die VOB/B als Ganzes ohne Änderungen einbezogen hat, kommt es dann nicht an. Die Klauselkontrolle erfolgt dabei nur zulasten des Unternehmers, nicht zu seinen Gunsten, wenn er der Verwender ist. Wird die VOB/B hingegen gegenüber einem Unternehmer verwendet, oder gegenüber einer juristischen Person des öffentlichen Rechts oder eines sog. öffentlich-rechtlichen Sondervermögens, dann ist wie folgt zu unterscheiden:

a) Falls die VOB/B ohne inhaltliche Änderungen insgesamt in den Vertrag einbezogen ist, dann scheidet eine Inhaltskontrolle einzelner Bestimmungen anhand der §§ 307 ff. BGB aus.
b) Hingegen führen inhaltliche Abweichungen von der VOB/B dazu, dass eine Inhaltskontrolle zulasten des Verwenders stattfindet.

Haben die Vertragspartner keine Vertragsklauseln vereinbart, sondern liegen Individualvereinbarungen vor, so unterliegen die individuell ausgehandelten Vertragsteile nicht der Inhaltskontrolle anhand der §§ 305 ff BGB. Daher ist anzuraten, im Wege der Individualvereinbarung in Schlüsselbereichen Regelungen zu treffen, die dann der Inhaltskontrolle entgehen und Bestand haben, sofern sie nicht gegen die guten Sitten verstoßen oder gegen ein Gesetz verstoßen. Sie sind aber nicht schon dann unwirksam, wenn sie den Verwendungsgegner benachteiligen.

# Inhaltskontrolle

Siehe auch: → Allgemeine Geschäftsbedingungen

# K

## Kooperationspflicht

Nach der Rechtsprechung des Bundesgerichtshofs sind die Vertragsparteien eines VOB-Bauvertrags während der Vertragsdurchführung zur gegenseitigen Kooperation verpflichtet. Aus dem Kooperationsverhältnis ergeben sich Obliegenheiten und Pflichten zur Mitwirkung und gegenseitigen Information. Die Kooperationspflichten sollen u. a. gewährleisten, dass in Fällen, in denen nach der Vorstellung einer oder beider Parteien die vertraglich vorgesehene Vertragsdurchführung oder der Inhalt des Vertrags an die geänderten tatsächlichen Umstände angepasst werden muss, entstandene Meinungsverschiedenheiten oder Konflikte nach Möglichkeit einvernehmlich beigelegt werden.

Die Verpflichtung zur Kooperation beider Vertragspartner hat in der VOB/B v. a. seinen Ausdruck in den Vorschriften des § 2 Abs. 5 VOB/B und des § 2 Abs. 6 VOB/B gefunden. Demnach soll über eine Vergütung für geänderte oder zusätzliche Leistungen eine Einigung vor der Ausführung der Arbeiten getroffen werden. Diese Regelungen sollen die Parteien dazu anhalten, die kritischen Vergütungsfragen frühzeitig und einvernehmlich zu lösen und dadurch spätere Konflikte zu vermeiden.

Entstehen während der Vertragsdurchführung Meinungsverschiedenheiten über die Notwendigkeit oder die Art und Weise einer Anpassung, so sind Auftragnehmer und Auftraggeber grundsätzlich gehalten, durch entsprechende Verhandlung eine Klärung und eine einvernehmliche Lösung zu versuchen. Diese Verpflichtung obliegt einer Partei ausnahmsweise dann nicht, wenn die jeweils andere Vertragspartei in der konkreten Konfliktlage ihre Bereitschaft, eine einvernehmliche Lösung herbeizuführen, nachhaltig und endgültig verweigert.

Siehe auch: → Anordnungen des Auftraggebers
→ Änderung des Bauentwurfs
→ Zusätzliche Leistungen

**Praxistipp:**
Ist der Auftraggeber gezwungen, den für die Arbeitsaufnahme vereinbarten Termin zu verschieben, weil etwa vorgelagerte Arbeiten anderer Unternehmer nicht termingerecht fertiggestellt worden sind, so stellt die Änderung des Arbeitsbeginns eine Anordnung des Auftraggebers dar, § 2 Abs. 5 VOB/B. Der Auftragnehmer hat die Anordnungen grundsätzlich zu akzeptieren, kann jedoch die ihm entstehenden Mehrkosten ersetzt verlangen. Die Vertragsparteien sind dann verpflichtet, entsprechend ihrer Kooperationspflicht einen neuen Preis zu vereinbaren. Wenn sich der Auftraggeber endgültig und ernsthaft weigert, etwaige Nachtragsforderungen des Auftragnehmers zu übernehmen, so kann der Auftragnehmer die Arbeiten einstellen oder den Bauvertrag aus wichtigem Grund kündigen. Dies gilt allerdings dann nicht, wenn der Auftraggeber lediglich in einem ersten Schreiben auf die Nachtragsforderung des Auftragnehmers äußert, er lehne die Forderung der Höhe nach ab. Der Auftragnehmer

muss sich aufgrund seiner Kooperationsverpflichtung in diesem Fall nochmals um eine einvernehmliche Lösung bemühen und ggf. die Forderung näher erläutern.

Der Auftragnehmer sollte also generell auch dann, wenn der Auftraggeber eine Nachtragsforderung aufgrund vom Auftraggeber angeordneter Änderungen erst einmal ablehnt, nachhaken und seine Forderung nochmals detailliert erläutern. Erst dann, wenn der Auftraggeber schriftlich zu erkennen gibt, dass er definitiv jedes weitere Gespräch über die Vereinbarung eines neuen Preises kategorisch ablehnt, sollte der Auftragnehmer über Konsequenzen nachdenken.

In diesem Zusammenhang ist auch die Bestimmung in § 18 Abs. 4 VOB/B zu erwähnen, wonach Streitfälle alleine den Auftragnehmer nicht berechtigen, die Arbeiten einzustellen.

**Aktuelle Rechtsprechung:**
Ein Paradebeispiel für unterlassene Kooperationspflichten des Auftragnehmers und die hieraus resultierenden nachteiligen Folgen ist der folgende Fall:

Der Auftragnehmer erhält vom Auftraggeber den Auftrag, ein Einfamilienhaus auf der Grundlage bauseitiger Planung zu erstellen. Während des Bauverlaufs kommt es zu massiven Meinungsverschiedenheiten und streitigen Auseinandersetzungen zwischen dem Auftraggeber und dem Auftragnehmer, da die Pläne fehlen. Der Auftragnehmer, der sich aufgrund der fehlenden Pläne in der Bauausführung behindert sieht, fordert daraufhin vom Auftraggeber zunächst die

Freistellung von Schadensersatzansprüchen, die auf der fehlenden Planung beruhen und sodann den Verzicht auf alle etwaigen Schadensersatzansprüche. Ein Nachtragsangebot des Auftraggebers wird vom Auftragnehmer zwar unterzeichnet, nicht jedoch an den Auftraggeber zurückgesandt.

Ein Einschreiben des Auftraggebers holt der Auftragnehmer trotz entsprechender Benachrichtigung nicht ab, was schließlich dazu führt, dass der Auftraggeber schließlich den Rücktritt vom Bauvertrag erklärt und dem Auftragnehmer zudem ein Baustellenverbot erteilt. Die noch offenen Restarbeiten lässt der Auftraggeber von einem anderen Unternehmer ausführen. Der Auftragnehmer meint, dass der Auftraggeber ohne hinreichenden Grund gekündigt hat und dass daher eine freie Kündigung des Bauvertrags vorliegt. Er klagt daher einen Restwerklohnanspruch in Höhe von knapp 17.000 Euro ein.

Das Gericht weist die Klage ab. Zur Begründung führt das Gericht aus, dass der Auftragnehmer durch sein Verhalten gegen seine bauvertraglichen Kooperationspflichten verstoßen hat. Die Kooperationspflicht der Bauvertragsparteien gebietet es, bei Meinungsverschiedenheiten auch die Argumente und Alternativen sowie Gegenvorschläge der anderen Vertragsseite zur Kenntnis zu nehmen und zum Gegenstand des Meinungsaustausches zu machen. Durch seine Kommunikationsverweigerung hat der Auftragnehmer gegen diese Pflicht verstoßen. Dem Auftraggeber kam es vor dem Hintergrund der Geschehnisse darauf an, das Vertragsverhältnis umgehend zu beenden, weshalb die Rücktrittserklärung in eine fristlose Kündigung aus wichtigem Grund umzudeuten ist. Einer Kündigungsandrohung bedurfte es dabei nicht, da

das Vertragsverhältnis tiefgreifend gestört war und dem Auftraggeber die Fortführung des Vertrags nicht mehr zugemutet werden konnte.
*OLG Brandenburg, Urteil vom 16.03.2011, 13 U 5/10*

**Aktuelle Rechtsprechung:**
Die unberechtigte Einstellung der Arbeiten zur Durchsetzung eines Nachtrags und das Unterbleiben einer Fortsetzung binnen einer angemessenen Frist können als schwerwiegende Verletzung der bauvertraglichen Kooperationspflicht einen wichtigen Grund zur Kündigung des Bauvertrags darstellen.

Die Einstellung der Arbeiten ist jedenfalls dann unberechtigt, wenn die Nachtragsforderung dem Grunde nach unberechtigt ist, wenn der Auftragnehmer die Nachtragsforderung dem Auftraggeber nicht prüfbar dargelegt hat, wenn die dem Auftraggeber zuzugestehende Prüfungsfrist noch nicht verstrichen ist und soweit sich die Einstellung der Arbeiten auf die nach dem ursprünglichen Vertrag geschuldete Bauleistung bezieht, wenn diese von der Äußerung nicht betroffen und unabhängig von dieser Ausführung ist.
*OLG Frankfurt, Urteil vom 21.09.2011, 1 U 154/10*

# Koordinierungspflicht

Der Auftraggeber hat dafür zu sorgen, dass ein reibungsloses Zusammenwirken aller an der Bauausführung beteiligten Unternehmen gewährleistet wird. Welche Maßnahmen der Auftraggeber im Rahmen seiner Koordinierungspflicht im Einzelnen vornimmt, steht dabei in seinem eigenen

Ermessen. Insbesondere bei größeren Bauvorhaben ist es für ihn jedoch ratsam, hierfür einen Bauzeitenplan aufzustellen. Dieser enthält dann den Beginn, den Fortschritt sowie die Fertigstellung eines jeden Gewerks. Zusätzlich kann der Auftraggeber für die Koordinierung der einzelnen Unternehmen auch Baustellenordnungspläne erstellen, die etwa Festlegungen von Lagerplätzen, Zufahrtswegen usw. enthalten.

Sofern der Auftraggeber seiner Verpflichtung zur Koordinierung der einzelnen am Bau beteiligten Unternehmen nicht nachkommt und ein Auftragnehmer dadurch vorübergehend seine Arbeiten nicht oder nicht mehr weiter ausführen kann, liegt eine Behinderung vor.

Siehe auch: → Ausführung
→ Behinderung der Ausführung
→ Behinderungsschaden

**Praxistipp:**
Nach § 4 Abs. 1 Nr. 1 VOB/B hat der Auftraggeber für die Aufrechterhaltung der allgemeinen Ordnung auf der Baustelle zu sorgen und im Rahmen seiner Koordinationspflicht das Zusammenwirken der verschiedenen Unternehmer zu regeln. Darüber hinaus braucht er den Erfolg dieser Koordinierungsmaßnahmen jedoch nicht zu garantieren. Er schuldet vielmehr nur die sinnvolle Regelung des Zusammenwirkens, nicht dagegen auch deren Befolgung durch die Adressaten seiner regelnden und koordinierenden Anordnungen. Diese sind deshalb auch nicht seine Erfüllungsgehilfen.

Sofern der Auftragnehmer Schadensersatzansprüche gegen den Auftraggeber geltend machen will, weil dieser seine Koordinationspflicht verletzt hat und es deshalb zu Bauverzögerungen gekommen ist, muss er hinreichend genau danach differenzieren, ob der Auftraggeber das Zusammenwirken tatsächlich mangelhaft geregelt hat (Anspruch ja) oder ob er seiner Koordinationspflicht ausreichend nachgekommen ist und lediglich seine Anweisungen im Rahmen der Koordinierung der Abläufe auf der Baustelle nicht befolgt wurden (Anspruch nein).

# Kostenvorschuss

Der Auftraggeber kann, wenn der Auftragnehmer seiner Verpflichtung zur Beseitigung von Mängeln innerhalb einer vom Auftraggeber gesetzten angemessenen Frist nicht nachkommt, diese auf Kosten des Auftragnehmers beseitigen lassen, § 13 Abs. 5 Nr. 2 VOB/B.

Siehe auch: → Ersatzvornahme

Dabei muss der Auftraggeber hinsichtlich der Mangelbeseitigungskosten nicht unbedingt in Vorlage treten und sich auf Erstattungsansprüche gegen den Auftragnehmer verweisen lassen. Ihm steht vielmehr schon vor Durchführung der Ersatzvornahme gegen den Auftragnehmer ein Anspruch auf Zahlung eines Kostenvorschusses in Höhe der zu erwartenden Mangelbeseitigungskosten zu.

Voraussetzungen für die Geltendmachung des Kostenvorschussanspruchs durch den Auftraggeber sind dabei im Einzelnen:

- Der Auftraggeber muss eine angemessene Frist zur Durchführung der Mängelbeseitigung durch den Auftragnehmer gesetzt haben.
- Die Frist muss fruchtlos verstrichen sein.
- Der Auftraggeber muss die Mängel auch tatsächlich beseitigen, da nach Durchführung der Ersatzvornahme über den Vorschuss abzurechnen ist.

Der Auftraggeber kann vom Auftragnehmer dann keinen Kostenvorschuss verlangen, wenn die Vertragsparteien im Bauvertrag eine Sicherheit vereinbart haben, die Sicherheit geleistet wurde und sie zur Deckung der zu erwartenden Ersatzvornahmekosten ausreicht.

Hinsichtlich der Bezifferung der zu erwartenden Ersatzvornahmekosten kann sich der Auftraggeber auf von ihm eingeholte Kostenvoranschläge berufen. Er ist nicht verpflichtet, hierzu ein Sachverständigengutachten einzuholen. Anzuraten ist jedoch, wenn zu erwarten ist, dass der Auftragnehmer die Höhe der Kosten bestreitet, zunächst ein selbstständiges Beweisverfahren durchzuführen und damit die Ursachen der Mängel, die Verantwortlichkeit und die Höhe der zu erwartenden Kosten verbindlich feststellen zu lassen. Dadurch kann unter Umständen ein langwieriges Klageverfahren vermieden werden.

Reicht der ursprünglich geltend gemachte Vorschuss nicht aus, um die Kosten der Ersatzvornahme zu decken, so steht dem Auftraggeber ein weiterer Kostenvorschussanspruch gegen den Auftragnehmer zu.

Geltend zu machen ist der Kostenvorschussanspruch im Streitfall durch Klage, in welcher der Geldbetrag für die zu erwartenden Mangelbeseitigungskosten zu beziffern und zu fordern ist. Sofern sich nach einem Urteil über Zahlung des Vorschusses durch den Auftragnehmer und Durchführung der Mangelbeseitigung herausstellen sollte, dass der Auftraggeber zu viel verlangt hat, hat er dem Auftragnehmer den zu viel eingeforderten Betrag unverzüglich wieder zurückzuzahlen.

Siehe auch: → Gewährleistung

**Aktuelle Rechtsprechung:**
Die Kläger nahmen als Auftraggeber einer bereits im Jahre 1997 abgenommenen Bauleistung den Auftragnehmer mit einer im Jahre 2001 erhobenen Klage auf Kostenvorschuss in Höhe von 10.760 Euro in Anspruch. Einen Feststellungsantrag hinsichtlich etwaiger darüber hinausgehender Mangelbeseitigungskosten stellten sie nicht. Der Auftragnehmer wurde rechtskräftig verurteilt. Bei der Sanierung fielen erheblich höhere Kosten an; die Auftraggeber nahmen daher den Auftragnehmer auf Zahlung weiterer 7.049 Euro Ersatzvornahmekosten in Anspruch. Dieser wendete ein, dass der Anspruch verjährt sei, weil er damals nicht Gegenstand der Kostenvorschussklage war.

Der BGH sah dies anders und nahm keine Verjährung an. Das rechtskräftige Urteil hinsichtlich des Kostenvorschussanspruchs steht der Verjährung entgegen. Mit der Vorschussklage wird nämlich ein einheitlicher Anspruch auf Ersatz der voraussichtlichen Mangelbeseitigungskosten geltend gemacht. Die Klage umfasst den Kostenvorschussanspruch

in der Höhe, in der er zur Beseitigung des Mangels sachlich erforderlich ist. Der Vorschuss stellt aber nichts Endgültiges dar, sondern muss abgerechnet werden. Gegebenenfalls kann eine Nachzahlung gefordert werden. Die Wirkung der Kostenvorschussklage ist nicht auf den eingeklagten Betrag beschränkt. Sie deckt vielmehr hinsichtlich der Unterbrechung der Verjährung auch spätere Erhöhungen ab, sofern sie denselben Mangel betreffen. Dem Grunde nach wird die Verpflichtung des Auftragnehmers festgestellt, die voraussichtlichen Mangelbeseitigungskosten zu tragen, auch wenn das im Tenor des Urteils keinen Ausdruck findet. Diese Feststellung bezieht sich grundsätzlich nicht nur auf Nachforderungen in Form eines weiteren Vorschusses, sondern auch auf bei der Sanierung angefallene, den gezahlten Vorschuss übersteigende Ersatzvornahmekosten. Die Kostenvorschussklage ist daher regelmäßig so zu verstehen, dass gleichzeitig die Nachschusspflicht des Auftragnehmers für den Fall festgestellt werden soll, dass der ausgeurteilte Vorschuss nicht ausreicht.
*BGH, Urteil vom 25.09.2008, Az.: VII ZR 204/07*

# Kündigung durch den Auftraggeber

Im Gegensatz zum Auftragnehmer kann der Auftraggeber den Bauvertrag jederzeit ohne Vorliegen eines wichtigen Grunds kündigen, § 8 Abs. 1 VOB/B. In diesem Fall steht dem Auftragnehmer die vereinbarte Vergütung zu, wobei er sich jedoch das anrechnen lassen muss, was er infolge der Aufhebung des Vertrags an Kosten einspart oder durch anderweitige Verwendung seiner Arbeitskraft und seines Betriebs erwirbt oder zu erwerben böswillig unterlässt. Die VOB/B nimmt diesbezüglich ausdrücklich Bezug auf § 649 BGB.

Mit Inkrafttreten des Forderungssicherungsgesetzes zum 01.01.2009 hat die Bestimmung des § 649 BGB eine für den Auftragnehmer durchaus bedeutsame Ergänzung erfahren. Vor der Gesetzesänderung hatte der Auftragnehmer ganz erhebliche Probleme, vor Gericht nachzuweisen, wie hoch seine ersparten Aufwendungen tatsächlich waren. Es war ihm daher oftmals nicht möglich, darzulegen, was von der ihm zustehenden Vergütung abzusetzen war. Dies hatte dann zur Folge, dass der Anspruch auf die ihm noch zustehende Vergütung nicht schlüssig dargelegt wurde, weshalb ihm der Anspruch oftmals nicht zugesprochen wurde. Nach § 649 Satz 3 BGB besteht seither die Vermutung, dass dem Auftragnehmer 5 % der auf den noch nicht erbrachten Teil der Werkleistung entfallenden vereinbarten Vergütung zustehen, ohne dass es weiterer Nachweise bedürfte. Will sich der Auftragnehmer mit diesen 5 % nicht zufriedengeben, so kann er selbstverständlich nach wie vor den Nachweis dafür erbringen, dass ihm eine höhere Vergütung zusteht. Genauso kann der Auftraggeber den Nachweis erbringen, dass dem Auftragnehmer weniger als die vermuteten 5 % zustehen. Die Vermutung ist also widerlegbar.

Siehe auch: → Freie Kündigung

Der Auftraggeber hat auch das Recht, den Bauvertrag nicht nur frei, sondern auch aus wichtigem Grund zu kündigen. Ein wichtiger Grund zur Kündigung liegt insbesondere in den folgenden Fällen vor:

1. Der Auftragnehmer stellt seine Zahlungen ein oder es wird ein Insolvenzverfahren bzw. ein vergleichbares gesetzliches Verfahren beantragt oder es wird ein solches Verfahren eröffnet oder es wird mangels Masse abgelehnt (§ 8 Abs. 2 VOB/B).

   **Hinweis:**
   Nach § 8 Abs. 2 Nr. 1 VOB/B ist eine Kündigung des Auftraggebers auch dann möglich, wenn der Auftraggeber selbst oder ein anderer Gläubiger des Auftragnehmers einen Insolvenzantrag stellt.

2. Der Auftragnehmer kommt seiner Verpflichtung zur Beseitigung eines Mangels nicht nach, der schon während der Bauausführung aufgetreten ist, und der Auftraggeber hat ihm hierzu eine angemessene Nachfrist gesetzt, verbunden mit der Ankündigung, ihm den Auftrag zu entziehen, wenn diese Nachfrist fruchtlos verstrichen ist (§§ 4 Abs. 7, 8 Abs. 3, 1. Alternative VOB/B).

   **Hinweis:**
   Wenn von vornherein feststeht, dass ein Auftragnehmer eine Vertragsfrist aus von ihm zu vertretenden Gründen nicht einhalten wird, und die Vertragsverletzung von erheblichem Gewicht ist, dann kann der Auftraggeber ausnahmsweise auch ohne Nachfristsetzung und ohne Kündigungsandrohung den Vertrag fristlos kündigen.
   *OLG Düsseldorf, Urteil vom 09.05.2008, Az. 22 U 191/07; BGH, Beschluss vom 26.02.2009, AZ. VII ZR 121/08 (Nichtzulassungsbeschwerde zurückgewiesen)*

3. Der Auftragnehmer verzögert den Beginn der Ausführung der Arbeiten, er gerät mit der Fertigstellung der Arbeiten in Verzug oder er schafft keine entsprechende Abhil-

fe, wenn Arbeitskräfte, Geräte, Gerüste oder Bauteile so unzureichend sind, dass Ausführungsfristen offenbar nicht eingehalten werden können, und der Auftraggeber hat ihm eine angemessene Nachfrist zur Erfüllung dieser Verpflichtungen gesetzt, verbunden mit der Ankündigung, ihm den Auftrag zu entziehen, sofern die Nachfrist fruchtlos verstreicht (§§ 5 Abs. 4, 8 Abs. 3, 2. Alternative VOB/B).

4. Der Auftragnehmer hat aus Anlass der Vergabe eine Abrede getroffen, die eine unzulässige Wettbewerbsbeschränkung darstellt (§ 8 Abs. 4 VOB/B).

**Kündigungsfolgen**

**1. Kündigung wegen Insolvenz des Auftragnehmers**
Dem Auftragnehmer (Insolvenzverwalter) steht nach erfolgter Kündigung gegenüber dem Auftraggeber die Vergütung für die bis zur Kündigung erbrachten Leistungen zu. Der Auftraggeber kann seinerseits jedoch Schadensersatz wegen Nichterfüllung im Hinblick auf die nicht mehr ausgeführten Leistungen vom Auftragnehmer verlangen. Er kann mit seinem Schadensersatzanspruch gegen den Vergütungsanspruch des Auftragnehmers aufrechnen.

**2. Kündigung wegen nicht eingehaltener Fristen**
Nach der Kündigung (Entziehung des Auftrags) kann der Auftraggeber den noch nicht vollendeten Teil der Leistungen zulasten des Auftragnehmers durch einen anderen Unternehmer ausführen lassen. Dabei bleiben dem Auftraggeber seine Ansprüche auf Schadensersatz gegen den säumigen Auftragnehmer aufgrund weiteren Schadens erhalten. Der

Auftragnehmer hat dem Auftraggeber insoweit v. a. diejenigen Mehrkosten zu erstatten, die ihm aufgrund der Ersatzvornahme entstehen. Der Auftraggeber hat jedoch seine Schadensminderungspflicht bei der Beauftragung eines anderen Unternehmens mit der Fertigstellung der Leistungen zu beachten. Er muss den Schaden so gering wie möglich halten. Hinsichtlich der zu erwartenden Mehrkosten kann der Auftraggeber vom Auftragnehmer einen Kostenvorschuss auf Basis eines Kostenvoranschlags des Unternehmens, das mit der Fertigstellung der Leistungen beauftragt werden soll, fordern.

Es ist dem Auftraggeber alternativ möglich, auf die weitere Ausführung der Bauleistungen ganz zu verzichten und stattdessen umfassenden Schadensersatz wegen Nichterfüllung zu verlangen, wenn die Ausführung der weiteren Leistungen aufgrund der Fristversäumnis des Auftragnehmers für den Auftraggeber nicht mehr von Interesse ist.

Schließlich kann der Auftraggeber vom Auftragnehmer verlangen, dass er ihm die auf der Baustelle bereits oder noch vorhandenen Geräte, Gerüste, Einrichtungen und angelieferten Baustoffe und Bauteile gegen eine angemessene Vergütung für die Weiterführung der Arbeiten zur Verfügung stellt. Entscheidet sich der Auftraggeber dafür, die Restarbeiten durch einen dritten Unternehmer zu Ende führen zu lassen, und sind die Arbeiten beendet, so hat er, sobald der Unternehmer schlussgerechnet hat, die möglicherweise entstandenen Mehrkosten und etwaige sonstige Schadenspositionen dem Auftragnehmer innerhalb von zwölf Werktagen nach der Abrechnung bekannt zu geben und ihm eine entsprechende Aufstellung zu übersenden. Unterlässt der

Auftraggeber dies, so hat dies jedoch nicht zur Folge, dass der Auftraggeber seinen Anspruch auf Erstattung der Mehrkosten und des darüber hinausgehenden Schadens verliert.

**3. Kündigung wegen wettbewerbswidriger Absprachen**
Die Kündigungsfolgen sind mit denen der Kündigung wegen nicht eingehaltener Fristen grundsätzlich identisch. Insoweit wird auf die obigen Ausführungen verwiesen.

Nach Ausspruch der Kündigung kann im Übrigen der Auftragnehmer Aufmaß und Abnahme der von ihm ausgeführten Arbeiten verlangen. Er hat dem Auftraggeber unverzüglich eine prüfbare Rechnung über die ausgeführten Leistungen vorzulegen.

# Kündigung durch den Auftragnehmer

Nach § 9 VOB/B kann der Auftragnehmer den Bauvertrag in folgenden Fällen kündigen:

1. Wenn der Auftraggeber eine ihm obliegende Handlung unterlässt und dadurch den Auftragnehmer außerstande setzt, seine Leistungen auszuführen (§ 9 Abs. 1 Nr. 1 VOB/B)
2. Wenn der Auftraggeber eine fällige Zahlung nicht leistet oder sonst in Schuldnerverzug gerät (§ 9 Abs. 1 Nr. 2 VOB/B)
3. Wenn ein sonstiger wichtiger Grund vorliegt, der eine vollständige Vertragsdurchführung für den Auftragnehmer unzumutbar macht

Der **Auftraggeber** kann den Bauvertrag jederzeit kündigen, dem Auftragnehmer steht dieses freie Kündigungsrecht hingegen nicht zu.

Siehe auch: → Freie Kündigung

**Kündigung nach § 9 Abs. 1 Nr. 1 VOB/B**

Der Auftraggeber muss eine ihm obliegende Mitwirkungshandlung nicht vornehmen, die den Auftragnehmer wiederum in die Lage versetzen muss, dass er seine vertraglich geschuldeten Arbeiten nicht oder nicht weiter ausführen kann. Die VOB/B enthält eine Reihe von Mitwirkungshandlungen des Auftraggebers. Die wichtigsten seien nachfolgend aufgeführt:

- Er muss dem Auftragnehmer die nötigen Ausführungsunterlagen rechtzeitig, vollständig und unentgeltlich aushändigen (§ 3 Abs. 1 VOB/B).
- Er muss die Hauptachsen der baulichen Anlagen sowie die Grenzen des Geländes abstecken sowie die notwendigen Hilfspunkte in unmittelbarer Nähe des Bauvorhabens schaffen (§ 3 Abs. 2 VOB/B).
- Er muss mit dem Auftragnehmer vor Beginn der Arbeiten, soweit erforderlich, eine Zustandsfeststellung durchführen (§ 3 Abs. 4 VOB/B).
- Er hat während der Bauausführung dafür zu sorgen, dass die allgemeine Ordnung auf der Baustelle eingehalten wird, und hat das Zusammenwirken der verschiedenen Unternehmer zu regeln, ferner hat er die erforderlichen öffentlich-rechtlichen Genehmigungen und Erlaubnisse herbeizuführen (§ 4 Abs. 1 Nr. 1 VOB/B).

- Er hat die erforderlichen Anordnungen zu treffen, die zur vertragsgemäßen Ausführung der Arbeiten notwendig sind (§ 4 Abs. 1 Nr. 3 VOB/B).
- Er hat, wenn nichts anderes vereinbart ist, dem Auftragnehmer unentgeltlich die notwendigen Lager- und Arbeitsplätze auf der Baustelle, vorhandene Zufahrtswege und Anschlussgleise sowie Anschlüsse für Wasser und Energie zu überlassen (§ 4 Abs. 4 VOB/B).
- Er hat, sofern für den Beginn der Arbeiten keine Frist vereinbart ist, dem Auftragnehmer auf Verlangen Auskunft über den voraussichtlichen Baubeginn zu erteilen (§ 5 Abs. 2 VOB/B).

Der Auftraggeber muss sich mit den Mitwirkungshandlungen in Verzug befinden. D. h.,

- der Auftragnehmer muss berechtigt sein, die Arbeiten überhaupt schon auszuführen,
- er muss die Absicht haben, die Arbeiten auszuführen und darf sie nicht von sich aus verweigern und
- er muss gegenüber dem Auftraggeber hinreichend deutlich gemacht haben, dass er die Arbeiten ausführen will.

Liegen diese Voraussetzungen vor und ist der Auftragnehmer dadurch nicht (mehr) in der Lage, seine Leistungen auszuführen, so hat der Auftragnehmer vor Ausspruch der Kündigung dem Auftraggeber eine angemessene Frist zu setzen und ihm dabei anzudrohen, dass er nach fruchtlosem Ablauf der Frist den Bauvertrag kündigen werde.

Nach der Kündigungsandrohung muss er den Bauvertrag kündigen. Die Androhung der Kündigung alleine reicht nicht aus. Die Kündigung ist schriftlich zu erklären. Dabei genügt eine Übersendung per Telefax oder E-Mail. Sie bedarf keiner Begründung. Dies bedeutet aber nicht, dass die Kündigungsgründe nicht vorliegen müssten, sie sind lediglich nicht zwingend im Kündigungsschreiben anzugeben.

**Kündigung nach § 9 Abs. 1 Nr. 2 VOB/B**

Der Auftragnehmer kann ferner den Bauvertrag kündigen, wenn sich der Auftraggeber in Zahlungsverzug befindet oder sonst in Schuldnerverzug gerät. Für die Baupraxis der bedeutendste Kündigungsgrund ist der Verzug des Auftraggebers mit Abschlagszahlungen. Möglich ist aber, dass sich der Auftraggeber mit der Zahlung von

- Vorauszahlungen,
- Abschlagszahlungen oder
- Teilschlusszahlungen

in Verzug befindet. Der Verzug mit der Zahlung der Schlussrechnung führt zwangsläufig nicht zu einem Recht auf Kündigung des Bauvertrags, da eine Kündigung nur bis zur Fertigstellung und Abnahme der Bauleistungen des Auftragnehmers möglich ist und die Schlussrechnungsstellung erst nach Fertigstellung der Arbeiten erfolgt.

Bezüglich des Verzugs des Auftraggebers mit der Zahlung von Abschlagsrechnungen wurde in der VOB/B 2012 im Zuge der Umsetzung der Europäischen Zahlungsverzugsrichtlinie in nationales Recht eine geänderte Regelung eingeführt. Nach § 16 Abs. 1 Nr. 1 VOB/B 2012 sind zunächst einmal Abschlagszahlungen nach wie vor auf Antrag in möglichst kurzen Zeitabständen oder zu den vereinbarten Zeitpunkten zu gewähren, und zwar in der Höhe des Werts der jeweils nachgewiesenen vertragsgemäßen Leistungen einschließlich des ausgewiesenen, darauf entfallenden Umsatzsteuerbetrags. Die Leistungen sind durch eine prüfbare Aufstellung nachzuweisen, die eine rasche und sichere Beurteilung der Leistungen durch den Auftraggeber ermöglichen muss. Im Unterschied zur VOB/B in der bisherigen Fassung aus dem Jahr 2009, wonach Abschlagszahlungen innerhalb von 18 Werktagen zur Zahlung fällig waren, sind diese gem. der VOB/B 2012 aber nun nach 21 Kalendertagen zur Zahlung fällig. Durch die Umstellung von Werktagen auf Kalendertage in der VOB/B 2012 einerseits, aber zugleich die Änderung der Zahlungsfrist von 18 Werktagen auf 21 Kalendertage andererseits, dürfte sich in den meisten Fällen letztlich keine gravierende Änderung hinsichtlich der Länge der Zahlungsfrist ergeben.

Zahlt der Auftraggeber bei Fälligkeit nicht, so kann ihm der Auftragnehmer eine angemessene Nachfrist setzen. Zahlt er auch innerhalb dieser Nachfrist nicht, so hat der Auftraggeber gem. § 16 Abs. 5 Nr. 3 VOB/B 2012 Anspruch auf Verzugszinsen. Ausdrücklich geregelt ist in der VOB/B 2012 nunmehr, dass der Auftraggeber, ohne dass es einer Nachfristsetzung bedarf, spätestens 30 Tage nach Zugang der Aufstellung bei Abschlagszahlungen bzw. nach Zugang der Schlussrechnung in Verzug gerät, wenn der Auftragnehmer seine vertraglichen und gesetzlichen Verpflichtungen erfüllt und den fälligen Entgeltbetrag nicht rechtzeitig erhalten hat, es sei denn, der Auftraggeber ist für den Zahlungsverzug nicht verantwortlich. Diese Frist von 30 Tagen verlängert sich nach § 16 Abs. 5 Nr. 3 VOB/B 2012 zwar grundsätzlich auf höchstens 60 Tage, wenn sie aufgrund der besonderen Natur oder Merkmale der Vereinbarung sachlich gerechtfertigt ist und ausdrücklich vereinbart wurde. Verlängerte Verzugsfristen kommen jedoch bei

Abschlagszahlungen nicht in Betracht, da es sich um vorläufige Zahlungen handelt, die im Rahmen der Schlussrechnung noch einmal überprüft und gegebenenfalls korrigiert werden.

**Sonstige wichtige Gründe**
Will der Auftragnehmer kündigen, ohne dass einer der beiden vorgenannten Gründe vorliegt, so müssen andere schwerwiegende Gründe vorliegen, die es unzumutbar erscheinen lassen, dass der Auftragnehmer seine Arbeiten weiter ausführt. Als solche Gründe kommen bspw. in Betracht:

- strafrechtlich relevante Handlungen des Auftraggebers, wie etwa Diebstahl, Unterschlagung, Betrug oder Beleidigungen
- Verstöße gegen das Gesetz zur Bekämpfung illegaler Beschäftigung

Auch hier sind im Übrigen die weiteren Kündigungsvoraussetzungen identisch mit den oben beschriebenen, weshalb auf diese Ausführungen verwiesen wird.

# Kündigung im Insolvenzfall

§ 8 Abs. 2 Nr. 1 VOB/B, der sich mit der Kündigung des Bauvertrags durch den Auftraggeber im Insolvenzfall des Auftragnehmers befasst, lautet wie folgt:

„1. Der Auftraggeber kann den Vertrag kündigen, wenn der Auftragnehmer seine Zahlungen einstellt, von ihm oder zulässigerweise vom Auftraggeber oder einem anderen Gläubiger das Insolvenzverfahren (§§ 14 und 15 InsO) bzw.

ein vergleichbares gesetzliches Verfahren beantragt ist, ein solches Verfahren eröffnet wird oder dessen Eröffnung mangels Masse abgelehnt wird."

Eine Kündigung des Auftraggebers ist also auch dann zulässig, wenn der Auftraggeber selbst oder ein anderer Gläubiger des Auftragnehmers den Insolvenzantrag stellt.

Voraussetzung für die Kündigung des Auftraggebers in einem solchen Fall ist aber, dass der Insolvenzantrag zulässig ist. Da an die Zulässigkeit des Insolvenzantrags strenge Voraussetzungen geknüpft sind, spielt die Regelung in der täglichen Baupraxis wohl eher eine geringe Rolle, da sich der Auftraggeber bei einer solchen Kündigung dem Risiko aussetzt, dass die maßgeblichen Voraussetzungen tatsächlich vorliegen.

# L

## Leistungsänderung

Der Auftragnehmer ist verpflichtet, diejenigen Arbeiten auszuführen, die er nach dem Bauvertrag schuldet. Liegt ein BGB-Bauvertrag vor, so kann die vertraglich vereinbarte Leistung nur dadurch abgeändert werden, dass die Parteien dies übereinstimmend vereinbaren. Beim VOB-Vertrag hingegen steht dem Auftraggeber in Grenzen das Recht zu, Anordnungen zu treffen und damit die vereinbarte Leistung abzuändern. Hierzu gehört v. a. die Möglichkeit, den Bauentwurf zu ändern, § 1 Abs. 3 VOB/B. Der Auftragnehmer ist grundsätzlich verpflichtet, den angeordneten Leistungsänderungen nachzukommen und die Bauleistung entsprechend den angeordneten Leistungsänderungen auszuführen, es sei denn, die Anordnungen des Auftraggebers verstoßen gegen behördliche oder gesetzliche Bestimmungen oder sie sind dem Auftragnehmer aus sonstigen Gründen nicht zumutbar. Überschreitet der Auftraggeber sein Anordnungsrecht, so kann der Auftragnehmer die Ausführung der Änderungen verweigern. Halten sich die Anordnungen des Auftraggebers jedoch im Bereich des Zulässigen, hat der Auftragnehmer nicht das Recht, die Ausführungen zu verweigern oder gar den Bauvertrag zu kündigen, sofern nicht andere gewichtige Gründe vorliegen, die den Auftragnehmer zur Kündigung berechtigen würden.

Sofern durch eine oder mehrere Änderungen des Bauentwurfs oder andere Anordnungen des Auftraggebers die

Grundlagen des Preises für eine im Vertrag vorgesehene Leistung geändert werden, ist ein neuer Preis für diese Leistung unter Berücksichtigung der Mehr- oder Minderkosten zu vereinbaren, § 2 Abs. 5 VOB/B.

**Aktuelle Rechtsprechung:**
Nach § 2 Abs. 5 VOB/B ist demnach für den Fall einer Änderung des Bauentwurfs oder einer Änderung einer im Vertrag vorgesehenen Leistung ein neuer Preis unter Berücksichtigung der Mehr- und Minderkosten zu vereinbaren, wenn die Grundlagen des Preises für eine ursprünglich geschuldete Leistung geändert werden. In einem schlüssigen Vortrag der Preisänderung sind daher die Mehr- oder Minderkosten darzulegen, die sich aus der Änderung ergeben. Die Darlegung lediglich erhöhter Kosten einzelner Elemente der Preisgrundlagen ist grundsätzlich unschlüssig. Sie zeigt nämlich nicht die geforderte Mehr- und Minderkostenberechnung. Nur wenn im Ergebnis einer erforderlichen Vergleichsrechnung der neue Preis höher ist als der alte Preis, dann ist der Auftraggeber zur Vergütung der sich ergebenden Differenz verpflichtet. In der Vergleichsrechnung ist der ursprüngliche Preis in seine Bestandteile laut Urkalkulation aufzuschlüsseln. Liegt keine Urkalkulation vor oder ist sie nicht hinreichend transparent, dann kann unter Umständen auch eine plausible nachträgliche Aufgliederung weiterhelfen. Denjenigen Preisbestandteilen, die infolge der Änderungsanordnung im Vergleich zur ursprünglichen Kalkulation geändert wurden, sind die neuen Preisbestandteile gegenüberzustellen. Danach ist der Preis mit den neuen geänderten und den alten unveränderten Preisfaktoren in der Struktur der Urkalkulation neu durchzurechnen. Die Vergleichsrechnung muss

im Ergebnis auf der einen Seite die Elemente des ursprünglichen Preises und auf der anderen Seite die geänderten Preise aufzeigen.
*BGH, Urteil vom 20.08.2009, Az. VII ZR 205/07*

Sofern der Auftraggeber im Rahmen seiner Befugnisse die Ausführung einer zusätzlichen Leistung anordnet, die im Bauvertrag ursprünglich nicht vorgesehen war, hat der Auftragnehmer einen Anspruch auf Zahlung einer zusätzlichen Vergütung, § 2 Abs. 6 VOB/B.

Siehe auch: → Anordnungen des Auftraggebers
→ Änderung des Bauentwurfs
→ Zusätzliche Leistungen

**Praxistipp:**
Der Auftragnehmer sollte bei Leistungsänderungen durch den Auftraggeber, auch umfangreichen Änderungen des Bauentwurfs, unbedingt berücksichtigen, dass ihm dies i. d. R. kein Recht gibt, den Bauvertrag aus wichtigem Grund außerordentlich zu kündigen. Ordnet der Auftraggeber umfangreiche Bauentwurfsänderungen an, die keine völlige Neuplanung bedeuten, hat der Auftragnehmer die geänderten Leistungen auszuführen. Dies gilt auch, wenn mit der Änderung des Bauentwurfes zugleich die Ausführung zusätzlicher Arbeiten angeordnet wird.

Das Recht zur einseitigen Anordnung von Bauentwurfsänderungen sowie zusätzlichen Leistungen ist eine Besonderheit des VOB-Bauvertrags, die das Werkvertragsrecht des BGB nicht kennt. Haben die Parteien also keinen VOB-

Bauvertrag geschlossen, so steht dem Auftraggeber das Recht zur einseitigen Änderung des Bauentwurfs oder zur Anordnung zusätzlicher Leistungen nicht zu. Hierzu ist im BGB-Bauvertrag in jedem Fall eine einvernehmliche Vertragsänderung erforderlich. Ordnet daher der Auftraggeber beim BGB-Bauvertrag einseitig Änderungen oder zusätzliche Leistungen an, hat diese der Auftragnehmer grundsätzlich nicht zu befolgen.

**Aktuelle Rechtsprechung:**
Ist ein Aushub von nicht tragfähigem Boden mit einer vorläufigen Mengenangabe von 22.000 Kubikmetern ausgeschrieben und stellt sich während der Arbeiten heraus, dass ein Mehraushub von zirka 31.000 Kubikmetern erforderlich wird, bis Tragfähigkeit erreicht wird, so stellt der Aushub dieser Mehrmenge keine bloße Mengenmehrung i. S. d. § 2 Nr. 3 Abs. 2 VOB/B (Anm.: VOB/B 2012 § 2 Abs. 3 Nr. 2) dar, sondern eine Leistungsänderung i. S. d. §§ 1 Nr. 3, 2 Nr. 5 VOB/B (Anm.: VOB/B 2012 §§ 1 Abs. 3, 2 Abs. 5). Der Auftragnehmer kann die mit der Leistungsänderung verbundenen und ursprünglich im Leistungsverzeichnis nicht kalkulierten Mehrkosten dem Auftraggeber in Rechnung stellen.
*OLG Koblenz, Urteil vom 13.04.2005, 1 U 530/04, BGH, Beschluss vom 09.02.2006, VII ZR 112/05 (Nichtzulassungsbeschwerde zurückgewiesen)*

**Aktuelle Rechtsprechung:**
Verständigen sich die Bauvertragsparteien darauf, dass eine andere als die vertraglich vereinbarte Variante zur Ausführung kommen soll, ohne allerdings eine Regelung über die dafür zu zahlende Vergütung zu treffen, so scheidet eine

Preisbildung nach § 2 Abs. 5 oder Abs. 8 Nr. 2 VOB/B aus. Denn eine solche Vertragsänderung beruht weder auf einer einseitigen Anordnung des Auftraggebers noch stellt sie eine auftragslose oder in eigenmächtiger Abweichung vom Auftragnehmer erbrachte Leistung dar. Die fehlende vertragliche Regelung über die Höhe der Preise für die erbrachte Leistung ist vielmehr vorrangig im Wege der ergänzenden Vertragsauslegung zu ermitteln. Ansonsten ist nachrangig § 632 Abs. 2 BGB als gesetzliche Auslegungsregel heranzuziehen (Leitsatz). Nach § 632 Abs. 2 BGB ist die übliche Vergütung als vereinbart anzusehen, wenn die Höhe der Vergütung nicht bestimmt wurde.
*OLG Karlsruhe, Urteil vom 13.07.2010, 19 U 109/09; BGH Beschluss vom 26.01.2012, VII ZR 124/10 (Nichtzulassungsbeschwerde zurückgewiesen)*

**Aktuelle Rechtsprechung:**
Als Anordnung des Auftraggebers i. S. v. § 2 Abs. 5 VOB/B ist auch die Mitteilung über einen gerichtlichen Baustopp anzusehen, wenn sie mit der Aufforderung verbunden wird, dieser Anordnung Folge zu leisten. Die Anordnung eines vorläufigen Baustopps ohne gleichzeitige Anordnung der Räumung der Baustelle kann in einem Vertragsverhältnis, in dem es dem Bauunternehmer grundsätzlich obliegt, die Ausführung der Bauleistung organisatorisch und insbesondere zeitlich selbst zu koordinieren, zu einer erheblichen Störung des ursprünglichen Äquivalenzinteresses zwischen Preis und Leistung führen. Für die Vergütungspflicht kommt es nicht darauf an, ob die Anordnung des Auftraggebers i. S. v. § 2 Abs. 5 VOB/B vertraglich erlaubt bzw. vorgesehen war oder vom Auftragnehmer lediglich widerspruchslos im Rahmen

seiner Kooperationspflicht akzeptiert und umgesetzt wurde (Leitsatz).
*OLG Naumburg, Urteil vom 23.06.2011, 2 U 113/09*

# Leistungsbeschreibung

Bei der Ausschreibung von Bauleistungen gem. der VOB/A muss der Umfang der vom Auftragnehmer zu erbringenden Bauleistungen hinreichend genau beschrieben werden. Diese Beschreibung wird in der VOB als Leistungsbeschreibung definiert.

Die Leistungsbeschreibung mit Leistungsverzeichnis bildet die Regel. Neben der Leistungsbeschreibung mit Leistungsverzeichnis können die vom Auftragnehmer zu erbringenden Leistungen auch mittels einer Leistungsbeschreibung mit Leistungsprogramm beschrieben werden. Die zweite Form der Leistungsbeschreibung bildet jedoch die Ausnahme.

**Leistungsbeschreibung mit Leistungsverzeichnis**
Die vom Auftragnehmer zu erbringende Bauleistung soll durch eine allgemeine Darstellung der Bauaufgabe (der Baubeschreibung) und ein in Teilleistungen gegliedertes Leistungsverzeichnis beschrieben werden. Erforderlichenfalls ist die Leistung auch zeichnerisch oder durch Probestücke darzustellen oder anders zu erklären, etwa durch Hinweise auf ähnliche Leistungen, durch Mengen- oder statische Berechnungen. Das Leistungsverzeichnis ist eine Liste, welche die Leistungsanforderungen im Einzelnen enthält. Sie hat eine eindeutige und abschließende Beschreibung der Bauleis-

tung zu enthalten und eine unzweifelhafte Preisermittlung zu ermöglichen.

Im Leistungsverzeichnis ist die zu erbringende Bauleistung so aufzugliedern, dass unter einer Ordnungszahl (Position) nur solche Leistungen aufgenommen werden, die nach ihrer technischen Beschaffenheit und für die Preisbildung als gleichartig anzusehen sind. Ungleichartige Leistungen sollen unter einer Ordnungszahl nur dann zusammengefasst werden, wenn eine Teilleistung gegenüber einer anderen für die Bildung eines Durchschnittspreises ohne nennenswerten Einfluss ist. Der Auftraggeber hat folglich im Leistungsverzeichnis eine strikte Trennung der von ihm ausgeschriebenen Leistungen vorzunehmen, die dahin gehend erfolgt, dass nach der Art des verwendeten Materials bzw. nach dem eigentlichen Verwendungszweck unterschieden wird.

Es ist oftmals jedoch nicht möglich, bereits im Leistungsverzeichnis die letztlich tatsächlich anfallenden einzelnen Bauleistungen abschließend zu beschreiben. Aus diesem Grund ist es möglich, dass Bestimmungen über mögliche spätere Änderungen in das Leistungsverzeichnis aufgenommen werden.

In das Leistungsverzeichnis können daher sowohl
- Wahlpositionen als auch
- Bedarfspositionen (Eventualpositionen)

aufgenommen werden.

Wahlpositionen liegen vor, wenn der Auftraggeber sich bei der Vergabe seiner Leistungen noch nicht ganz im Klaren darüber ist, ob er die Leistung so ausführt, wie er sie im Leistungsverzeichnis beschrieben hat, oder ob an deren Stelle eine gleichwertige oder ähnliche Leistung treten soll. Enthält das Leistungsverzeichnis eine Wahlposition, so kann er die ursprünglich im Leistungsverzeichnis vorgesehene Position gegen eine Wahlposition austauschen. Die Preise für die Wahlpositionen werden dabei bereits im Leistungsverzeichnis festgelegt.

Von den Eventualpositionen werden diejenigen Bauleistungen erfasst, von denen sich zu Beginn der Vertragsverhandlungen noch nicht abschließend beurteilen lässt, ob sie noch zusätzlich zu den Hauptpositionen erbracht werden sollen oder nicht. Der Auftraggeber kann den Auftragnehmer mit Leistungen aus Eventualpositionen beauftragen, wenn er einen entsprechenden diesbezüglichen Vorbehalt erklärt hat.

**Aktuelle Rechtsprechung:**
Das Leistungsverzeichnis ist aus der Sicht eines fachkundigen Bieters auszulegen. Eine auch durch Auslegung nicht zu beseitigende Unklarheit der Leistungsbeschreibung geht zulasten des Ausschreibenden und nicht des Bieters. Aus dessen Verpflichtung, bei der Vergabestelle grundsätzlich Rückfrage zu halten, ist nicht auch zu folgern, dass Unklarheiten vorrangig zulasten des Bieters ausgelegt werden müssten.
*OLG Schleswig, Urteil vom 25.09.2009, 1 U 42/08*

**Leistungsbeschreibung mit Leistungsprogramm**
Die Leistungsbeschreibung mit Leistungsprogramm stellt den Ausnahmefall dar und spielt in der Baupraxis eher eine untergeordnete Rolle.

Bei dieser Form der Leistungsbeschreibung wird nur der Rahmen oder das Programm der vom Auftragnehmer zu erbringenden Bauleistung vorgegeben. Der Auftragnehmer (Bieter) füllt dieses Leistungsprogramm dann eigenständig aus und beschreibt darin die von ihm angebotenen Planungs-, Architektur- und Konstruktionsleistungen. Er erhält für seine Aufwendungen einen angemessenen Ausgleich, zumal diese weitaus höher sind als bei der Leistungsbeschreibung mit Leistungsverzeichnis.

# Leistungsgefahr

Siehe auch: → Gefahrtragung

# Leistungsverweigerungsrecht

Unter einem Leistungsverweigerungsrecht versteht man das Recht des Auftraggebers oder Auftragnehmers, die Leistung, zu der er verpflichtet ist, so lange zurückbehalten zu dürfen, bis die Gegenseite die Leistung, die sie zu erbringen hat, auch erbracht hat. Zu unterscheiden sind das Leistungsverweigerungsrecht des Auftraggebers und das Leistungsverweigerungsrecht des Auftragnehmers.

**Leistungsverweigerungsrecht des Auftragnehmers**
Der Auftragnehmer hat die vorrangige Pflicht, die vertraglich vereinbarten Leistungen mangelfrei zu erbringen. Im Gegenzug erhält er hierfür vom Auftraggeber die vereinbarte Vergütung.

Nach § 16 Abs. 5 Nr. 3 und 4 VOB/B ist der Auftragnehmer berechtigt, dem Auftraggeber eine angemessene Nachfrist zu setzen, wenn dieser bei Fälligkeit nicht zahlt. Zahlt er auch innerhalb dieser Nachfrist nicht, hat der Auftragnehmer vom Ende der Nachfrist an zunächst Anspruch auf Zinsen in Höhe der in § 288 Abs. 2 BGB angegebenen Zinssätze, wenn er keinen höheren Verzugsschaden nachweisen kann.

Der Auftraggeber kommt jedoch, ohne dass es einer Nachfristsetzung bedarf, bei Abschlagszahlungen spätestens 30 Tage nach Zugang der Aufstellung in Zahlungsverzug, wenn der Auftragnehmer seine vertraglichen und gesetzlichen Verpflichtungen erfüllt und den fälligen Entgeltbetrag nicht rechtzeitig erhalten hat, es sei denn, der Auftraggeber ist für den Zahlungsverzug nicht verantwortlich. Der Auftragnehmer darf die Arbeiten bei Zahlungsverzug des Auftraggebers bis zur Zahlung einstellen, sofern eine dem Auftraggeber zuvor gesetzte angemessene Frist erfolglos verstrichen ist.

Sofern der Auftraggeber auf eine fällige **Schlussrechnung** hin nicht zahlt, greift dieses Leistungsverweigerungsrecht des Auftragnehmers nicht mehr, da die Fälligkeit der Schlussrechnung zur Voraussetzung hat, dass der Auftragnehmer seine Arbeiten bereits fertiggestellt hat.

Dem Auftragnehmer wird damit ein Druckmittel in die Hand gegeben, um den Auftraggeber zur Zahlung fälliger Abschlags- und Teilschlussrechnungen zu veranlassen. Der Auftraggeber hat regelmäßig ein starkes Interesse daran, dass die Arbeiten rasch weitergeführt werden, damit kein Bauverzug eintritt und er keine damit möglicherweise verbundenen finanziellen Nachteile erleidet. Der Auftragnehmer hat vor einer Baueinstellung peinlich genau zu prüfen, ob er berechtigt ist, die Arbeiten auch tatsächlich einzustellen, damit nicht der Auftraggeber den Bauvertrag kündigt und ihm gegenüber Schadensersatzansprüche geltend macht.

Das Recht, die Arbeiten einzustellen, steht dem Auftragnehmer nicht zu, wenn der Auftraggeber lediglich mit kleineren Beträgen in Zahlungsverzug geraten ist. Er hat in diesem Fall dennoch die Arbeiten weiter auszuführen. Dies hat seinen Ursprung darin, dass beide Vertragsparteien eines VOB-Vertrags die Pflicht haben, miteinander zu kooperieren, und darauf bedacht sein müssen, einen zügigen Baufortschritt zu gewährleisten. Die Baueinstellung würde in keinem Verhältnis zu geringfügigen Zahlungsrückständen stehen.

Siehe auch: → Kooperationspflicht

Ein Zurückbehaltungsrecht, also das Recht, die Arbeiten vorübergehend nicht weiter auszuführen, steht dem Auftragnehmer auch dann zu, wenn er sich in der ordnungsgemäßen Ausführung seiner Arbeiten behindert glaubt und dies dem Auftraggeber angezeigt hat. Er hat die Arbeiten in diesem Fall unverzüglich wieder aufzunehmen, wenn die hindernden Umstände weggefallen sind, und dem Auftraggeber die Wiederaufnahme der Arbeiten anzuzeigen.

Siehe auch: → Behinderung der Ausführung
→ Behinderungsanzeige

Stellt der Auftragnehmer die Arbeiten ein, so hat dies zur Konsequenz, dass

- er im Fall des Zahlungsverzugs durch den Auftraggeber bis zur Zahlung nicht verpflichtet ist, die Arbeiten weiter auszuführen,
- er den Bauvertrag kündigen kann, wenn er bei Zahlungsverzug dem Auftraggeber eine angemessene Frist zur Zahlung gesetzt und ihm dabei angekündigt hat, dass er nach Ablauf der Frist den Bauvertrag kündigen werde und diese Frist fruchtlos verstrichen ist, und
- er, sofern die Arbeitseinstellung auf einer vom Auftraggeber verursachten Behinderung beruht, verlangen kann, dass die ursprünglich vereinbarten Vertragsfristen verlängert werden.

**Leistungsverweigerungsrecht des Auftraggebers**

Kann der Auftraggeber vom Auftragnehmer die Beseitigung von Mängeln verlangen, so steht ihm bis zur endgültigen Mangelbeseitigung durch den Auftragnehmer auch noch nach der Abnahme ein Zurückbehaltungsrecht gegenüber dem Vergütungsanspruch des Auftragnehmers zu.

Der Auftraggeber ist seinerseits verpflichtet, dem Auftragnehmer die seiner Ansicht nach vorliegenden Mängel gem. der Symptomtheorie zu beschreiben. Er muss jedoch nichts dahin gehend vortragen, wie hoch die Mangelbeseitigungskosten sind.

Das Zurückbehaltungsrecht des Auftraggebers erstreckt sich grundsätzlich auf die gesamte Vergütung des Auftragnehmers. Aus dem Grundsatz von Treu und Glauben heraus ist das Zurückbehaltungsrecht jedoch dahin gehend einzuschränken, dass dann, wenn die Mangelbeseitigungskosten geringer sind als die vom Auftraggeber geschuldete Vergütung, dem Auftraggeber lediglich das Recht auf ein teilweises Zurückbehaltungsrecht zusteht.

Sobald der Auftragnehmer die Mangelbeseitigung vorgenommen hat, entfällt auch das Zurückbehaltungsrecht des Auftraggebers.

**Praxistipp 1:**
Hat der Auftraggeber ein Zurückbehaltungsrecht wegen des Vorliegens von Mängeln, so gerät er mangels Fälligkeit einer Abschlagsrechnung nicht in Zahlungsverzug. Dies ist wichtig für den Auftragnehmer. Denn der Auftragnehmer hat in diesem Fall kein Recht, den Bauvertrag etwa wegen Zahlungsverzugs des Auftraggebers zu kündigen oder die Arbeiten einzustellen. Stellt er die Arbeiten in diesem Fall ein oder kündigt er gar den Bauvertrag, so kann der Auftraggeber seinerseits den Bauvertrag berechtigt kündigen und den Auftragnehmer unter Umständen mit erheblichen Schadensersatzansprüchen konfrontieren.

Zu beachten ist für den Auftragnehmer zudem, dass der Auftraggeber bereits dann, wenn der Auftragnehmer dem Auftraggeber die Kündigung des Bauvertrags in Aussicht stellt oder die Baueinstellung androht, den Bauvertrag seinerseits kündigen und Schadensersatzansprüche geltend machen kann. Aus diesem Grund ist dem Auftragnehmer dringend anzuraten, vor Androhung der Baueinstellung oder der Vertragskündigung eingehend zu prüfen, ob dem Auftraggeber ein berechtigtes Zurückbehaltungsrecht wegen des Vorliegens von Mängeln zusteht.

**Praxistipp 2:**
Hat der Auftragnehmer dem Auftraggeber, der sich mit der Bezahlung einer Abschlags- oder Teilschlussrechnung in Verzug befindet, eine angemessene Zahlungsfrist gesetzt und ihm angekündigt, dass er nach Ablauf dieser Frist in jedem Fall seine Arbeiten einstellen werde, so ist er hieran nicht gebunden. Vielmehr kann er auch nach dieser Ankündigung, soweit er es sich letztlich doch noch anders überlegt, davon absehen, von seinem Leistungsverweigerungsrecht Gebrauch zu machen, und die Arbeiten fortführen. Ihm steht es nach Ablauf der Frist grundsätzlich frei, ob er nun die Arbeiten weiter ausführt oder einstellt.

**Aktuelle Rechtsprechung:**
In einem VOB/B-Bauvertrag hat der Auftragnehmer die Pflicht, eine vom Auftraggeber geänderte oder eine zusätzlich angeordnete Leistung, die nicht im ursprünglichen Leistungsumfang des Bauvertrags enthalten war, auszuführen, wenn der Auftraggeber sie wirksam anordnet (§ 1 Abs. 3 und 4 VOB/B). Mit dieser wirksamen Anordnung durch den Auftraggeber entsteht zugleich ein Anspruch des Auftragnehmers auf eine geänderte Vergütung gem. § 2 Abs. 5 und 6 VOB/B. Daraus folgt, dass der Auftragnehmer die Leistung nicht allein deshalb verweigern darf, weil eine entsprechende Vereinbarung über die zusätzlich zu zahlende Vergütung zwischen den Bauvertragsparteien noch nicht getroffen wur-

de. Auch ein Streit über die sich aus § 2 Abs. 5 und 6 VOB/B ergebende Vergütung berechtigt den Auftragnehmer grundsätzlich nicht, die Leistung zu verweigern und einzustellen.

Stellt der Auftragnehmer in einem solchen Falle jedoch die Arbeiten ein und macht er die Wiederaufnahme und Fortführung der Arbeiten von einer Einigung über die offene Zusatzvergütung abhängig, so kommt dieses Verhalten einer ernsthaften und endgültigen Erfüllungsverweigerung gleich, mit der Folge, dass der Auftraggeber den Bauvertrag unter Umständen aus wichtigem Grund kündigen kann.
*OLG Hamm, Urteil vom 22.12.2011, 21 U 111/10*

## Leistungsverzeichnis

Siehe auch: → Leistungsbeschreibung

# M

## Mangelbegriff

Der Mangelbegriff der VOB/B ist mit dem des BGB weitgehend identisch. Nach § 13 Abs. 1 VOB/B erbringt der Auftragnehmer seine Leistung frei von Sachmängeln, wenn sie die vereinbarte Beschaffenheit hat und den anerkannten Regeln der Technik entspricht.

Haben die Bauvertragsparteien keine besondere Beschaffenheit der zu erbringenden Bauleistungen vereinbart, so ist die Leistung des Auftragnehmers dann mangelfrei, wenn sie sich für die nach dem Vertrag vorausgesetzte, sonst für die gewöhnliche Verwendung eignet und eine Beschaffenheit aufweist, die bei Werken der gleichen Art üblich ist und die der Auftraggeber nach der Art der Leistung erwarten kann.

Für die Annahme eines Mangels reicht es aus, dass bereits jede Abweichung von der vereinbarten oder vorausgesetzten Beschaffenheit einen Mangel darstellt, ohne dass es darauf ankäme, dass diese Abweichung auch noch zusätzlich eine Wert- oder Tauglichkeitsminderung mit sich bringt.

Von der Beschaffenheit ist die Funktionsfähigkeit der Werkleistungen zu unterscheiden. Der Auftragnehmer hat dem Auftraggeber nicht lediglich ein Werk abzuliefern, das alle vereinbarten oder gewöhnlichen Beschaffenheitsmerkmale aufweist, sondern darüber hinaus auch die Pflicht, die Arbeiten so zu erbringen, dass das geschuldete Werk funktionsfähig ist. Die Funktionsfähigkeit des Werks ist also ebenfalls bei der Beurteilung der Frage, ob die Leistungen mangelhaft sind oder nicht, als maßgebliches Kriterium heranzuziehen.

Siehe auch: → Gewährleistung
→ Mangelbeseitigung
→ Mangelbeseitigung vor der Abnahme

**Aktuelle Rechtsprechung**:
Bei dieser Entscheidung ging es um die Frage, inwieweit eine Tiefgaragenzufahrt mangelhaft ausgeführt wurde. Ein Bauträger errichtete u. a. eine Tiefgarage, wobei die Zufahrt lediglich eine Breite von 3 m aufwies, die effektiv zur Verfügung stehende Breite betrug sogar lediglich 2,65 m. Eine unmittelbar nachfolgende Rechtskurve erschwerte das Einfahren in die Garage auch noch zusätzlich. Hierin sahen die klagenden Wohnungseigentümer einen Baumangel und forderten entsprechend Nacherfüllung vom Bauträger. Der jedoch lehnte ab und berief sich darauf, dass die Zufahrt und die Rampe in Übereinstimmung mit der Baubeschreibung und den Erwerbern übergebenen Plänen errichtet wurden. Außerdem seien auch die Bestimmungen der Garagenverordnung eingehalten worden. Es läge auch eine schriftliche Bestätigung der zuständigen Bauaufsichtsbehörde vor, dass die Ausführung den öffentlich-rechtlichen Vorschriften entspräche. Die Wohnungseigentümer beriefen sich in erster Linie auf die eingeschränkte Gebrauchstauglichkeit.

Das Gericht gab den Eigentümern Recht und bejahte im vorliegenden Fall einen Mangel. Der Sachverständige hat in einem seitens des Gerichts eingeholten Gutachten festge-

stellt, dass die Ein- und Ausfahrt zur Tiefgarage von einem durchschnittlich fahrgewandten Autofahrer nur unter großen Schwierigkeiten, mit beträchtlicher Anstoßgefahr, bewältigt werden kann. Die Tiefgaragenzufahrt ist daher nach ihrer Beschaffenheit für den durchschnittlichen Autofahrer zur Einfahrt in die Tiefgarage und Ausfahrt aus derselben nicht einwandfrei zu nutzen. Sie ist zum vertraglich vorausgesetzten Gebrauch nicht uneingeschränkt tauglich und deshalb mit einem Fehler behaftet. Der Bauträger musste also nachbessern.
*OLG Frankfurt am Main, Urteil vom 29.01.2003, 17 U 9/97*

Siehe auch: → Unmöglichkeit der Mangelbeseitigung

## Mangelbeseitigung vor der Abnahme

Sofern sich die Arbeiten des Auftragnehmers noch vor der Abnahme als mangelhaft erweisen sollten, kann der Auftraggeber auch bereits vor der Abnahme die Beseitigung der Mängel vom Auftragnehmer verlangen. Dies ist nachvollziehbar, da man den Auftraggeber nicht darauf verweisen kann, das mangelhafte Bauwerk zunächst abzunehmen und danach die Mangelbeseitigung zu fordern. Am Ende soll ja auch eine vertragskonforme und im Wesentlichen mangelfreie Leistung vorliegen, die nur dann vorliegen kann, wenn die im Bauverlauf bereits auftretenden Mängel beseitigt sind.

Der Auftraggeber kann vom Auftragnehmer auch grundsätzlich den Abriss der bisherigen Leistungen und Neuherstellung verlangen, sofern dies erforderlich und dem Auftraggeber nicht unzumutbar ist. Unzumutbar ist eine Mangelbeseitigung nicht schon deshalb, weil sie viel kostet. Der Gesichtspunkt der Wirtschaftlichkeit darf grundsätzlich nicht alleine als maßgeblich für die Beurteilung der Unzumutbarkeit herangezogen werden. Unzumutbarkeit liegt vielmehr erst dann vor, wenn der Auftraggeber ein geringes Interesse an der Mangelbeseitigung hat, diese aber einen sehr hohen Kostenaufwand mit sich bringt.

Siehe auch: → Unmöglichkeit der Mangelbeseitigung

**Schadensersatz**
Neben der Mangelbeseitigung kann der Auftraggeber vom Auftragnehmer auch Schadensersatz verlangen, wenn der Auftragnehmer den Mangel oder die Vertragswidrigkeit zu vertreten hat, § 4 Abs. 7 Satz 2 VOB/B. Zu vertreten hat der Auftragnehmer die Mängel oder die Vertragswidrigkeit dann, wenn er oder sein Erfüllungsgehilfe vorsätzlich oder fahrlässig gehandelt hat. Dem Auftraggeber sind diejenigen Schäden zu ersetzen, die bei Weiterbestehen des Bauvertrags trotz der Mangelbeseitigung verbleiben.

Siehe auch: → Gewährleistung

**Praxistipp:**
Hat der Auftraggeber dem Auftragnehmer angekündigt, er werde nach Ablauf der von ihm gesetzten Frist zur Beseitigung von Mängeln „den Bauvertrag anfechten", so ist darin durchaus eine Fristsetzung mit Ablehnungsandrohung zu sehen, sodass der Auftraggeber vom Auf-

tragnehmer nicht mehr die Beseitigung von Mängeln fordern kann, sondern auf Schadensersatzansprüche zu verweisen ist. Eine Klage auf Zahlung von Vorschuss für die zu erwartenden Kosten einer Ersatzvornahme gegen den Auftragnehmer ist in diesem Fall also unbegründet.

**Hinweis:**
Erkennt der Auftraggeber bereits während der Bauausführung, dass die Bauleistung Mängel aufweist und dass deren Nachbesserung nach der Abnahme deutlich höhere Kosten verursachen wird, so muss er die Mängel unverzüglich rügen, um einer Beteiligung an den Kosten der Nachbesserung gem. § 254 Abs. 1 BGB zu entgehen.

# Mehrkosten

Gemäß § 4 Abs. 1 Nr. 4 VOB/B hat der Auftragnehmer, sofern er → Anordnungen des Auftraggebers für unberechtigt oder unzweckmäßig hält, seine diesbezüglichen Bedenken gegenüber dem Auftraggeber anzuzeigen und geltend zu machen. Er ist jedoch verpflichtet, die Anordnungen des Auftraggebers, auch wenn er sie für unberechtigt und unzweckmäßig hält, auf Verlangen des Auftraggebers auszuführen, es sei denn, die Ausführung seiner Arbeiten würde gegen gesetzliche oder behördliche Bestimmungen verstoßen.

Siehe auch: → Anordnungen des Auftraggebers

Wenn aufgrund der Anordnungen des Auftraggebers eine ungerechtfertigte Erschwerung seiner Arbeiten verursacht wird, hat der Auftraggeber dem Auftragnehmer die dadurch entstehenden Mehrkosten zu ersetzen. Mit der Erstattung der Mehrkosten durch den Auftraggeber soll dem Auftragnehmer praktisch ein Ausgleich für unnötige Mehrarbeiten gewährt werden, zumal er zuvor den Auftraggeber ja ausdrücklich auf die Unzweckmäßigkeit hingewiesen hat.

Zu beachten ist, dass dem Auftragnehmer nur dann eine Erstattung der Mehrkosten zusteht, wenn der Auftraggeber Anordnungen trifft, mit denen er sich innerhalb der vertraglich geschuldeten Leistung bewegt. Sofern der Auftraggeber hingegen zusätzliche Leistungen verlangt oder mit seinen Anordnungen eine Änderung des Bauentwurfs einhergeht, stehen dem Auftragnehmer die Rechte aus § 2 Abs. 5 bzw. 6 VOB/B zu.

Der Auftragnehmer kann die ihm entstandenen Mehrkosten nur dann geltend machen, wenn die nachfolgenden Voraussetzungen erfüllt sind:

1. Der Auftraggeber muss eine Anordnung gegenüber dem Auftragnehmer getroffen haben.
2. Der Auftragnehmer muss gegen diese Anordnungen Bedenken angemeldet haben, weil er sie für unberechtigt oder unzweckmäßig hält.
3. Der Auftraggeber muss dennoch auf der Ausführung der Anordnungen durch den Auftragnehmer bestanden haben.
4. Die Ausführung der Arbeiten des Auftragnehmers müssen durch diese Anordnungen erschwert worden sein.
5. Es müssen dem Auftragnehmer dadurch tatsächlich Mehrkosten entstanden sein.

Der Auftraggeber hat dem Auftragnehmer bei Vorliegen der Voraussetzungen die tatsächlich entstandenen Mehrkosten zu erstatten. Das heißt, dass die tatsächlich angefallenen Mehrkosten zunächst zu ermitteln und dann gegenüber dem Auftraggeber geltend zu machen sind.

**Aktuelle Rechtsprechung:**
Ein Auftragnehmer machte gegenüber seinem Auftraggeber klageweise restlichen Werklohn geltend. Er verpflichtete sich zur Ausführung von Brückenbauarbeiten. Mittels seiner Schlussrechnung über insgesamt 16.625.000 DM rechnete er seine Leistungen ab. Von diesem Betrag behielt der Auftraggeber die für die Nachträge 11 und 12 berechnete Vergütung in Höhe von insgesamt 622.200 Euro ein. Diesen Betrag klagte der Auftragnehmer ein. Die Nachträge 11 und 12 haben im Wesentlichen die Mehraufwendungen zum Gegenstand, die dem Auftragnehmer dadurch entstanden sind, dass er bei der Errichtung der Brücke statt des vom Auftraggeber ausgeschriebenen konventionellen Traggerüsts, dessen Herstellung er zu einem Pauschalpreis in Höhe von 1.226.400 DM angeboten hatte, ein sog. Vorschubgerüst verwendete.

Das Gericht entschied, dass dem Auftragnehmer die in den beiden Nachträgen abgerechneten Mehrkosten nicht zustehen. Der Auftragnehmer hat keinen Anspruch auf Erstattung der Mehrkosten, die ihm dadurch entstanden sind, dass er eine sog. Pylonkonstruktion errichtete, um auf diese Weise die statischen Probleme zu lösen, die sich bei der Herstellung der Brücke unter Verwendung des von ihm verwendeten Vorschubgerüsts ergaben. Insoweit fehlte es bereits an einer Anordnung des Auftraggebers i. S. v. § 4 Abs. 1 Nr. 4

VOB/B, auf die er sich berief. Das an den Auftragnehmer gerichtete Schreiben des Auftraggebers, worin dieser ausführte, „es könnte auch daran gedacht werden, die Tragegerüstlasten über eine Abspannung auf dem fertigen Überbau aufzunehmen“ (= Pylonkonstruktion), stellte keine derartige Anordnung dar. Es war lediglich ein unverbindlicher Hinweis an den Auftragnehmer auf eine Möglichkeit, wie er das statische Problem lösen könnte.
*OLG Celle, Urteil vom 13.01.2005, 14 U 75/04*

Der Begriff der Mehrkosten spielt u. a. auch in folgenden Fällen eine Rolle:

1. Wenn die ausgeführte Menge die unter einem Einheitspreis erfasste Leistung um mehr als 10 % übersteigt, so ist ein neuer Preis unter Berücksichtigung der Mehr- oder Minderkosten zu vereinbaren. Sind von der unter einem Einheitspreis erfassten Leistung oder Teilleistung andere Leistungen abhängig, für die eine Pauschalsumme vereinbart ist, so kann mit der Änderung des Einheitspreises auch eine angemessene Änderung der Pauschalsumme gefordert werden (§ 2 Abs. 3 VOB/B).
2. Wenn als Vergütung der Bauleistungen des Auftragnehmers ein → Pauschalpreis vereinbart wurde, bleibt dieser zwar bei Abweichungen der ausgeführten Leistung von der vertraglich vereinbarten Leistung grundsätzlich unverändert. Ist die Abweichung jedoch so erheblich, dass dem Auftragnehmer ein Festhalten an der Pauschalsumme nicht mehr zugemutet werden kann, ist auf Verlangen ein Ausgleich unter Berücksichtigung der Mehr- oder Minderkosten zu gewähren (§ 2 Abs. 7 Nr. 1 VOB/B).

3. Werden durch eine Änderung des Bauentwurfs oder andere → Anordnungen des Auftraggebers die Grundlagen des Preises für eine im Vertrag vorgesehene Leistung geändert, so ist ein neuer Preis unter Berücksichtigung der Mehr- oder Minderkosten zu vereinbaren.
4. Hat der Auftragnehmer Mängel zu beseitigen und benötigt er hierfür noch die vom Auftraggeber während der Bauausführung zur Verfügung zu stellenden Wasseranschlüsse, so hat er hierauf zwar einen Anspruch, er muss dem Auftraggeber aber dabei entstehende Mehrkosten erstatten.
5. Werden vom Auftragnehmer im Verlauf der Bauausführung Wertgegenstände entdeckt, so hat der Auftragnehmer vor jedem weiteren Aufdecken oder Ändern dem Auftraggeber den Fund anzuzeigen und ihm die Gegenstände abzuliefern. Entstehen ihm dabei Mehrkosten, so hat diese der Auftraggeber zu übernehmen.

# Mehrvergütung

Erteilt der Auftraggeber bspw. Anordnungen, gegen die der Auftragnehmer Bedenken wegen deren Unzweckmäßigkeit oder Berechtigung hat, und besteht der Auftraggeber trotz entsprechender Bedenkenmitteilung durch den Auftragnehmer auf deren Ausführung, so kann der Auftragnehmer Mehrkosten erstattet verlangen, die ihm aufgrund der unzweckmäßigen oder unberechtigten Anordnung entstehen.

Siehe auch: → Mehrkosten

Anders verhält es sich dann, wenn der Auftraggeber die Ausführung von zusätzlichen Leistungen vom Auftragnehmer verlangt, die ursprünglich nicht im Bauvertrag vereinbart wurden, oder wenn der Auftraggeber den Bauentwurf ändert bzw. andere Anordnungen trifft und dadurch die Grundlagen des Preises für im Bauvertrag vorgesehene Leistungen des Auftragnehmers geändert werden. In diesen Fällen erhält der Auftragnehmer nicht lediglich ihm entstehende Mehrkosten erstattet.

**Änderung des Bauentwurfs oder andere Anordnungen, womit die Grundlagen der Vertragspreise geändert werden (§ 2 Abs. 5 VOB/B)**

Aufgrund der Anordnungen des Auftraggebers haben Auftraggeber und Auftragnehmer die Pflicht, einen neuen Preis unter Berücksichtigung entstandener Mehr- oder Minderkosten zu vereinbaren. Dabei ist es nicht zwingende Voraussetzung, dass ein neuer Preis unter Berücksichtigung der Mehr- oder Minderkosten bereits vor der Ausführung der Arbeiten vereinbart wird. Dies ergibt sich bereits aus der Formulierung in § 2 Abs. 5 VOB/B, wonach ein neuer Preis lediglich vor Ausführung der Arbeiten vereinbart werden soll. Wird also keine Vereinbarung vor Ausführung der Arbeiten getroffen, so verliert der Auftragnehmer nicht sein Recht auf Vergütung der von ihm erbrachten Leistungen. Aufgrund der Kooperationspflicht der beiden Vertragsparteien haben aber sowohl der Auftragnehmer als auch der Auftraggeber die Verpflichtung, sofern es eine der Vertragsparteien ausdrücklich verlangt, noch vor der Ausführung der Arbeiten einen neuen Preis zu vereinbaren.

Weigert sich etwa der Auftragnehmer, einen neuen Preis zu vereinbaren, obwohl ihn der Auftraggeber hierzu aufgefordert hat, so steht dem Auftraggeber, sofern hierfür die weiteren Voraussetzungen gegeben sind, das Recht zur Kündigung des Bauvertrags aus wichtigem Grund zu.

Siehe auch: → Kündigung durch den Auftraggeber

Verweigert der Auftraggeber hingegen trotz Aufforderung durch den Auftragnehmer die Vereinbarung eines neuen Preises, kann der Auftragnehmer die Fortführung der Arbeiten verweigern und bei Vorliegen der weiteren Voraussetzungen unter Umständen ebenfalls den Bauvertrag kündigen.

**Aktuelle Rechtsprechung:**
In einem zuletzt vom Bundesgerichtshof entschiedenen Fall ging es um zahlreiche rechtliche Fragestellungen, insbesondere aber auch um die Frage, wie eine Forderung nach § 2 Abs. 5 VOB/B zu berechnen und vor Gericht darzulegen ist. Der Auftragnehmer führte Bauarbeiten im Zusammenhang mit der Errichtung einer Schleuse aus. Für Mehrzement und einen sog. erhöhten Suspensionsrückfluss machte der Auftragnehmer eine zusätzliche Vergütung von knapp zehn Millionen Euro geltend. Grundlegend hierfür war nach Angabe des Auftragnehmers ein von den ursprünglichen Angaben abweichender Baugrund. Hierin sah der Auftragnehmer eine Anordnung gem. § 1 Abs. 3 VOB/B, die zu einem Mehrvergütungsanspruch führe. Der BGH wandte sich gegen die Berechnung der Mehrvergütung durch den Auftragnehmer und gab ihm Gelegenheit, seine Forderung nochmals neu zu berechnen. Zur Begründung führte der BGH aus, dass nach

§ 2 Abs. 5 VOB/B für den Fall, dass durch eine Änderung des Bauentwurfs oder andere Anordnungen des Auftraggebers die Grundlagen des Preises für eine im Vertrag vorgesehene Leistung geändert werden, ein neuer Preis unter Berücksichtigung der Mehr- oder Minderkosten zu vereinbaren ist.

Kommt eine solche Vereinbarung nicht zustande, kann der Auftragnehmer den sich aus § 2 Abs. 5 VOB/B ergebenden Vergütungsanspruch im Wege der Klage geltend machen. Mit dieser Klage hat er den Preis schlüssig darzulegen, wozu auch die Mehr- und Minderkosten gehören, die sich aus der Änderung des Bauentwurfs oder den anderen Anordnungen ergeben. Eine Klage, mit der lediglich erhöhte Kosten einzelner Elemente der Preisgrundlagen geltend gemacht werden, ist grundsätzlich unschlüssig, weil sie nicht die geforderte Mehr- oder Minderkostenberechnung enthält und auch nicht darauf gestützt ist, dass der neue Preis höher ist als der alte Preis, so dass der Auftraggeber verpflichtet ist, die Differenz zu vergüten. Der Auftragnehmer hat aus der Änderung des Bauentwurfs lediglich Mehrkosten für den Mehrverbrauch an Zement und den erhöhten Suspensionsrückfluss geltend gemacht und weitere Ansprüche mit einer Summe von mehr als 50 Millionen Euro angekündigt. Er hat damit die erforderliche Ermittlung eines neuen Preises nicht vorgenommen, sondern die Klage lediglich auf Mehrkosten bei einzelnen Kalkulationsgrundlagen gestützt: Damit ist die Klage aber derzeit unschlüssig.
*BGH, Urteil vom 20.08.2009, VII ZR 205/07*

**Anordnung zusätzlicher Leistungen**
Sofern der Auftraggeber die Ausführung zusätzlicher Leistungen vom Auftragnehmer fordert, die im Bauvertrag überhaupt noch nicht vorgesehen waren, hat der Auftragnehmer einen Anspruch auf eine gesonderte zusätzliche Vergütung. Solche zusätzlichen Leistungen liegen etwa auch dann vor, wenn diese zwar im ursprünglichen Bauvertrag erwähnt sind, aber zunächst vom Leistungsinhalt ausgenommen, etwa ausgeklammert, wurden.

**Ankündigung des Vergütungsanspruchs**
Es wird oft übersehen, dass der Auftragnehmer, bevor er mit der Ausführung der Arbeiten beginnt, dem Auftraggeber anzuzeigen hat, dass er eine zusätzliche Vergütung beansprucht. Hierbei handelt es sich um eine Anspruchsvoraussetzung, was bedeutet, dass der Auftragnehmer grundsätzlich keine zusätzliche Vergütung verlangen kann, wenn er mit den Arbeiten begonnen hat, ohne den zusätzlichen Vergütungsanspruch zuvor dem Auftraggeber anzukündigen. Da diese Voraussetzung dem Schutz des Auftraggebers vor überraschenden Forderungen des Auftragnehmers, mit denen er nicht zu rechnen brauchte, dient, ist der Auftragnehmer folgerichtig nicht stets mit einem zusätzlichen Vergütungsanspruch ausgeschlossen, wenn er die Ankündigung unterlassen hat. Dann nämlich, wenn der Auftraggeber erst gar nicht mit einer zusätzlichen Vergütung überrascht werden kann, etwa weil er, wie jeder vernünftig Denkende, davon ausgehen kann, dass die zusätzlichen Arbeiten nicht ohne zusätzliche Vergütung erbracht werden, steht dem Auftragnehmer dennoch der zusätzliche Vergütungsanspruch zu. Hierbei kommt es auf den Einzelfall an. Wenn der Auftragnehmer etwa nur geringfügige zusätzliche Arbeiten zu erledi-

gen hat, ist nicht von vornherein klar, dass er dies nur gegen zusätzliche Vergütung ausführt. Wenn er jedoch zusätzliche Arbeiten größeren Umfangs ausführt, so leuchtet jedem ein, dass er dies nur gegen zusätzliche Vergütung macht. In letzterem Fall verliert er also seinen zusätzlichen Vergütungsanspruch nicht, wenn er die Ankündigung desselben gegenüber dem Auftraggeber unterlassen hat.

Für die Ankündigung des zusätzlichen Vergütungsanspruchs reicht es im Übrigen aus, wenn der Auftragnehmer dem Auftraggeber diesen lediglich mitteilt, ohne ihn der Höhe nach zu beziffern.

Selbstverständlich reicht es aus, wenn die Ankündigung gegenüber einem vom Auftraggeber Bevollmächtigten abgegeben wird. Die Bevollmächtigung sollte jedoch stets penibel geprüft werden.

**Vereinbarung über die zusätzliche Vergütung**

Verlangt der Auftraggeber vom Auftragnehmer eine zusätzliche Leistung, so soll nicht lediglich vor Ausführung der Arbeiten die zusätzliche Vergütung vereinbart werden, sondern es ist **möglichst** vor Beginn der Ausführung die zusätzliche Vergütung zu vereinbaren. Auch hierin unterscheidet sich § 2 Abs. 5 VOB/B (Änderung des Bauentwurfs und andere Anordnungen) von § 2 Abs. 6 VOB/B (zusätzliche Leistungen).

Durch das Wort „möglichst" sollte die Verpflichtung auf Vereinbarung der zusätzlichen Vergütung noch vor Ausführung der zusätzlichen Arbeiten allerdings eine Einschränkung erfahren. So ist es bspw. dann nicht erforderlich, bereits vor der Ausführung eine Vereinbarung herbeizuführen, wenn die Arbeiten unverzüglich ausgeführt werden müssen und Gefahr im Verzug ist. Generell dann, wenn objektiv keine Zeit verbleibt, die Vereinbarung noch vor der Ausführung der zusätzlichen Arbeiten zu treffen, sind die Vertragsparteien nicht verpflichtet, dies zu tun. Der Auftragnehmer verliert in diesem Fall seinen Vergütungsanspruch nicht.

**Berechnung der zusätzlichen Vergütung**

Die zu vereinbarende Vergütung bestimmt sich, sofern die Bauvertragsparteien nichts Abweichendes vereinbart haben, nach den Grundlagen der Preisermittlung für die vertragliche Leistung und den besonderen Kosten der geforderten zusätzlichen Leistung. Dies bedeutet, dass die Vergütung für die zusätzlichen Leistungen auf der Basis der im Bauvertrag enthaltenen Preise kalkuliert werden muss, sofern dies überhaupt möglich ist. Die im Bauvertrag bereits enthaltenen Preise für die von Beginn an zu erbringenden Bauleistungen bleiben unverändert. Zur Preisermittlungsgrundlage zählen dabei auch etwa bereits im Bauvertrag gewährte Nachlässe. Sie sind somit auch bei der Vereinbarung der zusätzlichen Vergütung zu berücksichtigen und in Ansatz zu bringen.

**Aktuelle Rechtsprechung:**

Voraussetzung für die gerichtliche Durchsetzung eines Anspruchs auf Zahlung einer Mehrvergütung ist u. a. die rechtzeitige Ankündigung des zusätzlichen Vergütungsanspruchs gegenüber dem Auftraggeber vor Beginn der Ausführung der zusätzlichen Leistungen (§ 2 Abs. 6 Nr. 1 Satz 2 VOB/B). Da die Ankündigung dem Schutz des Auftraggebers dient, der über drohende Kostenerhöhungen rechtzeitig informiert werden soll, um danach disponieren zu können,

ist sie nur in solchen Fällen entbehrlich, in denen der Ankündigungszweck bereits erreicht ist, etwa, weil sich der Auftraggeber über die Folgen der Zusatzarbeiten bereits im Klaren ist oder im Klaren sein musste. Die Verpflichtung zur Ankündigung bedeutet zwar i. d. R. nicht, dass der Auftragnehmer den Mehrvergütungsanspruch im Einzelnen und auch der Höhe nach ankündigen muss. Die Vorschrift des § 2 Abs. 6 VOB/B soll jedoch den Auftraggeber davor schützen, Forderungen ausgesetzt zu werden, mit denen er nicht rechnen musste, sodass er keine Möglichkeit hat, nach kostengünstigeren Alternativen Ausschau zu halten.
*OLG Köln, Urteil vom 28.01.2009, 11 U 228/05*

**Aktuelle Rechtsprechung:**
Verweigert der Auftraggeber den Einbau von vom Auftragnehmer angelieferten Baumaterialien wegen Mängeln und fordert er den Auftragnehmer auf, diese durch „Neuware" zu ersetzen, so ist diese Erklärung nicht als Anordnung zur Ausführung einer im Vertrag nicht vorgesehenen Leistung i. S. v. § 2 Abs. 6 VOB/B zu verstehen, sondern als Aufforderung, die vertraglich geschuldete Leistung zu erbringen.
*OLG Frankfurt am Main, Urteil vom 16.06.2011, 18 U 35/10*

# Mengenmehrung

Weicht die ausgeführte Menge der unter einem Einheitspreis erfassten Leistung oder Teilleistung um **nicht mehr als 10 %** von dem im Bauvertrag vorgesehenen Umfang ab, so gilt der vertraglich vereinbarte Einheitspreis. Anders ist dies jedoch dann, wenn die ausgeführte Menge diese 10 % überschreitet.

Für die über 10 % hinausgehende Überschreitung des Mengenansatzes ist auf Verlangen der jeweils begünstigten Vertragspartei ein neuer Preis unter Berücksichtigung der Mehr- und Minderkosten zu vereinbaren (§ 2 Abs. 3 Nr. 2 VOB/B).

Aus dem Wortlaut der Bestimmung ergibt sich bereits, dass dies nur bei Einheitspreisverträgen gilt, da auf den Einheitspreis als Bezugsgröße abgestellt wird. Sind jedoch von der unter einem Einheitspreis erfassten Leistung oder Teilleistung andere Leistungen abhängig, für die eine Pauschalsumme vereinbart ist, so kann mit der Änderung des Einheitspreises auch eine angemessene Änderung der Pauschalsumme gefordert werden.

Die Bestimmung findet ferner nur in den Fällen Anwendung, in denen der Umfang des Vertrags nicht etwa durch Anordnungen des Auftraggebers erweitert wird. In diesen Fällen liegen → zusätzliche Leistungen vor, bei welchen der Auftragnehmer grundsätzlich einen Anspruch auf zusätzliche Vergütung hat.

Ebenso gilt die Regelung nicht in den Fällen, bei denen der Auftraggeber den Bauentwurf geändert oder anderweitige Anordnungen getroffen hat.

Siehe auch: → Mehrvergütung

Maßgeblich dafür, ob eine Überschreitung von 10 % der im Einheitspreisvertrag vorgesehenen Menge vorliegt, ist der im Leistungsverzeichnis angegebene sog. „Vordersatz." Der Vordersatz gibt an, welche auszuführende Menge der Auftragnehmer sich hinsichtlich einer bestimmten Ordnungszahl (Position) im Verlauf der Bauausführung erwartet. Überschreitet also die tatsächlich ausgeführte Menge 10 % des Vordersatzes, so ist auf Verlangen ein neuer Preis bezüglich des über die 10 % hinausgehenden Teils zu vereinbaren.

Es gibt bei Mengenmehrungen von mehr als 10 % des Vordersatzes somit zwei unterschiedliche Einheitspreise:

- Bis zu 110 % der ausgeführten Menge verbleibt es beim ursprünglich vereinbarten Einheitspreis.
- Für die Mengen, die 110 % der ursprünglich vorgesehenen Menge überschreiten, wird ein i. d. R. reduzierter Einheitspreis zu vereinbaren sein.

Da der Auftragnehmer bei der Ausführung größerer Mengen als ursprünglich vorgesehen auch mehr an Material benötigt, kann er regelmäßig auch günstigere Einkaufspreise erzielen. Aus diesem Grund sinkt in der Mehrzahl der Fälle der Einheitspreis bei Mengenmehrungen. Dabei ist jedoch auch zu berücksichtigen, dass z. B. längere Vorhaltekosten entstehen, die dann wiederum den neu zu vereinbarenden Einheitspreis erhöhen.

**Praxistipp**:
Dem Auftraggeber, der bei der Kalkulation seines Angebots im Rahmen einer öffentlichen Ausschreibung für Straßenbauarbeiten zutreffend von einer Erdaushubtiefe von nur 0,50 m ausgegangen ist, bei diesem Erdaushub aber noch nicht auf tragfähigen Boden gelangt ist und deshalb auf Anordnung des Auftraggebers den Erdaushub bis 1,60 m Tiefe vornehmen muss, steht ein Anspruch auf Vereinbarung eines neuen Einheitspreises zu. Dieser

richtet sich nicht nach § 2 Abs. 3 VOB/B, sondern nach § 2 Abs. 5 VOB/B . Es liegt in einem solchen Fall nicht nur eine Mengenüberschreitung vor, sondern eine Änderung des Bauentwurfs bzw. eine Anordnung des Auftraggebers. Bei der Ermittlung der neuen Einheitspreise sind ggf. folgende Mehrkosten zu berücksichtigen:

a) erschwerter und damit zeitaufwendigerer Aushub
b) der Einsatz zusätzlichen Geräts
c) weitere Abtransportwege zur Kippe und erhöhte Kippgebühren
d) erhöhter Aufwand für das lagenweise Einbringen und Verdichten des Frostschutzkieses sowie
e) zusätzliche Maßnahmen zur Sicherung von Kabeln und Versorgungsleitungen in der Tiefe zwischen 0,60 m und 1,60 m

*OLG Düsseldorf, Urteil vom 13.03.1990, Az. 23 U 138/89*

# Mengenminderung

Für die über 10 % hinausgehende Überschreitung der im Einheitspreisvertrag vorgesehenen Menge ist auf Verlangen ein neuer Preis zu vereinbaren, wobei die Mehr- und Minderkosten zu berücksichtigen sind. In der Regel reduziert sich in diesem Fall hinsichtlich der über diese 10 % hinausgehenden Menge der ursprünglich vereinbarte Einheitspreis.

Siehe auch: → Mengenmehrung

Bei einer über 10 % hinausgehenden Unterschreitung des Mengenansatzes hingegen ist auf Verlangen der Einheitspreis für die tatsächlich ausgeführte Menge der Leistung oderTeilleistung zu **erhöhen**, soweit der Auftragnehmer nicht durch Erhöhung der Mengen bei anderen Ordnungszahlen (Positionen) im Leistungsverzeichnis oder in anderer Weise einen Ausgleich erhält.

Wie auch bei der Mengenmehrung ist Ausgangspunkt bei der Beurteilung, ob eine über 10 % der Menge hinausgehende Unterschreitung vorliegt, der Vordersatz im Leistungsverzeichnis.

Bei der Mengenmehrung können sowohl Auftraggeber als auch Auftragnehmer die Vereinbarung eines neuen Preises verlangen, je nachdem, ob sich aufgrund der ausgeführten Mengenmehrung letztlich eine Reduzierung oder eine Erhöhung des ursprünglich vereinbarten Einheitspreises ergibt. Bei der Mengenminderung hingegen steht das Recht, einen höheren Einheitspreis zu verlangen, lediglich dem Auftragnehmer zu. Dem Auftraggeber hingegen steht kein Recht zu, einen niedrigeren Einheitspreis vom Auftragnehmer zu fordern.

Zu beachten ist, dass im Gegensatz zur Mengenmehrung nicht zwei unterschiedliche, für das Bauvorhaben maßgebliche Einheitspreise gebildet werden. Liegt vielmehr eine Unterschreitung um mehr als 10 % der ursprünglich im Vordersatz des Leistungsverzeichnisses vorgesehenen Menge vor, wird der Einheitspreis für die gesamten verbleibenden Leistungen einheitlich angepasst.

Die Erhöhung des Einheitspreises soll im Wesentlichen dem Mehrbetrag entsprechen, der sich durch Verteilung der Baustelleneinrichtungs- und Baustellengemeinkosten, der allgemeinen Geschäftskosten als auch dem Gewinn auf die verringerte Menge ergibt, wobei die Umsatzsteuer entsprechend diesem neuen Preis vergütet wird.

# Minderkosten

Ändert der Auftraggeber im Rahmen des Zulässigen den Bauentwurf oder trifft er anderweitige Anordnungen und werden hierdurch die Grundlagen des Preises für eine im Vertrag vorgesehene Leistung geändert, so ist **ein neuer Preis unter Berücksichtigung der Mehr- und Minderkosten** zu vereinbaren.

Reduziert sich der ursprünglich für eine auszuführende Leistung angesetzte Preis hingegen deshalb, weil der Auftragnehmer größere Mengen auszuführen hat, ohne dass dabei der Inhalt des Bauvertrags selbst geändert wird, so sind etwaige Minderkosten ebenfalls bei der Kalkulation eines neuen Preises zu berücksichtigen. Wenn die vom Auftragnehmer ausgeführte Menge der unter einem Einheitspreis erfassten Leistung oder Teilleistung 10 % des Mengenansatzes überschreitet, ist auf Verlangen der jeweils begünstigten Vertragspartei ein neuer Preis unter Berücksichtigung der Mehr- und Minderkosten zu vereinbaren.

Siehe auch: → Anordnungen des Auftraggebers
→ Änderung des Bauentwurfs
→ Mehrkosten

# Minderung

Siehe auch: → Gewährleistung

# N

## Nacherfüllungsanspruch des Auftraggebers

Siehe auch: → Ersatzvornahme
→ Gewährleistung
→ Mangelbeseitigung vor der Abnahme

## Nacherfüllungsanspruch des Auftragnehmers

Siehe auch: → Ersatzvornahme
→ Gewährleistung
→ Mangelbeseitigung vor der Abnahme

## Nachunternehmer/ Nachunternehmervertrag

In der Baupraxis werden oft Generalunternehmer vom Bauherrn mit der schlüsselfertigen Erstellung eines Bauvorhabens beauftragt. Hierzu schließt der Generalunternehmer mit dem Bauherrn einen entsprechenden Bauvertrag. Der Generalunternehmer führt die ihm aufgetragenen Bauleistungen regelmäßig nicht alle selbst aus, sondern schließt seinerseits wieder Bauverträge über einzelne Gewerke mit Nachunternehmern (Subunternehmern). Zum Abschluss der Verträge mit den Nachunternehmern wird der Generalunternehmer vom Bauherrn im → Generalunternehmervertrag ermächtigt.

Beim Nachunternehmervertrag handelt es sich somit um einen ganz normalen Bauvertrag zwischen einem Auftraggeber (General- oder Hauptunternehmer) und einem Auftragnehmer (Nachunternehmer). Die Besonderheit beim Nachunternehmervertrag besteht darin, dass der Auftraggeber nicht, wie sonst, zugleich Bauherr ist, sondern selbst Auftragnehmer des Bauherrn.

**Hinweis:**
Mit Inkrafttreten des Forderungssicherungsgesetzes zum 01.01.2009 hat die Vorschrift des § 641 Abs. 2 BGB, der auch bei VOB-Bauverträgen Anwendung findet, eine für die Vergütung des Nachunternehmers bedeutende Änderung und Ergänzung erfahren. Demnach ist die Vergütung des Auftragnehmers, der Nachunternehmer (Subunternehmer) ist, für ein Werk, dessen Herstellung der Auftraggeber (Generalunternehmer) einem Dritten (Bauherr) versprochen hat, spätestens dann fällig,

1. soweit der Auftraggeber vom Bauherrn für das versprochene Werk wegen dessen Herstellung seine Vergütung oder Teile davon erhalten hat,
2. soweit das Werk des Auftraggebers vom Bauherrn abgenommen worden ist oder als abgenommen gilt oder
3. wenn der Nachunternehmer dem Auftraggeber erfolglos eine angemessene Frist zur Auskunft über die in Nr. 1 und 2 bezeichneten Umstände bestimmt hat.

Hat der Auftraggeber dem Bauherrn wegen möglicher Mängel der Werkleistungen des Nachunternehmers eine Sicherheit geleistet, so gilt das Vorstehende aber nur dann, wenn der Nachunternehmer dem Auftraggeber eine entsprechende Sicherheit leistet.

**Achtung:**
Natürlich steht dem Auftraggeber bei Fälligkeit der Vergütung gegenüber dem Nachunternehmer der Druckzuschlag gem. § 641 Abs. 3 BGB zu. Der Auftraggeber kann demnach, wenn er die Beseitigung eines Mangels verlangt, nach der Fälligkeit der Vergütung die Zahlung eines angemessenen Teils der Vergütung verweigern, wobei als angemessen i. d. R. das Doppelte der für die Beseitigung des Mangels erforderlichen Kosten angesehen wird. Hinzuweisen ist auch darauf, dass beim VOB-Bauvertrag die weiteren Fälligkeitsvoraussetzungen vorliegen müssen, wie etwa der Ablauf der Prüfungsfrist bei der Schlussrechnung. Gemäß § 16 Abs. 3 Nr. 1 VOB/B in der Fassung 2012 wird der Anspruch auf Schlusszahlung nunmehr alsbald nach der Prüfung und Feststellung fällig, spätestens jedoch innerhalb von 30 Tagen nach Zugang der Schlussrechnung. Diese im Vergleich zur VOB/B 2009 verkürzte Prüfungsfrist verlängert sich auf höchstens 60 Tage, wenn sie aufgrund der Natur oder der Merkmale der Vereinbarung sachlich gerechtfertigt ist und zudem ausdrücklich vereinbart wurde. Werden Einwendungen gegen die Prüfbarkeit unter Angabe der Gründe nicht bis zum Ablauf der jeweiligen Frist erhoben, kann sich der Auftraggeber nicht mehr auf die fehlende Prüfbarkeit berufen. Der zulässige Zeitraum für das Vorbringen von Einwänden gegen die Prüfbarkeit der Schlussrechnung richtet sich künf-

tig also ebenfalls nach den neu geregelten Fristen des § 16 Abs. 3 VOB/B 2012 und beträgt nicht mehr zwei Monate ab Zugang der Schlussrechnung.

Hat der Generalunternehmer, der einen Bauvertrag mit einem Nachunternehmer schließt, keine Vollmacht durch den Bauherrn erteilt bekommen, so kann der Bauherr den Vertrag mit dem Generalunternehmer kündigen. Nach § 4 Abs. 8 Nr. 1 VOB/B hat nämlich der Auftragnehmer grundsätzlich die vertraglich vereinbarten Leistungen im eigenen Betrieb auszuführen. Nur mit schriftlicher Zustimmung des Auftraggebers oder einer entsprechenden Vereinbarung im Bauvertrag selbst darf der Auftragnehmer Leistungen an Nachunternehmer weitergeben und mit diesen eigene Bauverträge schließen, es sei denn, sein Betrieb ist auf die Ausführung gewisser Bauleistungen nicht eingerichtet. Erbringt er Leistungen ohne schriftliche Erlaubnis oder Zustimmung nicht im eigenen Betrieb und gibt sie an Nachunternehmer weiter, obwohl er sie auch im eigenen Betrieb hätte ausführen können, so kann ihm der Bauherr eine angemessene Frist setzen und ihn auffordern, die Arbeiten im eigenen Betrieb auszuführen. Dabei hat er ihm zu erklären, dass er ihm nach Ablauf der Frist den Auftrag entziehe. Nach fruchtlosem Ablauf der Frist kann der Bauherr den Vertrag mit dem Generalunternehmer kündigen.

Gibt der Generalunternehmer Bauleistungen an einen Nachunternehmer weiter, so hat er die VOB/B auch dem Nachunternehmervertrag zugrunde zu legen, § 4 Abs. 8 Nr. 2 VOB/B. Er hat ferner dem Auftraggeber die für ihn tätigen Nachunternehmer auf Verlangen bekannt zu geben, § 4 Abs. 8 Nr. 3 VOB/B.

**Hinweis:**
In § 4 Abs. 8 Nr. 2 VOB/B stehen hinter den Wörtern „Vergabe- und Vertragsordnung für Bauleistungen" die Wörter „Teile B und C". Damit wird deutlich gemacht, dass der Auftragnehmer bei der Weitervergabe von Bauleistungen an Nachunternehmer nicht die VOB/A zugrunde zu legen hat. Er bleibt jedoch nach wie vor verpflichtet, bei der Vergabe von Unteraufträgen die VOB/A anzuwenden, wenn er selbst öffentlicher Auftraggeber nach § 98 des Gesetzes gegen Wettbewerbsbeschränkungen, kurz GWB, ist.

**Aktuelle Rechtsprechung:**
Erbringt der Nachunternehmer noch ausstehende Teile seiner dem Hauptunternehmer geschuldeten Leistung aufgrund eines gesondert geschlossenen Vertrags direkt für dessen Auftraggeber, so reicht der Eintritt des Leistungserfolgs als solcher nicht aus, um insoweit zugleich eine Bewirkung der Leistung des Nachunternehmers an den Hauptunternehmer anzunehmen. In einem vom BGH entschiedenen Rechtsfall hatte eine Hafengesellschaft als Auftraggeber einen Baggerbetrieb als Hauptunternehmer mit der Ausbaggerung eines Hafenbeckens sowie mit der Entsorgung des Baggerguts beauftragt. Der Hauptunternehmer wiederum beauftragte einen Entsorgungsbetrieb als Nachunternehmer mit der Entsorgung und Endlagerung des Baggerguts. Der Nachunternehmer verbringt einen Teil des Baggerguts auf eine eigene Deponie. Um die gesamte Menge dort auch endlagern zu können, müsste die Deponie ausgebaut werden. Dazu ist der Nachunternehmer jedoch aus finanziellen Gründen nicht in der Lage, weil vom Hauptunternehmer angeblich zugesagte Vorauszahlungen ausbleiben. Daraufhin beauftragt die Hafengesellschaft den Nachunternehmer direkt mit der

Um- und Endlagerung des restlichen Baggerguts. Hierfür erhält der Nachunternehmer auch direkt vom Auftraggeber eine Vergütung, die er wiederum von der Schlussrechnung des Hauptunternehmers in Abzug bringt. Der Nachunternehmer meinte nun, er könne vom Hauptunternehmer die volle Vergütung fordern, weil der Leistungserfolg aus dem Vertrag mit dem Hauptunternehmer eingetreten sei.

Das sah der BGH anders. Zwar hat der Nachunternehmer die weitere Teilmenge abfallrechtskonform entsorgt und endgelagert, sodass an und für sich der Leistungserfolg aus dem Vertragsverhältnis zum Hauptunternehmer eingetreten ist. Der Nachunternehmer hat jedoch im direkten Auftragsverhältnis zur Hafengesellschaft geleistet, sodass der Leistungserfolg nicht zugleich dem Vertragsverhältnis Hauptunternehmer zum Nachunternehmer zugeordnet werden kann. Ein Auftraggeber, der sich veranlasst sieht, zur Herbeiführung des Werkerfolgs einen weiteren Vertrag mit dem Nachunternehmer seines eigentlichen Vertragspartners, des Hauptunternehmers, abzuschließen, will, so der BGH, naturgemäß eine doppelte Vergütungspflicht vermeiden.
*BGH, Urteil vom 17.07.2007, Az. X ZR 31/06*

**Aktuelle Rechtsprechung:**
Die Kläger nahmen den beklagten Nachunternehmer im Zusammenhang mit dem Einbau und Wiederausbau von Heizkörpern und Vorwandelementen auf Zahlung eines Betrags in Höhe von 5.000 Euro in Anspruch. Die klagenden Bauherren beauftragten einen Hauptunternehmer mit der Errichtung eines Hauses. Der Hauptunternehmer bediente sich hinsichtlich des Gewerks Heizungs- und Sanitärarbeiten

eines Nachunternehmers. Nachdem der Hauptunternehmer in Zahlungsschwierigkeiten geriet, trat er einen Teil seiner Vergütungsansprüche gegen die Bauherren aus dem mit diesen geschlossenen Vertrag in Höhe von 4.000 Euro an den Nachunternehmer ab, woraufhin die Bauherren direkt an den Nachunternehmer bezahlen. Nachdem der Nachunternehmer später Heizkörper, die unstreitig nur vorübergehend im Bauvorhaben eingebracht worden waren, wieder demontiert, nehmen ihn die Bauherren auf Schadensersatz in vorbezeichneter Höhe in Anspruch.

Das Gericht wies die Klage ab. Zur Begründung führte es aus, dass den Bauherren die gegen den Nachunternehmer geltend gemachten Schadensersatzansprüche nicht zustehen. Die Forderungsabtretung zwischen dem Hauptunternehmer und dem Nachunternehmer hat allein zur Folge, dass der Nachunternehmer Inhaber der Forderung gegen die Bauherren wurde. Weitere Rechte der Bauherren gegen den Nachunternehmer begründe diese Abtretung nicht. Hierzu hätte es einer Vertragsübernahme bedurft, die aber ersichtlich nicht vorgenommen wurde. Auch habe die Abtretung keinen Vertrag zugunsten Dritter zwischen den Bauherren und dem Nachunternehmer begründet. Weitere Anspruchsgrundlagen sind ebenfalls nicht ersichtlich.
*OLG Brandenburg, Urteil vom 16.03.2011, 4 U 170/10*

# Nebenleistungen

In Teil C der VOB sind die → Allgemeinen Technischen Vertragsbedingungen für Bauleistungen (abgekürzt ATV) enthalten. Die VOB/C setzt sich aus den DIN 18299 bis DIN 18451 zusammen. Die ATV wurden mit Einführung der VOB/C 2012 grundlegend überarbeitet. Die VOB/C ist, ohne dass es einer ausdrücklichen Erwähnung im Bauvertrag bedürfte, stets Vertragsbestandteil eines VOB-Vertrags, sofern die VOB/B wirksam in den Bauvertrag einbezogen worden ist.

In Abschnitt 4 der jeweiligen DIN-Vorschriften der VOB/C ist geregelt, welche Bauleistungen, die der Auftragnehmer gem. dem Bauvertrag zu erbringen hat, Nebenleistungen sind und welche Leistungen besondere Leistungen darstellen. Nebenleistungen sind in der Leistungsbeschreibung nur zu erwähnen, wenn sie ausnahmsweise selbstständig vergütet werden sollen. Eine ausdrückliche Erwähnung ist geboten, wenn die Kosten der Nebenleistung von erheblicher Bedeutung für die Preisbildung sind. In diesen Fällen sind besondere Ordnungszahlen (Positionen) vorzusehen. Dies kommt insbesondere in Betracht für

- das Einrichten und Räumen der Baustelle,
- Gerüste sowie
- besondere Anforderungen an Zufahrten, Lager- und Stellflächen.

Grundsätzlich werden also auch Nebenleistungen Vertragsbestandteil, ohne dass sie ausdrücklich im Bauvertrag erwähnt werden. Diese Nebenleistungen sind daher vom Auftragnehmer mit auszuführen, ohne dass es einer besonderen Erwähnung der Nebenleistungen im Bauvertrag bedürfte. Konsequenz hieraus ist auch, dass Nebenleistungen, weil sie regelmäßig zum Leistungsumfang gehören, **nicht gesondert vergütet werden**. Dem Auftragnehmer steht daher bei Ausführung von Nebenleistungen grundsätzlich kein zusätzlicher Vergütungsanspruch gegenüber dem Auftraggeber zu, es sei denn, der Bauvertrag enthält hinsichtlich der Vergütung von Nebenleistungen eine abweichende Bestimmung und legt fest, dass diese ausnahmsweise doch zusätzlich zu vergüten sind.

Siehe auch: → Besondere Leistungen

**Aktuelle Rechtsprechung:**
Die Klägerin betreibt ein Fensterbauunternehmen. Dieses nimmt das beklagte Land auf Zahlung von Werklohn in Anspruch. Dem Vertragsschluss zwischen den Parteien lag eine Ausschreibung nach VOB/A zugrunde. In den Vertragsbedingungen war eine Klausel enthalten, wonach „alle Baustelleneinrichtungen und Nebenleistungen, die nicht im Leistungsverzeichnis besonders aufgeführt sind, in die Einheitspreise einzukalkulieren" waren.

Nach Fertigstellung fordert der Auftragnehmer vom Auftraggeber eine zusätzliche Vergütung für ein Kleingerüst sowie einen Baustellencontainer. Er begründet dies damit, dass nach den maßgeblichen DIN-Vorschriften derartige Leistungen gesondert zu vergüten seien. Da keine gesonderte Ausschreibung dieser Leistungen im Leistungsverzeichnis erfolgt ist, handelt es sich nicht um nicht vergütungspflichtige Nebenleistungen, sondern um vergütungspflichtige Leistungen. Da das Land nicht zahlt, klagt der Auftragnehmer. Das Gericht weist die Klage jedoch als unbegründet ab. In den Gründen der Entscheidung führt das Gericht aus, dass dem Auftragnehmer zwar insoweit beizupflichten ist, dass – wenn allein die VOB/C maßgeblich wäre – das Bringen und Abholen eines Baustellencontainers und das Vorhalten des

Kleingerüsts vergütungspflichtig wären. Aufgrund der Vereinbarung im Vertrag haben die Parteien jedoch verbindlich und vorrangig gegenüber der VOB/C und den DIN-Vorschriften geregelt, dass dem Auftragnehmer eine gesonderte Vergütung für diese Leistung nicht zusteht. Entgegen der Ansicht des Auftragnehmers ist die Klausel auch im unternehmerischen Verkehr zulässig und verstößt nicht gegen § 9 AGBG (heute: § 307 Abs. 1 BGB).
*OLG Dresden, Urteil vom 31.08.2011, 1 U 1682/10*

# Nebenunternehmer

Der Nebenunternehmer ist ebenso wie der Hauptunternehmer, der Generalunternehmer und der Nachunternehmer (Subunternehmer) nicht ausdrücklich in der VOB/B erwähnt.

Der Hauptunternehmer, der sich gegenüber dem Bauherrn vertraglich verpflichtet hat, die gesamte Bauleistung zu erbringen, kann sich der Hilfe eines Nebenunternehmers bedienen, wenn er bestimmte geringfügige und im Hinblick auf die gesamte zu erbringende Bauleistung nicht sehr ins Gewicht fallende Nebenarbeiten nicht selbst ausführen kann oder aber der Nebenunternehmer eine größere Fachkenntnis und Erfahrung hinsichtlich gewisser Teilleistungen aufzuweisen hat.

Hat der Hauptunternehmer selbst die Bauleistungen zu erbringen, so liegt ein ganz normaler Bauvertrag zwischen dem Bauherrn als Auftraggeber und dem Hauptunternehmer als Auftragnehmer vor. Werden für die Ausführung gewisser Teilleistungen Nebenunternehmer eingesetzt, so stehen diese, im Gegensatz zum Nach- bzw. Subunternehmer, nicht in einem

Vertragsverhältnis zum Hauptunternehmer, sondern sind Auftragnehmer des Bauherrn und haften diesem gegenüber. Vertragspartner sind also Bauherr und Nebenunternehmer. Der Hauptunternehmer kann seitens des Bauherrn beauftragt werden, Vertragsverhandlungen mit Nebenunternehmern zu führen und entsprechende Nebenunternehmerverträge abzuschließen. Es ist jedoch dem Bauherrn grundsätzlich anzuraten, die für ihn tätig werdenden Nebenunternehmer selbst auszusuchen und die entsprechenden Verträge mit den Nebenunternehmern auch selbst abzuschließen. Sofern der Hauptunternehmer die Nebenunternehmerverträge als Bevollmächtigter des Bauherrn abschließt, sollte der Bauherr zumindest ein Augenmerk darauf gerichtet haben, dass die Beauftragung von Nebenunternehmern in gemeinsamer Absprache mit dem Hauptunternehmer erfolgt. Dies ist für den Hauptunternehmer v. a. im Hinblick auf die von ihm zu übernehmenden Haftungsverpflichtungen gegenüber dem Bauherrn von Bedeutung. Sofern der Hauptunternehmer in Vollmacht des Bauherrn Nebenunternehmerverträge abschließt, übernimmt er etwa die Verantwortung für eine ordnungsgemäße Bauüberwachung ebenso wie die Verantwortung für sachlich richtige Rechnungen. Diese Aufsichtspflichten würde der Bauherr sonst Architekten oder sonstigen Sonderfachleuten überlassen, da er meist selbst nicht in der Lage ist, die entsprechenden Aufgaben wahrzunehmen.

# Neuer Preis

Siehe: → Anordnungen des Auftraggebers
→ Änderung des Bauentwurfs
→ Mehrkosten

→ Mehrvergütung
→ Minderkosten
→ Zusätzliche Leistungen

## Nutzung von Einrichtungen

Der Auftraggeber hat, wenn im Bauvertrag oder sonst nichts anderes vereinbart ist, dem Auftragnehmer gem. § 4 Abs. 4 VOB/B unentgeltlich zur Benutzung oder Mitbenutzung zu überlassen:

- die notwendigen Lager- und Arbeitsplätze auf der Baustelle
- vorhandene Zufahrtswege und Anschlussgleise sowie
- vorhandene Anschlüsse für Wasser und Energie, wobei die Kosten für den Verbrauch und den Messer oder Zähler der Auftragnehmer trägt
  (Mehrere Auftragnehmer tragen diese Kosten anteilig.)

In diesem Zusammenhang gilt es zu berücksichtigen, dass lediglich die notwendigen Lager- und Arbeitsplätze auf der Baustelle vorhanden sein müssen, etwa Baucontainer, sanitäre Anlagen oder aber, soweit für die Bauausführung erforderlich, Bürocontainer, und dass der Auftragnehmer einen Anspruch darauf hat, lediglich **vorhandene** Zufahrtswege und Anschlussgleise unentgeltlich zu nutzen. Der Auftraggeber ist nach dem Wortlaut des § 4 Abs. 4 VOB/B nicht verpflichtet, neue Zufahrtswege und Anschlussgleise zu errichten.

Verweigert der Auftraggeber die unentgeltliche Nutzung oder Mitnutzung der Einrichtungen, so macht er sich gegenüber dem Auftragnehmer schadensersatzpflichtig. Zudem hat der Auftragnehmer, sofern aus der Weigerung des Auftraggebers eine Behinderung der Arbeiten resultiert, einen Anspruch auf Verlängerung von Vertragsfristen, sofern er dem Auftraggeber gegenüber die entsprechende Behinderungsanzeige vorgenommen hat.

Siehe auch: → Behinderung der Ausführung
→ Behinderungsanzeige
→ Verlängerung von Vertragsfristen

**Praxistipp 1:**
Wenn ein Bauvertrag eine Klausel enthält, wonach der Auftragnehmer verpflichtet sein soll, Baustrom und Bauwasser für die gesamte Bauzeit vorzuhalten und auch den Nachfolgegewerken zur Verfügung zu stellen, so ist diese Klausel nichtig, da sie den Auftragnehmer unangemessen benachteiligt. Zwar können die Bauvertragsparteien grundsätzlich von der Regelung in der VOB/B abweichen, mit der vorliegenden Klausel wurde der Auftragnehmer jedoch zur Durchsetzung seiner Vergütungsansprüche auf Dritte verwiesen, zu denen er keine vertraglichen Beziehungen hatte. Aus diesem Grund liegt ein Verstoß gegen die Bestimmungen des Rechts der Allgemeinen Geschäftsbedingungen vor, sodass die Klausel insgesamt unwirksam ist. **Zahlen** einige Nachfolgefirmen die Kosten für die Versorgung nicht an den Auftragnehmer und sperrt der Auftragnehmer daraufhin die Wasserversorgung, so ist er für daraus resultierende Stillstandskosten nicht verantwortlich zu machen. Der Auftraggeber kann vom Auftragnehmer also aus diesem Grund keine Ansprüche auf Schadensersatz geltend machen. Eine vom Auftraggeber

aufgrund der Sperrung ausgesprochene Kündigung wäre unzulässig.
*VOB-Stelle Niedersachsen, Stellungnahme vom 19.11.1996, Fall 1107*

**Praxistipp 2:**
Die Fälligkeit des Vergütungsanspruchs für die Nutzung von Geräten, Gerüsten und von auf der Baustelle vorhandenen anderen Einrichtungen sowie von angelieferten Stoffen des Auftragnehmers durch den Auftraggeber hängt nicht davon ab, dass der Auftragnehmer nach der Kündigung eine Schlussrechnung gem. § 8 Abs. 6 VOB/B erteilt. Nach dieser Vorschrift kann der Auftragnehmer Aufmaß und Abnahme der von ihm ausgeführten Leistungen alsbald nach der Kündigung verlangen. Er hat zwar gem. Satz 2 der Bestimmung unverzüglich eine prüfbare Rechnung über die ausgeführten Leistungen vorzulegen. Der Grundsatz, dass alle Vergütungsansprüche aus dem Bauvertrag in einer Schlussrechnung abzurechnen seien, gilt nicht uneingeschränkt. Die Vergütung für die Weiternutzung der Einrichtungen des Auftragnehmers knüpft an Umstände an, die erst nach der Kündigung eintreten. Aus diesem Grund kann die Vergütung hierfür auch noch nicht in der Schlussrechnung geltend gemacht werden. Die Fälligkeit tritt somit unabhängig von der Schlussrechnung ein. Die Vergütung kann nicht unselbstständiger Rechnungsposten der Schlussrechnung sein.

# O

## Ordnung auf der Baustelle

Der Auftraggeber hat gem. § 4 Abs. 1 Nr. 1 VOB/B für die Aufrechterhaltung der allgemeinen Ordnung auf der Baustelle zu sorgen und das Zusammenwirken der verschiedenen Unternehmer zu regeln. Er hat zudem die erforderlichen öffentlich-rechtlichen Genehmigungen und Erlaubnisse einzuholen. Der Auftraggeber hat dabei nicht nur dafür zu sorgen, dass auf dem Baugrundstück selbst allgemeine Ordnung vorherrscht. Vielmehr ist der Begriff „Baustelle" weit zu ziehen. Er muss also auch ggf. dafür sorgen, dass von angrenzenden Grundstücken keine Störungen ausgehen.

Die allgemeine Ordnung ist vom Auftraggeber zu Beginn der Bauarbeiten zu schaffen und während der gesamten Bauphase aufrechtzuerhalten. Er hat stets zu gewährleisten, dass der Bauablauf nicht gestört wird. Die Verpflichtung des Auftraggebers beschränkt sich dabei nicht nur darauf, Bauplätze, Baugeräte, Baucontainer, sanitäre Einrichtungen etc. bereitzustellen. Er muss vielmehr dann, wenn es zu Störungen des Bauablaufs von außen kommt, dafür sorgen, dass diese unterbunden werden. So etwa dann, wenn Demonstrationen stattfinden, die den Bauablauf gefährden.

Siehe auch: → Ausführung

# P

## Pauschalpreis/Pauschalpreisvertrag

In der VOB/B findet sich keine Definition des Pauschalpreises oder des Pauschalpreisvertrags. Lediglich in § 2 Abs. 7 VOB/B ist ausgeführt, dass dann, wenn als Vergütung der Leistung eine Pauschalsumme vereinbart worden ist, die Vergütung grundsätzlich unverändert bleibt, es sei denn, die ausgeführte Leistung weicht von der vertraglich vorhergesehenen so erheblich ab, dass ein Festhalten an der Pauschalsumme nach den Grundsätzen der Störung der Geschäftsgrundlage nicht mehr zumutbar ist.

Beim Einheitspreisvertrag steht bei Abschluss des Bauvertrags nicht fest, welche Vergütung letztlich an den Auftragnehmer zu zahlen ist. In dem, dem Einheitspreisvertrag zugrunde liegenden, Leistungsverzeichnis werden zwar die Einheitspreise einer bestimmten auszuführenden Position festgelegt. Der Vordersatz unter einer jeweiligen Ordnungszahl gibt jedoch lediglich an, welche Menge der Auftragnehmer im Rahmen der Ausführung voraussichtlich benötigt. Dieser Vordersatz ist für die Schlussrechnung nicht verbindlich, bei der Abrechnung wird die tatsächlich ausgeführte Menge mit dem jeweils fest vereinbarten Einheitspreis multipliziert.

Anders ist dies hingegen beim Pauschalpreisvertrag. Hier vereinbaren die Vertragsparteien bereits vor Beginn der Ausführung der Bauarbeiten die dem Auftragnehmer letztlich zustehende Vergütung, den Pauschalpreis, der nur in Ausnahmefällen abgeändert werden kann, siehe hierzu unten.

Beim Pauschalpreisvertrag kann die vom nicht an das Vergaberecht gebundenen Auftragnehmer zu erbringende Leistung ebenso wie beim Einheitspreisvertrag sehr genau durch die Leistungsbeschreibung festgelegt sein. Sie kann allerdings auch recht ungenau und auslegungsbedürftig sein. Wie beim Einheitspreisvertrag stehen jedoch auch beim Pauschalpreisvertrag die vom Auftragnehmer zu erbringenden Bauleistungen von Beginn an fest. Der Pauschalpreisvertrag ist hinsichtlich der zu erbringenden Bauleistungen also nicht dehn- oder erweiterbar.

Beim Pauschalpreisvertrag ist die vereinbarte Vergütung unabhängig davon, ob sich der Auftragnehmer bei Angebotsabgabe verspekuliert hat. Es wird nicht nach tatsächlich angefallenen Mengen abgerechnet, dem Auftragnehmer steht grundsätzlich nur der ursprünglich vereinbarte Pauschalpreis zu.

**Ausnahmen hiervon** ergeben sich aber dann,

- wenn die ausgeführte Leistung von der vertraglich vorgesehenen Leistung so erheblich abweicht, dass dem Auftragnehmer ein Festhalten an der Pauschalsumme nicht zumutbar ist. Es ist dann auf Verlangen des Auftragnehmers ein Ausgleich unter Berücksichtigung der Mehr- und → Minderkosten zu gewähren.
- wenn der Auftraggeber im Vertrag ausbedungene Leistungen des Auftragnehmers selbst übernimmt. Auch bei einem Pauschalpreisvertrag ist wie beim Einheitspreisvertrag in einem solchen Fall eine Anpassung des Pau-

schalpreises vorzunehmen, wobei der Pauschalpreis, um eine angemessene Anpassung zu ermitteln, in die einzeln zu erbringenden Leistungen zerlegt werden muss.

- wenn der Auftraggeber eine freie Kündigung ausspricht. Auch beim Pauschalpreisvertrag steht dem Auftragnehmer zwar grundsätzlich die Vergütung zu, er muss sich aber dasjenige anrechnen lassen, was er sich aufgrund der vorzeitigen Kündigung an Aufwendungen erspart oder zu ersparen böswillig unterlässt.
- wenn der Auftraggeber Anordnungen trifft, wodurch die ursprünglich vereinbarte Leistung geändert wird oder zusätzliche Leistungen gefordert werden. Auch hier steht dem Auftragnehmer wie beim Einheitspreisvertrag ein Anspruch auf Nachtragsvergütung zu.

Der Auftragnehmer hat beim Pauschalpreisvertrag darauf zu achten, dass die von ihm zu erbringenden Leistungen genau bezeichnet und definiert sind. Es muss sich aus dem Vertrag unzweifelhaft ergeben, welche Bauleistungen der Auftragnehmer für die vereinbarte Pauschalsumme erbringen muss. Dies bereits im Vorfeld festzulegen ist von großer Wichtigkeit, um spätere Streitigkeiten und Gerichtsverfahren zu vermeiden. Die Festlegung der auszuführenden Menge kann dadurch erfolgen, dass der Auftraggeber Pläne zur Verfügung stellt, die dann Gegenstand des Bauvertrags werden. Ebenso ist es möglich, dass der Pauschalpreisvertrag nur grobe Vorgaben über die vom Auftragnehmer auszuführenden Mengen enthält und der Auftragnehmer selbst Pläne zu erstellen hat, aus welchen sich der genaue Umfang und damit auch die Menge der zu erbringenden Leistungen ergibt.

Bei Pauschalpreisverträgen wird generell unterschieden zwischen

- Detail-Pauschalpreisverträgen und
- Global-Pauschalpreisverträgen.

**Detail-Pauschalpreisvertrag**

Beim Detail-Pauschalpreisvertrag werden die vom Auftragnehmer auszuführenden Arbeiten im Einzelnen aufgeschlüsselt. Diesem Vertragstyp liegt in aller Regel eine Leistungsbeschreibung zugrunde, die, wie bei einem Einheitspreisvertrag, die insgesamt zu erbringenden Leistungen detailliert beschreibt. Sie enthält also ebenso wie die Leistungsbeschreibung beim Einheitspreisvertrag Ordnungszahlen (Positionen) und ggf. Pläne, aus denen sich differenziert der Leistungsumfang ergibt. Vom Einheitspreisvertrag unterscheidet sich dieser Vertragstyp, wie jeder Pauschalpreisvertrag, dadurch, dass sich nicht erst aus der Schlussrechnung ergibt, was der Auftraggeber dem Auftragnehmer tatsächlich schuldet, sondern dass die zu zahlende Vergütung bereits bei Vertragsschluss pauschaliert wird. Der Auftragnehmer hat nur diejenigen Leistungen auszuführen, die sich aus der detaillierten Leistungsbeschreibung ergeben.

**Global-Pauschalpreisvertrag**

Beim Vertragstyp des Global-Pauschalpreisvertrags ist dies anders. Hier wird das vom Auftragnehmer zu erbringende Leistungssoll nicht detailliert, sondern lediglich global oder funktional beschrieben. Da der Auftragnehmer aufgrund des lediglich global umrissenen **Leistungsumfangs** nicht in der Lage ist, die Bauleistungen auszuführen, ist regelmäßig Gegenstand des Global-Pauschalpreisvertrags neben der Ausführung der eigentlichen Bauleistungen auch die Ausführung der dem Bauvorhaben zugrunde liegenden Planungsleistungen.

Im Unterschied zum Detail-Pauschalpreisvertrag, bei welchem der Auftraggeber die Planung vorgibt, hat beim Global-Pauschalpreisvertrag der Auftragnehmer i. d. R. die eigentliche Detailplanung auszuführen.

**Hinweis:**
Bei unklaren Pauschalpreisverträgen trägt grundsätzlich der Auftragnehmer die Beweislast dafür, dass eine streitige Leistung nicht vom Pauschalpreis erfasst ist. Die Beweislast ändert sich aber dann zulasten des Auftraggebers, wenn die Leistungsbeschreibung unklar oder unvollständig ist, und ein vom Auftraggeber beauftragter Architekt das Leistungsverzeichnis erstellt hat.
*OLG Bremen, Urteil vom 02.03.2009, Az. 3 U 38/08*

**Aktuelle Rechtsprechung:**
Der Kläger macht als Insolvenzverwalter über das Vermögen des Auftragnehmers Restwerklohn aus einem Pauschalpreisvertrag und die Auszahlung von Sicherheitseinbehalten geltend. Das Landgericht hat in erster Instanz die Klage u. a. deshalb abgewiesen, da der Kläger keine Schlussrechnung vorgelegt hat.

Gegen dieses Urteil hat der Kläger Berufung eingelegt. Mit der Berufung verfolgt der Kläger die Ansprüche weiter. Mit der Berufungsbegründung legt er erstmals eine Schlussrechnung vor. Er macht geltend, dass er bereits erstinstanzlich darauf hingewiesen habe, dass die Pauschalaufträge komplett erbracht wurden. Die mit der Schlussrechnung geltend gemachten Forderungen ergäben sich aus Nachtragsleistungen, die in den einzelnen Rechnungen genau aufgeführt seien. Das Gericht wies die Berufung als unbegründet ab, mit folgender Begründung: Ein Anspruch auf Zahlungen für die behaupteten Nachtragsarbeiten besteht nicht.

Ein solcher Anspruch ergab sich zum einen nicht aus dem zwischen den Parteien geschlossenen Pauschalpreisvertrag. Gegenstand dieses Vertrags war die Lieferung und Montage der Gewerke Heizung und Sanitär zu einem Pauschalpreis. In sog. zusätzlichen Vertragsgrundlagen war geregelt, welche Positionen nicht in der Pauschalsumme enthalten sein sollten. Bezüglich zusätzlicher Leistungen, die im Vertrag nicht vorgesehen waren, war geregelt worden, dass ein Anspruch auf Vergütung nur besteht, wenn der Anspruch angekündigt und ein prüfbares Angebot abgegeben wurde, bevor mit der Ausführung der Arbeiten begonnen wird. Der Kläger hatte jedoch für keine der geforderten Nachtragsleistungen ein prüfbares Angebot vorgelegt. Gerade bei einem Pauschalpreisvertrag können jedoch zusätzliche Leistungen nur gefordert werden, wenn sie nicht vom Pauschalpreis erfasst sind. Aus den einzelnen Nachtragsrechnungen des Klägers wurde zudem auch nicht ersichtlich, dass es sich durchgängig um Arbeiten handeln sollte, die vom Pauschalpreis nicht umfasst gewesen sein sollen.

Aber auch aus der VOB/B, deren Geltung die Parteien vereinbart hatten, ergab sich kein Anspruch des Klägers auf Zahlung der Nachtragspositionen. Ein Anspruch aus § 2 Abs. 6 VOB/B scheiterte bereits daran, dass der Kläger nicht

vorgetragen hatte, dass bestimmte Zusatzleistungen von der Auftraggeberin gefordert wurden und ein Anspruch aus § 2 Abs. 8 VOB/B scheiterte daran, dass keine nachträgliche Anerkennung durch die Beklagte erfolgt ist. Eine schlüssige oder stillschweigende Annahme der Nachtragsleistungen durch Entgegennahme der Arbeiten wäre nur in Betracht gekommen, wenn der Kläger dem Auftraggeber zuvor ein Nachtragsangebot unterbreitet hätte, was er aber nicht getan hatte.
*OLG Frankfurt/Main, Urteil vom 01.10.2010*

**Aktuelle Rechtsprechung:**
Die Parteien eines Pauschalpreisvertrags streiten um die Vergütung des Klägers für Tiefbauleistungen. Im Vertrag verpflichtete sich der Kläger gegenüber dem Beklagten, Tiefbauleistungen zu erbringen. Ausdrücklich ist im Vertrag bestimmt, dass der Auftraggeber dem Auftragnehmer „die komplette Tiefbauleistung zur Herstellung Sohle Baufeld" übertrage. Anlage zum Pauschalpreisvertrag war auch das Angebot des Klägers, in dem es heißt, dass die Verladung, der Transport und die Entsorgung der überschüssigen Erdmassen sowie die Herstellung eines bebaubaren Planums bis auf eine bestimmte Höhe einschließlich der Verdichtungsnachweise Gegenstand des Vertrags sind. Ferner war der Außenanlageplan Anlage des Vertrags.

Nach Stellung der Schlussrechnung durch den Kläger am 21.10.2006 kündigte der Beklagte am 06.12.2006 den Bauvertrag. Der Kläger fordert nun noch einen Restwerklohn in Höhe von 20.000 Euro sowie weitergehende Vergütung für vermeintlich erbrachte Zusatzleistungen, die nicht im

Umfang des Pauschalpreises enthalten gewesen sein sollen. Der beklagte Auftraggeber hingegen meint, ihm stünden noch Ersatzvornahmekosten zu. Der Kläger habe nämlich den Leistungsumfang aus dem Pauschalpreisvertrag nicht erbracht, weshalb er berechtigt gewesen sei, den Vertrag zu kündigen, nachdem der Kläger die endgültige Erfüllung verweigert habe. Der Kläger habe nämlich nach dem Vertrag auch die Pflicht gehabt, die Außenanlagen herzustellen. Er habe daraufhin die fehlenden Leistungen durch eine Drittfirma erbringen lassen und wollte diese nun vom Kläger erstattet haben.

Das Oberlandesgericht Naumburg sah die geltend gemachten Ansprüche von Kläger als auch vom Beklagten im Ergebnis als unbegründet an. Der Kläger ist darlegungs- und beweispflichtig dafür, dass er die im Pauschalpreisvertrag vereinbarten Leistungen erbracht hat. Diesen Nachweis hat er nicht erbracht. Es ist unklar, zu welchen Leistungen sich der Kläger durch den Pauschalpreis verpflichtet hat. Gemäß § 1 Abs. 1 VOB/B wird die auszuführende Leistung nach Art und Umfang durch den Vertrag bestimmt. Die vom Auftragnehmer zu erbringenden Leistungen sind durch Auslegung zu ermitteln. Aus der Vertragsurkunde ergibt sich nicht hinreichend deutlich, ob sich die Herstellung eines bebaubaren Planums auf das gesamte Grundstück einschließlich des gesamten Bereichs der Außenanlagen beziehen sollte oder nur auf die mit dem Gebäude zu bebauende Fläche. Nachdem sich auch ansonsten keine weitergehenden Anhaltspunkte für eine Auslegung in die eine oder andere Richtung ergeben haben, bleiben Unklarheiten bestehen, in welchem Umfang sich die Parteien mit dem Pauschalpreisvertrag vertraglich verpflichtet haben. Dies geht zulasten des Klägers, der diesbezüglich den erforderlichen Beweis schuldig blieb, weshalb die restliche Vergütung nicht zugesprochen wurde. Auch hinsichtlich der Zusatzleistungen hat der klagende Auftragnehmer die Darlegungs- und Beweislast dafür, dass die von ihm erbrachten Leistungen nicht zum Leistungsumfang des Pauschalpreisvertrags gehört haben und daher zusätzlich zu vergüten sind. Nachdem er auch diesen Beweis nicht erbringen konnte, war ihm diese zusätzliche Vergütung ebenfalls nicht zuzusprechen.

Aber auch der Auftraggeber hatte keinen Anspruch auf die geltend gemachten Ersatzvornahmekosten. Der Vertrag ist nicht eindeutig. Nachdem sich der konkrete Leistungsumfang nicht ermitteln ließ, stand auch nicht fest, ob der Kläger zur Ausführung der Außenanlagen verpflichtet war.
*OLG Naumburg, Urteil vom 07.04.2009, 9 U 43/08; BGH Beschluss vom 18.05.2010; VII ZR 86/09 (Nichtzulassungsbeschwerde zurückgewiesen)*

**Hinweis:**
Auch bei einem Pauschalpreisvertrag hat der Auftragnehmer einen Anspruch auf Vergütungsanpassung gem. § 2 Abs. 5 VOB/B. Dies ist der Fall, wenn sich durch eine Änderung des Bauentwurfs oder eine Anordnung des Auftraggebers die Grundlage des Pauschalpreises für die im Vertrag vorgesehene Leistung und damit das geschuldete und mit dem Pauschalpreis abgegoltene Bausoll ändert. Grundsätzlich hat der Auftragnehmer bei unklaren Pauschalpreisverträgen die Beweislast dafür, dass eine streitige Leistung nicht vom Pauschalpreis erfasst ist. Für den Fall, dass die Pläne und das Leistungsverzeichnis, das dem Angebot zugrunde liegt, von

Auftraggeberseite gestellt werden, ändert sich die Beweislast zulasten des Auftraggebers (Leitsatz).
*OLG Düsseldorf, Urteil vom 13.11.2007, 21 U 256/06; BGH Beschluss vom 10.07.2008, VII ZR 218/07 (Nichtzulassungsbeschwerde zurückgewiesen).*

## Preisänderungen

Siehe: → Anordnungen des Auftraggebers
→ Mehrkosten
→ Mehrvergütung
→ Minderkosten

## Privilegierung der VOB/B als Ganzes

Der Verbraucherschutz nimmt in Deutschland einen sehr hohen Stellenwert ein. Dies spiegelte sich in der Vergangenheit nicht zuletzt auch in der Rechtsprechung zur Privilegierung der VOB/B wider. Zuletzt wurde mit Inkrafttreten des Forderungssicherungsgesetzes zum 01.01.2009 die VOB/B weiter geschwächt. In Verträgen mit Verbrauchern ist die VOB/B nunmehr nicht mehr privilegiert. Bislang unterlagen die einzelnen Vorschriften der VOB/B, die ja nichts anderes als Allgemeine Geschäftsbedingungen darstellen, auch in Verträgen, die mit Verbrauchern i. S. v. § 13 BGB abgeschlossen worden sind, noch keiner Inhaltskontrolle nach dem Recht der Allgemeinen Geschäftsbedingungen, also den §§ 307 ff. BGB, sofern die Vertragsparteien die VOB/B als Ganzes, also in allen Punkten unverändert, vereinbart haben.

Seit Inkrafttreten des Forderungssicherungsgesetzes im Jahr 2009 ist es so, dass die VOB/B ihre privilegierte Stellung verloren hat und als „normale Geschäftsbedingung" behandelt wird, wenn der Auftragnehmer sie in einem Vertrag mit einem Verbraucher verwendet. Es ist also unerheblich, ob in einem Bauvertrag mit einem Verbraucher die VOB/B abgeändert wird oder nicht. Sie ist auch dann, wenn sie als Ganzes in einem Bauvertrag mit einem Verbraucher vereinbart ist, der Inhaltskontrolle anhand der Vorschriften über die Allgemeinen Geschäftsbedingungen unterworfen. Dies hat zur Folge, dass einzelne, längst aber nicht alle, Bestimmungen in der VOB/B nicht wirksam sind und durch die entsprechenden Regelungen im BGB ersetzt werden.

Wird die VOB/B gegenüber einem Unternehmer, einer juristischen Person des öffentlichen Rechts oder einem sog. öffentlich-rechtlichen Sondervermögen verwendet, so ist zu unterscheiden:

- Falls die VOB/B vollständig und ohne inhaltliche Abweichungen in den Bauvertrag einbezogen ist, scheidet nach wie vor eine Inhaltskontrolle einzelner Bestimmungen am Maßstab der Bestimmungen im BGB über die Allgemeinen Geschäftsbedingungen (§§ 305 ff. BGB) aus.
- Inhaltliche Abweichungen von den Bestimmungen der VOB/B, gleich welchen Grades, führen hingegen dazu, dass zulasten des Verwenders die Inhaltskontrolle anhand der Bestimmungen über Allgemeine Geschäftsbedingungen im BGB stattfindet. Danach führt also jede vertragliche Abweichung von der VOB/B dazu, dass diese nicht als Ganzes vereinbart ist. Es kommt dabei nicht darauf an, wie schwerwiegend der Eingriff in die VOB/B ist.

**Aktuelle Rechtsprechung:**
Nach der aktuellen Rechtsprechung des Bundesgerichtshofs ist die VOB/B nur dann der Inhaltskontrolle nach §§ 305 ff BGB entzogen, wenn sie als Ganzes vereinbart worden ist. Dabei führt, wie oben dargestellt, jede Abweichung von der VOB/B dazu, dass die VOB/B nicht mehr als Ganzes vereinbart ist. Auf das Gewicht kommt es entgegen der früheren Rechtsprechung nicht mehr an.

In einem vom Oberlandesgericht Hamm entschiedenen Fall wich der Bauvertrag bereits insoweit von der VOB/B ab, als dass anstelle der seinerzeitigen noch zweijährigen Verjährungsfrist des § 13 Abs. 4 Nr. 1 VOB/B eine Gewährleistungsfrist von vier Jahren vereinbart worden ist. Nach der Entscheidung des Gerichts ist dadurch bereits die Privilegierung der VOB/B entfallen. Bezüglich der Frage, ob die Vereinbarung einer längeren Verjährungsfrist für Mängelansprüche nach BGB bereits dazu führt, dass die VOB/B nicht mehr als Ganzes vereinbart ist, sind sich die Gerichte derzeit jedoch noch alles andere als einig, da § 13 Abs. 4 Nr. 1 VOB/B eine sog. Öffnungsklausel enthält, wonach nur dann, wenn nichts anderes vereinbart ist, die Verjährungsfrist nach VOB/B gilt. Etliche Gerichte vertreten daher auch die Auffassung, dass aufgrund des Umstands, dass in der VOB/B ausdrücklich geregelt ist, dass die Verjährungsfrist nach § 13 Abs. 4 VOB/B nur dann gilt, wenn nichts anderes vereinbart wird, keine Änderung der VOB/B vorliegt, wenn man von dieser in § 13 Abs. 4 VOB/B vorgesehenen Möglichkeit Gebrauch macht und die Verjährungsfrist nach BGB vereinbart. Diese Ansicht teilte jedoch das OLG Hamm im vorliegenden Fall nicht. Es begründete dies damit, dass auch dann, wenn die VOB/B eine vertragliche Änderung ausdrücklich zulässt, gleichwohl eine solche Änderung derart in das Gesamtgefüge der VOB/B eingreift, dass dies zu einer Beeinträchtigung in der inhaltlichen Ausgewogenheit der VOB/B im Einzelfall führt.

Ob im Einzelfall eine unangemessene Benachteiligung durch die Änderung vorliegt, ist jeweils unter Wegfall der Privilegierung im Wege der isolierten Inhaltskontrolle zu prüfen. Schließlich hat das Gericht zugleich auch festgestellt, dass die Unterbrechung der Verjährung in § 13 Abs. 5 VOB/B, also die sog. „Quasiunterbrechung", wie man sie bislang noch weitgehend nannte, einer isolierten Inhaltskontrolle standhält, also AGB-konform und damit auch bei Wegfall der Privilegierung der VOB/B wirksam ist.
*OLG Hamm, Urteil vom 17.07.2008, 21 U 145/05*

# Prüfbarkeit der Schlussrechnung

Der Auftragnehmer hat die von ihm erbrachten Bauleistungen gem. § 14 Abs. 1 VOB/B prüfbar abzurechnen. Er hat die Rechnungen übersichtlich aufzustellen und dabei die Reihenfolge der Positionen einzuhalten und die in den Vertragsbestandteilen enthaltenen Bezeichnungen zu verwenden. Die zum Nachweis von Art und Umfang der Leistung erforderlichen Mengenberechnungen, Zeichnungen und andere Belege sind den Rechnungen jeweils beizufügen. Änderungen und Ergänzungen des Vertrags sind in der Rechnung besonders kenntlich zu machen und auf Verlangen des Auftraggebers getrennt abzurechnen.

§ 14 Abs. 1 Satz 1 VOB/B bestimmt also, dass der Auftragnehmer prüfbar abzurechnen hat. In den folgenden Sätzen wird definiert, welche einzelnen Voraussetzungen erfüllt sein müssen, damit die Abrechnung prüfbar ist.

Nicht in der Bestimmung erwähnt, aber ebenfalls Voraussetzung für eine prüfbare Abrechnung ist, dass diese schriftlich erstellt wird und dem Auftraggeber zugeht. Die jeweils anfallende Mehrwertsteuer ist in der Rechnung gesondert auszuweisen.

Die Verpflichtung des Auftragnehmers, eine prüfbare Rechnung vorzulegen, ist zwingende Voraussetzung dafür, dass diese fällig wird. Liegt lediglich eine nicht prüfbare Rechnung vor, so hat der Auftragnehmer keinen Anspruch gegen den Auftraggeber auf Bezahlung. Legt der Auftragnehmer eine prüfbare Rechnung vor, so ist weitere Voraussetzung für die Fälligkeit der Rechnung, dass die Bauleistungen des Auftragnehmers abgenommen wurden.

Siehe auch: → Fälligkeit der Schlusszahlung
→ Abnahmewirkungen

Die Prüfbarkeit der Schlussrechnung ist ausschließlich an den Kontroll- und Informationsinteressen des Auftraggebers auszurichten. Diese sind der Maßstab dafür, wie der Auftragnehmer seine Rechnung zu gestalten hat, damit sie als prüfbar gelten kann. Es genügt bspw., wenn der Auftragnehmer die einzelnen Positionen des Leistungsverzeichnisses nicht in die Schlussrechnung mit aufnimmt, wenn er auf Abschlagsrechnungen Bezug nimmt, die er bereits zuvor gestellt hat und in denen die einzelnen Positionen des Leistungsverzeichnisses exakt aufgeführt sind. Der Auftraggeber wird hierdurch in die Lage versetzt, die Schlussrechnung zu kontrollieren und sich unter Heranziehung der Abschlagsrechnungen ausreichend zu informieren.

Sämtliche Rechnungen des Auftragnehmers müssen im Übrigen, abgesehen von vereinzelten Ausnahmen, siehe oben, prüfbar sein. Dies gilt also sowohl für Abschlagsrechnungen als auch für Teilschlussrechnungen, Schlussrechnungen von Einheitspreisverträgen, Pauschalverträgen als auch für Stundenlohnabrechnungen aus Stundenlohnvereinbarungen.

Der Auftragnehmer hat die Rechnungen übersichtlich aufzustellen und dabei die Reihenfolge der Posten einzuhalten und die in den Vertragsbestandteilen enthaltenen Bezeichnungen zu verwenden. Im Einzelnen hat der Auftragnehmer bei der Erstellung seiner Rechnung also zu beachten, dass seine Rechnung an der Reihenfolge der einzelnen Ordnungszahlen in der Leistungsbeschreibung oder den sonstigen maßgeblichen Vertragsunterlagen ausgerichtet ist und vom Auftraggeber während der Bauausführung bereits geleistete Vorauszahlungen und Abschlagszahlungen aufführt und diese von der Schlussrechnungssumme in Abzug bringt.

Ferner sind der Rechnung die maßgeblichen Mengenberechnungen (Aufmaß), Zeichnungen und andere maßgebliche Belege beizufügen. Der Auftragnehmer hat dem Auftraggeber also bereits mit Aushändigung der Rechnung zugleich diese Unterlagen mit auszuhändigen. Es genügt nicht, wenn er diese Unterlagen lediglich zur Einsichtnahme bereithält und den Auftraggeber von seiner Möglichkeit zur Einsichtnahme unterrichtet.

Schließlich hat der Auftragnehmer Änderungen oder Ergänzungen des ursprünglichen Vertrags hinreichend deutlich in der Abrechnung zu kennzeichnen, sodass es dem Auftraggeber jederzeit möglich ist, sich hiervon ein klares Bild zu machen.

Siehe auch: → Abnahmewirkungen
→ Abschlagsrechnung
→ Fälligkeit der Schlusszahlung
→ Schlussrechnung

Mit Inkrafttreten der VOB/B 2012 wurde in § 16 VOB/B die Frist zum Vorbringen von Einwänden gegen die Prüfbarkeit der Schlussrechnung geändert. Wenn bislang in der VOB/B 2009 noch geregelt war, dass der Auftragnehmer über einen Zeitraum von maximal zwei Monaten Einwendungen gegen die Prüfbarkeit der Schlussrechnung wirksam hat vorbringen können, so gilt dies nicht mehr. Nach § 16 Abs. 3 Nr. 1 VOB/B 2012 wird der Anspruch auf Zahlung der Schlussrechnung alsbald nach Prüfung und Feststellung fällig, spätestens aber innerhalb von 30 Tagen nach Zugang der Schlussrechnung. Diese Frist verlängert sich auf höchstens 60 Tage, wenn sie aufgrund der besonderen Natur oder Merkmale der Vereinbarung sachlich gerechtfertigt ist und zudem ausdrücklich vereinbart wird. Werden nunmehr Einwendungen gegen die Prüfbarkeit der Schlussrechnung unter Angabe der Gründe nicht bis zum Ablauf der jeweiligen Frist, also entweder innerhalb der grundsätzlich 30-tägigen Prüfungsfrist oder ausnahmsweise innerhalb der 60-tägigen Prüfungsfrist erhoben, so kann sich gem. § 16 Abs. 3 Nr. 1 Satz 3 VOB/B 2012 der Auftraggeber nicht mehr auf die fehlende Prüfbarkeit berufen.

# Prüfungsfrist

Unter § 16 Abs. 3 Nr. 1 VOB/B ist geregelt, dass der Anspruch auf die Schlusszahlung alsbald nach Prüfung und Feststellung der vom Auftragnehmer vorgelegten Schlussrechnung **fällig** wird. Aufgrund der Vorgaben der Europäischen Richtlinie 2011/7/EU vom 16.02.2011 zur Bekämpfung von Zahlungsverzug im Geschäftsverkehr (Zahlungsverzugsrichtlinie) und der entsprechenden Umsetzung in nationales Recht wurde es erforderlich, auch die Bestimmungen zur Prüfungsfrist des Auftraggebers für Schlussrechnungen in § 16 VOB/B neu zu fassen. Mit Inkrafttreten der VOB/B 2012 zum 30.07.2012 wurde die Regelung bezüglich der Prüfungsfrist im Vergleich zur Regelung in § 16 Abs. 3 VOB/B 2009 dahin gehend geändert, dass nun die Fälligkeit der Schlussrechnung spätestens innerhalb von 30 Tagen nach Zugang der Schlussrechnung eintritt. Mit Tagen sind nicht mehr Werktage gemeint, sondern Kalendertage. Diese grundsätzlich nur noch 30-tägige Prüfungsfrist verlängert sich höchstens auf 60 Kalendertage, wenn sie aufgrund der besonderen Natur oder Merkmale der Vereinbarung sachlich gerechtfertigt ist und zudem ausdrücklich vereinbart worden ist. Ist dies nicht der Fall, verbleibt es stets bei der 30-tägigen Prüfungsfrist. Nach wie vor ist die Prüfung der Schlussrechnung vom Auftraggeber nach Möglichkeit zu beschleunigen. Der Auftragnehmer hat ein Recht darauf, dass der Auftraggeber die Rechnung nicht unnötig lange liegen lässt und sich mit der Prüfung Zeit lässt, da die Zahlung dadurch unnötig hinausgezögert wird.

Die Prüfungsfrist kann der Auftraggeber regelmäßig voll ausschöpfen, ohne dass ihm hierdurch Nachteile erwachsen würden. Zwar hat er die Prüfung zu beschleunigen, dies ändert aber nichts daran, dass ihm die Prüfungsfrist von 30 Tagen in jedem Fall zusteht. Vor Ablauf der Prüfungsfrist tritt grundsätzlich keine Fälligkeit der Schlusszahlung ein. Es gilt aber nach wie vor die Ausnahme, dass dann, wenn der Auftraggeber die Prüfung der Schlussrechnung noch vor Ablauf der Prüfungsfrist vornimmt, dies zur Folge hat, dass die Fälligkeit bereits mit Übersendung der geprüften Rechnung mit Prüfvermerk eintritt und nicht erst nach Ablauf der 30-tägigen bzw. 60-tägigen Prüfungsfrist.

Zu beachten ist in diesem Zusammenhang auch die weitergehende Bestimmung in § 16 Abs. 3 Nr. 1 Satz 3 VOB/B 2012, dass sich der Auftraggeber dann, wenn er Einwendungen gegen die Prüfbarkeit der Schlussrechnung nicht bis zum Ablauf der jeweiligen Frist erhebt, nicht mehr auf die fehlende Prüfbarkeit berufen kann. Im Vergleich zur Regelung unter § 16 Abs. 3 VOB/B 2009 besteht für den Auftraggeber nun also nicht mehr die Möglichkeit, sich zwei Monate ab Zugang der Schlussrechnung auf die fehlende Prüfbarkeit zu berufen, sondern nur noch bis zum Ablauf der 30-tägigen Prüfungsfrist bzw. im Einzelfall – bei Vorliegen der entsprechenden Voraussetzungen – auf die 60-tägige Frist.

Die Tatsache jedoch, dass sich der Auftraggeber nach Ablauf der jeweiligen Prüfungsfrist nicht mehr auf die fehlende Prüfbarkeit berufen kann, bedeutet keineswegs, dass er nach Ablauf der jeweiligen Frist auch keine Einwendungen mehr gegen die Richtigkeit der Schlussrechnung vorbringen könnte. Dies ist ihm nach wie vor möglich. Er kann sich eben nur nicht mehr auf die fehlende Prüfbarkeit berufen.

Die Schlussrechnung ist nach Ablauf der jeweiligen Prüfungsfrist zur Zahlung fällig und, sobald die Verzugsvoraussetzungen vorliegen, zu verzinsen. Die Voraussetzungen für den Zahlungsverzug des Auftraggebers sind im neu gefassten § 16 Abs. 5 Nr. 3 VOB/B 2012 ebenfalls abweichend von der bisherigen Bestimmung in § 16 VOB/B 2009 geregelt. Zahlt demnach der Auftraggeber bei Fälligkeit nicht, so kann ihm der Auftragnehmer eine angemessene Nachfrist setzen. Zahlt er auch innerhalb der Nachfrist nicht, so hat der Auftragnehmer vom Ende der Nachfrist an Anspruch auf Zinsen in Höhe der in § 288 Abs. 2 BGB angegebenen Zinssätze, wenn er nicht einen höheren Verzugsschaden nachweist.

Der Auftraggeber kommt, ohne dass es einer Nachfristsetzung bedürfte, spätestens 30 Kalendertage nach Zugang der Schlussrechnung bzw. der Aufstellung von Abschlagszahlungen in Zahlungsverzug, wenn er den fälligen Entgeltbetrag nicht rechtzeitig zahlt, es sei denn, er ist für den Zahlungsverzug nicht verantwortlich. Die Frist verlängert sich bei Schlussrechnungen (allerdings nicht bei Abschlagsrechnungen) auf höchstens 60 Kalendertage, wenn sie aufgrund der besonderen Natur oder Merkmale der Vereinbarung sachlich gerechtfertigt ist und ausdrücklich vereinbart wurde. Im Übrigen gilt nach wie vor, dass dann, wenn sich die Rechnungsprüfung verzögert, das unbestrittene Guthaben als Abschlagszahlung sofort zu zahlen ist.

Siehe auch: → Fälligkeit der Schlusszahlung
→ Prüffähigkeit der Schlussrechnung
→ Prüfvermerk
→ Schlussrechnung

# Prüfvermerk

Hat der Auftraggeber die ihm vom Auftragnehmer übergebene Schlussrechnung geprüft, so leitet er ihm diese regelmäßig mit den eingetragenen Korrekturen sowie einem Prüfvermerk wieder zu. Der Prüfvermerk hat im Verhältnis Auftragnehmer zu Auftraggeber nicht die Wirkung, dass der Auftraggeber die von ihm vorgenommenen Korrekturen als endgültig ansieht und diese nicht mehr abändern könnte. Vielmehr steht ihm dieses Recht auch dann noch zu, wenn er dem Auftragnehmer die korrigierte Schlussrechnung übersendet und diese mit einem Prüfvermerk versehen hat. Ein Anerkenntnis dahin gehend, dass er die von ihm festgestellte Schlussrechnungssumme als endgültig und geschuldet ansieht, ist dem Prüfvermerk nicht zu entnehmen. Letztlich ist es rechtlich völlig unerheblich, ob die geprüfte Rechnung einen Prüfvermerk enthält oder nicht.

**Aktuelle Rechtsprechung:**
Will der Auftragnehmer im Wege der einstweiligen Verfügung eine Bauhandwerkersicherungshypothek eintragen lassen, so muss er in seinem Antrag u. a. die Höhe seiner Werklohnforderung glaubhaft machen. Wenn nun die Preise ebenso wie die Mengen der Leistungen des Unternehmers zwischen den Bauvertragsparteien streitig sind, dann kann unter Umständen zur Glaubhaftmachung der Rechnungshöhe ein Prüfvermerk ausreichen, den ein Architekt des Auftraggebers auf der Rechnung angebracht hat.

In einem vom Oberlandesgericht Karlsruhe entschiedenen Fall haben die Bauvertragsparteien einen mündlichen Bauvertrag abgeschlossen. Der Auftragnehmer beantragte in der Folgezeit bei Gericht den Erlass einer Einstweiligen Verfügung zur Eintragung einer Vormerkung für eine Bauhandwerkersicherungshypothek in Höhe des damals noch offenen Restwerklohns, der nach seinen Angaben 6.000 Euro betragen sollte. Der Auftraggeber wandte dagegen ein, dass die angesetzten Preise nicht der üblichen Vergütung entsprächen und auch die Mengen nicht zuträfen. Das Gericht gab dem Antrag jedoch statt. Der Auftragnehmer hatte die Höhe der Vergütung hinreichend glaubhaft gemacht. Für diese Glaubhaftmachung war im vorliegenden Fall der Prüfvermerk des Architekten auf der Schlussrechnung ausreichend. Der Architekt hatte die ursprünglichen Vergütungssätze in der Rechnung teilweise korrigiert und die geltend gemachte restliche Vergütung entsprach vollständig der Korrektur des Architekten. Der Prüfvermerk des Architekten enthält zwar kein Anerkenntnis der Rechnungspositionen für den Bauherrn. Auch eine Beweislastumkehr ergibt sich aus einem solchen Prüfvermerk grundsätzlich nicht. Allerdings ist in dem Prüfvermerk ein erhebliches Indiz für die Richtigkeit der geprüften Abrechnung zu sehen. Dies reiche zur Glaubhaftmachung der maßgeblichen Tatsachen für die Höhe der Forderung im Verfahren der einstweiligen Verfügung aus.

Bei den Anforderungen an die Glaubhaftmachung sind nach Auffassung des Gerichts im Verfahren der einstweiligen Verfügung auch Gesichtspunkte der Praktikabilität zu berücksichtigen. Nach dem Willen des Gesetzgebers soll ein Bauhandwerker zumindest grundsätzlich die Möglichkeit haben, einfach und schnell eine Sicherung seines Vergütungsanspruchs durchzusetzen. Diesem Ziel entspricht es, wenn vorliegend der Prüfvermerk des Architekten zur Bestätigung

der Rechnungshöhe ausreicht. Würde man darüber hinaus zusätzliche gutachterliche Erklärungen von Sachverständigen zur Höhe der Rechnung verlangen, wäre ein Vormerkungsanspruch des Bauhandwerkers bei einem Streit über die Rechnungshöhe kaum noch im Wege der einstweiligen Verfügung durchsetzbar.
*OLG Karlsruhe, Urteil vom 04.08.2009, 4 W 36/09*

Siehe auch: → Fälligkeit der Schlusszahlung
→ Prüfbarkeit der Schlussrechnung
→ Prüfungsfrist
→ Schlussrechnung

# Q

## Quasiunterbrechung

Nach § 13 Abs. 5 VOB/B ist der Auftragnehmer verpflichtet, alle während der Verjährungsfrist auftretenden Mängel, die auf seine vertragswidrige Leistung zurückzuführen sind, auf eigene Kosten zu beseitigen, sofern es der Auftraggeber vor Ablauf der Frist schriftlich verlangt.

Der Anspruch des Auftraggebers auf Beseitigung der gerügten Mängel verjährt in zwei Jahren, gerechnet vom Zugang des schriftlichen Verlangens an, jedoch nicht vor Ablauf der Verjährungsfrist für Mängelansprüche.

Diese Unterbrechung der regelmäßigen Verjährungsfrist für die Dauer von zwei Jahren ab dem schriftlichen Mangelbeseitigungsverlangen des Auftraggebers bezeichnet man als Quasiunterbrechung der Verjährungsfrist für Mängelansprüche. Die Quasiunterbrechung hat zusammengefasst nachfolgende Voraussetzungen:

- Die Leistungen des Auftragnehmers müssen fertiggestellt und abgenommen sein, damit die Verjährungsfrist für Mängelansprüche überhaupt zu laufen beginnt.
- Es muss zumindest ein Mangel an den Bauleistungen des Auftraggebers vorhanden sein.
- Der Auftraggeber muss diesen Mangel schriftlich gegenüber dem Auftragnehmer angezeigt haben, wobei er die Symptome des Mangels hinreichend deutlich gegenüber dem Auftragnehmer beschreiben muss.

- Die Verjährungsfrist für Mängelansprüche darf noch nicht abgelaufen sein.

Liegen diese Voraussetzungen vor, so hat dies zur Folge, dass die Verjährungsfrist für die gerügten Mängelansprüche unterbrochen wird. Es wird mit Zugang des schriftlichen Mangelbeseitigungsverlangens für den gerügten Mangel eine zweijährige Verjährungsfrist in Gang gesetzt. Sofern jedoch nach Ablauf der neu in Gang gesetzten zweijährigen Verjährungsfrist die ursprüngliche Verjährungsfrist noch nicht abgelaufen ist, läuft die Quasiunterbrechung leer, da auch bei schriftlicher Mängelrüge zumindest die regelmäßige Verjährungsfrist gilt.

Führt der Auftragnehmer auf das schriftliche Mängelbeseitigungsverlangen hin die Mangelbeseitigung durch und werden die Mangelbeseitigungsarbeiten vom Auftraggeber abgenommen, so beginnt für diese Leistungen eine Verjährungsfrist von zwei Jahren neu, die jedoch ebenfalls nicht vor Ablauf der nach § 13 Abs. 5 VOB/B regulären Verjährungsfrist endet.

Siehe auch: → Gewährleistung
→ Symptomtheorie
→ Verjährung von Mängelansprüchen

**Beispiel:**
Der Auftraggeber vereinbart mit dem Auftragnehmer, dass dieser den Rohbau erstellen soll. Dem Bauvertrag wird wirksam die VOB/B in der Fassung 2002 zugrunde gelegt. Der Auftragnehmer stellt die vertraglichen Arbei-

ten fertig. Diese werden vom Auftraggeber am 10.05.2003 abgenommen. Zwei Jahre nach Abnahme stellt sich heraus, dass die Arbeiten mangelhaft sind. Der Auftraggeber rügt den vorliegenden Mangel noch innerhalb der Verjährungsfrist von vier Jahren am 07.05.2005. Dem Auftragnehmer geht das schriftliche Mangelbeseitigungsverlangen am 10.05.2005, also exakt zwei Jahre nach Abnahme, zu. Mit Zugang der schriftlichen Mängelrüge tritt die Quasiunterbrechung von zwei Jahren ein, sodass hinsichtlich des gerügten Mangels die Verjährungsfrist mit dem 10.05.2007 abläuft. Die Quasiunterbrechung läuft in diesem Fall leer, da die Verjährungsfrist für alle Mängelansprüche ebenfalls vier Jahre nach Abnahme, also mit dem 10.05.2007, abläuft. Führt der Auftragnehmer die Mangelbeseitigung durch und wird diese vom Auftraggeber am 02.01.2007 abgenommen, so verjähren die Mängelansprüche des Auftraggebers hinsichtlich der Mangelbeseitigungsarbeiten mit dem 02.01.2009. Anders liegt der Fall, wenn das schriftliche Mangelbeseitigungsverlangen dem Auftragnehmer erst am 20.07.2005 zugeht. In diesem Fall endet die Verjährungsfrist hinsichtlich des gerügten Mangels erst mit dem 20.07.2007. Hier läuft die Quasiunterbrechung also nicht leer, die Verjährungsfrist hinsichtlich des gerügten Mangels verlängert sich um den Zeitraum vom 11.05.2007 bis einschließlich 20.07.2007. Führt der Auftragnehmer die Mangelbeseitigungsarbeiten durch und werden diese am 10.06.2007 abgenommen, so endet die Verjährungsfrist für Mängelansprüche des Auftraggebers bezüglich der Mangelbeseitigungsarbeiten erst mit dem 10.06.2009.

**Hinweis:**
Auch wenn im vorliegenden Fall noch die VOB/B 2002 vereinbart war, ändert sich unter Zugrundelegung der VOB/B 2012 nichts. Auch in der VOB/B 2012 beträgt die Verjährungsfrist für Mängelansprüche bei Arbeiten an Bauwerken vier Jahre.

Siehe auch: → Verjährung von Mängelansprüchen

# R

## Rabatt

Die Begriffe Rabatt und Skonto werden in der Baupraxis oftmals synonym verwendet. Sie sind jedoch strikt voneinander zu trennen, denn sie haben unterschiedliche Voraussetzungen und Folgen.

Eine Skontovereinbarung hat zum Inhalt, dass dem Auftraggeber ein Preisnachlass gewährt wird, der an bestimmte Voraussetzungen geknüpft ist. So ist beim Skonto regelmäßig Voraussetzung, dass der Auftraggeber eine Zahlung innerhalb einer bestimmten Zahlungsfrist leistet. Lässt er diese Frist verstreichen, so hat er gegenüber dem Auftragnehmer keinen Anspruch mehr auf den vereinbarten Preisnachlass.

Anders beim Rabatt. Gewährt der Auftragnehmer dem Auftraggeber einen Rabatt, so ist dieser unabhängig von einer Zahlungsfrist. Der Rabatt soll dem Auftraggeber in jedem Fall zugutekommen.

Siehe auch: → Skonto

## Rechnungserteilungsanspruch

Siehe auch: → Schlussrechnungserstellung durch den Auftraggeber

# Regeln der Technik

Bei der Ausführung seiner Leistungen hat der Auftragnehmer gem. § 4 Abs. 2 Nr. 1 VOB/B die anerkannten Regeln der Technik sowie die gesetzlichen und behördlichen Bestimmungen zu beachten. Maßgeblich sind dabei diejenigen Regeln der Technik, die für vom Auftragnehmer auszuführende Arbeiten zum Zeitpunkt der Abnahme, nicht zum Zeitpunkt des Vertragsschlusses, maßgeblich sind. Dies deshalb, da der Auftraggeber grundsätzlich erst bei der Abnahme feststellt, ob die Leistungen des Auftragnehmers tatsächlich vertragsgerecht und mangelfrei ausgeführt wurden. Sie sind u. a. aber nur dann mangelfrei und vertragsgerecht ausgeführt, wenn der Auftragnehmer auch die anerkannten Regeln der Technik bei der Bauausführung berücksichtigt hat.

Soweit der Auftragnehmer die anerkannten Regeln der Technik zu berücksichtigen hat, sind damit die anerkannten Regeln der Bautechnik zu verstehen. Unter den Begriff fallen u. a., aber nicht nur, die jeweils für das auszuführende Gewerk maßgeblichen Vorschriften der Allgemeinen Technischen Vertragsbedingungen für Bauleistungen (ATV), die sich in der VOB/C und den dort enthaltenen einzelnen DIN-Vorschriften wiederfinden.

Der Begriff geht jedoch über die VOB/C hinaus. Nicht lediglich die dortigen DIN-Vorschriften hat der Auftragnehmer bei der Einhaltung der anerkannten Regeln der Technik zu berücksichtigen, vielmehr hat er bei der Ausführung seiner Arbeiten insgesamt die allgemeinen Anforderungen zu berücksichtigen, die zu einer ordnungsgemäßen Ausführung gehören und die von einem ordentlich arbeitenden Auftragnehmer zu berücksichtigen sind. Diese Anforderungen müssen nicht, wie etwa die VOB/C, schriftlich verfasst sein, sondern können sich auch aus allgemein anerkannten Grundsätzen ergeben.

Zu den anerkannten Regeln der Technik sind neben den DIN-Vorschriften in der VOB/C v. a. auch die nachfolgenden Vorschriften zu zählen:

- DIN-Normen außerhalb der VOB/C, insbesondere die Einheitlichen Technischen Baubestimmungen (ETB) sowie die Normen des Deutschen Ausschusses für Stahlbeton (DNA)
- VDE-Bestimmungen
- VDI-Bestimmungen
- Europäische Normen (EN)
- Öffentlich-rechtliche Regelungen
- Vorschriften der Berufsgenossenschaften, insbesondere die Unfallverhütungsvorschriften der Bauberufsgenossenschaften

Die vorgenannten Regelungen haben, wenn sie bei der Ausführung des Bauvorhabens beachtet wurden, für den Auftragnehmer den Vorteil, dass eine Vermutung dahin gehend besteht, dass der Auftragnehmer nach den anerkannten Regeln der Technik gebaut hat. Will sich der Auftraggeber darauf berufen, dass die anerkannten Regeln der Technik vom Auftragnehmer nicht eingehalten worden sind, obwohl er die maßgeblichen DIN-Vorschriften und sonstigen Regelungen eingehalten hat, so hat er den Beweis hierfür zu erbringen. Die Erbringung dieses Beweises wird dem Auftraggeber jedoch in aller Regel schwerfallen.

Siehe auch: → Ausführung

**Praxistipp:**
Für den Auftragnehmer ist zu berücksichtigen, dass seine Arbeiten zwar technisch gesehen einwandfrei sein können und im Hinblick auf die Ausführung der Arbeiten die maßgeblichen Regeln der Technik berücksichtigt wurden, dennoch können seine Bauleistungen nicht abnahmefähig sein. Dies ist dann der Fall, wenn eine (teilweise) andere Leistung als die eigentlich nach dem Bauvertrag geschuldete ausgeführt wurde. Dieser Gesichtspunkt wird auch von Gerichten und Sachverständigen oftmals übersehen. Wenn also bspw. eine Terrasse gem. Bauvertrag in einer bestimmten Größe und Ausführung geschuldet ist, der Auftragnehmer diese Terrasse handwerklich gesehen mangelfrei, also auch entsprechend den anerkannten Regeln der Technik ausführt, so ist die Leistung des Auftragnehmers dennoch mangelhaft, wenn sie von der vertraglich geschuldeten Größe abweicht. Bei der Beurteilung der Frage, ob eine weitestgehend mangelfreie und damit abnahmefähige Bauleistung vorliegt, spielt also eine Vielzahl von Gesichtspunkten eine Rolle. Die Einhaltung der Regeln der Technik ist nur einer davon.

**Aktuelle Rechtsprechung:**
Eine Fußbodenheizung entspricht trotz Funktionsfähigkeit nicht den Regeln der Technik und ist von daher mangelhaft, wenn sie die EnEV-Anforderungen nicht erfüllt. In einem vom OLG Brandenburg entschiedenen Fall nahm die Auftragnehmerin die Auftraggeberin auf Zahlung von restlichem Werklohn aus einem Bauvertrag über die Errichtung eines Wohnhauses in Anspruch. Die Auftraggeberin wandte ein, dass Mängel an der Fußbodenheizung vorlägen, und

erklärte die Aufrechnung mit Mangelbeseitigungskosten. Den überschießenden Betrag machte die Auftraggeberin im Wege einer Widerklage gegenüber der Auftragnehmerin geltend. Diese wiederum meinte, dass Mängel nicht vorlägen, da die vereinbarte Fußbodenheizungsanlage eingebaut worden sei und die erforderliche Raumtemperatur tatsächlich erreicht werde. Das sah das Gericht jedoch anders und wies die Klage der Auftragnehmerin auf Zahlung des restlichen Werklohns ab. Zur Begründung führte es aus, dass die Fußbodenheizung mangelhaft sei. Es fehlten nämlich die nach § 12 Abs. 2 EnEV vorgeschriebenen Thermostatventile. Ein Mangel sei auch deshalb nicht ausgeschlossen, weil die Parteien den Einbau des Heizsystems N vereinbart hatten, das keine Thermostatventile vorsieht. Daran ändert sich auch nichts, wenn vom Auftraggeber das mit Raumthermostaten ebenfalls angebotene System T nicht in Auftrag gegeben worden ist. Zwar ist grundsätzlich die vereinbarte Beschaffenheit geschuldet. Ein Abweichen von den Vorgaben der EnEV stellt jedoch einen Verstoß gegen die allgemein anerkannten Regeln der Technik und damit einen Mangel dar. Der Auftragnehmer hätte sich von Mängelansprüchen nur befreien können, wenn er gem. § 4 Abs. 3 VOB/B seiner Bedenkenhinweispflicht nachgekommen wäre und die Auftraggeberin darauf hingewiesen hätte, dass die vertragliche Ausführung nicht den aktuellen Vorschriften der EnEV genügt.
*OLG Brandenburg, Urteil vom 02.10.2008, Az. 12 U 92/08*

**Dauerbrenner Schallschutz:**
Welcher Schallschutz für die Errichtung von Doppelhäusern geschuldet ist, ist durch Auslegung des Vertrags zu ermitteln. Wird ein üblicher Qualitäts- und Komfortstandard geschul-

det, so muss sich das einzuhaltende Schalldämmmaß an dieser Vereinbarung orientieren. Die Schalldämmmaße der DIN 4109 können schon deshalb nicht herangezogen werden, weil sie lediglich Mindestanforderungen zur Vermeidung unzumutbarer Belästigungen regeln. Anhaltspunkte können aus den Regelwerken die Schallschutzstufen II und III der VDI-Richtlinie 4100 aus dem Jahre 1994 oder das Beiblatt 2 zu DIN 4109 liefern. Vertragliche Erklärungen des Unternehmers, die Mindestanforderungen an den Schallschutz würden überschritten oder es werde optimaler Schallschutz erreicht, kann eine vertragliche Wirkung nicht deshalb aberkannt werden, weil aus ihnen das Maß des geschuldeten Schallschutzes bestimmbar sei. Das Gericht muss unter Berücksichtigung der gesamten Vertragsumstände das geschuldete Maß ermitteln. Können durch die vereinbarte Bauweise bei einwandfreier, den anerkannten Regeln der Technik entsprechender Bauausführung höhere Schallschutzwerte erreicht werden, als sie sich aus den Anforderungen der DIN 4109 ergeben, dann sind diese Werte unabhängig davon geschuldet, welche Bedeutung den Schalldämmmaßen der DIN 4109 sonst zukommt. Bei gleichwertigen, nach den anerkannten Regeln der Technik möglichen Bauweisen darf der Besteller angesichts der hohen Bedeutung des Schallschutzes im modernen Hausbau erwarten, dass der Auftragnehmer jedenfalls dann diejenige Bauweise wählt, die den besseren Schallschutz erbringt, wenn sie ohne nennenswerten Mehraufwand möglich ist.
*BGH, Urteil vom 14.06.2007, Az. VII ZR 45/06*

Es gibt im Ergebnis also keine wirklich anerkannte Regel der Technik für den Schallschutz in Gebäuden, die stets auf alle Gebäude gleichermaßen anwendbar wäre. Muss ein Gebäude nur den Mindestschallschutz erfüllen, so ist zu berücksichtigen, dass die DIN 4109 zwischenzeitlich schon nicht mehr in allen Punkten den allgemein anerkannten Regeln der Technik entspricht. Wie auch die vorstehende Entscheidung des BGH aufzeigt, ging die Rechtsprechung in den vergangenen Jahren dahin, dass bei der Errichtung von Eigentumswohnungen i. d. R. ein üblicher Komfort- und Qualitätsstandard geschuldet ist, der nicht durch die Einhaltung der DIN 4109 erfüllt werden kann.

Zu berücksichtigen ist also, dass der BGH in seinen letzten Entscheidungen zum geschuldeten Schallschutz in Gebäuden nicht lediglich auf die Einhaltung eines ganz bestimmten Regelwerks abstellt, sondern stets betont hat, dass durchaus ein erheblich über der DIN 4109 liegender Schallschutz geschuldet sein kann. Je höher der Schallschutz zu sein hat, desto mehr kommt es also letztlich auch auf die Auswahl einer geeigneten Bauweise und dementsprechende Planung des Gebäudes an.

## Rückgabe von Sicherheiten

Siehe auch: → Bürgschaft

# S

## Schlussrechnung

Gemäß § 14 Abs. 1 VOB/B hat der Auftragnehmer die von ihm erbrachten Leistungen prüfbar abzurechnen. Er hat die Rechnungen übersichtlich aufzustellen und dabei die Positionenfolge aus dem Leistungsverzeichnis einzuhalten und die in den Vertragsbestandteilen enthaltenen Bezeichnungen zu verwenden. Die zum Nachweis von Art und Umfang der Leistung erforderlichen Mengenberechnungen (Aufmaß), Zeichnungen und andere Belege sind der Rechnung beizufügen. Änderungen und Ergänzungen des Vertrags sind in der Rechnung besonders kenntlich zu machen. Sie sind auf Verlangen des Auftraggebers getrennt abzurechnen.

Die ausgeführten Leistungen des Auftragnehmers sind also gegenüber dem Auftraggeber prüfbar abzurechnen (Prüfbarkeit der Schlussrechnung). Die Verpflichtung, eine prüfbare Schlussrechnung vorzulegen, ist eine zwingende vertragliche Aufgabe des Auftragnehmers, die er in jedem Fall erfüllen muss. Liegt keine prüfbare Abrechnung vor, so ist die Vergütung schon nicht zur Zahlung fällig. Daneben hat der Auftraggeber nach Vorliegen der weiteren Voraussetzungen das Recht, die Schlussrechnung selbst zu erstellen (Schlussrechnungserstellung durch Auftraggeber) und ggf. einen Schadenersatzanspruch gegen den Auftragnehmer, sofern ihm mangels Prüfbarkeit der Schlussrechnung ein Schaden entsteht.

**Hinweis:**
Im Zuge der Umsetzung der Europäischen Richtlinie 2011/7/EU vom 16.02.2011 zur Bekämpfung von Zahlungsverzug im Geschäftsverkehr (kurz Zahlungsverzugsrichtlinie) in deutsches Recht wurde es u. a. auch erforderlich, die Bestimmung in § 16 VOB/B zu ändern und der nunmehr geltenden Gesetzeslage anzupassen. Dies hat auch Auswirkungen auf die Frist für Einwendungen gegen die Prüfbarkeit der Schlussrechnung. Gemäß § 16 Abs. 3 Nr. 1 VOB/B 2012 wird zwar nach wie vor der Anspruch des Auftragnehmers auf die Schlusszahlung alsbald nach Prüfung und Feststellung fällig. Dies aber nicht erst nach maximal zwei Monaten, sondern bereits spätestens innerhalb von 30 Tagen nach Zugang der Schlussrechnung. Diese Frist verlängert sich bei Schlussrechnungen auf höchstens 60 Tage, wenn sie aufgrund der besonderen Natur oder Merkmale der Vereinbarung sachlich gerechtfertigt ist und ausdrücklich vereinbart wurde. Werden Einwendungen gegen die Prüfbarkeit unter Angabe der Gründe nicht spätestens bis zum Ablauf der jeweiligen Frist, also entweder innerhalb der regelmäßigen 30-tägigen Frist oder ausnahmsweise innerhalb der ausdrücklich vereinbarten und sachlich gerechtfertigten 60-tägigen Frist, erhoben, so kann sich der Auftraggeber nicht mehr auf die fehlende Prüfbarkeit berufen.

Nach § 14 Abs. 3 VOB/B hat der Auftragnehmer die Schlussrechnung bei Leistungen mit einer vertraglichen Ausführungsfrist von höchstens drei Monaten spätestens zwölf Werktage nach Fertigstellung der Bauleistungen beim Auftraggeber einzureichen, wenn nichts anderes vereinbart ist. Die Frist zur Einreichung der Schlussrechnung wird dabei um je sechs Werktage für je weitere drei Monate Ausführungsfrist verlängert. Die Vorschrift ist nur auf die Schlussrechnung anwendbar, nicht etwa auch auf Abschlagsrechnungen oder Teilschlussrechnungen.

Ist im Bauvertrag eine Ausführungsfrist verbindlich vereinbart, so ergibt sich die Länge der Frist zur Einreichung der Schlussrechnung unmittelbar aus der vertraglich vereinbarten Ausführungsfrist. Ist hingegen keine Ausführungsfrist im Bauvertrag vereinbart, so ist die Länge der Frist daran auszurichten, wie lange ein durchschnittlicher Auftragnehmer bei zügiger Ausführung seiner Arbeiten für die Fertigstellung seiner Bauleistungen gebraucht hätte.

Nicht zu verwechseln ist die Frist zur Einreichung der Schlussrechnung mit der Fälligkeit der Schlussrechnung. Für die Fälligkeit der Schlussrechnung ist neben der Erstellung, der Einreichung und der Abnahme auch grundsätzlich der Ablauf der jeweiligen Prüfungsfrist zwingende Voraussetzung. Die Frist zur Einreichung wiederum hängt nicht davon ab, ob die Bauleistungen auch abgenommen wurden. Anknüpfungspunkt ist vielmehr allein die → Fertigstellung. Die Schlussrechnung selbst stellt nach gefestigter Rechtsprechung eine Fertigstellungsmitteilung i. S. d. § 12 Abs. 5 Nr. 1 VOB/B dar und kann bei Vorliegen der dort geregelten Voraussetzungen die Abnahmewirkungen herbeiführen.

Reicht der Auftragnehmer die Schlussrechnung nicht innerhalb der Frist ein, so kann der Auftraggeber ihm hierzu eine Frist setzen. Verstreicht dann diese Frist fruchtlos, ist der Auftraggeber berechtigt, die Schlussrechnung selbst auf Kosten des Auftragnehmers zu erstellen oder erstellen zu lassen.

Daneben stehen dem Auftraggeber auch alternativ die folgenden Möglichkeiten offen:

1. Er kann den Auftragnehmer auf Erstellung der Schlussrechnung verklagen.
2. Er kann vom Auftragnehmer Rückzahlung von Teilen der von ihm bereits geleisteten Abschlags- oder Vorauszahlungen verlangen, wenn er feststellt, dass sich aufgrund der vorliegenden Rechnungen des Auftragnehmers eine Überzahlung ergibt.
3. Er hat das Recht, vom Auftragnehmer Ersatz des ihm durch die verspätete Einreichung der Schlussrechnung entstandenen Schadens zu verlangen.

**Praxistipp:**
Mit dem Forderungssicherungsgesetz aus dem Jahr 2009 wurde die Bestimmung des § 641 Abs. 2 BGB, die auch auf den VOB-Bauvertrag anzuwenden ist, im Hinblick auf die Vergütungsfälligkeit von Rechnungen des Nachunternehmers bzw. Subunternehmers, der für einen Generalunternehmer tätig ist, zum 01.01.2009 zugunsten des Nach- bzw. Subunternehmers geändert. Die Vergütung des Nachunternehmers bzw. Subunternehmers für ein Werk, dessen Herstellung der Generalunternehmer einem Dritten (dem Bauherrn) versprochen hat, wird demnach spätestens dann fällig,

1. soweit der Generalunternehmer vom Bauherrn für das versprochene Werk wegen dessen Herstellung seine Vergütung oder Teile davon erhalten hat,
2. soweit das Werk des Generalunternehmers vom Bauherrn abgenommen worden ist oder als abgenommen gilt oder
3. wenn der Sub- bzw. Nachunternehmer dem Generalunternehmer erfolglos eine angemessene Frist zur Auskunft

über die in den Nr. 1 und 2 bezeichneten Umstände bestimmt hat.

Hat der Generalunternehmer dem Bauherrn wegen möglicher Mängel des Werks Sicherheit geleistet, dann gilt das Vorstehende nur, wenn der Sub- bzw. Nachunternehmer dem Generalunternehmer entsprechende Sicherheit leistet.

**Aktuelle Rechtsprechung:**
Eine Rechnung des Auftragnehmers nach Abschluss aller vereinbarten Bauleistungen ist nicht automatisch als Schlussrechnung anzusehen. Eine solche liegt vielmehr nur dann vor, wenn sie alle übernommenen und ausgeführten Arbeiten beinhaltet, sodass sich eine weitere Rechnung erübrigt und dadurch dem Auftraggeber ausreichend klar wird, dass endgültig über die beanspruchte Vergütung abgerechnet wird. Hat der Bauunternehmer nur 85 % der Leistung abgerechnet, dann kann sich der Auftraggeber auch noch mehrere Jahre nach der Fertigstellung (in diesem Fall vier Jahre) nicht darauf berufen, dass der Auftragnehmer seine Vergütungsforderungen verwirkt habe.
*OLG Düsseldorf, Urteil vom 04.07.2006, Az. 21 U 149/05; BGH, Beschluss vom 14.08.2008, Az. VII ZR 147/06 (Nichtzulassungsbeschwerde zurückgewiesen)*

# Schlussrechnungserstellung durch den Auftraggeber

Gemäß § 14 Abs. 3 VOB/B muss die Schlussrechnung bei Leistungen mit einer vertraglichen Ausführungsfrist von höchstens drei Monaten spätestens zwölf Werktage nach Fertigstellung eingereicht werden, wenn nichts anderes vereinbart ist, wobei die Frist um je sechs Werktage für je weitere drei Monate Ausführungsfrist verlängert wird.

Reicht der Auftragnehmer eine prüfbare Schlussrechnung nicht fristgerecht beim Auftraggeber ein, so steht dem Auftraggeber das Recht zu, nach fruchtlosem Ablauf einer von ihm gesetzten angemessenen Nachfrist die Schlussrechnung auf Kosten des Auftragnehmers selbst zu erstellen oder von einem Dritten erstellen zu lassen, § 14 Abs. 4 VOB/B. Der Auftraggeber ist nach Ablauf der von ihm gesetzten Frist jedoch nicht verpflichtet, die Rechnungserstellung vorzunehmen. Die VOB/B gibt ihm hierzu nur ein entsprechendes Recht, von welchem er Gebrauch machen kann, sofern er dies möchte.

Der Auftragnehmer sollte berücksichtigen, dass dem Auftraggeber das Recht, die Schlussrechnung selbst zu erstellen, nicht nur dann zusteht, wenn der Auftragnehmer überhaupt nicht abrechnet, sondern auch dann, wenn zwar eine Schlussrechnung fristgerecht eingereicht wurde, diese aber unzureichend und somit nicht prüfbar ist.

Eine wirksame Nachfristsetzung, die nicht zwingend schriftlich erfolgen muss, jedoch aus Dokumentations- und Beweisgründen stets schriftlich erfolgen sollte, setzt zu ihrer Wirksamkeit zweierlei voraus:

- Der Auftraggeber muss den Auftragnehmer unzweifelhaft auffordern, eine prüfbare Schlussrechnung vorzulegen.
- Er hat ihm hierzu eine Nachfrist zu setzen, die angemessen sein muss. Angemessenheit bedeutet dabei aber nicht, dass die Nachfrist nochmals genauso lang sein

muss wie die in § 14 Abs. 3 VOB/B vorgesehene ursprüngliche Frist zur Einreichung der Schlussrechnung.

Erstellt der Auftraggeber nach Ablauf der Nachfrist eine Schlussrechnung selbst, so muss diese ebenfalls prüfbar sein und an den Auftragnehmer zur Kenntnisnahme ausgehändigt werden. Der Auftraggeber darf sich nicht darauf beschränken, lediglich eine pauschale und ungenaue Abrechnung vorzunehmen, die für den Auftragnehmer nicht nachvollziehbar ist. Nach Erhalt der vom Auftraggeber erstellten Schlussrechnung kann der Auftragnehmer seinerseits eine Prüfung vornehmen und Fehler sowie sonstige berechtigte Einwendungen vorbringen. Die Rechnungserstellung durch den Auftraggeber bedeutet also nicht, dass der Auftragnehmer mit Einwendungen gegen die Rechnung ausgeschlossen wäre. Die vom Auftraggeber erstellte Schlussrechnung ersetzt die Schlussrechnung des Auftragnehmers.

Siehe auch: → Fälligkeit der Schlusszahlung
→ Prüfbarkeit der Schlussrechnung
→ Prüfungsfrist
→ Schlusszahlung

## Schlussrechnungsprüfung

Gemäß § 16 Abs. 3 Nr. 1 Satz 1 VOB/B wird die Schlussrechnung alsbald nach Prüfung und Feststellung zur Zahlung fällig. Aufgrund der Umsetzung der Europäischen Zahlungsverzugsrichtlinie 2011/7/EU in nationales Recht wurden in der VOB/B 2012 die Fristen für die Schlussrechnungsprüfung geändert und an die Vorgaben der Richtlinie angeglichen.

Gemäß § 16 Abs. 3 Satz 2 VOB/B 2012 wird der Anspruch auf Zahlung der Schlussrechnung grundsätzlich spätestens innerhalb von 30 Tagen nach Zugang der Schlussrechnung beim Auftraggeber fällig. Unter dem Begriff „Tage" werden nicht mehr lediglich – wie bisher – nur Werktage verstanden, sondern Kalendertage. Ausnahmsweise verlängert sich die Prüfungsfrist für den Auftraggeber auf höchstens 60 Tage, wenn sie aufgrund der besonderen Natur oder Merkmale der Vereinbarung sachlich gerechtfertigt ist und ausdrücklich vereinbart wurde. Voraussetzung dafür, dass der Auftraggeber die Prüfung vornehmen kann, ist, dass ihm vom Auftragnehmer eine prüfbare Schlussrechnung ausgehändigt wird. Händigt der Auftragnehmer lediglich eine ungenaue und objektiv nicht nachvollziehbare Rechnung an den Auftraggeber aus, beginnt die Prüfungsfrist erst gar nicht zu laufen. Ohne prüfbare Rechnung muss also der Auftraggeber eine Prüfung nicht vornehmen.

Nach § 16 Abs. 3 Nr. 1 Satz 3 VOB/B 2012 kann sich der Auftraggeber dann nicht mehr auf eine fehlende Prüfbarkeit der Schlussrechnung berufen, wenn er Einwendungen gegen die Prüfbarkeit unter Angabe der Gründe hierfür nicht bis zum Ablauf der jeweiligen Frist, also entweder innerhalb der 30-tägigen oder aber der 60-tägigen Prüfungsfrist ab Zugang der Schlussrechnung bei ihm erhoben hat.

Im Rahmen der Schlussrechnungsprüfung muss der Auftraggeber die Abrechnung des Auftragnehmers auf deren inhaltliche und rechnerische Nachvollziehbarkeit hin überprüfen. Gelangt der Auftraggeber oder ein von ihm mit der Schlussrechnungsprüfung beauftragter Architekt zu dem Ergebnis, dass die Schlussrechnung korrekt erstellt ist, so wird diese regelmäßig mit einem Prüfvermerk versehen und an den Auftragnehmer zur Kenntnisnahme zurückgesandt. Erachtet der Auftraggeber oder sein Architekt die Schlussrechnung als nicht richtig, so wird er diese mit Korrektureinträgen versehen und danach die korrigierte Schlussrechnung an den Auftragnehmer übersenden.

Der in der korrigierten Schlussrechnung festgestellte und somit in dieser Höhe unstreitige Forderungsbetrag ist unverzüglich an den Auftragnehmer zu zahlen. Zwar hat der Auftraggeber grundsätzlich innerhalb der jeweiligen Prüfungsfrist Zeit, um die Prüfung vorzunehmen und die Schlussrechnung wird erst nach diesem Termin zur Zahlung fällig. Die Prüfung ist aber gem. § 16 Abs. 3 Nr. 1 Satz 4 VOB/B 2012 nach Möglichkeit zu beschleunigen. Verzögert sie sich, so ist gem.: § 16 Abs.: 3 Nr. 1 Satz 5 VOB/B 2012 das unbestrittene Guthaben als Abschlagszahlung sofort zu zahlen.

Übersendet der Auftraggeber daher die (korrigierte) Schlussrechnung zu einem früheren Zeitpunkt, so wird mit Übersendung der → Schlussrechnung die Rechnung zur Zahlung fällig. Ist der Auftragnehmer der Ansicht, seine Schlussrechnung sei korrekt erstellt worden, so steht es ihm offen, den Differenzbetrag einzuklagen.

Siehe auch: → Fälligkeit der Schlusszahlung
→ Prüfbarkeit der Schlussrechnung
→ Prüfungsfrist
→ Prüfvermerk

# Schlusszahlung

Unter dem Begriff „Schlusszahlung“ wird die endgültige und abschließende Zahlung des Auftraggebers auf die Schlussrechnung hin verstanden.

Die Fälligkeit der Schlusszahlung im VOB-Bauvertrag hat zur Voraussetzung, dass

- der Auftragnehmer dem Auftraggeber eine prüfbare Schlussrechnung übergibt,
- die Bauleistungen des Auftragnehmers abgenommen worden sind oder die Abnahme fingiert ist und
- die jeweilige Prüfungsfrist für den Auftraggeber abgelaufen ist.

Siehe auch: → Fälligkeit der Schlusszahlung

Die Schlusszahlung des Auftraggebers umfasst nicht nur lediglich die in der Schlussrechnung selbst enthaltenen Positionen, sondern auch Zusatz- und Nachtragsforderungen des Auftragnehmers sowie Ansprüche aufgrund von vom Auftraggeber zu vertretender Behinderungen. Es werden darüber hinaus von der Schlusszahlung mit umfasst alle Ansprüche des Auftragnehmers auf Schadensersatz, Zinsen und alle sonstigen Ansprüche aus dem Vertragsverhältnis insgesamt. Mit der Schlusszahlung bringt der Auftraggeber praktisch zum Ausdruck, dass er über die Zahlung hinaus nichts mehr weiter an den Auftragnehmer zahlen werde.

Der Auftraggeber hat gegenüber dem Auftragnehmer zum Ausdruck zu bringen, dass es sich bei seiner Zahlung um eine Schlusszahlung handelt. Dabei muss er jedoch nicht ausdrücklich den Begriff „Schlusszahlung" verwenden. Es reicht vielmehr aus, dass sich aus den Umständen hinreichend erkennbar ergibt, dass es sich bei der Zahlung um die Schlusszahlung handelt.

Der hier erörterte Begriff „Schlusszahlung" darf nicht ohne Einschränkungen mit dem Schlusszahlungsbegriff in § 16 Abs. 3 Nr. 2 bis 6 VOB/B gleichgestellt werden. Unter § 16 Abs. 3 Nr. 2 bis 6 VOB/B wird der Ausschluss weitergehender Forderungen des Auftragnehmers verstanden, wenn er die Schlusszahlung vorbehaltlos annimmt. Hier geht es lediglich um die aus Sicht des Auftraggebers endgültige Zahlung an den Auftragnehmer.

**Hinweis:**
Im Zuge der Umsetzung der Europäischen Zahlungsverzugsrichtlinie in deutsches Recht wurden auch die Fristen betreffend den Vorbehalt gegen eine Schlusszahlung i. S. d. § 16 Abs. 3 VOB/B in § 16 Abs. 3 Nr. 5 VOB/B 2012 geändert. So gilt nunmehr, dass ein Vorbehalt gegen die abschließende Zahlung des Auftraggebers nicht mehr innerhalb von 24 Werktagen nach Zugang der Mitteilung zu erklären ist, sondern innerhalb von 28 Tagen. Diese Änderung beruht darauf, dass in § 16 VOB/B 2012 nicht mehr Werktage maßgeblich sind, sondern Kalendertage.

Ebenso wurde auch die weitere Fristenregelung in § 16 Abs. 3 Nr. 5 VOB/B für die Begründung des Vorbehalts geändert. So wird der Vorbehalt nunmehr hinfällig, wenn nicht innerhalb von weiteren 28 Tagen, beginnend am Tag nach Ablauf der in Satz 1 genannten 28 Tage, eine prüfbare Rechnung über die vorbehaltenen Forderungen eingereicht oder, wenn das nicht möglich ist, der Vorbehalt eingehend begründet wird.

# Selbstschuldnerische Bürgschaft

Eine Bürgschaft, bei welcher der Bürge auf die Einrede der Vorausklage verzichtet, bezeichnet man als selbstschuldnerische Bürgschaft.

Siehe auch: → Bürgschaft
→ Einrede der Vorausklage

# Sicherheit nach § 648 BGB

Siehe auch: → Bauhandwerkersicherungshypothek

# Sicherheit nach § 648a BGB

Siehe auch: → Bauhandwerkersicherung nach § 648a BGB

# Sicherheitseinbehalt

Nach § 17 Abs. 1 VOB/B können die Bauvertragsparteien eine Sicherheitsleistung für die vertragsgemäße Ausführung der Bauleistungen durch den Auftragnehmer oder auch zur Sicherung von Mängelansprüchen des Auftraggebers gegen den Auftragnehmer vereinbaren. Die in der Praxis am häufigsten vorkommende Art der Sicherheitsleistung ist die Sicherheit durch Einbehalt. Die Vereinbarung eines Sicherheitseinbehalts hat zur Folge, dass der Auftraggeber von der fälligen Forderung des Auftragnehmers aus einer Abschlags- oder Schlussrechnung nicht den gesamten Betrag auszahlt, sondern in Höhe des vereinbarten prozentualen Anteils der Rechnungssumme einen Restbetrag als Sicherheit zurückbehält.

**Ausdrückliche Vereinbarung**
Voraussetzungen für die Geltendmachung eines Sicherheitseinbehalts durch den Auftraggeber ist zum einen die ausdrückliche Vereinbarung des Sicherheitseinbehalts. Es muss sich aus der Vereinbarung selbst ergeben, dass der Auftraggeber berechtigt ist, einen Einbehalt in einer bestimmten Höhe vorzunehmen. Soll der Auftragnehmer etwa das Recht haben, den Sicherheitseinbehalt durch Stellung einer Bürgschaft abzulösen, so ist auch dies ausdrücklich festzuhalten. Für die wirksame Vereinbarung eines Sicherheitseinbehalts genügt es grundsätzlich nicht, wenn im Bauvertrag die Klausel enthalten ist, dass der Auftraggeber lediglich 95 % einer Forderung aus einer Abschlagsrechnung an den Auftragnehmer auszahlen muss. Hieraus ergibt sich nicht hinreichend genug die Vereinbarung eines Sicherheitseinbehalts.

**Der Auftragnehmer sollte beachten:**
Fehlt eine ausdrückliche Vereinbarung über einen Sicherheitseinbehalt, so schuldet er diesen auch nicht.

Es gibt entgegen der weit verbreiteten Auffassung in der Baupraxis keinen Brauch dahin gehend, dass stets ein Einbehalt seitens des Auftraggebers vorgenommen werden dürfte.

**Höhe des Sicherheitseinbehalts**

Gemäß § 17 Abs. 6 Nr. 1 VOB/B darf der Auftraggeber, sofern eine Vereinbarung über einen Sicherheitseinbehalt in Teilbeträgen getroffen wurde, jeweils die Zahlung um höchstens 10 % kürzen, bis die vereinbarte Sicherheitssumme erreicht ist. Lautet eine Klausel im Bauvertrag dahin, dass mehr als dieser jeweils 10%ige Einbehalt vorgenommen werden darf, so ist diese Klausel unwirksam. Sie benachteiligt den Auftragnehmer unangemessen und hält somit einer Inhaltskontrolle anhand der Bestimmungen über Allgemeine Geschäftsbedingungen nicht stand.

**Hinweis:**

Aufgrund § 17 Abs. 6 Nr. 1 Satz 2 VOB/B, der auf § 13b UStG verweist, wodurch zahlreiche Rechnungen als Nettorechnungen ausgestellt werden, wird klargestellt, dass auch die Bemessung des Sicherheitseinbehalts auf Grundlage der Nettobeträge erfolgt.

**Mitteilung des Einbehalts an den Auftragnehmer und Einzahlung auf ein Sperrkonto**

Der Auftraggeber ist nach § 17 Abs. 6 Nr. 1 Satz 2 VOB/B verpflichtet, den jeweils einbehaltenen Betrag dem Auftragnehmer mitzuteilen und innerhalb von 18 Werktagen nach dieser Mitteilung auf ein Sperrkonto einzuzahlen. Dies ist vielen Baupraktikern gar nicht bewusst. Allerdings ergeben sich bei geschickter Handhabung dieser Vorschrift für den Auftragnehmer entscheidende finanzielle Vorteile. Aus diesem Grund sollte die Bedeutung dieser Bestimmung nicht unterschätzt werden.

Zahlt nämlich der Auftraggeber den einbehaltenen Betrag innerhalb der Frist von 18 Tagen nicht ein, so kann ihm der Auftragnehmer eine angemessene Nachfrist setzen und ihn auffordern, den Betrag innerhalb der Nachfrist auf das Sperrkonto einzuzahlen. Lässt der Auftraggeber auch diese Frist fruchtlos verstreichen, kann der Auftragnehmer die **sofortige Auszahlung** des einbehaltenen Betrags verlangen und braucht dann keine Sicherheit mehr zu leisten.

**Beispiel:**
Im Bauvertrag ist eine Sicherheitsleistung in Form eines Einbehalts vereinbart. Der Auftraggeber zahlt den Einbehalt nicht innerhalb der 18-Tage-Frist auf ein Sperrkonto ein. Der Auftragnehmer übersendet dem Auftraggeber ein Aufforderungsschreiben, worin er den Auftraggeber auffordert, den Betrag nunmehr innerhalb von 14 Tagen auf das Sperrkonto einzuzahlen.

Befindet sich der Auftraggeber in Urlaub, wobei er keine Vorkehrungen getroffen hat, dass ihn auch am Urlaubsort Post erreicht, und versäumt er dadurch die Einzahlungsnachfrist des Auftragnehmers, braucht dieser keine Sicherheit mehr zu leisten und kann die Bezahlung des vollen Rechnungsbetrags vom Auftraggeber fordern.

**Aktuelle Rechtsprechung:**
Gibt der Auftraggeber in seinen Allgemeinen Geschäftsbedingungen vor, dass die zur Ablösung eines Sicherheitseinbehalts von 5 % des Bruttogesamtrechnungsbetrags für Mängelansprüche zu stellende Bürgschaft unter Verzicht des Bürgen auf die Einreden der Anfechtbarkeit, der Aufrechenbarkeit und der Vorausklage sowie auf die Einreden des Bürgen nach § 768 BGB (Bürgschaft auf erstes Anfordern) zu stellen ist, so führt dies zur Gesamtunwirksamkeit der Sicherungsvereinbarung insgesamt. Die Klausel stellt eine massive und unangemessene Benachteiligung des Auftragnehmers dar, die gegen die Regelung des § 307 BGB verstößt und zur Unwirksamkeit der Sicherungsvereinbarung führt. Dies gilt selbst dann, wenn dem Auftragnehmer die Befugnis eingeräumt wird, die Hinterlegung des Sicherheitseinbehalts zu verlangen. Es ist in diesem Fall auch nicht möglich, diese Bürgschaft auf erstes Anfordern vertragserhaltend auf einfache selbstschuldnerische Bürgschaft zu reduzieren.
*OLG Saarbrücken, Urteil vom 20.08.2008, Az. 1 U 511/07*

**Benachrichtigung des Auftragnehmers**
Schließlich hat gem. § 17 Abs. 6 Nr. 1 Satz 3 VOB/B der Auftraggeber dafür zu sorgen, dass das Geldinstitut, bei welchem das Sperrkonto geführt wird, den Auftragnehmer von der Einzahlung des Sicherheitseinbehalts unterrichtet.

**Kleinaufträge**
Nach § 17 Abs. 6 Nr. 2 VOB/B schließlich ist es bei kleineren oder kurzfristigen Aufträgen zulässig, dass der Auftraggeber den einbehaltenen Sicherheitsbetrag erst bei der Schlusszahlung auf ein Sperrkonto einzahlt.

**Aktuelle Rechtsprechung:**
Der Bundesgerichtshof hat zuletzt in einer Entscheidung vom 25.05.2010 nochmals festgehalten, dass es sich bei der Verpflichtung des Auftraggebers, die von ihm nach § 17 Abs. 6 VOB/B einbehaltene Sicherheit auf ein Sperrkonto einzubezahlen, nicht um eine qualifizierte Vermögensbetreuungspflicht handelt. Im vom BGH zu beurteilenden Fall führte die Klägerin für die inzwischen insolvente Baufirma, deren alleiniger Vorstand der Beklagte war, Stahlarbeiten an zwei Hotelbauten durch. Für beide Aufträge wurde die Geltung der VOB/B vereinbart. Gemäß den Vereinbarungen in den Bauverträgen war die Baufirma berechtigt, für die Dauer der Gewährleistungsfrist einen Sicherheitseinbehalt in Höhe von 5 % der Bruttoschlussrechnungssumme geltend zu machen, der jeweils auf ein Sperrkonto einzubezahlen war.

Nachdem die Klägerin schlussgerechnet hatte, wurden die Schlussrechnungen unter Abzug der jeweiligen Sicherheitseinbehalte von der Baufirma bezahlt. Daraufhin stellte die Klägerin der Baufirma Gewährleistungsbürgschaften über die einbehaltenen Beträge und forderte deren Auszahlung. Die Auszahlung der Sicherheitseinbehalte erfolgte jedoch ebenso wenig wie die Einzahlung auf das Sperrkonto. Daraufhin erhob die Klägerin Klage auf Rückgabe der Bürgschaften sowie Auszahlung der Sicherheitseinbehalte. Nach antragsgemäßer Verurteilung der Baufirma blieb die Zwangsvollstreckung erfolglos. Schließlich wurde über das Vermögen der Baufirma das Insolvenzverfahren eröffnet.

Im vom BGH zu beurteilenden Fall forderte nunmehr die Klägerin vom Beklagten Schadensersatz im Wesentlichen in Höhe der Sicherheitseinbehalte gem. §§ 823 Abs. 2 BGB

i. V. m. 266 StGB. Die Klägerin war der Meinung, der Beklagte habe durch die unterlassene Einzahlung des Sicherheitseinbehalts den Tatbestand der Untreue verwirklicht und sei daher zum Ersatz des hieraus entstandenen Schadens verpflichtet. Der BGH sah dies anders und verneinte den geltend gemachten Anspruch. In den Entscheidungsgründen stellte der BGH zunächst fest, dass der Untreuetatbestand des § 266 StGB ein sog. Schutzgesetz i. S. d. § 823 Abs. 2 BGB ist. Die Vorschrift setzt jedoch voraus, dass eine gesetzliche oder vertragliche Vermögensbetreuungspflicht besteht. Den Täter muss eine inhaltlich herausgehobene Pflicht treffen, Vermögensinteressen eines Dritten zu betreuen, d. h., dem Dritten drohende Vermögensnachteile abwenden. Er muss innerhalb eines nicht ganz unbedeutenden Pflichtenkreises im Interesse des Vermögensinhabers tätig und zur fremdnützigen Vermögensfürsorge verpflichtet sein. Allgemein schuldrechtliche Verpflichtungen reichen hierzu nicht aus, und zwar auch dann nicht, wenn sich hieraus Rücksichtnahme oder Sorgfaltspflichten ergeben. Die Vermögensbetreuung muss sich als Hauptpflicht, d. h. als zumindest mitbestimmende und nicht nur beiläufige Pflicht darstellen. Es bedürfe, sofern wie hier eine gesetzliche Regelung fehlt, einer ausdrücklichen Vereinbarung, die den Vertragsschließenden insoweit zu einer besonderen Vermögensfürsorge zugunsten des anderen Vertragspartners verpflichtet. Andernfalls, so der BGH in seiner Entscheidung, erschöpft sich der Verstoß lediglich in einer Verletzung der Pflicht, sich vertragsgemäß zu verhalten. Dies begründet aber als solches noch keine Untreue.

Nach diesen Grundsätzen genügte die zwischen den Vertragspartnern vorliegend getroffene Vereinbarung über die

Einzahlung der Sicherheitseinbehalte auf ein Sperrkonto nicht, um eine Vermögensbetreuungspflicht i. S. d. § 266 Abs. 1 StGB zu begründen. Die Parteien haben die Geltung der VOB/B vereinbart und vertraglich bestimmt, dass für sämtliche in § 17 VOB/B vorgesehenen Fälle ein Sperrkonto bei der Bank einzurichten ist. Diese Regelung verpflichtete den Auftraggeber nicht zu einer besonderen Vermögensfürsorge, sodass der geltend gemachte Anspruch unbegründet ist.
*BGH, Urteil vom 25.05.2010, VI ZR 205/09*

Siehe auch: → Gewährleistungssicherheit
→ Vertragserfüllungsbürgschaft

# Skonto/Skontovereinbarung

Unter dem Begriff „Skonto“ versteht man einen prozentualen Abzug vom jeweiligen Rechnungsbetrag, der bei sofortiger Zahlung oder Zahlung innerhalb einer vereinbarten Skontofrist vom Auftragnehmer gewährt wird. Sinn und Zweck eines Skontos ist zumeist, dem Auftraggeber eine „Belohnung“ dafür zu geben, dass er die Schlussrechnung bereits vor dem eigentlichen Fälligkeitstermin bezahlt.

Gemäß § 16 Abs. 5 Nr. 2 VOB/B sind nicht vereinbarte Skontoabzüge unzulässig. Dies bedeutet im Umkehrschluss, dass dann, wenn der Auftraggeber einen Skontoabzug vornehmen will, ein solcher ausdrücklich entweder im Bauvertrag selbst, was die Regel ist, oder sonst vereinbart sein muss. Es genügt dabei nicht, dass die Vertragsparteien lediglich die VOB/B dem Bauvertrag zugrunde legen. Allein mit der Vereinbarung der VOB/B im Bauvertrag ist noch keine Skontovereinbarung getroffen worden, zumal die festzulegenden Einzelheiten hinsichtlich Höhe des Skontos und Skontofrist fehlen und die VOB/B gerade bestimmt, dass nicht ausdrücklich vereinbarte Skontoabzüge unzulässig sind.

Der Rabatt oder der Nachlass unterscheiden sich vom Skonto darin, dass dem Auftraggeber beim Skonto ein Abzug nur dann gewährt wird, wenn bestimmte Zahlungsfristen eingehalten werden. Beim Rabatt oder Nachlass ist dies nicht der Fall. Der Rabatt bzw. Nachlass wird gewährt, ohne dass es dabei auf eine Zahlung innerhalb einer bestimmten Frist ankäme. Während der Skonto den Zweck hat, die Zahlung zu beschleunigen, haben der Rabatt, der Nachlass oder das Angebot den Sinn, dem Auftraggeber durch Preisnachlässe ein lukratives Angebot unterbreiten zu können, um letztlich den Auftrag zu erhalten.

Die ausdrückliche Vereinbarung eines Skontos kann sowohl im Bauvertrag selbst erfolgen als auch später, während der Bauausführung, gesondert vorgenommen werden. Sie bedarf keiner bestimmten Form, kann also auch mündlich oder schlüssig erfolgen. Aus Dokumentations- und Beweiszwecken ist es jedoch anzuraten, in jedem Fall eine schriftliche Vereinbarung zu treffen.

Ist eine Skontovereinbarung in den Allgemeinen Geschäftsbedingungen des Auftraggebers enthalten, so bestehen gegen die Wirksamkeit einer solchen Klausel grundsätzlich keine Bedenken. Voraussetzung für die Wirksamkeit einer solchen Skontoabzugsklausel ist jedoch, dass diese hinreichend klar und deutlich gefasst ist. Unwirksam ist also bspw.

eine Skontoabzugsklausel, aus welcher sich der Beginn der Skontofrist nicht, auch nicht durch Auslegung, ergibt oder in welcher eine Skontofrist gar nicht enthalten ist.

Die Skontoabzugsklausel ist auch unwirksam, wenn sie den Auftragnehmer unangemessen benachteiligt. Unangemessen benachteiligt wird der Auftragnehmer bspw. dann, wenn für Skontoabzüge Fristen vorgesehen werden, die länger als die Fälligkeitsfristen in der VOB/B sind.

Die Klausel muss die notwendigen Angaben zu Höhe und Skontofrist enthalten. Ist das nicht der Fall, so liegt regelmäßig eine unwirksame Skontoabzugsklausel vor mit der Folge, dass der Auftraggeber nicht zum Abzug eines Skontos berechtigt ist.

Die Skontovereinbarung hat, um wirksam zu sein, insgesamt zwingend die nachfolgenden Angaben zu enthalten:

- Die Angabe, worauf Skonto gewährt wird. In Betracht zu ziehen sind Voraus-, Abschlags- und/oder Schlusszahlungen. Fehlt in der Vereinbarung eine klare Formulierung, auf welche Zahlungen der Skonto gewährt werden soll, so ist die Vereinbarung auszulegen. Lautet etwa die Skontovereinbarung dahin gehend, dass „ein Nachlass in Höhe von 2 % bei Zahlungen innerhalb von zehn Tagen“ gewährt werden soll, so ist davon auszugehen, dass mit dem Begriff „Zahlungen“ sämtliche Zahlungen, also Abschlagszahlungen, Vorauszahlungen, Teilschlusszahlungen und Schlusszahlungen, gemeint sind. Hier zeigt sich die Bedeutung einer eindeutigen und klaren Skontovereinbarung. Im Zweifel, also bei Fehlen einer Bestimmung über die Zahlung, hinsichtlich derer ein Abzug gestattet sein soll, ist davon auszugehen, dass ein Skontoabzug nur bei der Schlusszahlung zulässig ist.

- Die Frist, innerhalb derer der Auftraggeber berechtigt sein soll, einen Skontoabzug vorzunehmen. Anzugeben ist der exakte Beginn der Frist. Unzureichend wäre bspw. eine Vereinbarung mit der Formulierung „5 % Skonto bei Zahlung innerhalb von acht Tagen", da hier nicht festgelegt wurde, ab wann die 8-Tage-Frist laufen soll. Fehlt es in der Vereinbarung an einer Angabe des Fristbeginns, so ist dieser zunächst durch Auslegung zu ermitteln. Ist dies aber nicht möglich, so ist die Vereinbarung insgesamt unwirksam. Ein Skontoabzug kann dann nicht vorgenommen werden.
- Die Höhe des Skontoabzugs. Diese wird regelmäßig als Prozentsatz der Bruttorechnungssumme angegeben, kann aber auch als fester Betrag vereinbart sein. Fehlt es an Angaben zur Höhe völlig, so ist die Vereinbarung ebenfalls insgesamt unwirksam.
- Die Art des eingeräumten Skontos. In Betracht kommen Barzahlungsskonto, Vorauszahlungsskonto und Vorzielzahlungsskonto. In der Baupraxis ist die übliche Skontoart der Vorzielzahlungsskonto.

Für die Einhaltung der Skontofrist kommt es auf die Vornahme der Zahlung durch den Auftraggeber an, nicht jedoch auf den Eingang beim Auftragnehmer.

**Aktuelle Rechtsprechung:**
Der Auftraggeber ist nur dann zum Skontoabzug befugt, wenn er innerhalb der Skontofrist die berechtigte Forderung des Auftragnehmers in vollem Umfang befriedigt und wenn

sich nicht aus der Skontovereinbarung etwas anderes ergibt. Skonto kann nur dann abgezogen werden, wenn die Versendung eines Verrechnungsschecks innerhalb der Skontofrist erfolgt. Auf den Eingang des Verrechnungsschecks beim Auftragnehmer kommt es nicht an. Zahlt der Auftraggeber auf eine Rechnung innerhalb der Skontofrist nicht den fälligen Gesamtbetrag, so hat er keinen Anspruch auf einen Skontoabzug. Das gilt auch dann, wenn der Fehlbetrag niedriger als 0,5 % der fälligen Rechnungssumme ist.
*OLG Stuttgart, Urteil vom 06.03.2012, 10 U 102/11*

Will der Auftraggeber übrigens bei einer Rechnung des Auftragnehmers einen nicht vereinbarten Skontoabzug vornehmen, weil er dies regelmäßig bei anderen Auftragnehmern zu handhaben pflegt, so ist er hierzu nicht berechtigt. Es gibt in der Baupraxis keinen Handelsbrauch dahin gehend, dass regelmäßig ohne vertragliche Vereinbarung ein Skontoabzug vorgenommen werden dürfte.

**Praxistipp:**
Nimmt ein Auftragnehmer laufend Zahlungen vom Auftraggeber entgegen, bei welchen der Auftraggeber Skontoabzüge vornimmt, obwohl die Skontofrist stets bereits verstrichen ist, so stellt dies keine Abänderung einer ursprünglich getroffenen Skontovereinbarung dahin gehend dar, dass die Skontofrist verlängert worden wäre. Für eine Abänderung der ursprünglich vereinbarten Skontofrist bedarf es einer Änderungsvereinbarung. Eine solche Vereinbarung setzt Angebot und Annahme voraus. Zwar mag das Angebot auf Abänderung der Vereinbarung in der verspäteten Zahlung gese-

hen werden. Reines Schweigen des Auftragnehmers ist jedoch keine Annahme dieses Abänderungsangebots, sodass keine Abänderungsvereinbarung zustande gekommen ist. Der Auftragnehmer hat also in einem solchen Fall einen Anspruch gegen den Auftraggeber auf Auszahlung des zu Unrecht einbehaltenen Skontos.

Anders ist es zu beurteilen, wenn der Auftragnehmer Skontoabzüge widerspruchslos hinnimmt, die stets unter Nichteinhaltung der vereinbarten Skontofrist vorgenommen werden, und die Geschäfte über einen langen Zeitraum (hier von vier Jahren) reibungslos fortgesetzt werden. Diese Handhabung ist dahin gehend zu verstehen, dass der Auftragnehmer mit den Skontoabzügen einverstanden ist. Eine Geltendmachung der vorgenommenen Abzüge scheidet in diesem Fall aus.
*OLG Köln, Urteil vom 14.08.2003, Az. 8 U 24/03*

# Sperrkonto

Nach § 17 Abs. 6 Nr. 1 VOB/B hat der Auftraggeber einen Sicherheitseinbehalt dem Auftragnehmer mitzuteilen und binnen 18 Werktagen nach dieser Mitteilung auf ein Sperrkonto einzubezahlen.

Siehe auch: → Sicherheitseinbehalt

Unter dem Begriff „Sperrkonto“ wird ein Konto verstanden, über das nur beide Vertragsparteien gemeinsam verfügen können.

In der Baupraxis kam es oftmals vor, dass ein Sperrkonto nur vom Auftraggeber eröffnet und lediglich im Innenverhältnis geregelt wurde, dass ein Zugriff auf dieses Konto nur durch Auftraggeber und Auftragnehmer gemeinsam erfolgen dürfe. So eine Vorgehensweise barg eine große Gefahr in sich. Im Insolvenzfall kann nämlich eine solche Konstellation dazu führen, dass ein solches Konto in die Insolvenzmasse fällt. Insolvenzfest ist insoweit ausschließlich ein Konto, das sowohl vom Auftragnehmer als auch vom Auftraggeber gemeinsam eröffnet wurde. Aus diesem Grund enthält § 17 Abs. 5 Satz 1 VOB/B hinter dem Begriff „Sperrkonto" den Klammerzusatz „(Und-Konto)". Dieser Zusatz wurde bereits in der VOB/B 2006 ergänzt. Er soll klarstellen, dass ein Sperrkonto von den Bauvertragsparteien gemeinsam zu eröffnen ist. Um ein solches Konto einrichten zu können, bedarf es der Mitwirkung beider Vertragsparteien.

**Aktuelle Rechtsprechung:**
Eine Gemeinde hat als öffentlicher Auftraggeber vereinbarungsgemäß einen Sicherheitseinbehalt für Mängelansprüche vorgenommen und diesen auf ein bei der Gemeinde geführtes Verwahrgeldkonto einbezahlt. Der Auftragnehmer ist der Ansicht, dass es sich bei diesem Verwahrgeldkonto nicht um ein Sperrkonto i. S. d. § 17 Abs. 6 VOB/B handelt und fordert die Gemeinde unter Fristsetzung auf, das Geld auf ein Sperrkonto einzubezahlen. Nach Ablauf der Frist fordert der Auftragnehmer die Gemeinde auf, den Sicherheitseinbehalt auszubezahlen. Das Gericht weist die Klage ab. Es gibt keine Verpflichtung zur Einzahlung des Sicherheitseinbehalts auf einem Sperrkonto bei einem Geldinstitut. Das Konto kann vielmehr auch im Rahmen der eigenen Verwaltung der Haus-

haltsmittel geführt werden, zumal bei einem öffentlichen Auftraggeber die Gefahr einer Insolvenz nicht bestehe.
*LG Potsdam, Urteil vom 20.05.2011, 10 O 251/10*

**Praxistipp:**
Sofern in einem VOB-Bauvertrag ein Sicherheitseinbehalt vereinbart wurde, der durch die Hingabe einer unbefristeten Bankbürgschaft abgelöst werden kann, kann der Auftragnehmer eine entsprechende Bürgschaft aushändigen und die Auszahlung des einbehaltenen Betrags fordern. Stellt er jedoch anstatt der unbefristeten eine befristete Bürgschaft und verweigert der Auftraggeber die Auszahlung des Sicherheitseinbehalts mit der Begründung, der Auftragnehmer habe die geforderte Sicherheit nicht erbracht und dem Auftragnehmer stünden überdies keine weiteren Forderungen mehr zu, da er bereits überzahlt sei, so kann der Auftragnehmer dennoch die Auszahlung des Sicherheitseinbehalts fordern, wenn der Auftraggeber diesen bislang nicht auf ein Sperrkonto eingezahlt hat.

Der Auftraggeber ist nämlich verpflichtet, einen Sicherheitseinbehalt auf ein Sperrkonto einzuzahlen. Unterlässt er dies, so hat ihm der Auftragnehmer zwar grundsätzlich eine Nachfrist zur Einzahlung zu setzen. Verstreicht auch die Nachfrist fruchtlos, so ist der Auftragnehmer nicht mehr verpflichtet, Sicherheit zu leisten, und er kann einen vom Auftraggeber einbehaltenen Sicherheitseinbehalt sofort herausverlangen. Zwar hat in obigem Fall der Auftragnehmer keine Nachfrist gesetzt. Allerdings hat der Auftraggeber zu verstehen gegeben, dass dem Auftrag-

nehmer seiner Ansicht nach keine weiteren Ansprüche mehr gegen ihn zustehen. Er hat damit auch die Einzahlung des Sicherheitseinbehalts auf ein Sperrkonto endgültig verweigert. Bei einer endgültigen Verweigerung der Einzahlung ist eine Nachfristsetzung entbehrlich, und der Auftragnehmer kann die Auszahlung verlangen. Anders wäre es, wenn der Auftraggeber eine Einzahlung auf das Sperrkonto vorgenommen oder Nachforderungen des Auftragnehmers nicht von vornherein ausgeschlossen hätte.
*BGH, Urteil vom 26.06.2003, Az. VII ZR 281/02*

# Streitbeilegung

§ 18 VOB/B enthält Bestimmungen über Gerichtsstandsvereinbarungen, über Meinungsverschiedenheiten zwischen Auftragnehmern und Behörden sowie über Meinungsverschiedenheiten zwischen Auftragnehmern und Auftraggebern über die Eigenschaft von Stoffen und Bauteilen. Demnach kann auch zwischen den Bauvertragsparteien ein Verfahren zur Streitbeilegung vereinbart werden, wobei die Vereinbarung mit Vertragsabschluss erfolgen sollte.

# Stundenlohnarbeiten

Nach § 15 Abs. 1 Nr. 1 VOB/B werden Stundenlohnarbeiten nach den vertraglichen Vereinbarungen abgerechnet. § 2 Abs. 10 VOB/B bestimmt zudem, dass Stundenlohnarbeiten nur dann vergütet werden, wenn sie als solche vor ihrem

Beginn ausdrücklich vereinbart worden sind. Fehlt es also bereits an einer Vereinbarung, so kommt eine Abrechnung von Stundenlohnarbeiten erst gar nicht in Betracht. Hierzu und zur Bemessung der Höhe der Vergütung.

Siehe auch: → Stundenlohnvereinbarung

Nach § 15 Abs. 3 VOB/B ist dem Auftraggeber die Ausführung von Stundenlohnarbeiten vor Beginn anzuzeigen. Diese Anzeige ist formlos möglich, sollte aber aus Dokumentations- und Beweisgründen schriftlich erfolgen. Sie ist dann entbehrlich, wenn die Vertragsparteien eine Vereinbarung darüber getroffen haben, wann die Stundenlohnarbeiten auszuführen sind, oder wenn der Auftraggeber selbst bei Beginn der Stundenlohnarbeiten vor Ort ist und daher Kenntnis von der Arbeitsaufnahme hat. Ist eine Anzeige erforderlich, so hat sie

- den Tag der Arbeitsaufnahme und
- die auszuführenden Arbeiten

anzugeben, um wirksam zu sein. Dem Auftragnehmer ist anzuraten, besser etwas mehr auszuführen als zu wenig. So steht er stets auf der sicheren Seite und kann etwaige Unwägbarkeiten von vornherein ausschließen. Eine unterlassene Anzeige hat nicht etwa zur Folge, dass der Auftragnehmer seinen Anspruch auf Vergütung der Stundenlohnarbeiten verlieren würde. Dem Auftraggeber stehen vielmehr lediglich Schadensersatzansprüche zu, sofern ihm durch die nicht erfolgte Anzeige ein Schaden entstanden ist, welchen er dann aber auch nachzuweisen hat.

Über die geleisteten Arbeitsstunden und den dabei erforderlichen, besonders zu vergütenden Aufwand

- für den Verbrauch von Stoffen,
- für Vorhaltung von Einrichtungen, Geräten, Maschinen und maschinellen Anlagen,
- für Frachten, Fuhr- und Ladeleistungen sowie
- für etwaige Sonderkosten

sind, wenn nichts anderes vereinbart ist, je nach der Verkehrssitte
- werktäglich oder
- wöchentlich

Stundenlohnzettel beim Auftraggeber oder einem für den Empfang derselben Bevollmächtigten (etwa beim Bauleiter oder Architekt) einzureichen. Die Stundenlohnzettel müssen genaue Angaben enthalten und für den Auftraggeber nachprüfbar sein.

**Aktuelle Rechtsprechung:**
Eine Bauherrin schloss mit einer Bauunternehmerin einen Stundenlohnvertrag über den Abbruch und den Wiederaufbau einer Basaltmauer. Unter Vorlage von Stundenzetteln, die einen Aufwand von 258,5 Stunden auswiesen und die allesamt von der Bauherrin unterzeichnet waren, rechnet die Bauunternehmerin einen Betrag in Höhe von knapp 10.000 Euro ab. Die Bauherrin verweigert die Bezahlung mit der Begründung, die Bauunternehmerin habe unangemessen viele Stunden aufgewendet. Angemessen sei ihrer Meinung nach allenfalls eine Vergütung in Höhe von 2.400 Euro. Dieser Betrag wäre bei einer Abrechnung nach Einheitspreisen angefallen. Das Gericht erster Instanz hat der Auftragnehmerin Recht gegeben, ohne überhaupt zu prüfen, ob die Anzahl der aufgewandten Stunden angemessen war

oder nicht. Die Berufungsinstanz ist dem nicht gefolgt und hob das erstinstanzliche Urteil wieder auf. Die Bauherrin hat die Regiezettel zwar unterzeichnet und damit bestätigt, dass die dort aufgeführten Stunden tatsächlich geleistet wurden. Insoweit ist mit der Unterzeichnung von Regiezetteln ein sog. deklaratorisches Schuldanerkenntnis verbunden. Die Reichweite dieses Anerkenntnisses ist allerdings auf die Anzahl der dokumentierten Stunden begrenzt. Mit der Unterschrift sind weitergehende Einwendungen, insbesondere gegen die Angemessenheit der aufgewandten Stunden, regelmäßig nicht abgeschnitten. Deshalb kann die Bauherrin nach wie vor geltend machen, dass die Bauunternehmerin zu langsam gearbeitet und damit ihre Pflicht zur wirtschaftlichen Betriebsführung verletzt hat. Bei einer Verletzung dieser Nebenpflicht steht der Bauherrin ein Schadensersatzanspruch zu. Sie muss allerdings darlegen, welcher Aufwand angemessen gewesen wäre.
*OLG Köln, Urteil vom 16.09.2008, Az. 24 U 167/07*

Werden die Stundenlohnzettel nicht rechtzeitig vorgelegt, und erwachsen hieraus Zweifel über den Umfang der Stundenlohnleistungen, so kann der Auftraggeber verlangen, dass für die nachweisbar ausgeführten Leistungen eine Vergütung vereinbart wird, die für einen wirtschaftlich vertretbaren Aufwand an Arbeitszeit und Verbrauch von Stoffen, für Vorhaltung von Einrichtungen, Geräten, Maschinen und maschinellen Anlagen, für Frachten, Fuhr- und Ladeleistungen sowie etwaige Sonderkosten ermittelt wird.

Der Auftraggeber hat die von ihm bescheinigten Stundenlohnzettel unverzüglich, spätestens jedoch innerhalb von sechs Werktagen nach Zugang an den Auftragnehmer, zurückzugeben. Dabei kann er Einwendungen auf den Stundenlohnzetteln oder gesondert schriftlich erheben. Gibt der Auftraggeber die Stundenlohnzettel nicht fristgerecht, also innerhalb der 6-Werktage-Frist, an den Auftragnehmer zurück, so gelten diese als anerkannt.

Der Auftragnehmer hat die Pflicht, über die von ihm ausgeführten Stundenlohnarbeiten alsbald nach Abschluss der Stundenlohnarbeiten abzurechnen. Dabei darf er sich höchstens vier Wochen Zeit lassen. Basis der Stundenlohnabrechnungen sind die Stundenlohnzettel.

**Praxistipp:**
In der Baupraxis kommt es regelmäßig vor, dass zwar eine Vereinbarung über die Vergütung von Stundenlohnarbeiten fehlt, der Auftragnehmer aber dennoch Stundenlohnzettel fertigt und diese vom Auftraggeber unterzeichnet werden. Der Auftragnehmer sollte in einem solchen Fall unbedingt berücksichtigen, dass allein die Unterzeichnung von Regiezetteln (Stundenlohnzetteln) durch den Auftraggeber oder den Bauleiter mit entsprechender Vollmacht nicht als nachträgliche Vereinbarung über die Ausführung von Stundenlohnarbeiten anzusehen ist. Vielmehr bedarf es für die Annahme der Vereinbarung von Stundenlohnarbeiten dann weitergehender Anhaltspunkte, die der Auftragnehmer nachzuweisen hat. Liegen diese nicht vor und klagt der Auftragnehmer auf Zahlung auf Basis der unterzeichneten Regiezettel einen vermeintlichen Vergütungsanspruch ein, riskiert er, dass die Klage abgewiesen wird und er darüber hinaus auch noch die Kosten des Verfahrens zu tragen hat.

**Aktuelle Rechtsprechung:**
Haben die Bauvertragsparteien die Abrechnung nach Einheits- und Pauschalpreispositionen vereinbart, so ist die Abrechnung nach Stundenlohnaufwand nicht statthaft. Die bloße Abzeichnung von Stundenlohnzetteln ändert hieran auch nichts. Bietet der Auftragnehmer in einem Bauprozess auch nicht hilfsweise eine Abrechnung entsprechend der vertraglich vorgesehenen Abrechnungsweise an, so ist seine Werklohnforderung nicht nur derzeit, sondern endgültig unbegründet.
*OLG Düsseldorf, Urteil vom 09.05.2008, Az. 23 U 14/08; BGH, Beschluss vom 12.02.2009, VII ZR 123/08 (Nichtzulassungsbeschwerde zurückgewiesen)*

# Stundenlohnvereinbarung

§ 2 Abs. 10 VOB/B bestimmt, dass Stundenlohnarbeiten nur dann vergütet werden, wenn sie als solche vor ihrem Beginn ausdrücklich vereinbart wurden.

Die Regelung in § 2 Abs. 10 VOB/B über die Erforderlichkeit der Vereinbarung von → Stundenlohnarbeiten ist zu trennen von § 15 VOB/B, in welchem die näheren Einzelheiten der Stundenlohnvergütung beschrieben werden. Wenn § 2 Abs. 10 VOB/B als Voraussetzung für eine wirksame Stundenlohnvereinbarung fordert, dass diese vor Beginn der Arbeiten zu erfolgen hat, so ist diese Regelung überflüssig, zumal es den Vertragsparteien selbstverständlich freisteht, auch noch nach Beginn der Ausführung eine Stundenlohnvereinbarung zu treffen. Insoweit können die Vertragsparteien die Bestimmung „aushebeln".

Soweit die Vertragsparteien keine Vereinbarung über die Höhe der Vergütung getroffen haben, gilt die ortsübliche Vergütung als vereinbart. Ist dies aber nicht zu ermitteln, so werden die Aufwendungen des Auftragnehmers

- für Lohn- und Gehaltskosten der Baustelle,
- für Lohn- und Gehaltsnebenkosten der Baustelle,
- für Stoffkosten der Baustelle,
- für Kosten der Einrichtungen, Geräte, Maschinen und maschinellen Anlagen der Baustelle,
- für Fracht-, Fuhr- und Ladekosten,
- für Sozialkassenbeiträge und
- für Sonderkosten,

die bei betriebswirtschaftlicher Betriebsführung entstehen, mit angemessenen Zuschlägen für Gemeinkosten und Gewinn vergütet.

Verlangt der Auftraggeber, dass die Stundenlohnarbeiten durch einen Polier oder eine andere Aufsichtsperson beaufsichtigt werden, oder ist die Aufsicht nach den einschlägigen Unfallverhütungsvorschriften notwendig, so werden die hierbei anfallenden Stundenlohnarbeiten ebenfalls nur dann vergütet, wenn die Stundenlohnarbeiten vertraglich vereinbart wurden. Die Vergütung richtet sich ebenfalls nach der vertraglichen Vereinbarung.

Siehe auch: → Stundenlohnarbeiten

**Praxistipp:**
Interessant für den Auftragnehmer ist die nachfolgende Entscheidung des KG Berlin:

Auftraggeber und Auftragnehmer vereinbarten, dass der Auftragnehmer eine Wohnung an eine bereits vorhandene Heizungsanlage anschließen sollte. Die VOB/B wurde dem Bauvertrag zugrunde gelegt, es fehlte jedoch eine Vereinbarung zur Höhe der Vergütung. Schließlich entstand Streit über die zu zahlende Vergütung. Der Auftragnehmer hatte nach Stundenaufwand abgerechnet, wobei Stundenlohnzettel fehlten und auch im Verlauf des Gerichtsverfahrens nicht beigebracht werden konnten. Dem Auftragnehmer hat das Gericht die geltend gemachte Vergütung zuerkannt. Begründet wurde dies wie folgt: Der Auftragnehmer hat durch die Vorlage seiner Stundenlohnschlussrechnung die Geltung einer Stundenlohnvereinbarung behauptet, was vom Auftraggeber nicht bestritten wurde. Daher steht dem Auftragnehmer nach § 15 Abs. 1 Nr. 2 Satz 1 VOB/B ein Anspruch auf die nach Stundenlöhnen abzurechnende ortsübliche Vergütung zu. Die Stundenlohnabrechnung war prüfbar und fällig. Die Vorlage von Stundenlohnzetteln oder sonstiger Unterlagen war entbehrlich, da der Umfang des erbrachten Werks vom Auftraggeber ohne Schwierigkeiten festgestellt werden konnte, zumal es sich lediglich um den leicht überschaubaren Anschluss einer Heizungsanlage an die Wohnung handelte. Das Fehlen der Stundenlohnzettel steht der Fälligkeit der Werklohnforderung deshalb nicht entgegen, da der Auftraggeber nach § 15 Abs. 5 VOB/B eine Vereinbarung über die Höhe der Vergütung verlangen kann, wenn mangels rechtzeitiger Vorlage von Stundenlohnzetteln Zweifel am Umfang der Stundenlohnleistung bestehen. Unterlässt der Auftraggeber dies, so geht dies zu seinen Lasten.

*KG Berlin, Urteil vom 14.01.1991, Az. 24 U 7285/89*

**Aktuelle Rechtsprechung:**
Auftraggeber und Auftragnehmer schließen einen Bauvertrag über die Ausführung von Heizungs- und Sanitärinstallationsarbeiten. Im Bauvertrag wird die VOB/B wirksam vereinbart. Nach Fertigstellung der Leistungen stellt der Auftragnehmer seine Schlussrechnung und rechnet dabei Stundenlohnarbeiten ab. Den Umfang der abgerechneten Stunden hält der vom Auftraggeber beauftragte Architekt für nachvollziehbar. Allerdings wurden die vom Auftragnehmer gefertigten Stundenlohnzettel nicht gegengezeichnet. Zudem sind auch Fahrtzeiten in die Stundenanzahl mit eingeflossen, sodass der Auftraggeber die Zahlung verweigert. Nachdem selbst nach Vorlage der von den Mitarbeitern des Auftragnehmers erstellten Rapportzetteln keine Zahlung erfolgt, klagt der Auftragnehmer seinen Werklohn ein.

Das Gericht gibt der Klage weitgehend statt. Zur Begründung führt es aus, dass dann, wenn keine unterzeichneten Stundenzettel vorgelegt werden können, der Umfang der erbrachten Stundenlohnarbeiten vom Auftragnehmer auch anderweitig nachgewiesen werden könne, etwa durch Aussagen seiner Mitarbeiter oder die Vorlage von Rapportzetteln. Das ist vorliegend geschehen. Zudem hat selbst der Architekt des Auftraggebers die Anzahl der Stunden als plausibel angesehen. Allerdings ist die Berechnung der Fahrtzeiten als Stundenlohnarbeiten nicht gerechtfertigt, da im Baubereich die stundenweise Berechnung von Fahrtkosten nicht üblich sei.
*OLG Hamm, Urteil vom 08.02.2011, 21 U 88/10*

# Subunternehmer/ Subunternehmervertrag

In der Baupraxis werden oft Generalunternehmer vom Bauherrn mit der schlüsselfertigen Erstellung eines Bauvorhabens beauftragt. Hierzu schließt der Generalunternehmer mit dem Bauherrn einen entsprechenden Bauvertrag. Der Generalunternehmer führt die ihm aufgetragenen Bauleistungen regelmäßig nicht alle selbst aus, sondern schließt seinerseits wieder Bauverträge über einzelne Gewerke mit Subunternehmern (auch als Nachunternehmer bezeichnet). Zum Abschluss der Verträge mit den Subunternehmern wird der Generalunternehmer vom Bauherrn im Generalunternehmervertrag ermächtigt.

Beim Subunternehmervertrag handelt es sich somit um einen ganz normalen Bauvertrag zwischen einem Auftraggeber (General- oder Hauptunternehmer) und einem Auftragnehmer (Subunternehmer). Die Besonderheit beim Subunternehmervertrag besteht darin, dass der Auftraggeber nicht, wie sonst, zugleich Bauherr ist, sondern selbst Auftragnehmer des Bauherrn.

**Hinweis:**
Mit Inkrafttreten des Forderungssicherungsgesetzes zum 01.01.2009 hat die Vorschrift des § 641 Abs. 2 BGB, die auch bei VOB-Bauverträgen Anwendung findet, eine für die Vergütung des Subunternehmers bedeutende Änderung und Ergänzung erfahren. Demnach ist die Vergütung des Auftragnehmers, der Subunternehmer ist, für ein Werk, dessen Herstellung der Auftraggeber (Generalunternehmer) einem Dritten (Bauherr) versprochen hat, spätestens dann fällig,

1. soweit der Auftraggeber vom Bauherrn für das versprochene Werk wegen dessen Herstellung seine Vergütung oder Teile davon erhalten hat,
2. soweit das Werk des Auftraggebers vom Bauherrn abgenommen worden ist oder als abgenommen gilt oder
3. wenn der Subunternehmer dem Auftraggeber erfolglos eine angemessene Frist zur Auskunft über die in den Nr. 1 und 2 bezeichneten Umstände bestimmt hat.

Hat der Auftraggeber dem Bauherrn wegen möglicher Mängel der Werkleistungen des Subunternehmers eine Sicherheit geleistet, so gilt das Vorstehende aber nur dann, wenn der Subunternehmer dem Auftraggeber eine entsprechende Sicherheit leistet.

Dem Auftraggeber steht bei Fälligkeit der Vergütung gegenüber dem Subunternehmer der Druckzuschlag gem. § 641 Abs. 3 BGB zu. Seit Inkrafttreten des Forderungssicherungsgesetzes zum 01.01.2009 kann der Auftraggeber, wenn er die Beseitigung eines Mangels verlangt, nach der Fälligkeit der Vergütung die Zahlung eines angemessenen Teils der Vergütung verweigern, wobei als angemessen i. d. R. das Doppelte der für die Beseitigung des Mangels erforderlichen Kosten angesehen wird. Hinzuweisen ist auch darauf, dass beim VOB-Bauvertrag die weiteren Fälligkeitsvoraussetzungen vorliegen müssen, wie etwa der Ablauf der jeweiligen Prüfungsfrist der Schlussrechnung, die in der VOB/B 2012 im Zuge der Umsetzung der Zahlungsverzugsrichtlinie 2011/7/EU geändert wurde (siehe → Prüfungsfrist).

Hat der Generalunternehmer, der einen Bauvertrag mit einem Subunternehmer schließt, keine Vollmacht durch den

Bauherrn erteilt bekommen, so kann der Bauherr den Vertrag mit dem Generalunternehmer kündigen. Nach § 4 Abs. 8 Nr. 1 VOB/B hat nämlich der Auftragnehmer grundsätzlich die vertraglich vereinbarten Leistungen im eigenen Betrieb auszuführen. Nur mit schriftlicher Zustimmung des Auftraggebers oder einer entsprechenden Vereinbarung im Bauvertrag selbst darf der Auftragnehmer Leistungen an Nachunternehmer weitergeben und mit diesen eigene Bauverträge schließen, es sei denn, sein Betrieb ist auf die Ausführung gewisser Bauleistungen nicht eingerichtet. Erbringt er Leistungen ohne schriftliche Erlaubnis oder Zustimmung nicht im eigenen Betrieb und gibt sie an Subunternehmer weiter, obwohl er sie auch im eigenen Betrieb hätte ausführen können, so kann ihm der Bauherr eine angemessene Frist setzen und ihn auffordern, die Arbeiten im eigenen Betrieb auszuführen. Dabei hat er ihm zu erklären, dass er ihm nach Ablauf der Frist den Auftrag entziehe. Nach fruchtlosem Ablauf der Frist kann der Bauherr den Vertrag mit dem Generalunternehmer kündigen.

Gibt der Generalunternehmer Bauleistungen an einen Subunternehmer weiter, so hat er die VOB/B auch dem Subunternehmervertrag zugrunde zu legen, § 4 Abs. 8 Nr. 2 VOB/B. Er hat ferner dem Auftraggeber die für ihn tätigen Subunternehmer auf Verlangen bekannt zu geben, § 4 Abs. 8 Nr. 3 VOB/B.

# Symptomtheorie

Wenn der Auftraggeber Mängelansprüche gegenüber dem Auftragnehmer geltend machen will, entsteht ein allgemein typisches Problem. Er kann zwar äußerlich erkennbare Erscheinungsbilder, die er als mangelhaft qualifiziert, beschreiben, weiß aber i. d. R. nicht, worauf diese beruhen. Es stellt sich dann die Frage, wie genau er gegenüber dem Auftragnehmer Mängel beschreiben muss, damit sie einer ordnungsgemäßen Mängelrüge entsprechen.

Nach Ansicht des Bundesgerichtshofs und der von ihm entwickelten Symptomtheorie ist es nicht Sache des Auftraggebers, die Ursache von aufgetretenen Mängeln zu erforschen oder Beweis hierüber zu beschaffen. Er hat auch keineswegs das Risiko dafür zu tragen, dass er sich bei der Ermittlung von Mangelursachen irrt. Der Auftraggeber hat lediglich die Mangelerscheinungen, also die Symptome eines Mangels, hinreichend genau zu bezeichnen. Er ist nicht verpflichtet, die Mangelursachen und die Verantwortlichen, etwa den Statiker oder den Rohbauunternehmer, zu bezeichnen und bereits vorgerichtlich zu klären, wer die Verantwortung für den aufgetretenen Mangel trägt. Ob der Mangel tatsächlich besteht, klärt sich dabei ggf. erst in einem gerichtlichen Verfahren, zumeist einem selbstständigen Beweisverfahren, in dessen Verlauf ein Sachverständigengutachten klärt, ob die gerügten Symptome tatsächlich auf einem Mangel beruhen und, wenn ja, wer hierfür die Verantwortung trägt.

Der Auftraggeber muss zwar nicht die vermeintlichen Ursachen eines von ihm angenommenen Mangels beschreiben, er hat aber die Mangelsymptome exakt und hinreichend bestimmt darzulegen. Dies bedeutet, dass das aufgetretene Erscheinungsbild nach Art und Lage so genau präzisiert werden muss, dass das, was der Auftraggeber eigentlich meint, dem Auftragnehmer gegenüber klar und deutlich zum Ausdruck kommt. Es reicht daher wohl kaum aus, wenn der Auftraggeber gegenüber dem Auftragnehmer bei einem großen Bauvorhaben in seiner Mängelrüge angibt, es seien Risse vorhanden, wenn man nicht genau feststellen kann, wo sich die Risse befinden sollen, und nicht alle Risse gemeint sind. Ferner ist es bei dieser Formulierung nicht möglich, zwischen denjenigen Rissen, die eigentlich bezeichnet werden sollten, und solchen, die erst später, also möglicherweise erst nach Ablauf der Verjährungsfrist für Mängelansprüche und nach der Mängelrüge, auftreten, zu unterscheiden. Dies hat jedoch für die Verpflichtung des Auftragnehmers auf Mängelbeseitigung erhebliche Auswirkungen.

# T

## Teilabnahme

Nach § 12 Abs. 2 VOB/B sind in sich abgeschlossene Teile der Bauleistungen des Auftragnehmers auf Verlangen besonders abzunehmen. Diese → Abnahme bezeichnet man als Teilabnahme.

Die Durchführung einer Teilabnahme hat die folgenden Voraussetzungen:

- Der Auftragnehmer muss vom Auftraggeber die Teilabnahme verlangt haben. Solange ein Verlangen nicht vorliegt, ist der Auftraggeber nicht verpflichtet, Teilleistungen des Auftragnehmers abzunehmen.
- Es muss sich um einen in sich abgeschlossenen Teil der gesamten Bauleistungen des Auftragnehmers handeln. Wann ein „in sich abgeschlossener Teil" der Gesamtleistung des Auftragnehmers vorliegt, ist im Einzelfall recht schwierig zu beurteilen. Ein solcher liegt generell dann vor, wenn er für sich gesehen für den Auftraggeber nutzbar ist, ohne dass weitere Einzelleistungen erst noch ausgeführt werden müssten. Hat der Auftragnehmer bspw. eine Reihenhausanlage zu errichten, so stellt jedes Reihenhaus einen in sich abgeschlossenen Teil der Gesamtleistung des Auftragnehmers dar. Kein in sich abgeschlossener Teil der Leistung ist hingegen das Geländer einer Treppe, da das Geländer für sich gesehen für den Auftraggeber nicht nutzbar ist. Ebenso stellen einzelne Geschosse eines Hauses keine in sich abgeschlossenen Teilleis-

tungen dar, da diese ebenfalls für den Auftraggeber nicht selbstständig nutzbar sind. Bei der Beurteilung, ob eine in sich abgeschlossene Teilleistung vorliegt, kommt es letztlich auf die Verkehrsanschauung an.

Auch bei der Teilabnahme kommen verschiedene Abnahmeformen in Betracht. Es ist also eine ausdrückliche, eine fiktive und eine stillschweigende Teilabnahme möglich.

Siehe auch: → Abnahme
→ Abnahmeverweigerung
→ Abnahmewirkungen

# Teilkündigung

Nach § 8 Abs. 1 VOB/B kann der Auftraggeber den Bauvertrag bis zur Vollendung der Arbeiten des Auftragnehmers jederzeit frei kündigen, ohne dass es hierzu eines wichtigen Grundes bedarf.

Siehe auch: → Freie Kündigung

Der Auftraggeber kann somit den gesamten Vertrag kündigen, aber es ist auch möglich, den Bauvertrag wegen einzelner Bauleistungen bzw., sofern ein Einheitspreisvertrag vorliegt, wegen einzelner Positionen des Einheitspreisvertrags zu kündigen. Dem Auftraggeber steht bei Vereinbarung eines Einheitspreisvertrags sogar das Recht zu, lediglich einzelne Teilleistungen aus bestimmten Positionen des Leistungsverzeichnisses zu kündigen. Kündigt der Auftraggeber nur einzelne Leistungsteile, so spricht man von einer Teilkündigung.

Mit der Teilkündigung verfolgt der Auftraggeber den Zweck, einzelne vom Auftragnehmer noch nicht erbrachte Leistungen von diesem nicht mehr ausführen zu lassen, während er den Bauvertrag hinsichtlich der übrigen, bereits erbrachten oder noch auszuführenden Leistungen aufrechterhalten möchte. Folge einer Teilkündigung ist letztlich, dass der Bauvertrag in zwei Teile fällt. Ein Teil des Bauvertrags besteht aus den bereits erbrachten Bauleistungen bzw. den ungekündigten noch zu erbringenden Leistungen, der andere Teil besteht aus den gekündigten nicht mehr zu erbringenden Teilleistungen.

Hinsichtlich der Vergütung des Auftragnehmers hat dies zur Konsequenz, dass der Auftragnehmer für die nicht gekündigten Leistungen ganz normal die vereinbarte Vergütung erhält. Hinsichtlich der gekündigten Teilleistungen, die der Auftragnehmer nicht mehr auszuführen braucht, gilt § 8 Abs. 1 Nr. 2 VOB/B. Das heißt, dass der Auftragnehmer für die gekündigten Leistungsteile die vereinbarte Vergütung abzüglich der ersparten Aufwendungen erhält. Mit Inkrafttreten des Forderungssicherungsgesetzes zum 01.01.2009 wurde die Beweisführung für den Auftragnehmer hinsichtlich der ersparten Aufwendungen, die er im Streitfall darzulegen und zu beweisen hat, erheblich erleichtert. § 649 BGB wurde dahingehend ergänzt, dass vermutet wird, dass dem Unternehmer 5 % der auf den noch nicht erbrachten Teil der Werkleistung entfallenden vereinbarten Vergütung zustehen, ohne dass er hierfür Nachweise erbringen müsste.

Von der eben dargestellten freien Teilkündigung ist die außerordentliche Teilkündigung, die in § 8 Abs. 3 VOB/B geregelt ist, zu unterscheiden. Bei der außerordentlichen Teilkündigung steht dem Auftraggeber ein wichtiger Grund zur Kündigung zu. Der Auftraggeber kann in diesem Fall eine Kündigung nur hinsichtlich in sich abgeschlossener Teilleistungen aussprechen, diese Einschränkung gilt für die freie Teilkündigung gerade nicht.

Siehe auch: → Freie Kündigung
→ Kündigung durch den Auftraggeber

**Beispiel und Praxistipp:**
Der Auftraggeber entdeckt noch während der Bauausführung Mängel an den Leistungen des Auftragnehmers, der mit der Einbringung von Parkettböden und Holztreppen in das Bauvorhaben des Auftraggebers beauftragt worden ist. Er fordert den Auftragnehmer daraufhin auf, diese innerhalb angemessener Frist zu beseitigen. Der Auftragnehmer kommt dieser Aufforderung nicht nach, weshalb ihm der Auftraggeber eine Nachfrist setzt und ihm zugleich ankündigt, dass er nach Ablauf der Nachfrist den Bauvertrag kündigen werde. Auch diese Frist verstreicht fruchtlos, sodass der Auftraggeber dem Auftragnehmer den Bauvertrag lediglich hinsichtlich der Holztreppen kündigt.

Dies ist möglich, da es sich um eine außerordentliche Kündigung des Auftraggebers handelt und die Holztreppen in sich abgeschlossene Leistungen sind.

Nicht möglich ist es hingegen, wenn der Auftraggeber den Bauvertrag lediglich hinsichtlich der Treppengeländer kündigt, da es sich bei den Treppengeländern nicht um in sich abgeschlossene Teilleistungen handelt. Läge nun eine freie Teilkündigung vor und keine außerordentliche Teilkündigung, so wäre diese auch bezüglich der Geländer möglich, da die freie Teilkündigung auch hinsichtlich Teilleistungen möglich ist, die nicht in sich abgeschlossene Leistungen darstellen müssen.

Der Auftragnehmer sollte also darauf achten, ob es sich um eine außerordentliche Teilkündigung aus wichtigem Grund handelt oder um eine freie Kündigung. Liegt nämlich eine freie Teilkündigung vor, so regeln sich die Vergütungsansprüche des Auftragnehmers grundlegend anders als bei einer außerordentlichen Kündigung aus wichtigem Grund, bei welcher der Auftragnehmer Anlass zur Kündigung gegeben hat.

# Teilschlussrechnung

In sich abgeschlossene Teile der Leistungen des Auftragnehmers können nach Teilabnahme ohne Rücksicht auf die Vollendung der übrigen Leistungen endgültig festgestellt und bezahlt werden, so § 16 Abs. 4 VOB/B. Die Abrechnung dieser Teilleistungen erfolgt durch die Teilschlussrechnung. Auf diese Rechnung hin leistet der Auftraggeber dann die Teilschlusszahlung.

**In sich abgeschlossene Teilleistungen**

Der Auftragnehmer kann eine Teilschlussrechnung nur über in sich abgeschlossene Teilleistungen stellen. Eine in sich abgeschlossene Teilleistung liegt dann vor, wenn der Auftraggeber die Leistung selbstständig nutzen kann, wenn also die betreffende Leistung eine eigene Funktion erfüllt und von weiteren Leistungen unabhängig bestehen kann. Maßgebend für die Beurteilung ist dabei stets die allgemeine Verkehrsanschauung.

Beispiele für in sich abgeschlossene Teilleistungen sind etwa bei der Errichtung einer Reihenhausanlage die einzelnen Reihenhäuser. Schuldet der Auftragnehmer den Einbau mehrerer Treppen samt Geländer in ein Bauvorhaben, so ist jede Treppe samt Geländer eine in sich abgeschlossene Teilleistung, nicht jedoch die Treppe ohne Geländer, da eine solche Treppe für den Auftraggeber nicht nutzbar ist. Hieraus folgt auch, dass einzelne Geschosse eines mehrstöckigen Hauses keine in sich abgeschlossenen Teilleistungen sind. Hingegen stellen Sondereigentum und Gemeinschaftseigentum jeweils für sich gesehen in sich abgeschlossene Teilleistungen dar und sind einer Teilabnahme grundsätzlich zugänglich.

**Teilabnahme**
Voraussetzung für die Teilschlussrechnung ist weiter, dass die in sich abgeschlossenen Teile der Leistung des Auftragnehmers abgenommen wurden. Dazu hat eine Teilabnahme zu erfolgen (→ Teilabnahme).

**Abrechnung**
Wie die Schlussrechnung auch, muss die Teilschlussrechnung für den Auftraggeber prüfbar sein. Wird dem Auftraggeber keine prüfbare Abrechnung vorgelegt, so besteht keine Zahlungsverpflichtung.

**Folgen**
Die Teilschlussrechnung wird – ebenso wie die Schlussrechnung – nach Zugang und Ablauf der Prüfungsfrist des § 16 Abs. 3 VOB/B zur Zahlung fällig. Im Übrigen gelten für die Teilschlussrechnung dieselben Grundsätze wie für die Schlussrechnung auch.

Siehe auch: → Fälligkeit der Schlusszahlung
→ Schlusszahlung

# U

## Überwachungsrecht des Auftraggebers

Nach § 4 Abs. 1 Nr. 2 VOB/B stehen dem Auftraggeber Überwachungsrechte während der Bauausführung zu. Bei diesen Überwachungsrechten handelt es sich im Einzelnen hauptsächlich um

- Auskunftsrechte,
- Einsichtsrechte und
- Zutrittsrechte.

Die Überwachungsrechte geben dem Auftraggeber die Möglichkeit, den Baufortschritt zu kontrollieren und rechtzeitig einzugreifen, wenn die Befürchtung besteht, dass ein zügiger und reibungsloser Baufortschritt nicht mehr gewährleistet ist. Vom Überwachungsrecht des Auftraggebers ist dessen Anordnungsrecht zu unterscheiden.

Siehe auch: → Anordnungen des Auftraggebers
→ Ausführung
→ Auskunftsrecht
→ Bauüberwachung
→ Zutrittsrecht

# Unmöglichkeit der Mangelbeseitigung

Ist die Beseitigung von Baumängeln für den Auftraggeber unzumutbar, ist sie unmöglich oder würde sie einen unverhältnismäßig hohen Aufwand erfordern und wird sie deshalb vom Auftragnehmer verweigert, kann der Auftraggeber durch Erklärung gegenüber dem Auftragnehmer die Vergütung entsprechend mindern (§ 13 Abs. 6 VOB/B).

Siehe auch: → Minderung

Die VOB/B gibt dem Auftraggeber somit bei Unmöglichkeit der Mangelbeseitigung die Möglichkeit, die Vergütung des Auftragnehmers zu mindern, wobei es nicht darauf ankommt, dass der Auftragnehmer die Mangelbeseitigung auch verweigern müsste. Die Voraussetzung der Verweigerung der Mangelbeseitigung bezieht sich lediglich auf die dritte Alternative der Vorschrift, also wenn die Mangelbeseitigung einen unverhältnismäßig hohen Aufwand bedeuten würde.

**Definition**
Die Mangelbeseitigung muss objektiv unmöglich sein. Das heißt, dass sie sich nicht lediglich aus der Sicht des Auftraggebers als unmöglich darstellen darf. Außer dem Auftragnehmer muss auch kein weiterer Auftragnehmer in der Lage sein, den Mangel zu beseitigen. Solange also noch ein anderer Unternehmer in der Lage ist, den aufgetretenen Mangel zu beseitigen, liegt keine objektive Unmöglichkeit vor, sodass Minderungsansprüche wegen Unmöglichkeit der Mangelbeseitigung nicht in Betracht kommen.

Unmöglich ist die Mangelbeseitigung etwa dann, wenn ein Wohnhaus errichtet wurde, das nicht diejenige Wohnfläche aufweist, die vertraglich vereinbart wurde. Sie liegt hingegen dann nicht vor, wenn für die Mangelbeseitigung lediglich ein in wirtschaftlicher Hinsicht hoher Kostenaufwand erforderlich ist. Zwar mag hier der Gesichtspunkt der Unzumutbarkeit der Mangelbeseitigung oder die Unverhältnismäßigkeit des Mangelbeseitigungsaufwands in Betracht zu ziehen sein. Allerdings sind an diese beiden Voraussetzungen sehr hohe Anforderungen gestellt. Eine Mangelbeseitigung ist nicht allein deshalb unverhältnismäßig oder unzumutbar, weil etwa ein Haus aufgrund von Mängeln neu hergestellt werden müsste. Der Gesichtspunkt der Wirtschaftlichkeit darf grundsätzlich nicht alleine als maßgeblich für die Beurteilung der Unzumutbarkeit oder Unverhältnismäßigkeit herangezogen werden. Sie liegt etwa erst dann vor, wenn der Auftraggeber ein geringes Interesse an der Mangelbeseitigung hat, diese aber einen sehr hohen Kostenaufwand mit sich bringt.

Die Unmöglichkeit der Mangelbeseitigung braucht sich nicht auf das gesamte Bauwerk auszuwirken. Es ist möglich, dass die Mangelbeseitigung nur hinsichtlich einzelner Bauleistungen unmöglich ist. Es liegt dann Teilunmöglichkeit vor. Die Minderung des Vergütungsanspruchs betrifft dann lediglich den Vergütungsanspruch des Auftragnehmers für diesen Leistungsteil.

**Berechnung der Minderung**

Bei der Minderung ist die Vergütung in dem Verhältnis herabzusetzen, in welchem zur Zeit des Vertragsschlusses der Wert des Werks in mangelfreiem Zustand zu dem wirklichen Wert gestanden haben würde. Sofern auf diese Weise keine exakte Ermittlung der Minderung vorgenommen werden kann, ist die Minderung durch Schätzung zu ermitteln. Die Berechnungsformel für die Minderung ist demgemäß die folgende:

$$\frac{\text{mangelfreier Zustand}}{\text{mangelhafter Zustand}} = \frac{\text{voller Werklohn}}{x}$$

**Praxistipp:**
Der Auftragnehmer sollte stets genau prüfen, ob er sich auf Minderungsansprüche des Auftraggebers einlassen muss oder ob ihm nicht doch ein Recht auf Mangelbeseitigung zusteht. Insbesondere hat er bei der Prüfung die folgenden Gesichtspunkte zu berücksichtigen:

Die Beseitigung eines Mangels ist dann nicht unmöglich, wenn der vertragsgemäße Zustand der Leistung durch Mangelbeseitigungsmaßnahmen auf einem anderen als dem im Vertrag vorgesehenen Weg erreicht wird und die Grundsubstanz der Leistung erhalten bleibt.

Für die Frage der Unverhältnismäßigkeit der Mangelbeseitigungskosten kommt es nicht auf das Verhältnis dieser Kosten zu dem ursprünglichen Herstellungsaufwand an, sondern auf das Wertverhältnis zwischen dem zur Beseitigung erforderlichen Aufwand und dem Vorteil, den die Mangelbeseitigung dem Auftraggeber gewährt. Bei grober Fahrlässigkeit des Auftragnehmers bei der Verursachung von Mängeln ist diesem die Berufung auf den

Gesichtspunkt der Unverhältnismäßigkeit des Aufwands grundsätzlich verwehrt.
*OLG Düsseldorf, Urteil vom 04.08.1992, Az. 23 U 236/91*

Die Mangelbeseitigung ist im Übrigen nicht schon deshalb unmöglich, weil sie mit Schwierigkeiten verbunden ist. Leistungserschwernisse, die von vornherein erkennbar waren, fallen in das Risiko des Auftragnehmers.
*OLG Düsseldorf, Urteil vom 13.11.1998, Az. 22 U 96/98*

**Praxistipps:**
Birgt die Mangelhaftigkeit eines Straßenbelags das Risiko einer nachhaltigen Funktionsbeeinträchtigung, so besteht grundsätzlich ein berechtigtes Interesse des Auftraggebers an der Mangelbeseitigung. Etwas anderes kann gelten, wenn der Auftragnehmer unzweifelhaft nachweist, dass sich dieses Risiko aller Voraussicht nach nicht vor einem Zeitpunkt verwirklichen wird, der kurz vor dem Ende der üblichen Nutzungsdauer liegt.
*BGH, Urteil vom 10.11.2005, VII ZR 137/04*

Wenn Straßenbahngleise mit einer geringeren Einfederungstiefe als der vertraglich geschuldeten verlegt werden (im Fall 0,5 mm anstatt der geschuldeten 1,2 mm) und dies für die Anwohner zu nachteiligen Körperschallemissionen führt, die mit der Vereinbarung der Einfederungstiefe gerade vermieden werden sollten, kann der Auftraggeber Nacherfüllung ggf. auch im Wege der Neuherstellung verlangen. Auch wenn die Kosten dafür höher sind als die der ursprünglichen Herstellung, kann

der Auftragnehmer dem nicht den Einwand der Unverhältnismäßigkeit entgegenhalten.
*OLG Karlsruhe, Urteil vom 14.06.2005, 17 U 82/04*

# Unterbrechung der Ausführung

Wird die Ausführung der Bauarbeiten für voraussichtlich längere Dauer unterbrochen, ohne dass die Leistung dauernd unmöglich wird, so sind die ausgeführten Leistungen nach den Vertragspreisen abzurechnen und außerdem die Kosten zu vergüten, die dem Auftragnehmer bereits entstanden und in den Vertragspreisen des nicht ausgeführten Teils der Leistung enthalten sind (§ 6 Abs. 5 VOB/B).

Ist die Unterbrechung von einer der Vertragsparteien zu vertreten, so hat der andere Teil Anspruch auf Ersatz des nachweislich entstandenen Schadens. Entgangener Gewinn wird dabei jedoch nur dann erstattet, wenn Vorsatz oder grobe Fahrlässigkeit vorliegt (§ 6 Abs. 6 VOB/B).

Dauert eine Unterbrechung länger als drei Monate, so kann sowohl der Auftraggeber als auch der Auftragnehmer nach Ablauf dieser Zeit den Vertrag schriftlich kündigen. Die Abrechnung regelt sich genauso wie bei einer Unterbrechung der Bauarbeiten für längere Dauer. Wenn der Auftragnehmer die Unterbrechung nicht zu vertreten hat, sind auch die Kosten der Baustellenräumung zu vergüten, soweit sie nicht in der Vergütung für die bereits erbrachten Leistungen enthalten sind (§ 6 Abs. 7 VOB/B).

**Längere Unterbrechung**
Es wird nicht exakt definiert, was unter einer längeren Unterbrechung zu verstehen ist. Jedenfalls ist hierunter ein Zeitraum von mindestens einem Monat bis zu drei Monaten zu verstehen. Maßgeblich für die Beurteilung, ob die Unterbrechung bereits von längerer Dauer ist, ist eine Bewertung des jeweiligen Einzelfalls. Wenn die Baustelle für weniger als einen Monat ruht, liegt noch keine Unterbrechung vor, sodass lediglich von hindernden Umständen auszugehen sein wird.

**Abrechnung der Bauleistungen**
Der Auftragnehmer hat eine prüfbare Teilschlussrechnung zu erstellen und an den Auftraggeber auszuhändigen. Der Auftragnehmer hat in seiner Rechnung prüffähig darzulegen, welche Leistungen ausgeführt wurden und der Abrechnung die maßgeblichen Vertragspreise zugrunde zu legen.

**Kündigungsrecht**
Im Fall der Unterbrechung der Bauarbeiten für einen längeren Zeitraum als drei Monate steht dem Auftraggeber ebenso wie dem Auftragnehmer das Recht zur Kündigung zu. Mit dem Recht auf Kündigung nach dieser Vorschrift werden jedoch die weiteren in der VOB/B enthaltenen Kündigungsrechte des Auftraggebers und des Auftragnehmers nicht ausgeschlossen.

Siehe auch: → Behinderung der Ausführung
→ Behinderungsanzeige
→ Kündigung durch den Auftraggeber
→ Schadensersatz
→ Teilschlussrechnung

**Praxistipp:**
Wird ein Auftragnehmer von einem Auftraggeber beauftragt, ein Bauvorhaben zu realisieren und wird vereinbart, dass verbindlicher Ausführungsbeginn 14 Tage nach Eingang der Baugenehmigung sein soll, verzögert sich jedoch der vereinbarte Baubeginn um mehr als drei Monate, weil eine erforderliche straßenverkehrsrechtliche Genehmigung für die Aufstellung eines Krans nicht erteilt wird, so kann der Auftragnehmer den Bauvertrag nach § 6 Abs. 7 VOB/B kündigen, wenn er die Verzögerung bzw. Versagung der Genehmigung nicht verursacht hat.

Zwar besagt § 6 Abs. 7 VOB/B, dass dem Auftragnehmer ein Kündigungsrecht nur zustehen soll, wenn die Ausführung unterbrochen wird. Allerdings ist nach herrschender Ansicht und Rechtsprechung ein Kündigungsrecht auch dann zuzugestehen, wenn der Auftragnehmer noch gar nicht mit der Ausführung der Arbeiten begonnen hat.

Der Auftraggeber kann sich also in einem solchen Fall nicht gegenüber dem Auftragnehmer darauf berufen, der Auftragnehmer habe die Ausführung der Arbeiten unberechtigt verweigert, und Schadensersatz von ihm verlangen.

# Unverhältnismäßigkeit der Mangelbeseitigung

Siehe auch: → Unmöglichkeit der Mangelbeseitigung

# Unzumutbarkeit der Mangelbeseitigung

Siehe auch: → Unmöglichkeit der Mangelbeseitigung

# V

## Vergütungsgefahr

Die Vergütungsgefahr besagt, ob der Auftraggeber die mit dem Auftragnehmer für die Erbringung der Bauleistungen vereinbarte Vergütung bei zufälligem Untergang der vom Auftragnehmer erbrachten Bauleistungen bezahlen muss.

Siehe auch: → Abnahmewirkungen
→ Gefahrtragung
→ Leistungsgefahr

## Verjährung von Mängelansprüchen

Der Auftragnehmer ist gem. § 13 Abs. 5 Nr. 1 VOB/B verpflichtet, alle während der Verjährungsfrist auftretenden Mängel, die auf eine vertragswidrige Leistung des Auftragnehmers zurückzuführen sind, auf seine Kosten zu beseitigen, wenn es der Auftraggeber vor Ablauf der Verjährungsfrist für diese Mängelansprüche schriftlich verlangt.

Der Auftragnehmer braucht also Mängel nur dann zu beseitigen, wenn ihm das schriftliche Verlangen des Auftraggebers vor Ablauf der Verjährungsfrist zugeht. Geht es ihm erst danach zu, so kann er sich gegenüber dem Auftraggeber auf die Verjährung der Mangelbeseitigung berufen. Man sagt, ihm steht die Einrede der Verjährung zu. Allerdings muss er beachten, dass er sich erst ausdrücklich gegenüber dem Auftraggeber auf diese Einrede berufen muss, damit sie – etwa vor Gericht – Berücksichtigung findet. Unterlässt er es, sich ausdrücklich auf die Einrede der Verjährung zu berufen, darf das Gericht die Tatsache, dass die Ansprüche des Auftraggebers auf Mangelbeseitigung bereits verjährt sind, nicht von sich aus berücksichtigen und hat bei Vorliegen der weiteren Anspruchsvoraussetzungen dem Auftraggeber den Anspruch auf Mangelbeseitigung zuzusprechen. Die Ansprüche des Auftraggebers bestehen nämlich fort, sie können lediglich dann dauerhaft nicht durchgesetzt werden, wenn sich der Auftragnehmer auf die Verjährungseinrede berufen hat.

Ist für Mängelansprüche keine abweichende Verjährungsfrist im Bauvertrag vereinbart, so beträgt sie nach § 13 Abs. 4 Nr. 1 Satz 1 VOB/B

- für Bauwerke vier Jahre und
- für andere Werke, deren Erfolg in der Herstellung, Wartung oder Veränderung einer Sache besteht, und für die vom Feuer berührten Teile von Feuerungsanlagen zwei Jahre.

Nach § 13 Abs. 4 Nr. 2 VOB/B beträgt darüber hinaus – sofern nichts anderes vereinbart worden ist – die Verjährungsfrist für Mängelansprüche für Teile von maschinellen und elektrotechnischen/elektronischen Anlagen, bei denen die Wartung Einfluss auf die Sicherheit und Funktionsfähigkeit hat, für diese Anlagenteile abweichend von § 13 Abs. 4 Nr. 1 VOB/B zwei Jahre, wenn der Auftraggeber sich dafür entschieden hat, dem Auftragnehmer die Wartung für die Dauer der Verjährungsfrist nicht zu übertragen. Dies gilt auch dann, wenn für weitere Leistungen eine andere Verjährungsfrist vereinbart worden ist.

Landschaftsbauarbeiten gem. der DIN 18320 sind den „Werken, deren Erfolg in der Herstellung, Wartung oder Veränderung einer Sache besteht" zuzuordnen. Ebenso unterfallen diesen Werken auch Erdarbeiten, sodass auch diese der zweijährigen Verjährungsfrist unterliegen.

Die Verjährungsfrist beginnt mit der → Abnahme der gesamten Leistungen des Auftragnehmers. Für in sich abgeschlossene Teile der Leistungen des Auftragnehmers beginnt sie mit der → Teilabnahme.

Hat der Auftraggeber dem Auftragnehmer noch während der Verjährungsfrist die Mängel schriftlich angezeigt und deren Beseitigung verlangt, so verjährt der Anspruch auf Beseitigung der gerügten Mängel in zwei Jahren, gerechnet vom Zugang des schriftlichen Verlangens an, jedoch nicht vor Ablauf der oben aufgezeigten Verjährungsfristen bzw. der an ihrer Stelle zwischen Auftraggeber und Auftragnehmer vereinbarten Frist.

Siehe auch: → Quasiunterbrechung

Nach Abnahme der Mangelbeseitigungsarbeiten beginnt für die Mangelbeseitigungsarbeiten eine neue Verjährungsfrist von zwei Jahren zu laufen, die jedoch ebenfalls nicht vor den oben aufgezeigten Regelverjährungsfristen oder vereinbarten Verjährungsfristen endet.

**Vereinbarung abweichender Verjährungsfristen**
Die Vertragsparteien können weitestgehend frei durch eine **Individualvereinbarung** von der Regelung der VOB/B abwei-

chende Verjährungsfristen vereinbaren. Die vereinbarte Verjährungsfrist darf allerdings nicht über eine 30-jährige Verjährungsfrist ab dem Verjährungsbeginn, also regelmäßig der Abnahme, hinaus vereinbart werden. Eine Verkürzung der Verjährungsfrist durch eine Individualvereinbarung ist ebenfalls zulässig. Allerdings darf die Verjährungsfrist auch durch eine individuelle Vereinbarung nicht völlig ausgeschlossen werden. Von einer individuellen Vereinbarung über Verjährungsfristen sind Regelungen in Vertragsklauseln zu unterscheiden.

In vorformulierten Vertragsklauseln, die vom Auftragnehmer verwendet werden, ist bspw. die Verkürzung von Verjährungsfristen unzulässig. Findet sich eine solche unzulässige Klausel in einem Bauvertrag, so hat dies zur Folge, dass die Regelverjährungsfrist der VOB/B gilt. Verwendet der Auftraggeber eine Vertragsklausel, wonach die Verjährungsfrist verlängert wird, so ist diese wirksam. In der Baupraxis finden sich daher in Formularverträgen des Auftraggebers bereits vorformulierte Klauseln, wonach die Verjährungsfrist nach § 13 Abs. 4 VOB/B auf fünf Jahre nach BGB verlängert wird. Die fünfjährige Verjährungsfrist nach BGB stellt aber keine Obergrenze für eine wirksame Verlängerung dar.

**Aktuelle Rechtsprechung:**
Auch wenn Erleichterungen, wie etwa Verkürzungen, von Verjährungsfristen gesetzlich zulässig sind, sind Allgemeine Geschäftsbedingungen, mit denen die Verjährungsfrist für Mängelansprüche verkürzt werden, unwirksam, wenn nicht eine Ausnahme für Verletzung von Leben, Körper und

Gesundheit und vorsätzliche oder grob fahrlässige Pflichtverletzungen gemacht wird.
*BGH, Urteil vom 26.02.2009, Az. XI ZR 141/07*

**Arglistiges Verschweigen von Mängeln**
Verschweigt der Auftragnehmer Mängel arglistig, von deren Vorhandensein er weiß, so gelten die kurzen Verjährungsfristen nach VOB/B nicht für diese Mängel. Vielmehr verjähren die Mängelansprüche des Auftraggebers erst nach drei Jahren, wobei die Verjährungsfrist erst mit dem Ende desjenigen Jahres zu laufen beginnt, in welchem der Auftraggeber sichere Kenntnis vom Vorhandensein der verschwiegenen Mängel hat. Der Auftragnehmer sollte also tunlichst davon absehen, Mängel zu verschweigen, wenn er sich nicht unkalkulierbar langen Verjährungsfristen aussetzen möchte.

**Beginn der Verjährungsfristen**
Außer bei arglistigem Verschweigen von Mängeln beginnt die Verjährungsfrist mit der Abnahme zu laufen. Auch dann, wenn der Auftraggeber die Abnahme zu Unrecht endgültig verweigert, beginnt die Verjährungsfrist im Übrigen ebenfalls zu dem Zeitpunkt zu laufen, zu welchem die Bauleistungen abzunehmen waren.

Siehe auch: → Abnahme
→ Abnahmewirkungen

**Hemmung der Verjährungsfristen und Neubeginn**
Die Verjährungsfrist kann durch eine Reihe von Maßnahmen gehemmt werden. Zu diesen Maßnahmen zählen in erster Linie die

- Erhebung einer Klage
- Durchführung eines schiedsrichterlichen Verfahrens, sofern dies vereinbart wurde und bei dem Mängelansprüche zum Gegenstand gemacht werden
- Zustellung des Antrags auf Durchführung eines selbstständigen Beweisverfahrens
- Zustellung einer Streitverkündung, sei es in einem Klageverfahren, in welchem Mängelansprüche streitgegenständlich sind, oder aber in einem selbstständigen Beweisverfahren

Darüber hinaus ist die Verjährung nach § 203 BGB auch so lange gehemmt, wie zwischen dem Schuldner und dem Gläubiger „Verhandlungen über den Anspruch oder die den Anspruch begründenden Umstände" schweben. Die Hemmung dauert in diesem Fall so lange fort, bis der eine oder andere Vertragspartner die Fortsetzung der Verhandlungen verweigert. Die Verjährung tritt in diesem Fall übrigens erst dann wieder ein, wenn drei Monate nach dem Ende der Hemmung verstrichen sind.

Die Verjährung wird darüber hinaus auch gehemmt, solange der Auftragnehmer gegenüber dem Auftraggeber, der rechtzeitig Mängel gerügt hat, aufgrund einer zwischen ihnen getroffenen Vereinbarung zur Verweigerung der Mangelbeseitigung berechtigt ist. Hauptanwendungsfall in der Baupraxis dürfte dabei das sog. „Stillhalteabkommen" sein, wonach sich die Parteien dahin gehend verständigen, dass zunächst ein Schiedsgutachten eingeholt werden soll.

Im Fall des Neubeginns der Verjährung bleibt die bis zum Zeitpunkt des Neubeginns bereits gelaufene Verjährungsfrist außer Betracht. Ein solcher Neubeginn findet etwa dann statt, wenn der Auftragnehmer gegenüber dem Auftraggeber unzweifelhaft zum Ausdruck bringt, er werde die Mangelbeseitigung vornehmen, sodass sich der Auftraggeber darauf verlassen kann, dass sich der Auftragnehmer nicht mehr auf die Verjährung berufen werde.

Siehe auch: → Abnahme
→ Abnahmewirkungen
→ Quasiunterbrechung
→ Symptomtheorie

# Verjährung von Vergütungsansprüchen

Die VOB/B enthält zwar detaillierte Bestimmungen über die Verjährung von Mängelansprüchen. Sie enthält jedoch keine Regelungen dazu, wann und wie die Vergütungs- bzw. Zahlungsansprüche des Auftragnehmers verjähren. Da die VOB/B jedoch lediglich ergänzende Bestimmungen zum Werkvertragsrecht des BGB beinhaltet, sind diesbezüglich somit die allgemeinen Verjährungsregeln des BGB maßgeblich.

**Verjährungsfrist**
Mit dem Inkrafttreten des Schuldrechtsmodernisierungsgesetzes wurde das gesamte Verjährungsrecht mit Wirkung zum 01.01.2002 umgestaltet. Bis zum 31.12.2001 verjährten die Vergütungsansprüche des Auftragnehmers in zwei Jahren, gerechnet von der Abnahme an, bzw. in vier Jahren,

wenn die Bauleistungen für den Gewerbebetrieb des Auftraggebers erbracht wurden.

Seit Inkrafttereten des Schuldrechtsmodernisierungsgesetzes zum 01.01.2002 beträgt die regelmäßige Verjährungsfrist für Vergütungsansprüche des Auftragnehmers einheitlich drei Jahre. Auf Bauverträge, die vor dem 01.01.2002 abgeschlossen wurden, sind grundsätzlich noch die Vorschriften des BGB in der alten Fassung anzuwenden. Die neuen Verjährungsvorschriften finden allerdings auf die am 01.01.2002 bestehenden und noch nicht verjährten Vergütungsansprüche Anwendung. Ist die Verjährungsfrist nach dem BGB in der ab dem 01.01.2002 geltenden Fassung (drei Jahre) kürzer als nach dem BGB in der bis dahin geltenden Fassung (zwei bzw. vier Jahre), so wird die kürzere Frist vom 01.01.2002 an berechnet. Ist die Verjährungsfrist in der bis zum 31.12.2001 geltenden Fassung des BGB hingegen kürzer als diejenige des neuen Rechts, so ist die kürzere Frist des alten Rechts des BGB maßgebend.

**Verjährungsbeginn**
Die Verjährungsfrist von drei Jahren beginnt mit dem Ende des Jahres zu laufen, in welchem der Anspruch auf Vergütung fällig geworden ist. Soweit es sich um eine Schlusszahlung aus einem VOB-Bauvertrag handelt, ist Voraussetzung für die Fälligkeit des Vergütungsanspruchs des Auftragnehmers stets eine wirksame Abnahme sowie die Vorlage einer prüfbaren Schlussrechnung beim Auftraggeber und der Ablauf der jeweiligen Prüfungsfrist gem. § 16 Abs. 3 VOB/B.

**Hinweis:**
Mit Inkrafttreten der VOB/B 2012 zum 30.07.2012, die im Zuge der Umsetzung der Europäischen Richtlinie 2011/7/EU (Zahlungsverzugsrichtlinie) in deutsches Recht ebenfalls an die Richtlinienvorgaben angepasst werden musste, wurden auch die Prüfungsfristen des § 16 Abs. 3 VOB/B geändert (→ siehe Prüfungsfrist).

Erst dann, wenn diese Voraussetzungen vorliegen, tritt die für den Beginn der Verjährungsfrist maßgebliche Fälligkeit der Schlusszahlung ein.

**Hemmung der Verjährung**
Ebenso wie die Verjährungsfrist für Mängelansprüche kann auch die Verjährungsfrist für Vergütungsansprüche des Auftragnehmers durch bestimmte Maßnahmen gehemmt werden. Hierzu zählen in erster Linie

- die Klageerhebung,
- die Zustellung eines Mahnbescheids,
- die Aufrechnung mit Vergütungsansprüchen gegen eine Forderung des Auftraggebers im Gerichtsprozess,
- Verhandlungen über den Anspruch oder die den Anspruch begründenden Umstände (§ 203 BGB),
- die Zustellung der Streitverkündung und
- der Beginn eines schiedsrichterlichen Verfahrens.

Wurde die Verjährungsfrist, etwa durch ein gerichtliches Verfahren, gehemmt und würde sie unmittelbar nach Beendigung des Verfahrens ablaufen, da die Klage erst kurz vor Ablauf der Verjährungsfrist erhoben wurde, so bestimmt das Gesetz in § 204 Abs. 2 Satz 1 BGB, dass die Verjährung erst sechs Monate nach der rechtskräftigen Entscheidung des Gerichts abläuft.

Im Fall des Führens von Verhandlungen tritt die Verjährung gem. § 203 Satz 2 BGB frühestens drei Monate nach dem Ende der Hemmung wieder ein. Es soll damit sichergestellt sein, dass dem Auftragnehmer noch ausreichend Zeit verbleibt, um seine Ansprüche geltend zu machen.

Siehe auch: → Abnahme
→ Abnahmewirkungen
→ Verjährung von Mängelansprüchen

## Verlängerung von Vertragsfristen

Werden zwischen Auftraggeber und Auftragnehmer verbindliche Vertragsfristen vereinbart, so hat der Auftragnehmer einen Anspruch auf Verlängerung dieser Fristen, sofern vom Auftraggeber verschuldete Umstände eintreten, die zu einer Bauverzögerung führen.

Siehe auch: → Änderung des Bauentwurfs
→ Anordnungen des Auftraggebers
→ Ausführungsfristen
→ Behinderung
→ Behinderungsanzeige

## Vertragserfüllungsbürgschaft

Siehe auch: → Bürgschaft
→ Bürgschaft auf erstes Anfordern
→ Gewährleistungssicherheit

# Vertragsfristen

Gemäß § 5 Abs. 1 VOB/B ist die Ausführung nach den verbindlichen Fristen (Vertragsfristen) zu beginnen, angemessen zu fördern und zu vollenden. In einem Bauzeitenplan enthaltene Einzelfristen gelten nur dann als Vertragsfristen, wenn dies im Bauvertrag ausdrücklich vereinbart ist. Vertragsfristen sind verbindlich zwischen den Bauvertragsparteien vereinbarte Fristen. Die Nichteinhaltung von Vertragsfristen ist eine Pflichtverletzung aus dem Bauvertrag.

Sofern der Auftragnehmer eine verbindliche Vertragsfrist, etwa die Fertigstellungsfrist, nicht einhält, hat er dem Auftraggeber unter Umständen Schadensersatz zu leisten, sofern er mit der Ausführung seiner Bauleistungen in Verzug gerät.

Dabei ist alleine die Überziehung einer verbindlichen Vertragsfrist nicht gleichzusetzen mit dem Verzug des Auftragnehmers. Verzug mit Bauleistungen liegt vielmehr erst dann vor, wenn die jeweils innerhalb der vereinbarten Frist auszuführenden Bauleistungen fällig sind, dem Auftragnehmer also nicht etwa ein Zurückbehaltungsrecht hinsichtlich der Ausführung der Arbeiten (bspw. Zahlungsverzug des Auftraggebers) zusteht, der Auftraggeber gegenüber dem Auftragnehmer eine Mahnung ausgesprochen und der Auftragnehmer die eingetretenen Verzögerungen schließlich auch zu vertreten hat.

**Einzelfristen**
Von den verbindlichen Vertragsfristen sind die unverbindlichen Einzelfristen (auch Zwischenfristen) zu unterscheiden.

Letztere dienen dem Auftraggeber, sofern sie nicht ausdrücklich als verbindliche Fristen im Bauvertrag bezeichnet wurden, lediglich dazu, den gesamten Bauablauf, etwa anhand eines Bauzeitenplans, zu überwachen, um ggf. rechtzeitig Anordnungen treffen zu können, wenn zu befürchten steht, dass durch die Nichteinhaltung unverbindlicher Einzelfristen die verbindliche Ausführungsfrist nicht eingehalten werden kann.

**Ausführungsfristen**

Ausführungsfristen sind Vertragsfristen, sofern sie als verbindlich vereinbart wurden. Unter Ausführungsfristen sind all diejenigen Vertragsfristen zu verstehen, welche die Ausführung der Bauleistungen des Auftragnehmers regeln, also etwa die Frist für den Beginn der Arbeiten und die Fertigstellungsfrist. Unter dem Begriff „Frist" wird dabei generell ein Zeitraum verstanden, unter dem Begriff „Termin" hingegen ein bestimmter Zeitpunkt. Wenn in § 5 VOB/B auch lediglich von „Fristen" die Rede ist, so gelten die Regelungen sinngemäß aber auch für Termine.

Die Bauvertragsparteien können Ausführungsfristen entweder durch Angabe eines Anfangs- und/oder eines Endzeitpunkts (eines Datums) oder nach Zeiteinheiten, etwa Wochen, Werk- oder Kalendertagen, bemessen. Werktage sind dabei alle Tage außer Sonn- und Feiertage. Dabei soll die Fristbestimmung durch Angabe von Daten nur dann gewählt werden, wenn der Auftraggeber den Beginn der Ausführung verbindlich festlegen kann und ein bestimmter Endtermin eingehalten werden muss.

Siehe auch: → Ausführung
→ Ausführungsfristen
→ Einzelfristen
→ Zwischenfristen

**Praxistipp:**
Schließen Auftraggeber und Auftragnehmer einen VOB-Bauvertrag und sind darin verbindliche Vertragsfristen vereinbart, so kann der Auftraggeber den Auftrag entziehen und Schadensersatz verlangen, wenn der Auftragnehmer auch kurze Ausführungsfristen nicht einhält. Die Nichteinhaltung des Termins kann sowohl darin bestehen, dass die Leistungen nicht vollständig erbracht wurden, als auch darin, dass Mängel vorliegen. Der Auftragnehmer kann in diesem Fall nicht einwenden, die Ausführungsfristen seien für die Beseitigung der Mängel zu knapp bemessen gewesen.

# Vertragsstrafe

Vom Auftragnehmer zu errichtende Bauvorhaben werden oftmals bereits vor Baubeginn teilweise oder vollständig veräußert. Aus diesem Grund ist die Einhaltung des vereinbarten Fertigstellungstermins für den Auftraggeber von großer Wichtigkeit. Die Vertragsstrafe ist ein effizientes Druckmittel für den Auftraggeber, mit welchem er den Auftragnehmer dazu anhalten kann, seine Bauleistungen termingerecht fertigzustellen.

**Definition**

Unter dem Begriff „Vertragsstrafe" versteht man ein Versprechen des Auftragnehmers gegenüber dem Auftraggeber für den Fall, dass er seine Bauleistungen entweder nicht oder nicht in gehöriger Weise, bspw. nicht termingerecht, erfüllt, eine bestimmte Geldsumme als Strafe an den Auftraggeber zu zahlen. Regelmäßig rechnet der Auftraggeber dann, wenn eine Vertragsstrafe verwirkt (angefallen) ist, mit seinem Vertragsstrafenanspruch gegen den Vergütungsanspruch des Auftragnehmers auf.

**Voraussetzungen**

Soll eine Vertragsstrafe im Bauvertrag wirksam vereinbart werden, so ist Folgendes zu beachten:

- Der Auftraggeber kann eine Vertragsstrafe nur verlangen, wenn sie ausdrücklich vereinbart ist. Liegt keine Vereinbarung über eine Vertragsstrafe vor, so kann sie von vornherein nicht geltend gemacht werden, § 11 Abs. 1 VOB/B. Die Vereinbarung kann sowohl im Bauvertrag selbst stehen als auch in für eine Vielzahl von Fällen vorformulierten Vertragsbedingungen, die zum Gegenstand des Bauvertrags gemacht wurden, enthalten sein. Es ist somit also grundsätzlich zulässig, eine Vertragsstrafenklausel zu vereinbaren.
- Die Vereinbarung muss nicht zwingend schriftlich erfolgen, sie ist vielmehr auch mündlich möglich. Selbstverständlich ist es anzuraten, aus Beweis- und Dokumentationsgründen die Vertragsstrafe dennoch schriftlich im Bauvertrag zu vereinbaren.
- In der Baupraxis wird eine Vertragsstrafe zumeist für den Fall vereinbart, dass der Auftragnehmer im Rahmen der Ausführung seiner Bauleistungen die verbindlich verein-

barten Ausführungsfristen, speziell die Fertigstellungsfrist, nicht einhält. Es ist in diesem Fall bei der Vereinbarung einer Vertragsstrafe zunächst darauf zu achten, dass die Ausführungsfristen verbindlich ausgestaltet wurden und nicht lediglich unverbindliche Fristen darstellen. Hält der Auftragnehmer etwa die verbindlich vereinbarte Fertigstellungsfrist nicht ein, so ist die Vertragsstrafe verwirkt, also angefallen, sofern nicht den Auftraggeber das Verschulden an der verspäteten Fertigstellung der Bauleistungen trifft. Hierbei ist zu beachten, dass dann, wenn die Vertragsfristen aufgrund von Anordnungen des Auftraggebers oder Änderungen des Bauentwurfs nicht eingehalten werden können, der Auftragnehmer einen Anspruch auf Verlängerung der Fristen hat. Sofern der Auftragnehmer die verlängerte Vertragsfrist einhält, scheiden Vertragsstrafenansprüche des Auftraggebers aus.

- Der Auftraggeber kann seine Vertragsstrafenansprüche nur dann gegenüber dem Auftragnehmer geltend machen, wenn er sich die Geltendmachung bei der Abnahme ausdrücklich vorbehalten hat (§ 12 Abs. 5 Nr. 3 VOB/B).

**Inhalt, Höhe und Berechnung der Vertragsstrafe**

Ist eine Vertragsstrafe für den Fall vereinbart, dass der Auftragnehmer nicht in der ihm vom Auftraggeber vorgegebenen verbindlichen Frist den Bauvertrag erfüllt, so wird sie fällig, wenn der Auftragnehmer mit der Erfüllung des Bauvertrags in Verzug gerät. Ist die vereinbarte Vertragsstrafe nach Tagen bemessen, so zählen nur die Werktage, ist sie nach Wochen bemessen, so wird jeder Werktag angefangener Wochen als eine Sechstel Woche gerechnet.

Generell ist hinsichtlich Grund und Höhe einer Vertragsstrafe danach zu differenzieren, ob eine Vertragsstrafe individuell zwischen den Bauvertragsparteien ausgehandelt wurde oder ob eine Vertragsstrafenklausel vorliegt.

**Individualvereinbarung**
Wird die Vertragsstrafenvereinbarung individuell zwischen den Vertragsparteien ausgehandelt, so sind diese bei der Vereinbarung der Höhe der Vertragsstrafe grundsätzlich frei. Die Grenze des Zulässigen bilden aber § 134 BGB (Verstoß gegen ein Gesetz) und § 138 BGB (Sittenwidrigkeit). Die Vertragsstrafenvereinbarung ist etwa dann sittenwidrig, wenn der Auftraggeber offensichtlich die Unerfahrenheit des Auftragnehmers ausnutzen möchte und die Höhe der Vertragsstrafe in einem auffälligen Missverhältnis zum Vergütungsanspruch des Auftragnehmers steht.

Wie die Höhe der Vertragsstrafe berechnet wird, hängt ebenfalls von der Vereinbarung der Vertragsparteien ab. Wenn mit der Vertragsstrafe das Ziel verfolgt werden soll, dass der Auftragnehmer Vertragsfristen einhält, so bietet sich eine dahin gehende Regelung an, dass für jeden angefangenen Tag (Woche) ein gewisser Prozentsatz der Auftragssumme an den Auftraggeber zu zahlen ist. Eine Vereinbarung könnte also wie folgt lauten:

„Bei Überschreitung des vereinbarten Fertigstellungstermins verpflichtet sich der Auftragnehmer gegenüber dem Auftraggeber zur Zahlung einer Vertragsstrafe in Höhe von 0,2 % der Auftragssumme pro Werktag. Die Höhe der Vertragsstrafe beträgt maximal 5 % der Auftragssumme."

**Vertragsstrafenklausel**
Gängig ist jedoch, dass Vertragsstrafen in Bauvertragsklauseln enthalten sind, die vom Auftraggeber bereits im Vertragstext vorformuliert und nicht einzeln ausgehandelt sind. An die inhaltliche Gestaltung von Vertragsstrafenklauseln sind jedoch strengere Anforderungen gestellt, weshalb stets vom Auftragnehmer, wenn er sich gegen die Zahlung einer Vertragsstrafe wehren will, zunächst überprüft werden sollte, ob es sich um eine Vertragsstrafenklausel oder um eine Individualvereinbarung handelt.

Siehe auch: → Allgemeine Geschäftsbedingungen.

- Eine Strafklausel muss zum einen für den Auftragnehmer nachvollziehbar formuliert, also transparent, sein.
- Sie muss verschuldensabhängig formuliert sein, d. h., dass der Auftragnehmer eine Vertragsstrafe nur dann zu zahlen hat, wenn er bspw. die Überschreitung einer Vertragsfrist selbst verursacht hat.
- Sie muss verzugsabhängig ausgestaltet sein. Verzug bedeutet, dass dem Auftragnehmer zunächst eine Frist zur Erfüllung gesetzt werden muss. Erst dann, wenn er diese Frist verstreichen lässt, befindet sich der Auftragnehmer in Verzug. Sofern allerdings eine Vertragsstrafe vorliegt, die an die Versäumung einer Vertragsfrist anknüpft, bedarf es keiner Mahnung mehr, wenn die Frist kalendermäßig verbindlich geregelt wurde.
- Nicht erforderlich ist, dass dem Auftraggeber aufgrund der Fristüberschreitung ein Nachteil entstanden ist. Die Verwirkung der Vertragsstrafe ist hiervon unabhängig.
- Die Höhe der Vertragsstrafe pro Zeiteinheit muss angemessen sein und darf nicht außer Verhältnis zum ange-

strebten Zweck als Druckmittel stehen. In der Vergangenheit sind etliche Urteile dazu ergangen, wie hoch sowohl die pro Tag zu zahlende als auch die betragsmäßige Obergrenze einer Vertragsstrafe sein darf.

Maßgeblich für die betragsmäßige Obergrenze einer Vertragsstrafe ist nach wie vor die Entscheidung des BGH, Urteil vom 23.01.2003, Az. VII ZR 210/01:

Demnach ist für vor dem Bekanntwerden dieser Entscheidung geschlossene Bauverträge, sog. „Altverträge" mit einer Auftragssumme von bis zu 13.202.203,90 DM, dies entspricht 6.750.179,67 Euro, eine Obergrenze von 10 % der Auftragssumme zulässig. Sofern in Altverträgen diese Auftragssumme überschritten wird, ist eine Obergrenze von 10 % der Auftragssumme jedoch in Vertragsstrafenklauseln unzulässig. Sie darf über 5 % der Auftragssumme nicht hinausgehen.

Für Klauseln in Bauverträgen, die nach diesem Zeitpunkt geschlossen wurden, gilt unabhängig von der Auftragssumme stets eine Obergrenze von 5 % der Auftragssumme.

Hierauf sollte der Auftragnehmer besonders achten, wenn er sich auf die Unwirksamkeit einer Vertragsstrafenklausel beruft, zumal auch heute noch Vertragsstrafenklauseln verwendet werden, die höhere Prozentsätze aufweisen. Findet sich eine Klausel in einem Bauvertrag, der nach dem Zeitpunkt des Bekanntwerdens der oben zitierten Entscheidung geschlossen wurde, mit einer höheren Vertragsstrafenobergrenze als 10 %, so sollte sich der Auftragnehmer auf die

Unwirksamkeit der Klausel berufen, da er damit unangemessen benachteiligt wird.

Eine Strafhöhe von bis zu 0,3 % der Auftragssumme pro Werktag wurde seit jeher von der Rechtsprechung als wirksam angesehen.

**Aktuelle Rechtsprechung:**
Der Auftragnehmer führte für den Auftraggeber Tischlerarbeiten aus. Die Parteien hatten einen VOB-Bauvertrag geschlossen. Nach Fertigstellung der Arbeiten stellte der Auftragnehmer seine Schlussrechnung. Hiervon nahm der Auftraggeber einen Abzug in Höhe von 10 % der Nettoschlussrechnungssumme vor, da der Auftragnehmer den im Vertrag vereinbarten Fertigstellungstermin um 121 Tage überschritten hatte. Ferner haben die Parteien den im Bauvertragsformular unter „Ziffer 8. Vertragsstrafe (zu § 11 VOB/B)" vorgesehenen Text gestrichen und handschriftlich die gleiche Regelung „0,20 % der Nettoabrechnungssumme für jeden Werktag Verspätung, höchstens 10 % der Nettoabrechnungssumme" eingefügt, mit dem Hinweis, dass die Vertragsstrafe verhandelt und „zwischen Auftraggeber und Auftragnehmer vereinbart" worden sei.

Das Gericht sah die Vertragsstrafenregelung als unwirksam an und sprach dem Auftragnehmer im Wesentlichen den Werklohn zu. Zur Begründung führte es aus, dass die Vertragsstrafenregelung als Allgemeine Geschäftsbedingung anzusehen ist, da sie nicht zwischen den Parteien individuell ausgehandelt wurde. Die bloße Übernahme eines vorformulierten Textes in den handschriftlichen Zusatz unter „Ziffer 13.

Sonstige Vereinbarungen" lässt nicht einmal ansatzweise erkennen, dass die vom Auftraggeber vorgegebene Vertragsstrafenregelung ihrem ganzen Inhalt nach zwischen den Parteien ausgehandelt worden ist, was jedoch für die Annahme einer Individualvereinbarung erforderlich wäre.

Ein individuelles Aushandeln erfordert nach der Rechtsprechung mehr als ein bloßes Verhandeln über eine Klausel. Von einem „Aushandeln" in diesem Sinne kann nur dann gesprochen werden, wenn der Verwender zunächst den in seinen Allgemeinen Geschäftsbedingungen enthaltenen „gesetzesfremden Kerngehalt", also die den wesentlichen Inhalt der gesetzlichen Regelung ändernden oder ergänzenden Bestimmungen inhaltlich ernsthaft zur Disposition stellt und dem Verhandlungspartner Gestaltungsfreiheit zur Wahrung eigener Interessen einräumt mit zumindest der realen Möglichkeit, die inhaltliche Ausgestaltung der Vertragsbedingungen zu beeinflussen. Er muss sich also deutlich und ernsthaft zur gewünschten Änderung einzelner Klauseln bereiterklären. Daran mangelt es hier. Zudem hat der Auftragnehmer erklärt, dass ihm der handschriftliche Text lediglich vorgesetzt und nicht ausgehandelt wurde. Nachdem also keine Individualvereinbarung vorliegt, handelt es sich vorliegend um eine Allgemeine Geschäftsbedingung. Die Vertragsstrafenvereinbarung ist daher unwirksam, weil der vorgesehene Höchstsatz von 10 % der Nettoabrechnungssumme den Auftragnehmer unangemessen benachteiligt.

Der Bundesgerichtshof nimmt in ständiger Rechtsprechung an, dass eine Vertragsstrafenregelung in Allgemeinen Geschäftsbedingungen auch die Interessen des Auftragnehmers ausreichend zu berücksichtigen habe. Eine unan-

gemessen hohe Vertragsstrafe führt zur Nichtigkeit der Vertragsklausel, eine sog. geltungserhaltende Reduktion auf den nach der Rechtsprechung zulässigen Höchstsatz findet nicht statt. Die Obergrenze der Vertragsstrafe muss sich daran messen lassen, ob sie generell und typischerweise in Bauverträgen angemessen ist. Dabei ist, soweit sich aus der Vorformulierung nicht etwas anderes ergibt, eine Unterscheidung zwischen Bauverträgen mit hohen und niedrigen Auftragssummen wegen der damit verbundenen Abgrenzungsschwierigkeiten nicht vorzunehmen. Nach diesem Maßstab ist im Bauvertrag eine Vertragsstrafe für die verzögerte Fertigstellung, deren Obergrenze 5 % der Auftragssumme überschreitet, unangemessen. Die Klausel ist insgesamt unwirksam, weshalb ein Abzug von der Restwerklohnforderung nicht vorgenommen werden kann.
*OLG Brandenburg, Urteil vom 04.07.2012, 13 U 63/08*

**Herabsetzung der Vertragsstrafe**
Liegt eine individuell ausgehandelte Vertragsstrafenregelung vor, so kann die Strafe, sofern sie unzulässig hoch ist, auf Antrag des Auftragnehmers auf ein zulässiges Maß herabgesetzt werden. Die Herabsetzung einer Vertragsstrafenklausel scheidet hingegen aus.

Siehe auch: → Abnahme
→ Abnahmewirkungen
→ Allgemeine Geschäftsbedingungen
→ Behinderung der Ausführung
→ Individualvereinbarung
→ Vertragsfristen

# Verzug als Kündigungsgrund

Siehe auch: → Kündigung des Auftraggebers
→ Kündigung des Auftragnehmers
→ Kündigung im Insolvenzfall

# Verzug mit der Abnahme

Der Auftraggeber ist verpflichtet, die Arbeiten des Auftragnehmers abzunehmen, wenn diese abnahmefähig sind. Abnahmefähigkeit liegt vor, wenn die Arbeiten vertragsgemäß ausgeführt wurden und nicht mit wesentlichen Mängeln behaftet sind, wobei das Fehlen von kleineren Restarbeiten nichts an der Abnahmefähigkeit ändert. Liegen wesentliche Mängel vor oder wurden die Arbeiten, auch wenn sie für sich gesehen mangelfrei erbracht wurden, nicht gem. dem im Bauvertrag festgelegten Leistungsbeschrieb erbracht, so kann der Auftraggeber die Abnahme verweigern. Verweigert der Auftraggeber die Abnahme, obwohl ihm hierzu kein Recht zusteht, so verletzt er eine Hauptpflicht aus dem Bauvertrag und es kommen für den Auftragnehmer Schadensersatzansprüche gegen den Auftraggeber in Betracht, sofern ihm durch die unberechtigte Abnahmeverweigerung tatsächlich ein Schaden entstanden ist.

Siehe auch: → Abnahmeverweigerung
→ Abnahmewirkungen

# Verzug mit der Fertigstellung

Gerät der Auftragnehmer mit der Fertigstellung seiner Arbeiten in Verzug, so kann der Auftraggeber bei Aufrechterhaltung des Bauvertrags Schadensersatz nach § 6 Abs. 6 VOB/B verlangen. Er kann aber auch dem Auftragnehmer eine angemessene Frist zur Vertragserfüllung setzen und erklären, dass er ihm nach fruchtlosem Ablauf der Frist den Auftrag entziehen werde, § 5 Abs. 4 VOB/B. Lässt der Auftragnehmer die ihm gesetzte Nachfrist daraufhin verstreichen, ohne die Arbeiten fertigzustellen, so kann der Auftraggeber den Bauvertrag aus wichtigem Grund kündigen. Er kann, wenn er sich dafür entscheidet, den Bauvertrag zu kündigen, nach herrschender Meinung und entgegen dem Wortlaut in § 5 Abs. 4 VOB/B („oder") zudem Schadensersatz vom Auftragnehmer verlangen.

Nach dem Wortlaut von § 5 Abs. 4 VOB/B kann der Auftraggeber Schadensersatz vom Auftragnehmer nur dann verlangen, wenn dieser

- mit der Vollendung der Arbeiten in Verzug gerät,
- den Beginn der Ausführung verzögert oder
- seiner Abhilfepflicht aus § 5 Abs. 3 VOB/B nicht nachkommt.

Verzug erfordert grundsätzlich, dass der Auftragnehmer vom Auftraggeber gemahnt wurde. Ausnahmsweise ist jedoch dann keine Mahnung erforderlich, wenn im Bauvertrag der Fertigstellungstermin, wie in der Baupraxis regelmäßig der Fall, kalendermäßig bestimmt oder aber das Ende der Fertigstellungsfrist kalendermäßig aufgeführt wurde. Verzug kann zudem nur dann vorliegen, wenn der Auftragnehmer die Nichteinhaltung der Fertigstellungsfrist verschuldet hat. Liegt die Ursache für die eingetretenen Bauzeitverzögerungen beim Auftraggeber, so kann dieser keinen Schadensersatz vom Auftragnehmer verlangen und ist auch nicht berechtigt, den Bauvertrag zu kündigen.

Der Auftragnehmer kann über das Vorstehende hinaus nur in Verzug mit der Fertigstellung geraten, wenn im Bauvertrag verbindliche Vertragsfristen vereinbart wurden. Von verbindlichen Vertragsfristen sind unverbindliche Einzel- oder Zwischenfristen (Kontrollfristen des Auftraggebers) sowie unverbindliche Ausführungsfristen zu unterscheiden. Sind im Bauvertrag lediglich unverbindliche Fristen enthalten, so kann deren Nichteinhaltung keine Schadensersatzansprüche des Auftraggebers auslösen.

Siehe auch:
→ Anordnungen des Auftraggebers
→ Änderung des Bauentwurfs
→ Behinderung der Ausführung
→ Behinderungsanzeige
→ Kündigung durch den Auftraggeber
→ Vertragsfristen
→ Vertragsstrafe

**Praxistipp:**
In der Baupraxis kommt es nicht selten vor, dass Auftraggeber, die sich ihres Auftragnehmers durch Auftragsentziehung nach § 8 Abs. 3 VOB/B „entledigen" wollen, diesem eine kurze Frist – auch von einem Tag – setzen und ihm sofort nach Ablauf der Frist den Auftrag entziehen. Zur Begründung wird dann angegeben, dass der Auf-

tragnehmer seiner Pflicht zur fristgerechten Vertragserfüllung nicht nachgekommen sei oder seiner Pflicht aus § 5 Abs. 4 VOB/B nicht entsprochen habe. Es wird dabei übersehen, dass eine Kündigung unter Berufung auf die §§ 5 Abs. 4, 8 Abs. 3 VOB/B voraussetzt, dass sich der Auftragnehmer zunächst in Verzug befinden muss. Erst nachdem Verzug bereits vorliegt, ist der Auftraggeber überhaupt erst berechtigt, eine Nachfrist nach § 5 Abs. 4 VOB/B zu setzen. Diese Nachfrist muss angemessen sein, also dem Auftragnehmer auch ermöglichen, seine Leistungen, mit denen er in Verzug geraten war, innerhalb der Nachfrist nachzuholen. Eine Frist von einem Tag ist dabei zumeist nicht ausreichend. Zwar wird eine zu kurz bemessene Frist in eine angemessen lange Frist umgedeutet. Allerdings hilft dies nichts, wenn einen Tag später bereits die Auftragsentziehung ausgesprochen wurde.

# Verzug mit Prüfung der Schlussrechnung

Der Auftragnehmer hat die von ihm erbrachten Arbeiten prüfbar abzurechnen. Übergibt er dem Auftraggeber eine prüfbare Schlussrechnung, so hat der Auftraggeber nach der im Zuge der Umsetzung der Europäischen Richtlinie 2011/7/EU vom 16.02.2011 zur Bekämpfung von Zahlungsverzug im Geschäftsverkehr (Zahlungsverzugsrichtlinie) in deutsches Recht notwendig gewordenen Anpassung der VOB/B 2012 nun nicht mehr wie bisher maximal zwei Monate Zeit, diese zu prüfen. Gemäß dem neu gefassten § 16 Abs. 3 VOB/B 2012 muss er die Prüfung und Feststellung spätestens innerhalb von 30Tagen nach Zugang der Schlussrechnung vornehmen. Nach Ablauf dieser Frist ist die Schlussrechnung zur Zahlung fällig. Ausnahmsweise verlängert sich die Prüfungsfrist auf höchstens 60Tage, wenn sie aufgrund der besonderen Natur oder Merkmale der Vereinbarung sachlich gerechtfertigt ist und ausdrücklich vereinbart wurde. Kommt der Auftraggeber mit der Prüfung der Schlussrechnung in Verzug, so hat dies nicht zur Folge, dass er nach Ablauf der jeweiligen Frist mit Einwendungen gegen die Richtigkeit der Abrechnung vollständig ausgeschlossen wäre. Vielmehr ist die Rechnung nach Ablauf der jeweiligen Frist, Abnahme vorausgesetzt, zur Zahlung fällig.

**Hinweis:**
Nach § 16 Abs. 3 Nr. 1 Satz 3 VOB/B 2012 kann der Auftraggeber sich dann nicht mehr auf fehlende **Prüfbarkeit** der Schlussrechnung berufen, wenn er Einwendungen gegen die Prüfbarkeit unter Angabe von Gründen hierfür nicht spätestens entweder innerhalb der 30-tägigen Prüfungsfrist oder, bei Vorliegen des sachlich rechtfertigenden Grunds und der entsprechenden Vereinbarung, innerhalb der 60-tägigen Prüfungsfrist ab Zugang der Schlussrechnung beim Auftragnehmer erhoben hat.

Siehe auch: → Fälligkeit der Schlusszahlung
→ Prüfbarkeit der Schlussrechnung
→ Schlussrechnung
→ Schlussrechnungsprüfung

# Vorauszahlung

§ 16 Abs. 2 VOB/B setzt voraus, dass im VOB-Bauvertrag Vorauszahlungen statthaft sind. Dort ist bezüglich Vorauszahlungen geregelt, dass diese auch nach Vertragsschluss vereinbart werden können, wobei hierfür auf Verlangen des Auftraggebers entsprechende Sicherheit vom Auftragnehmer zu leisten ist. Die Vorauszahlungen sind mit 3 % über dem Basiszinssatz zu verzinsen, soweit nichts anderes vereinbart wurde. Vorauszahlungen sind zudem auf die nächstfälligen Zahlungen anzurechnen, soweit damit Leistungen abzugelten sind, für welche die Vorauszahlungen gewährt worden sind.

**Begriff**

Bei Vorauszahlungen handelt es sich mehr oder weniger um Anzahlungen auf erst noch vom Auftragnehmer zu erbringende und zu vergütende Arbeiten. Die Vorauszahlungen hat der Auftraggeber also zu leisten, obwohl er hierfür vom Auftragnehmer noch keine Gegenleistung erhalten hat. Dies ist eine Besonderheit. Grundsätzlich verhält es sich nämlich so, dass zunächst die Leistungen vom Auftragnehmer erbracht werden und diese (Teil-)Leistungen dann entweder mittels Abschlagsrechnungen oder der (Teil-)Schlussrechnung abgerechnet werden. Zwar ist auch der Auftragnehmer nicht vorleistungspflichtig, da erst mit der Abnahme das Erfüllungsstadium beendet wird und der Auftragnehmer erst Anspruch auf Zahlung seiner Vergütung hat, wenn die Leistungen abgenommen sind, allerdings werden grundsätzlich erst Leistungen durch den Auftragnehmer erbracht, bevor überhaupt erst Vergütungsansprüche entstehen können. Von diesem Grundsatz weicht das System der Vorauszahlungen ab.

**Vereinbarung**
Da in der VOB/B keine Anspruchsgrundlage für die Forderung von Vorauszahlungen enthalten ist, ist es für deren Geltendmachung erforderlich, dass die Bauvertragsparteien eine Vereinbarung über die Leistung von Vorauszahlungen treffen. Ohne eine entsprechende Vereinbarung steht dem Auftragnehmer somit kein Recht zu, Vorauszahlungen vom Auftraggeber zu verlangen. Da die Vereinbarung von Vorauszahlungen vom bauvertraglichen Vorleistungsprinzip grundlegend abweicht, sind diesbezügliche Vertragsklauseln in Allgemeinen Geschäftsbedingungen des Bauvertrags nicht wirksam. Sie würden den Auftraggeber unangemessen benachteiligen und halten einer Inhaltskontrolle nicht stand.

**Sicherheit**
Da sich der Auftraggeber mit der Leistung einer Vorauszahlung in die Gefahr begibt, dass er seine Leistungen, etwa bei Insolvenz des Auftragnehmers, nicht mehr zurückerhält, sofern die vertraglich geschuldeten Leistungen, für welche die Vorauszahlung gewährt wurde, nicht mehr ausgeführt wurden, ist ihm in § 16 Abs. 2 Nr. 1 VOB/B das Recht zuerkannt worden, eine entsprechende Vorauszahlungssicherheit vom Auftragnehmer zu verlangen. Es bedarf also keiner ausdrücklichen Vereinbarung im Bauvertrag über die Stellung einer Sicherheit durch den Auftragnehmer. Die Sicherheit wird in der Baupraxis regelmäßig in Form einer Vorauszahlungsbürgschaft geleistet. Auch hierbei ist zu beachten, dass der Auftraggeber nicht berechtigt ist, vom Auftragnehmer

die Stellung einer Bürgschaft auf erstes Anfordern zu verlangen. Es sei denn, dies wurde individuell zwischen den Parteien vereinbart.

**Verzinsung**
Der Zinssatz für die geleisteten Vorauszahlungen beträgt 3 % über dem Basiszinssatz. Der aktuelle Basiszinssatz kann über www.bundesbank.de abgerufen werden.

Siehe auch: → Abschlagsrechnung
→ Allgemeine Geschäftsbedingungen
→ Schlussrechnung

# Vorbehalt bei der Schlusszahlung

Die vorbehaltlose Annahme der Schlusszahlung des Auftraggebers durch den Auftragnehmer schließt Nachforderungen des Auftragnehmers aus, wenn der Auftragnehmer vom Auftraggeber über die Schlusszahlung schriftlich unterrichtet und auf die Ausschlusswirkung der Schlusszahlung hingewiesen wird (§ 16 Abs. 3 Nr. 2 VOB/B). Dabei steht es einer Schlusszahlung gleich, wenn der Auftraggeber unter Hinweis auf geleistete Zahlungen weitere Zahlungen endgültig und schriftlich ablehnt (§ 16 Abs. 3 Nr. 3 VOB/B). Mit der Schlusszahlung werden dabei bei entsprechendem Hinweis auf die Endgültigkeit der Zahlung durch den Auftraggeber auch früher einmal gestellte, aber unerledigte Forderungen ausgeschlossen, wenn sie nicht nochmals vorbehalten werden (§ 16 Abs. 3 Nr. 4 VOB/B).

Will der Auftragnehmer in diesem Fall nicht sein Recht auf Geltendmachung von Nachforderungen aus der Schlussrechnung oder früher gestellten Rechnungen verlieren, so hat er einen Vorbehalt gegen die Schlusszahlung gegenüber dem Auftraggeber zu erklären.

**Hinweis:**
Die Frist für die Erklärung des Vorbehalts wurde mit Inkrafttreten der VOB/B 2012 geändert. Nach der VOB/B Fassung 2009 war gem. § 16 Abs. 3 Nr. 5 ein Vorbehalt innerhalb von 24 Werktagen nach Zugang der Mitteilung über die Schlusszahlung zu erklären. Er wurde hinfällig, wenn der Auftragnehmer nicht innerhalb weiterer 24 Werktage, beginnend am Tag nach Ablauf der ersten Frist von 24 Werktagen, entweder eine prüfbare Rechnung über die vorbehaltenen Forderungen eingereichte oder, wenn das nicht möglich war, eine eingehende Begründung des Vorbehalts vorlegte.

Mit der VOB/B 2012 wurden diese Fristen geändert. Gilt im Bauvertrag die VOB/B in der Fassung 2012, was vorab geprüft werden muss, so muss der Auftragnehmer bei der Berechnung der Fristen berücksichtigen, dass es sich in der VOB/B 2012 nicht mehr wie bisher um Werktage, sondern um Kalendertage handelt. Die Änderung von Werktagen in Kalendertage wurde ausgeglichen, indem die Fristen von 24 Werktagen auf jetzt 28 Kalendertage verlängert wurden. Die neue Regelung des § 16 Abs. 3 Nr. 5 VOB/B 2012 besagt also, dass ein Vorbehalt gegen die Schlusszahlung innerhalb von 28 Tagen nach Zugang der Mitteilung nach den Nr. 2 und 3 des § 16 Abs. 3 VOB/B zu erklären ist. Er wird hinfällig, wenn nicht innerhalb von weiteren 28 Tagen, beginnend am Tag nach Ablauf der in

Satz 1 genannten 28 Tage, eine prüfbare Rechnung über die vorbehaltenen Forderungen eingereicht oder, wenn das nicht möglich ist, der Vorbehalt eingehend begründet wird.

**Einrede der Ausschlusswirkung**
Nimmt der Auftragnehmer die Schlusszahlung vorbehaltlos entgegen, so erlöschen zwar weitere zu Recht bestehende Vergütungsansprüche nicht, jedoch können sie vom Auftragnehmer nicht mehr gegenüber dem Auftraggeber geltend gemacht und somit gerichtlich nicht mehr durchgesetzt werden, sofern sich der Auftraggeber auf die Ausschlusswirkung seiner Schlusszahlung ausdrücklich beruft. Solange sich also der Auftraggeber nicht auf die Ausschlusswirkung beruft, kann der Auftragnehmer seine Nachforderungen ohne Vorbehaltserklärung noch geltend machen. In der Praxis besteht jedoch für den Auftragnehmer ein unkalkulierbares Prozessrisiko, wenn er darauf setzt, dass der Auftraggeber es „vergisst", sich auf die Ausschlusswirkung zu berufen.

**Hinweis auf Ausschlusswirkung**
Der Auftraggeber muss den Auftragnehmer, will er sich auf die Ausschlusswirkung der Schlusszahlung berufen, von der Schlusszahlung unterrichten und ihn auf die Ausschlusswirkung seiner Zahlung ausdrücklich hinweisen. Diese Regelung dient dem Schutz des Auftragnehmers, von einer endgültigen Schlusszahlung überrascht zu werden. Aus der Erklärung des Auftraggebers muss eindeutig hervorgehen, dass es sich bei der Zahlung um die letzte und abschließende Zahlung aus dem Bauvertrag handelt; sie muss ferner zum Ausdruck bringen, dass der Auftraggeber auf die Schlussrechnung des Auftragnehmers hin zahlt.

**Annahme der Schlusszahlung**
Die Ausschlusswirkung setzt voraus, dass der Auftragnehmer die Schlusszahlung vorbehaltlos annimmt. Annahme der Schlusszahlung liegt vor, wenn diese dem Auftragnehmer zugegangen ist, sei es vom Auftraggeber direkt oder über dessen Bank. Vorbehaltlose Annahme bedeutet die Entgegennahme der Zahlung, ohne dass der Wille des Auftragnehmers zum Ausdruck kommt, den erhaltenen Betrag nicht als endgültig ansehen zu wollen.

**Die Vorbehaltserklärung**
Zu seiner Wirksamkeit muss der vom Auftragnehmer zu erklärende Vorbehalt dem Auftraggeber zugehen.

Die Vorbehaltserklärung ist zwar nicht an eine bestimmte Form gebunden, sie kann also auch mündlich erfolgen. Schriftform ist jedoch dringend anzuraten, um späteren Beweisschwierigkeiten aus dem Weg zu gehen. Da im Streitfall seitens des Auftragnehmers nachzuweisen ist, dass er rechtzeitig die Vorbehaltserklärung abgegeben hat und welchen Inhalt diese hatte, wird er regelmäßig in Schwierigkeiten geraten, wenn er den Vorbehalt nur mündlich erklärt hat.

Der Auftragnehmer muss den Vorbehalt nicht sofort begründen. Er hat innerhalb von 28 Tagen nach Zugang der Mitteilung des Auftraggebers über die Schlusszahlung lediglich einen Vorbehalt zu erklären. Eine Begründung ist erst innerhalb weiterer 28 Tage erforderlich.

Der Vorbehalt ist nur einmal zu erklären. Zahlt der Auftraggeber auf einen entsprechenden Vorbehalt des Auftragnehmers hin einen Teil des vorbehaltenen Betrags, so muss der

Auftragnehmer nicht erneut etwa innerhalb von 28 Tagen nach Zahlung des Teilbetrags einen Vorbehalt gegen die Schlusszahlung erklären.

**Vorbehaltsbegründung**

Der Auftragnehmer muss innerhalb von weiteren 28 Tagen – beginnend am Tag nach Ablauf der ersten 28-Tage-Frist – den Vorbehalt begründen. Die Begründung hat durch Vorlage einer prüfbaren Rechnung zu erfolgen. Nur dann, wenn die **Vorlage** dieser Rechnung zum gegenwärtigen Zeitpunkt nicht oder nur mit erheblichen Schwierigkeiten möglich ist, genügt eine anderweitige eingehende Begründung des Vorbehalts, weshalb die Schlusszahlung nicht endgültig sein kann.

Siehe auch: → Allgemeine Geschäftsbedingungen
→ Schlussrechnung
→ Schlusszahlung

**Praxistipp:**

Der Auftraggeber kann sich nicht darauf berufen, seine Schlusszahlung sei abschließend und der Auftragnehmer mit Nachforderungen ausgeschlossen, wenn er in der Schlussrechnungsprüfung bereits einen bestimmten Zahlungsbetrag anerkannt hat und diesen Betrag im Rahmen der Schlusszahlung nicht zur Auszahlung bringt. Dieses Verhalten ist treuwidrig. Auch dann also, wenn der Auftraggeber auf die Ausschlusswirkung hinweist und der Auftragnehmer einen Vorbehalt gegen die Schlusszahlung erklärt hat, jedoch in der Folgezeit diesen nicht begründet oder eine prüfbare Abrechnung vorgelegt hat,

so kann er in diesem Fall den einbehaltenen Betrag vom Auftraggeber herausverlangen.
*OLG Jena, Urteil vom 08.09.1998, Az. 5 U 12/98*

## Vorschuss auf Ersatzvornahmekosten

Siehe auch: → Ersatzvornahme
→ Gewährleistung
→ Kostenvorschuss

# W

## Wiederbeginn der Arbeiten

Siehe auch: → Behinderung
→ Behinderungsanzeige
→ Unterbrechung der Ausführung

## Widersprüche im Bauvertrag

Nach § 1 Abs. 1 VOB/B wird die auszuführende Leistung nach Art und Umfang durch den Bauvertrag bestimmt. Als Bestandteil des Bauvertrags gelten nach § 1 Abs. 1 Satz 2 VOB/B auch die Allgemeinen Technischen Vertragsbedingungen für Bauleistungen (ATV), die in der VOB/C in DIN-Vorschriften geregelt sind. Ergeben sich im Bauvertrag Widersprüche, so bestimmt die Rangfolgeklausel in § 1 Abs. 2 VOB/B, dass bei Widersprüchen im Vertrag nacheinander gelten sollen:

- zunächst die Leistungsbeschreibung, dann
- die besonderen Vertragsbedingungen, dann
- etwaige zusätzliche Vertragsbedingungen, dann
- etwaige zusätzliche Technische Vertragsbedingungen, dann
- die Allgemeinen Technischen Vertragsbedingungen für Bauleistungen (ATV) und zuletzt
- die Allgemeinen Vertragsbedingungen für die Ausführung von Bauleistungen.

Unter den Begriff der Leistungsbeschreibung in § 1 Abs. 2 VOB/B fallen jedoch ggf. eine ganze Reihe von Unterlagen. Die Leistungsbeschreibung kann bestehen aus dem Leistungsverzeichnis, aus dazu gehörenden Planunterlagen sowie auch insbesondere aus der Baubeschreibung und speziellen Herstellervorgaben und nicht zuletzt auch aus einem Baugrundgutachten.

Soweit nun die Rangfolgeklausel in § 1 Abs. 2 VOB/B Widersprüche zwischen der Leistungsbeschreibung einerseits und weiteren Vertragsbedingungen andererseits regelt, so ist dies dann wenig hilfreich, wenn es zu Widersprüchen innerhalb der Leistungsbeschreibung, also etwa zwischen der Baubeschreibung und dem Leistungsverzeichnis, kommt, bspw. weil im Rahmen der Beauftragung eines Dammbauwerks in der Baubeschreibung zwar der Einbau von zwei Stauklappen vorgesehen ist, unter der entsprechenden Position im Leistungsverzeichnis aber nur eine Stauklappe enthalten ist. Es stellt sich dann die Frage, wie dieser Widerspruch zu lösen ist, was also letztlich Vertragsgegenstand ist. Die Rechtsprechung des BGH hat hierzu in der Vergangenheit in mehreren Entscheidungen Grundsätze vorgegeben, die sich grob wie folgt skizzieren lassen:

Wenn sich einzelne Vertragsbestandteile tatsächlich widersprechen und nicht nur lediglich ergänzen, so ist eine Auslegung des Vertrags als „sinnvolles Ganzes" vorzunehmen. Die Leistungsbeschreibung gem. § 1 Absatz 2 lit. a VOB/B ist als sinnvolles Ganzes auszulegen. Es gibt dabei keinen grundsätzlichen Vorrang des Leistungsverzeichnisses vor den Vorbemerkungen. Allerdings geht innerhalb der Leistungsbeschreibung die in einem Teil der Leistungsbeschreibung enthaltene konkretere Beschreibung der vertraglichen Leistung dem Bestandteil der Leistungsbeschreibung vor, der die Leistung weniger konkret beschreibt.

Liegt der Widerspruch in den Planzeichnungen einerseits und andererseits im Leistungsverzeichnis, dann kommt dem Leistungsverzeichnis gegenüber den Planzeichnungen dann eine vergleichsweiße größere Bedeutung zu, wenn damit die vom Auftragnehmer zu erbringende Leistung genauer beschrieben worden ist und die Planzeichnung die Leistung im Vergleich hierzu weniger genau beschreibt. Anders verhält es sich dann, wenn die Planzeichnungen die zu erbringenden Leistungen genauer beschreiben. In diesem Fall gehen die Planzeichnungen den Vorgaben im Leistungsverzeichnis vor. Diese Grundsätze der Rechtsprechung werden anhand der folgenden Entscheidungen veranschaulicht:

**Aktuelle Rechtsprechung:**
Die Bauvertragsparteien stritten darüber, ob in einem Bauvertrag eine Gerüstvorhaltezeit von vier oder 24 Wochen vorgesehen worden war. Das Leistungsverzeichnis sah eine „Grundeinsatzzeit“ von vier Wochen und darüber hinaus eine Bauzeit von 13 bzw. 18 Wochen vor. Tatsächlich wurde das Gerüst insgesamt 24 Wochen vorgehalten. Der Auftraggeber berief sich nach Abschluss der Arbeiten darauf, dass im Positionstext des Leistungsverzeichnisses folgende Formulierung enthalten war: „Gebrauchsüberlassung und Vorhaltung bis 20 Wochen über die Grundeinsatzzeit hinaus“. Er verweigerte die vom Auftragnehmer über die vierwöchige Grundeinsatzzeit hinausgehende **zusätzliche** Berechnung der weiteren 20 Wochen Vorhaltezeit.

Das Gericht bestätigte die Auffassung des Auftraggebers und damit die Pflicht des Auftragnehmers zu 24 Wochen Gerüstvorhaltung mit der Begründung, dass Leistungsbeschreibungen bei öffentlichen Ausschreibungen aus der Sicht der Bieter (als Erklärungsempfänger) auszulegen sind. Dabei kommt dem Wortlaut besondere Bedeutung zu. Zur Leistungsbeschreibung zählen neben der Baubeschreibung auch das Leistungsverzeichnis einschließlich abstrakter Vorbemerkungen, Bauzeichnungen, Probestücke etc.

Der Wortlaut der einzelnen Grundpositionen des vom Auftraggeber erstellten Leistungsverzeichnisses ergab eindeutig eine Vorhaltezeit von 24 Wochen. Die Formulierung „Gebrauchsüberlassung und Vorhaltung bis 20 Wochen über die Grundeinsatzzeit hinaus“ schloss erkennbar an die DIN 18451 (Gerüstarbeiten) an. Diese wurde in der Vorbemerkung zum Leistungsverzeichnis in den Vertrag einbezogen und definierte die Grundeinsatzzeit als „Gebrauchsüberlassung bis zu vier Wochen (Grundeinsatzzeit)“. Der Text des Leistungsverzeichnisses ergab damit zweifelsfrei, dass eine – gegenüber der DIN 18451 um 20 Wochen verlängerte – Grundeinsatzzeit ausgeschrieben und unter dieser Position anzubieten war. Die Voranstellung der DIN 18451 in der Vorbemerkung zum Leistungsverzeichnis stand dem nicht entgegen.

Dem Wortlaut des Positionstextes des Leistungsverzeichnisses kommt, sofern er spezieller ist, der Vorrang zu. Ein anderes Auslegungsergebnis ergab sich auch nicht, wenn man die sich aus dem Deckblatt der Ausschreibung und aus dem Terminplan erkennbaren Bauzeiten heranzieht. Danach sollte die Bauzeit zwar nur maximal 18 Wochen bzw. ungefähr 13

Wochen betragen. Ein sog. „durchschnittlicher Bieter" durfte aber daraus nicht schließen, dass die vielfach auftauchende Angabe von 20 Wochen über die Grundstandzeit hinaus in den Positionen des Leistungsverzeichnisses deshalb anders gemeint sein konnte. Die Erwägung, dass wegen der kürzeren Bauzeit eine solche Ausschreibung von 24 Wochen Grundstandzeit für den Auftraggeber wirtschaftlich ungünstig sein könnte, durfte der Bieter ohne Nachfrage zu keinem vom Wortlaut abweichenden Verständnis des Ausschreibungstextes verleiten.

Da somit die Auslegung der Leistungsbeschreibung zu einem zweifelsfreien Ergebnis führte, kam eine Auslegung des Vertrags zulasten des Verwenders nicht in Betracht.
*OLG Frankfurt/Main, Urteil vom 22.03.2006, 4 U 94/05; BGH, Beschluss vom 28.09.2006, VII ZR 88/06 (Nichtzulassungsbeschwerde zurückgewiesen)*

**Aktuelle Rechtsprechung**:
Der Auftraggeber verlangt vom Auftragnehmer die Beseitigung einer Vielzahl von Mängeln. Er erwarb im Jahr 1994 ein vom Auftragnehmer noch fertigzustellendes Haus. Die Baubeschreibung, die zum Gegenstand des notariellen Vertrags gemacht wurde, sah als Kellerabgang im Giebelbereich „eine Treppenanlage, bestehend aus Betonfertigteilstufen mit seitlicher Abmauerung", vor. In den gleichfalls dem Vertrag beigefügten „Grundriss-, Ansichts- und Schnittplänen" war diese Außentreppe aber nicht ausgewiesen. Der Auftraggeber verweigerte die Abnahme des errichteten Hauses wegen Mängeln und forderte deren Beseitigung.

Die auf Beseitigung der Mängel gerichtete Klage hatte zunächst in erster Instanz nur hinsichtlich eines Teils der behaupteten Mängel Erfolg. Nach beiderseitiger Berufung hat das Berufungsgericht die Klage abgewiesen. Es vertrat die Auffassung, dass der Vertrag wegen eines Dissenses erst gar nicht zustande gekommen sei. Da der Kellerabgang als Außentreppe in der Baubeschreibung, nicht aber in den Plänen ausgewiesen war, habe ein mehrdeutiges Angebot vorgelegen, das von den Parteien verschieden verstanden worden sei. Die dagegen gerichtete Revision zum BGH hatte schließlich Erfolg. Der BGH stellte fest, dass entgegen der Ansicht des Berufungsgerichts kein Dissens vorgelegen hat. Das Angebot des Auftragnehmers war nicht mehrdeutig.

Welche Leistung vom Auftragnehmer angeboten worden war, ist gem. §§ 133, 157 BGB aus dem objektiven Empfängerhorizont unter Berücksichtigung von Treu und Glauben und der Verkehrssitte zu beurteilen. Dabei ist der Bauvertrag als sinnvolles Ganzes auszulegen. Grundsätzlich ist auch bei einem Bauvertrag, der nicht nach VOB/A ausgeschrieben worden ist, davon auszugehen, dass der Anbieter eine Leistung widerspruchsfrei anbieten wolle. Bei Unklarheiten über nicht von vornherein in Übereinstimmung zu bringende Vertragserklärungen hat sich die Auslegung zunächst an demjenigen Wortlaut zu orientieren, der die Leistung konkret beschreibt. Dabei kommt dem Wortlaut der Leistungsbeschreibung gegenüber etwaigen Plänen dann eine vergleichsweise große Bedeutung zu, wenn damit die Leistung im Einzelnen genau beschrieben wird, während die Pläne sich nicht im Detail an dem angebotenen Bauvorhaben orientieren. Aus der demnach maßgebenden Sicht des Auftraggebers war als Kellerabgang eine Treppenanlage, bestehend aus Beton-

fertigteilstufen mit seitlicher Abmauerung, angeboten. Die Baubeschreibung wies diese Leistung aus und beschrieb sie im Detail. Nach der Verkehrsanschauung waren insoweit die Grundriss-, Ansicht- und Schnittpläne nachrangig.
*BGH, Urteil vom 05.12.2002, VII ZR 342/01*

**Aktuelle Rechtsprechung:**
Für die Bahnstrecke Augsburg – Ulm wurden Brückenbauarbeiten nach VOB ausgeschrieben. Dabei waren auch drei Brücken abzubrechen. In den Vorbemerkungen zum Leistungsverzeichnis wurde hierzu Folgendes bestimmt: „Nach Abbau des Gleises und der Fahrbahnplatte wird der Fachwerküberbau in der Längsachse zertrennt, die Längsträger provisorisch abgestützt, einzeln durch zwei Kräne herausgehoben und auf Bahnwagen verladen. Am Montageplatz ... nach Weisung der Bauleitung zerlegt und gelagert."

In der maßgeblichen Position aus dem Leistungsverzeichnis, die nach dem Standardleistungsverzeichnis verfasst wurde, heißt es hingegen: „Stahlkonstruktion abbrechen, ... Stahlteile zerlegen, säubern, zum Lagerplatz des Auftraggebers fördern und lagern."

Bei der Ausführung fordert die Bahn vom Auftragnehmer eine Zerlegung vor Ort. Deshalb berechnet die beauftragte ARGE Mehrkosten für eine hierfür erforderliche Hilfskonstruktion ab. Dies mit dem Argument, sie habe nach den Vorbemerkungen kalkuliert, sodass die Stütze nicht nötig gewesen wäre. Der BGH spricht der ARGE die Mehrvergütung zu, weil die Auslegung der Leistungsbeschreibung aus der Sicht der ARGE für die Priorität der Vorbemerkung spreche. Inner-

halb der Leistungsbeschreibung gibt es grundsätzlich keinen Vorrang des Leistungsverzeichnisses vor anderen Angaben. Die Leistungsbeschreibung muss vielmehr als sinnvolles Ganzes betrachtet werden. In den Vorbemerkungen sind der konkrete Ablauf und der wesentliche Leistungsinhalt wörtlich vermerkt. Dagegen ist das Leistungsverzeichnis sehr allgemein gehalten und nach dem Standardleistungsverzeichnis verfasst, also nicht konkret auf das Bauvorhaben zugeschnitten. Die Beschreibung ist daher so zu verstehen, dass die Brücken zunächst nur in zwei Längsteile zerlegt und zum Montageplatz verbracht werden. Erst dort erfolgt die Zerlegung der weiteren Teile.
*BGH, Urteil vom 11.03.1999, VII ZR 179/98*

# Z

## Zahlungsverzug

Zahlungsverzug des Auftraggebers stellt den in der Baupraxis bedeutendsten Kündigungsgrund für den Auftragnehmer dar. Der Auftragnehmer kann bei Zahlungsverzug aber auch die Fortführung seiner Arbeiten bis zur Zahlung einstellen und Schadensersatz verlangen.

Nach § 9 Abs. 1 Nr. 2 VOB/B kann der Auftragnehmer den Bauvertrag kündigen, wenn der Auftraggeber eine fällige Zahlung nicht leistet oder sonst in Schuldnerverzug gerät. Der Auftraggeber kann sowohl hinsichtlich einer fälligen Vorauszahlung, Abschlagszahlung, Teilschlusszahlung als auch einer Schlusszahlung in Verzug geraten. Der Verzug des Auftraggebers hat zur Voraussetzung, dass

- eine fällige Rechnung vorliegt,
- der Auftraggeber die Nichtzahlung zu verschulden hat und grundsätzlich
- der Auftraggeber seitens des Auftragnehmers angemahnt wurde.

**Fälligkeit der Zahlung**

Der Auftragnehmer hat dem Auftraggeber eine prüfbare Rechnung auszuhändigen. Erst wenn dem Auftraggeber eine prüfbare Rechnung vorliegt und die Bauleistungen abgenommen wurden, kann eine Rechnung überhaupt fällig sein. Nach der Neufassung des § 16 in der VOB/B 2012 wird gem. § 16 Abs. 3 Nr. 1 VOB/B der Anspruch auf die Schlusszahlung alsbald nach Prüfung und Feststellung fällig, spätestens jedoch innerhalb von 30 Tagen nach Zugang der Schlussrechnung. Die Frist verlängert sich auf höchstens 60 Tage, wenn sie aufgrund der besonderen Natur oder Merkmale der Vereinbarung sachlich gerechtfertigt ist und wenn sie ausdrücklich vereinbart wurde. Unter Tagen werden nicht mehr Werktage verstanden, sondern Kalendertage. Die Prüfung der Schlussrechnung ist nach Möglichkeit zu beschleunigen. Verzögert sie sich, so ist das unbestrittene Guthaben als Abschlagszahlung sofort zu zahlen.

Mit Inkrafttreten der VOB/B in der Fassung 2012 hat auch die Regelung über die Fälligkeit von Abschlagszahlungen Änderungen erfahren. Gemäß § 16 Abs. 1 Nr. 1 VOB/B 2012 sind Abschlagszahlungen auf Antrag in möglichst kurzen Zeitabständen oder zu den vereinbarten Zeitpunkten zu gewähren, und zwar in Höhe des Werts der jeweils nachgewiesenen vertragsgemäßen Leistungen einschließlich des ausgewiesenen, darauf entfallenden Umsatzsteuerbetrags. Die Leistungen sind durch eine prüfbare Aufstellung nachzuweisen, die eine rasche und sichere Beurteilung durch den Auftraggeber ermöglichen muss. Als Leistungen gelten hierbei auch die für die geforderte Leistung eigens angefertigten und bereitgestellten Bauteile sowie die auf der Baustelle angelieferten Stoffe und Bauteile, wenn dem Auftraggeber nach seiner Wahl das Eigentum an ihnen übertragen ist oder entsprechende Sicherheit gegeben wird.

Die Ansprüche auf Abschlagszahlungen werden nunmehr nach 21 Tagen nach Zugang der Aufstellung zur Zahlung fällig. Auch hier ergibt sich eine Änderung im Vergleich zur VOB/B 2009. Nach § 16 Abs. 1 Nr. 3 VOB/B 2009 wurden

Ansprüche auf Abschlagszahlungen binnen 18 Werktagen nach Zugang der Aufstellung beim Auftraggeber zur Zahlung fällig. Nunmehr tritt die Fälligkeit nach 21 Tagen ab Zugang ein. Die Fristenregelungen in § 16 VOB/B 2012 wurden durchgängig von Werktagen auf Kalendertage umgestellt.

**Mahnung**

Verzug erfordert grundsätzlich stets, dass zunächst eine Mahnung ausgesprochen wird, in welcher der Auftraggeber vom Auftragnehmer aufgefordert wird, innerhalb einer bestimmten Nachfrist seiner Zahlungspflicht nachzukommen. Lediglich dann, wenn die Leistungszeit kalendermäßig bestimmt oder bestimmbar ist, ist für den Eintritt von Verzug keine Mahnung erforderlich. Haben die Bauvertragsparteien also einen festen Zahlungstermin bereits vereinbart, so hat der Auftragnehmer keine zusätzliche Mahnung auszusprechen.

In der VOB/B 2012 wurden auch die Bestimmungen über den Zahlungsverzug des Auftraggebers in § 16 Abs. 5 Nr. 3 VOB/B geändert. Wenn der Auftraggeber demnach bei Fälligkeit nicht zahlt, kann ihm der Auftragnehmer eine angemessene Nachfrist setzen. Zahlt er auch innerhalb der Nachfrist nicht, so hat der Auftragnehmer vom Ende der Nachfrist an Anspruch auf Zinsen in Höhe der in § 288 Abs. 2 BGB angegebenen Zinssätze, wenn er nicht einen höheren Verzugsschaden nachweist.

Der Auftraggeber kommt jedoch auch ohne dass es einer Nachfristsetzung bedarf, spätestens 30 Tage nach Zugang der Rechnung oder der Aufstellung bei Abschlagszahlungen in Zahlungsverzug, wenn der Auftragnehmer seine vertraglichen und gesetzlichen Verpflichtungen erfüllt und den fälligen Entgeltbetrag nicht rechtzeitig erhalten hat, es sei denn, der Auftraggeber ist für den Zahlungsverzug nicht verantwortlich. Die Frist verlängert sich auf höchstens 60 Tage, wenn sie aufgrund der besonderen Natur oder Merkmale der Vereinbarung sachlich gerechtfertigt ist und ausdrücklich vereinbart wurde.

Siehe auch: → Kündigung durch den Auftragnehmer
→ Leistungsverweigerungsrecht
→ Zurückbehaltungsrecht

# Zurückbehaltungsrecht

Siehe auch: → Leistungsverweigerungsrecht

# Zusätzliche Leistungen

Siehe auch: → Anordnungen des Auftraggebers
→ Mehrvergütung

# Zusätzliche Technische Vertragsbedingungen

Zusätzliche Technische Vertragsbedingungen ergänzen generell die Allgemeinen Technischen Vertragsbedingungen, die in der VOB/C enthalten sind. Sie stellen für technische Sachverhalte die Parallele zu den zusätzlichen Vertragsbedingungen dar. Sie unterliegen einer Inhaltskontrolle anhand der Bestimmungen über Allgemeine Geschäftsbedingungen, sofern sie nicht nur lediglich technische Sachverhalte betreffen, sondern darüber hinaus auch inhaltliche Leistungsbestimmungen.

Siehe auch: → Allgemeine Geschäftsbedingungen
→ Allgemeine Technische Vertragsbedingungen für Bauleistungen
→ Zusätzliche Vertragsbedingungen

## Zusätzliche Vertragsbedingungen

Zusätzliche Vertragsbedingungen sind Allgemeine Geschäftsbedingungen des Auftraggebers, die für alle Bauvorhaben dieses Auftraggebers gelten. Sie enthalten regelmäßig von der VOB/B abweichende Regelungen und ergänzen diese. Hiervon zu unterscheiden sind die Zusätzlichen Technischen Vertragsbedingungen sowie die Allgemeinen Technischen Vertragsbedingungen für Bauleistungen.

## Zustandsfeststellung

Der Zustand von Teilen der Leistung ist auf Verlangen gemeinsam von Auftraggeber und Auftragnehmer festzustellen, wenn diese Teile der Leistung durch die weitere Ausführung der Prüfung und Feststellung entzogen werden. Das Ergebnis der Zustandsfeststellung ist schriftlich niederzulegen (§ 4 Abs. 10 VOB/B).

Die Zustandsfeststellung ist strikt von der Teilabnahme, also der Abnahme von Teilen der Leistungen des Auftragnehmers, nach § 12 Abs. 2 VOB/B zu unterscheiden. Die Zustandsfeststellung dient allein dem Zweck, tatsächliche Feststellungen zu treffen und vorhandene Mängel frühzeitig zu erkennen. Damit verbunden ist keine Abnahme der Teilleistungen, sodass an die Zustandsfeststellung keine Abnahmewirkungen geknüpft sind.

**Verlangen der Zustandsfeststellungen**

Die Feststellungen sind nur auf Verlangen durchzuführen. Das Verlangen kann sowohl vom Auftraggeber als auch vom Auftragnehmer gestellt werden. Das Verlangen ist formfrei, kann also auch mündlich erfolgen. Es empfiehlt sich jedoch, das Verlangen schriftlich zu verfassen, um späteren Beweisproblemen entgegenzuwirken. Der Auftragnehmer sollte ebenso wie der Auftraggeber darauf bedacht sein, sein Verlangen so rechtzeitig an den jeweils anderen Vertragspartner zu richten, dass dadurch keine Verzögerungen oder Behinderungen hinsichtlich der Fortführung der weiteren Arbeiten entstehen, die zu Schadensersatzansprüchen führen können.

**Schriftliche Niederlegung**

Das Ergebnis der Feststellungen ist schriftlich niederzulegen. Diese Niederschrift ist von beiden Vertragsparteien zu unterzeichnen, damit später nachgewiesen werden kann, dass die Feststellungen gemeinsam getroffen wurden.

**Rechtsfolgen**
Die Zustandsfeststellung ist keine Abnahme, weshalb mit ihr auch keine Abnahmewirkungen verbunden sind. Mittels der Zustandsfeststellung wird jedoch der Zustand der bis dahin erbrachten Leistungen verbindlich dokumentiert. Will sich der Auftraggeber auf Mängel berufen, die auf die Teilleistungen zurückzuführen sind, die Gegenstand der Zustandsfeststellung waren, in der aber die behaupteten Mängel nicht enthalten sind, so muss er nachweisen, dass entgegen der Zustandsfeststellung diese Mängel vorgelegen haben.

Siehe auch: → Abnahmewirkungen
→ Teilabnahme

## Zutrittsrecht des Auftraggebers

Siehe auch: → Bauüberwachung
→ Überwachungsrecht des Auftraggebers

## Zwischenfristen

Siehe auch: → Einzelfristen
→ Vertragsfristen

# Anhang I:
# Text der VOB/B 2012

**Vergabe- und Vertragsordnung für Bauleistungen in der Fassung 2012 (VOB 2012)**
**Teil B:**
**Allgemeine Vertragsbedingungen für die Ausführung von Bauleistungen[1]**

## § 1 Art und Umfang der Leistung

(1) Die auszuführende Leistung wird nach Art und Umfang durch den Vertrag bestimmt. Als Bestandteil des Vertrags gelten auch die Allgemeinen Technischen Vertragsbedingungen für Bauleistungen (VOB/C).

(2) Bei Widersprüchen im Vertrag gelten nacheinander:
1. die Leistungsbeschreibung,
2. die Besonderen Vertragsbedingungen,
3. etwaige Zusätzliche Vertragsbedingungen,
4. etwaige Zusätzliche Technische Vertragsbedingungen,
5. die Allgemeinen Technischen Vertragsbedingungen für Bauleistungen,
6. die Allgemeinen Vertragsbedingungen für die Ausführung von Bauleistungen.

(3) Änderungen des Bauentwurfs anzuordnen, bleibt dem Auftraggeber vorbehalten.

1) Diese Allgemeinen Geschäftsbedingungen werden durch den DVA ausschließlich zur Anwendung gegenüber Unternehmen, juristischen Personen des öffentlichen Rechts und öffentlich-rechtlichen Sondervermögens empfohlen (§ 310 BGB).

(4) Nicht vereinbarte Leistungen, die zur Ausführung der vertraglichen Leistung erforderlich werden, hat der Auftragnehmer auf Verlangen des Auftraggebers mit auszuführen, außer wenn sein Betrieb auf derartige Leistungen nicht eingerichtet ist. Andere Leistungen können dem Auftragnehmer nur mit seiner Zustimmung übertragen werden.

**§ 2 Vergütung**

(1) Durch die vereinbarten Preise werden alle Leistungen abgegolten, die nach der Leistungsbeschreibung, den Besonderen Vertragsbedingungen, den Zusätzlichen Vertragsbedingungen, den Zusätzlichen Technischen Vertragsbedingungen, den Allgemeinen Technischen Vertragsbedingungen für Bauleistungen und der gewerblichen Verkehrssitte zur vertraglichen Leistung gehören.

(2) Die Vergütung wird nach den vertraglichen Einheitspreisen und den tatsächlich ausgeführten Leistungen berechnet, wenn keine andere Berechnungsart (z. B. durch Pauschalsumme, nach Stundenlohnsätzen, nach Selbstkosten) vereinbart ist.

(3) 1. Weicht die ausgeführte Menge der unter einem Einheitspreis erfassten Leistung oder Teilleistung um nicht mehr als 10 v. H. von dem im Vertrag vorgesehenen Umfang ab, so gilt der vertragliche Einheitspreis.

2. Für die über 10 v. H. hinausgehende Überschreitung des Mengenansatzes ist auf Verlangen ein neuer Preis unter Berücksichtigung der Mehr- oder Minderkosten zu vereinbaren.

3. Bei einer über 10 v. H. hinausgehenden Unterschreitung des Mengenansatzes ist auf Verlangen der

Einheitspreis für die tatsächlich ausgeführte Menge der Leistung oder Teilleistung zu erhöhen, soweit der Auftragnehmer nicht durch Erhöhung der Mengen bei anderen Ordnungszahlen (Positionen) oder in anderer Weise einen Ausgleich erhält. Die Erhöhung des Einheitspreises soll im Wesentlichen dem Mehrbetrag entsprechen, der sich durch Verteilung der Baustelleneinrichtungs- und Baustellengemeinkosten und der Allgemeinen Geschäftskosten auf die verringerte Menge ergibt. Die Umsatzsteuer wird entsprechend dem neuen Preis vergütet.

4. Sind von der unter einem Einheitspreis erfassten Leistung oder Teilleistung andere Leistungen abhängig, für die eine Pauschalsumme vereinbart ist, so kann mit der Änderung des Einheitspreises auch eine angemessene Änderung der Pauschalsumme gefordert werden.

(4) Werden im Vertrag ausbedungene Leistungen des Auftragnehmers vom Auftraggeber selbst übernommen (z. B. Lieferung von Bau-, Bauhilfs- und Betriebsstoffen), so gilt, wenn nichts anderes vereinbart wird, § 8 Absatz 1 Nummer 2 entsprechend.

(5) Werden durch Änderung des Bauentwurfs oder andere Anordnungen des Auftraggebers die Grundlagen des Preises für eine im Vertrag vorgesehene Leistung geändert, so ist ein neuer Preis unter Berücksichtigung der Mehr- oder Minderkosten zu vereinbaren. Die Vereinbarung soll vor der Ausführung getroffen werden.

(6) 1. Wird eine im Vertrag nicht vorgesehene Leistung gefordert, so hat der Auftragnehmer Anspruch auf besondere Vergütung. Er muss jedoch den Anspruch

dem Auftraggeber ankündigen, bevor er mit der Ausführung der Leistung beginnt.
2. Die Vergütung bestimmt sich nach den Grundlagen der Preisermittlung für die vertragliche Leistung und den besonderen Kosten der geforderten Leistung. Sie ist möglichst vor Beginn der Ausführung zu vereinbaren.

(7) 1. Ist als Vergütung der Leistung eine Pauschalsumme vereinbart, so bleibt die Vergütung unverändert. Weicht jedoch die ausgeführte Leistung von der vertraglich vorgesehenen Leistung so erheblich ab, dass ein Festhalten an der Pauschalsumme nicht zumutbar ist (§ 313 BGB), so ist auf Verlangen ein Ausgleich unter Berücksichtigung der Mehr- oder Minderkosten zu gewähren. Für die Bemessung des Ausgleichs ist von den Grundlagen der Preisermittlung auszugehen.
2. Die Regelungen der Absätze 4, 5 und 6 gelten auch bei Vereinbarung einer Pauschalsumme.
3. Wenn nichts anderes vereinbart ist, gelten die Nummern 1 und 2 auch für Pauschalsummen, die für Teile der Leistung vereinbart sind; Absatz 3 Nummer 4 bleibt unberührt.

(8) 1. Leistungen, die der Auftragnehmer ohne Auftrag oder unter eigenmächtiger Abweichung vom Auftrag ausführt, werden nicht vergütet. Der Auftragnehmer hat sie auf Verlangen innerhalb einer angemessenen Frist zu beseitigen; sonst kann es auf seine Kosten geschehen. Er haftet außerdem für andere Schäden, die dem Auftraggeber hieraus entstehen.
2. Eine Vergütung steht dem Auftragnehmer jedoch zu, wenn der Auftraggeber solche Leistungen nachträglich

anerkennt. Eine Vergütung steht ihm auch zu, wenn die Leistungen für die Erfüllung des Vertrags notwendig waren, dem mutmaßlichen Willen des Auftraggebers entsprachen und ihm unverzüglich angezeigt wurden. Soweit dem Auftragnehmer eine Vergütung zusteht, gelten die Berechnungsgrundlagen für geänderte oder zusätzliche Leistungen der Absätze 5 oder 6 entsprechend.

3. Die Vorschriften des BGB über die Geschäftsführung ohne Auftrag (§§ 677 ff. BGB) bleiben unberührt.

(9) 1. Verlangt der Auftraggeber Zeichnungen, Berechnungen oder andere Unterlagen, die der Auftragnehmer nach dem Vertrag, besonders den Technischen Vertragsbedingungen oder der gewerblichen Verkehrssitte, nicht zu beschaffen hat, so hat er sie zu vergüten.

2. Lässt er vom Auftragnehmer nicht aufgestellte technische Berechnungen durch den Auftragnehmer nachprüfen, so hat er die Kosten zu tragen.

(10) Stundenlohnarbeiten werden nur vergütet, wenn sie als solche vor ihrem Beginn ausdrücklich vereinbart worden sind (§ 15).

## § 3 Ausführungsunterlagen

(1) Die für die Ausführung nötigen Unterlagen sind dem Auftragnehmer unentgeltlich und rechtzeitig zu übergeben.

(2) Das Abstecken der Hauptachsen der baulichen Anlagen, ebenso der Grenzen des Geländes, das dem Auftragnehmer zur Verfügung gestellt wird, und das Schaffen der notwendigen Höhenfestpunkte in unmittelbarer

Nähe der baulichen Anlagen sind Sache des Auftraggebers.

(3) Die vom Auftraggeber zur Verfügung gestellten Geländeaufnahmen und Absteckungen und die übrigen für die Ausführung übergebenen Unterlagen sind für den Auftragnehmer maßgebend. Jedoch hat er sie, soweit es zur ordnungsgemäßen Vertragserfüllung gehört, auf etwaige Unstimmigkeiten zu überprüfen und den Auftraggeber auf entdeckte oder vermutete Mängel hinzuweisen.

(4) Vor Beginn der Arbeiten ist, soweit notwendig, der Zustand der Straßen und Geländeoberfläche, der Vorfluter und Vorflutleitungen, ferner der baulichen Anlagen im Baubereich in einer Niederschrift festzuhalten, die vom Auftraggeber und Auftragnehmer anzuerkennen ist.

(5) Zeichnungen, Berechnungen, Nachprüfungen von Berechnungen oder andere Unterlagen, die der Auftragnehmer nach dem Vertrag, besonders den Technischen Vertragsbedingungen, oder der gewerblichen Verkehrssitte oder auf besonderes Verlangen des Auftraggebers (§ 2 Absatz 9) zu beschaffen hat, sind dem Auftraggeber nach Aufforderung rechtzeitig vorzulegen.

(6) 1. Die in Absatz 5 genannten Unterlagen dürfen ohne Genehmigung ihres Urhebers nicht veröffentlicht, vervielfältigt, geändert oder für einen anderen als den vereinbarten Zweck benutzt werden.
2. An DV-Programmen hat der Auftraggeber das Recht zur Nutzung mit den vereinbarten Leistungsmerkmalen in unveränderter Form auf den festgelegten Geräten. Der Auftraggeber darf zum Zwecke der Datensicherung

zwei Kopien herstellen. Diese müssen alle Identifikationsmerkmale enthalten. Der Verbleib der Kopien ist auf Verlangen nachzuweisen.
3. Der Auftragnehmer bleibt unbeschadet des Nutzungsrechts des Auftraggebers zur Nutzung der Unterlagen und der DV-Programme berechtigt.

**§ 4 Ausführung**

(1) 1. Der Auftraggeber hat für die Aufrechterhaltung der allgemeinen Ordnung auf der Baustelle zu sorgen und das Zusammenwirken der verschiedenen Unternehmer zu regeln. Er hat die erforderlichen öffentlich-rechtlichen Genehmigungen und Erlaubnisse – z. B. nach dem Baurecht, dem Straßenverkehrsrecht, dem Wasserrecht, dem Gewerberecht – herbeizuführen.
2. Der Auftraggeber hat das Recht, die vertragsgemäße Ausführung der Leistung zu überwachen. Hierzu hat er Zutritt zu den Arbeitsplätzen, Werkstätten und Lagerräumen, wo die vertragliche Leistung oder Teile von ihr hergestellt oder die hierfür bestimmten Stoffe und Bauteile gelagert werden. Auf Verlangen sind ihm die Werkzeichnungen oder andere Ausführungsunterlagen sowie die Ergebnisse von Güteprüfungen zur Einsicht vorzulegen und die erforderlichen Auskünfte zu erteilen, wenn hierdurch keine Geschäftsgeheimnisse preisgegeben werden. Als Geschäftsgeheimnis bezeichnete Auskünfte und Unterlagen hat er vertraulich zu behandeln.
3. Der Auftraggeber ist befugt, unter Wahrung der dem Auftragnehmer zustehenden Leitung (Absatz 2) Anordnungen zu treffen, die zur vertragsgemäßen Ausführung der Leistung notwendig sind. Die Anordnungen sind

grundsätzlich nur dem Auftragnehmer oder seinem für die Leitung der Ausführung bestellten Vertreter zu erteilen, außer wenn Gefahr im Verzug ist. Dem Auftraggeber ist mitzuteilen, wer jeweils als Vertreter des Auftragnehmers für die Leitung der Ausführung bestellt ist.

4. Hält der Auftragnehmer die Anordnungen des Auftraggebers für unberechtigt oder unzweckmäßig, so hat er seine Bedenken geltend zu machen, die Anordnungen jedoch auf Verlangen auszuführen, wenn nicht gesetzliche oder behördliche Bestimmungen entgegenstehen. Wenn dadurch eine ungerechtfertigte Erschwerung verursacht wird, hat der Auftraggeber die Mehrkosten zu tragen.

(2) 1. Der Auftragnehmer hat die Leistung unter eigener Verantwortung nach dem Vertrag auszuführen. Dabei hat er die anerkannten Regeln der Technik und die gesetzlichen und behördlichen Bestimmungen zu beachten. Es ist seine Sache, die Ausführung seiner vertraglichen Leistung zu leiten und für Ordnung auf seiner Arbeitsstelle zu sorgen.

2. Er ist für die Erfüllung der gesetzlichen, behördlichen und berufsgenossenschaftlichen Verpflichtungen gegenüber seinen Arbeitnehmern allein verantwortlich. Es ist ausschließlich seine Aufgabe, die Vereinbarungen und Maßnahmen zu treffen, die sein Verhältnis zu den Arbeitnehmern regeln.

(3) Hat der Auftragnehmer Bedenken gegen die vorgesehene Art der Ausführung (auch wegen der Sicherung gegen Unfallgefahren), gegen die Güte der vom Auftraggeber gelieferten Stoffe oder Bauteile oder gegen die Leistungen anderer Unternehmer, so hat er sie dem Auftraggeber unverzüglich – möglichst schon

vor Beginn der Arbeiten – schriftlich mitzuteilen; der Auftraggeber bleibt jedoch für seine Angaben, Anordnungen oder Lieferungen verantwortlich.

(4) Der Auftraggeber hat, wenn nichts anderes vereinbart ist, dem Auftragnehmer unentgeltlich zur Benutzung oder Mitbenutzung zu überlassen:
1. die notwendigen Lager- und Arbeitsplätze auf der Baustelle,
2. vorhandene Zufahrtswege und Anschlussgleise,
3. vorhandene Anschlüsse für Wasser und Energie. Die Kosten für den Verbrauch und den Messer oder Zähler trägt der Auftragnehmer, mehrere Auftragnehmer tragen sie anteilig.

(5) Der Auftragnehmer hat die von ihm ausgeführten Leistungen und die ihm für die Ausführung übergebenen Gegenstände bis zur Abnahme vor Beschädigung und Diebstahl zu schützen. Auf Verlangen des Auftraggebers hat er sie vor Winterschäden und Grundwasser zu schützen, ferner Schnee und Eis zu beseitigen. Obliegt ihm die Verpflichtung nach Satz 2 nicht schon nach dem Vertrag, so regelt sich die Vergütung nach § 2 Absatz 6.

(6) Stoffe oder Bauteile, die dem Vertrag oder den Proben nicht entsprechen, sind auf Anordnung des Auftraggebers innerhalb einer von ihm bestimmten Frist von der Baustelle zu entfernen. Geschieht es nicht, so können sie auf Kosten des Auftragnehmers entfernt oder für seine Rechnung veräußert werden.

(7) Leistungen, die schon während der Ausführung als mangelhaft oder vertragswidrig erkannt werden, hat der Auftragnehmer auf eigene Kosten durch mangelfreie zu ersetzen. Hat der Auftragnehmer den Mangel oder die Vertragswidrigkeit zu vertreten, so hat er auch den

daraus entstehenden Schaden zu ersetzen. Kommt der Auftragnehmer der Pflicht zur Beseitigung des Mangels nicht nach, so kann ihm der Auftraggeber eine angemessene Frist zur Beseitigung des Mangels setzen und erklären, dass er ihm nach fruchtlosem Ablauf der Frist den Auftrag entziehe (§ 8 Absatz 3).

(8) 1. Der Auftragnehmer hat die Leistung im eigenen Betrieb auszuführen. Mit schriftlicher Zustimmung des Auftraggebers darf er sie an Nachunternehmer übertragen. Die Zustimmung ist nicht notwendig bei Leistungen, auf die der Betrieb des Auftragnehmers nicht eingerichtet ist. Erbringt der Auftragnehmer ohne schriftliche Zustimmung des Auftraggebers Leistungen nicht im eigenen Betrieb, obwohl sein Betrieb darauf eingerichtet ist, kann der Auftraggeber ihm eine angemessene Frist zur Aufnahme der Leistung im eigenen Betrieb setzen und erklären, dass er ihm nach fruchtlosem Ablauf der Frist den Auftrag entziehe (§ 8 Absatz 3).
2. Der Auftragnehmer hat bei der Weitervergabe von Bauleistungen an Nachunternehmer die Vergabe- und Vertragsordnung für Bauleistungen, Teile B und C, zugrunde zu legen.
3. Der Auftragnehmer hat die Nachunternehmer dem Auftraggeber auf Verlangen bekannt zu geben.

(9) Werden bei Ausführung der Leistung auf einem Grundstück Gegenstände von Altertums-, Kunst- oder wissenschaftlichem Wert entdeckt, so hat der Auftragnehmer vor jedem weiteren Aufdecken oder Ändern dem Auftraggeber den Fund anzuzeigen und ihm die Gegenstände nach näherer Weisung abzuliefern. Die Vergütung etwaiger Mehrkosten regelt sich nach § 2

Absatz 6. Die Rechte des Entdeckers (§ 984 BGB) hat der Auftraggeber.

(10) Der Zustand von Teilen der Leistung ist auf Verlangen gemeinsam von Auftraggeber und Auftragnehmer festzustellen, wenn diese Teile der Leistung durch die weitere Ausführung der Prüfung und Feststellung entzogen werden. Das Ergebnis ist schriftlich niederzulegen.

**§ 5 Ausführungsfristen**

(1) Die Ausführung ist nach den verbindlichen Fristen (Vertragsfristen) zu beginnen, angemessen zu fördern und zu vollenden. In einem Bauzeitenplan enthaltene Einzelfristen gelten nur dann als Vertragsfristen, wenn dies im Vertrag ausdrücklich vereinbar ist.

(2) Ist für den Beginn der Ausführung keine Frist vereinbart, so hat der Auftraggeber dem Auftragnehmer auf Verlangen Auskunft über den voraussichtlichen Beginn zu erteilen. Der Auftragnehmer hat innerhalb von 12 Werktagen nach Aufforderung zu beginnen. Der Beginn der Ausführung ist dem Auftraggeber anzuzeigen.

(3) Wenn Arbeitskräfte, Geräte, Gerüste, Stoffe oder Bauteile so unzureichend sind, dass die Ausführungsfristen offenbar nicht eingehalten werden können, muss der Auftragnehmer auf Verlangen unverzüglich Abhilfe schaffen.

(4) Verzögert der Auftragnehmer den Beginn der Ausführung, gerät er mit der Vollendung in Verzug, oder kommt er der in Absatz 3 erwähnten Verpflichtung nicht nach, so kann der Auftraggeber bei Aufrechterhaltung des Vertrags Schadensersatz nach § 6 Absatz 6 verlangen oder dem Auftragnehmer eine angemessene Frist zur

Vertragserfüllung setzen und erklären, dass er ihm nach fruchtlosem Ablauf der Frist den Auftrag entziehe (§ 8 Absatz 3).

## § 6 Behinderung und Unterbrechung der Ausführung

(1) Glaubt sich der Auftragnehmer in der ordnungsgemäßen Ausführung der Leistung behindert, so hat er es dem Auftraggeber unverzüglich schriftlich anzuzeigen. Unterlässt er die Anzeige, so hat er nur dann Anspruch auf Berücksichtigung der hindernden Umstände, wenn dem Auftraggeber offenkundig die Tatsache und deren hindernde Wirkung bekannt waren.

(2) 1. Ausführungsfristen werden verlängert, soweit die Behinderung verursacht ist:

a) durch einen Umstand aus dem Risikobereich des Auftraggebers,

b) durch Streik oder eine von der Berufsvertretung der Arbeitgeber angeordnete Aussperrung im Betrieb des Auftragnehmers oder in einem unmittelbar für ihn arbeitenden Betrieb,

c) durch höhere Gewalt oder andere für den Auftragnehmer unabwendbare Umstände.

2. Witterungseinflüsse während der Ausführungszeit, mit denen bei Abgabe des Angebots normalerweise gerechnet werden musste, gelten nicht als Behinderung.

(3) Der Auftragnehmer hat alles zu tun, was ihm billigerweise zugemutet werden kann, um die Weiterführung der Arbeiten zu ermöglichen. Sobald die hindernden Umstände wegfallen, hat er ohne Weiteres und unverzüglich die Arbeiten wieder aufzunehmen und den Auftraggeber davon zu benachrichtigen.

(4) Die Fristverlängerung wird berechnet nach der Dauer der Behinderung mit einem Zuschlag für die Wiederaufnahme der Arbeiten und die etwaige Verschiebung in eine ungünstigere Jahreszeit.

(5) Wird die Ausführung für voraussichtlich längere Dauer unterbrochen, ohne dass die Leistung dauernd unmöglich wird, so sind die ausgeführten Leistungen nach den Vertragspreisen abzurechnen und außerdem die Kosten zu vergüten, die dem Auftragnehmer bereits entstanden und in den Vertragspreisen des nicht ausgeführten Teils der Leistung enthalten sind.

(6) Sind die hindernden Umstände von einem Vertragsteil zu vertreten, so hat der andere Teil Anspruch auf Ersatz des nachweislich entstandenen Schadens, des entgangenen Gewinns aber nur bei Vorsatz oder grober Fahrlässigkeit. Im Übrigen bleibt der Anspruch des Auftragnehmers auf angemessene Entschädigung nach § 642 BGB unberührt, sofern die Anzeige nach Absatz 1 Satz 1 erfolgt oder wenn Offenkundigkeit nach Absatz 1 Satz 2 gegeben ist.

(7) Dauert eine Unterbrechung länger als 3 Monate, so kann jeder Teil nach Ablauf dieser Zeit den Vertrag schriftlich kündigen. Die Abrechnung regelt sich nach den Absatz 5 und 6; wenn der Auftragnehmer die Unterbrechung nicht zu vertreten hat, sind auch die Kosten der Baustellenräumung zu vergüten, soweit sie nicht in der Vergütung für die bereits ausgeführten Leistungen enthalten sind.

## § 7 Verteilung der Gefahr

(1) Wird die ganz oder teilweise ausgeführte Leistung vor der Abnahme durch höhere Gewalt, Krieg, Aufruhr oder andere objektiv unabwendbare, vom Auftragnehmer nicht zu vertretende Umstände beschädigt oder zerstört, so hat dieser für die ausgeführten Teile der Leistung die Ansprüche nach § 6 Absatz 5; für andere Schäden besteht keine gegenseitige Ersatzpflicht.

(2) Zu der ganz oder teilweise ausgeführten Leistung gehören alle mit der baulichen Anlage unmittelbar verbundenen, in ihre Substanz eingegangenen Leistungen, unabhängig von deren Fertigstellungsgrad.

(3) Zu der ganz oder teilweise ausgeführten Leistung gehören nicht die noch nicht eingebauten Stoffe und Bauteile sowie die Baustelleneinrichtung und Absteckungen. Zu der ganz oder teilweise ausgeführten Leistung gehören ebenfalls nicht Hilfskonstruktionen und Gerüste, auch wenn diese als Besondere Leistung oder selbstständig vergeben sind.

## § 8 Kündigung durch den Auftraggeber

(1) 1. Der Auftraggeber kann bis zur Vollendung der Leistung jederzeit den Vertrag kündigen.
2. Dem Auftragnehmer steht die vereinbarte Vergütung zu. Er muss sich jedoch anrechnen lassen, was er infolge der Aufhebung des Vertrags an Kosten erspart oder durch anderweitige Verwendung seiner Arbeitskraft und seines Betriebs erwirbt oder zu erwerben böswillig unterlässt (§ 649 BGB).

(2) 1. Der Auftraggeber kann den Vertrag kündigen, wenn der Auftragnehmer seine Zahlungen einstellt, von ihm

oder zulässigerweise vom Auftraggeber oder einem anderen Gläubiger das Insolvenzverfahren (§§ 14 und 15 InsO) beziehungsweise ein vergleichbares gesetzliches Verfahren beantragt ist, ein solches Verfahren eröffnet wird oder dessen Eröffnung mangels Masse abgelehnt wird.

2. Die ausgeführten Leistungen sind nach § 6 Absatz 5 abzurechnen. Der Auftraggeber kann Schadensersatz wegen Nichterfüllung des Rests verlangen.

(3) 1. Der Auftraggeber kann den Vertrag kündigen, wenn in den Fällen des § 4 Absatz 7 und 8 Nummer 1 und des § 5 Absatz 4 die gesetzte Frist fruchtlos abgelaufen ist (Entziehung des Auftrags). Die Entziehung des Auftrags kann auf einen in sich geschlossenen Teil der vertraglichen Leistung beschränkt werden.

2. Nach der Entziehung des Auftrags ist der Auftraggeber berechtigt, den noch nicht vollendeten Teil der Leistung zu Lasten des Auftragnehmers durch einen Dritten ausführen zu lassen, doch bleiben seine Ansprüche auf Ersatz des etwa entstehenden weiteren Schadens bestehen. Er ist auch berechtigt, auf die weitere Ausführung zu verzichten und Schadensersatz wegen Nichterfüllung zu verlangen, wenn die Ausführung aus den Gründen, die zur Entziehung des Auftrags geführt haben, für ihn kein Interesse mehr hat.

3. Für die Weiterführung der Arbeiten kann der Auftraggeber Geräte, Gerüste, auf der Baustelle vorhandene andere Einrichtungen und angelieferte Stoffe und Bauteile gegen angemessene Vergütung in Anspruch nehmen.

4. Der Auftraggeber hat dem Auftragnehmer eine Aufstellung über die entstandenen Mehrkosten und

über seine anderen Ansprüche spätestens binnen 12 Werktagen nach Abrechnung mit dem Dritten zuzusenden.

(4) Der Auftraggeber kann den Auftrag entziehen, wenn der Auftragnehmer aus Anlass der Vergabe eine Abrede getroffen hatte, die eine unzulässige Wettbewerbsbeschränkung darstellt. Die Kündigung ist innerhalb von 12 Werktagen nach Bekanntwerden des Kündigungsgrundes auszusprechen. Absatz 3 gilt entsprechend.

(5) Die Kündigung ist schriftlich zu erklären.

(6) Der Auftragnehmer kann Aufmaß und Abnahme der von ihm ausgeführten Leistungen alsbald nach der Kündigung verlangen; er hat unverzüglich eine prüfbare Rechnung über die ausgeführten Leistungen vorzulegen.

(7) Eine wegen Verzugs verwirkte, nach Zeit bemessene Vertragsstrafe kann nur für die Zeit bis zum Tag der Kündigung des Vertrags gefordert werden.

## § 9 Kündigung durch den Auftragnehmer

(1) Der Auftragnehmer kann den Vertrag kündigen:

1. wenn der Auftraggeber eine ihm obliegende Handlung unterlässt und dadurch den Auftragnehmer außerstande setzt, die Leistung auszuführen (Annahmeverzug nach §§ 293 ff. BGB),
2. wenn der Auftraggeber eine fällige Zahlung nicht leistet oder sonst in Schuldnerverzug gerät.

(2) Die Kündigung ist schriftlich zu erklären. Sie ist erst zulässig, wenn der Auftragnehmer dem Auftraggeber ohne Erfolg eine angemessene Frist zur Vertragserfüllung gesetzt und erklärt hat, dass er nach fruchtlosem Ablauf der Frist den Vertrag kündigen werde.

(3) Die bisherigen Leistungen sind nach den Vertragspreisen abzurechnen. Außerdem hat der Auftragnehmer Anspruch auf angemessene Entschädigung nach § 642 BGB; etwaige weitergehende Ansprüche des Auftragnehmers bleiben unberührt.

**§ 10 Haftung der Vertragsparteien**

(1) Die Vertragsparteien haften einander für eigenes Verschulden sowie für das Verschulden ihrer gesetzlichen Vertreter und der Personen, deren sie sich zur Erfüllung ihrer Verbindlichkeiten bedienen (§§ 276, 278 BGB).

(2) 1. Entsteht einem Dritten im Zusammenhang mit der Leistung ein Schaden, für den auf Grund gesetzlicher Haftpflichtbestimmungen beide Vertragsparteien haften, so gelten für den Ausgleich zwischen den Vertragsparteien die allgemeinen gesetzlichen Bestimmungen, soweit im Einzelfall nichts anderes vereinbart ist. Soweit der Schaden des Dritten nur die Folge einer Maßnahme ist, die der Auftraggeber in dieser Form angeordnet hat, trägt er den Schaden allein, wenn ihn der Auftragnehmer auf die mit der angeordneten Ausführung verbundene Gefahr nach § 4 Absatz 3 hingewiesen hat.
2. Der Auftragnehmer trägt den Schaden allein, soweit er ihn durch Versicherung seiner gesetzlichen Haftpflicht gedeckt hat oder durch eine solche zu tarifmäßigen, nicht auf außergewöhnliche Verhältnisse abgestellten Prämien und Prämienzuschlägen bei einem im Inland zum Geschäftsbetrieb zugelassenen Versicherer hätte decken können.

(3) Ist der Auftragnehmer einem Dritten nach den §§ 823 ff. BGB zu Schadensersatz verpflichtet wegen unbefugten Betretens oder Beschädigung angrenzender Grundstük-

ke, wegen Entnahme oder Auflagerung von Boden oder anderen Gegenständen außerhalb der vom Auftraggeber dazu angewiesenen Flächen oder wegen der Folgen eigenmächtiger Versperrung von Wegen oder Wasserläufen, so trägt er im Verhältnis zum Auftraggeber den Schaden allein.

(4) Für die Verletzung gewerblicher Schutzrechte haftet im Verhältnis der Vertragsparteien zueinander der Auftragnehmer allein, wenn er selbst das geschützte Verfahren oder die Verwendung geschützter Gegenstände angeboten oder wenn der Auftraggeber die Verwendung vorgeschrieben und auf das Schutzrecht hingewiesen hat.

(5) Ist eine Vertragspartei gegenüber der anderen nach den Absätzen 2, 3 oder 4 von der Ausgleichspflicht befreit, so gilt diese Befreiung auch zugunsten ihrer gesetzlichen Vertreter und Erfüllungsgehilfen, wenn sie nicht vorsätzlich oder grob fahrlässig gehandelt haben.

(6) Soweit eine Vertragspartei von dem Dritten für einen Schaden in Anspruch genommen wird, den nach den Absätzen 2, 3 oder 4 die andere Vertragspartei zu tragen hat, kann sie verlangen, dass ihre Vertragspartei sie von der Verbindlichkeit gegenüber dem Dritten befreit. Sie darf den Anspruch des Dritten nicht anerkennen oder befriedigen, ohne der anderen Vertragspartei vorher Gelegenheit zur Äußerung gegeben zu haben.

## § 11 Vertragsstrafe

(1) Wenn Vertragsstrafen vereinbart sind, gelten die §§ 339 bis 345 BGB.

(2) Ist die Vertragsstrafe für den Fall vereinbart, dass der Auftragnehmer nicht in der vorgesehenen Frist erfüllt, so wird sie fällig, wenn der Auftragnehmer in Verzug gerät.

(3) Ist die Vertragsstrafe nach Tagen bemessen, so zählen nur Werktage; ist sie nach Wochen bemessen, so wird jeder Werktag angefangener Wochen als 1/6 Woche gerechnet.

(4) Hat der Auftraggeber die Leistung abgenommen, so kann er die Strafe nur verlangen, wenn er dies bei der Abnahme vorbehalten hat.

### § 12 Abnahme

(1) Verlangt der Auftragnehmer nach der Fertigstellung – gegebenenfalls auch vor Ablauf der vereinbarten Ausführungsfrist – die Abnahme der Leistung, so hat sie der Auftraggeber binnen 12 Werktagen durchzuführen; eine andere Frist kann vereinbart werden.

(2) Auf Verlangen sind in sich abgeschlossene Teile der Leistung besonders abzunehmen.

(3) Wegen wesentlicher Mängel kann die Abnahme bis zur Beseitigung verweigert werden.

(4) 1. Eine förmliche Abnahme hat stattzufinden, wenn eine Vertragspartei es verlangt. Jede Partei kann auf ihre Kosten einen Sachverständigen zuziehen. Der Befund ist in gemeinsamer Verhandlung schriftlich niederzulegen. In die Niederschrift sind etwaige Vorbehalte wegen bekannter Mängel und wegen Vertragsstrafen aufzunehmen, ebenso etwaige Einwendungen des Auftragnehmers. Jede Partei erhält eine Ausfertigung.

2. Die förmliche Abnahme kann in Abwesenheit des Auftragnehmers stattfinden, wenn der Termin vereinbart war oder der Auftraggeber mit genügender Frist dazu eingeladen hatte. Das Ergebnis der Abnahme ist dem Auftragnehmer alsbald mitzuteilen.

(5) 1. Wird keine Abnahme verlangt, so gilt die Leistung als abgenommen mit Ablauf von 12 Werktagen nach schriftlicher Mitteilung über die Fertigstellung der Leistung.
2. Wird keine Abnahme verlangt und hat der Auftraggeber die Leistung oder einen Teil der Leistung in Benutzung genommen, so gilt die Abnahme nach Ablauf von 6 Werktagen nach Beginn der Benutzung als erfolgt, wenn nichts anderes vereinbart ist. Die Benutzung von Teilen einer baulichen Anlage zur Weiterführung der Arbeiten gilt nicht als Abnahme.
3. Vorbehalte wegen bekannter Mängel oder wegen Vertragsstrafen hat der Auftraggeber spätestens zu den in den Nummern 1 und 2 bezeichneten Zeitpunkten geltend zu machen.

(6) Mit der Abnahme geht die Gefahr auf den Auftraggeber über, soweit er sie nicht schon nach § 7 trägt.

## § 13 Mängelansprüche

(1) Der Auftragnehmer hat dem Auftraggeber seine Leistung zum Zeitpunkt der Abnahme frei von Sachmängel zu verschaffen. Die Leistung ist zur Zeit der Abnahme frei von Sachmängeln, wenn sie die vereinbarte Beschaffenheit hat und den anerkannten Regeln der Technik entspricht. Ist die Beschaffenheit nicht vereinbart, so ist die Leistung zur Zeit der Abnahme frei von Sachmängeln,

1. wenn sie sich für die nach dem Vertrag vorausgesetzte, sonst
2. für die gewöhnliche Verwendung eignet und eine Beschaffenheit aufweist, die bei Werken der gleichen Art üblich ist und die der Auftraggeber nach der Art der Leistung erwarten kann.

(2) Bei Leistungen nach Probe gelten die Eigenschaften der Probe als vereinbarte Beschaffenheit, soweit nicht Abweichungen nach der Verkehrssitte als bedeutungslos anzusehen sind. Dies gilt auch für Proben, die erst nach Vertragsabschluss als solche anerkannt sind.

(3) Ist ein Mangel zurückzuführen auf die Leistungsbeschreibung oder auf Anordnungen des Auftraggebers, auf die von diesem gelieferten oder vorgeschriebenen Stoffe oder Bauteile oder die Beschaffenheit der Vorleistung eines anderen Unternehmers, haftet der Auftragnehmer, es sei denn, er hat die ihm nach § 4 Absatz 3 obliegende Mitteilung gemacht.

(4) 1. Ist für die Mängelansprüche keine Verjährungsfrist im Vertrag vereinbart, so beträgt sie für Bauwerke 4 Jahre, für andere Werke, deren Erfolg in der Herstellung, Wartung oder Veränderung einer Sache besteht, und für die vom Feuer berührten Teile von Feuerungsanlagen 2 Jahre. Abweichend von Satz 1 beträgt die Verjährungsfrist für feuerberührte und abgasdämmende Teile von industriellen Feuerungsanlagen 1 Jahr.
2. Ist für Teile von maschinellen und elektrotechnischen/elektronischen Anlagen, bei denen die Wartung Einfluss auf die Sicherheit und Funktionsfähigkeit hat, nichts anderes vereinbart, beträgt für diese Anlagenteile die Verjährungsfrist für Mängelansprüche abweichend von Nummer 1 zwei Jahre, wenn der Auftraggeber sich

dafür entschieden hat, dem Auftragnehmer die Wartung für die Dauer der Verjährungsfrist nicht zu übertragen; dies gilt auch, wenn für weitere Leistungen eine andere Verjährungsfrist vereinbart ist.

3. Die Frist beginnt mit der Abnahme der gesamten Leistung; nur für in sich abgeschlossene Teile der Leistung beginnt sie mit der Teilabnahme (§ 12 Absatz 2).

(5) 1. Der Auftragnehmer ist verpflichtet, alle während der Verjährungsfrist hervortretenden Mängel, die auf vertragswidrige Leistung zurückzuführen sind, auf seine Kosten zu beseitigen, wenn es der Auftraggeber vor Ablauf der Frist schriftlich verlangt. Der Anspruch auf Beseitigung der gerügten Mängel verjährt in 2 Jahren, gerechnet vom Zugang des schriftlichen Verlangens an, jedoch nicht vor Ablauf der Regelfristen nach Absatz 4 oder der an ihrer Stelle vereinbarten Frist. Nach Abnahme der Mängelbeseitigungsleistung beginnt für diese Leistung eine Verjährungsfrist von 2 Jahren neu, die jedoch nicht vor Ablauf der Regelfristen nach Absatz 4 oder der an ihrer Stelle vereinbarten Frist endet.

2. Kommt der Auftragnehmer der Aufforderung zur Mängelbeseitigung in einer vom Auftraggeber gesetzten angemessenen Frist nicht nach, so kann der Auftraggeber die Mängel auf Kosten des Auftragnehmers beseitigen lassen.

(6) Ist die Beseitigung des Mangels für den Auftraggeber unzumutbar oder ist sie unmöglich oder würde sie einen unverhältnismäßig hohen Aufwand erfordern und wird sie deshalb vom Auftragnehmer verweigert, so kann der Auftraggeber durch Erklärung gegenüber dem Auftragnehmer die Vergütung mindern (§ 638 BGB).

(7) 1. Der Auftragnehmer haftet bei schuldhaft verursachten Mängeln für Schäden aus der Verletzung des Lebens, des Körpers oder der Gesundheit.

2. Bei vorsätzlich oder grob fahrlässig verursachten Mängeln haftet er für alle Schäden.

3. Im Übrigen ist dem Auftraggeber der Schaden an der baulichen Anlage zu ersetzen, zu deren Herstellung, Instandhaltung oder Änderung die Leistung dient, wenn ein wesentlicher Mangel vorliegt, der die Gebrauchsfähigkeit erheblich beeinträchtigt und auf ein Verschulden des Auftragnehmers zurückzuführen ist. Einen darüber hinausgehenden Schaden hat der Auftragnehmer nur dann zu ersetzen,

a) wenn der Mangel auf einem Verstoß gegen die anerkannten Regeln der Technik beruht,
b) wenn der Mangel in dem Fehlen einer vertraglich vereinbarten Beschaffenheit besteht oder
c) soweit der Auftragnehmer den Schaden durch Versicherung seiner gesetzlichen Haftpflicht gedeckt hat oder durch eine solche zu tarifmäßigen, nicht auf außergewöhnliche Verhältnisse abgestellten Prämien und Prämienzuschlägen bei einem im Inland zum Geschäftsbetrieb zugelassenen Versicherer hätte decken können.

4. Abweichend von Absatz 4 gelten die gesetzlichen Verjährungsfristen, soweit sich der Auftragnehmer nach Nummer 3 durch Versicherung geschützt hat oder hätte schützen können oder soweit ein besonderer Versicherungsschutz vereinbart ist.

5. Eine Einschränkung oder Erweiterung der Haftung kann in begründeten Sonderfällen vereinbart werden.

## § 14 Abrechnung

(1) Der Auftragnehmer hat seine Leistungen prüfbar abzurechnen. Er hat die Rechnungen übersichtlich aufzustellen und dabei die Reihenfolge der Posten einzuhalten und die in den Vertragsbestandteilen enthaltenen Bezeichnungen zu verwenden. Die zum Nachweis von Art und Umfang der Leistung erforderlichen Mengenberechnungen, Zeichnungen und andere Belege sind beizufügen. Änderungen und Ergänzungen des Vertrags sind in der Rechnung besonders kenntlich zu machen; sie sind auf Verlangen getrennt abzurechnen.

(2) Die für die Abrechnung notwendigen Feststellungen sind dem Fortgang der Leistung entsprechend möglichst gemeinsam vorzunehmen. Die Abrechnungsbestimmungen in den Technischen Vertragsbedingungen und den anderen Vertragsunterlagen sind zu beachten. Für Leistungen, die bei Weiterführung der Arbeiten nur schwer feststellbar sind, hat der Auftragnehmer rechtzeitig gemeinsame Feststellungen zu beantragen.

(3) Die Schlussrechnung muss bei Leistungen mit einer vertraglichen Ausführungsfrist von höchstens 3 Monaten spätestens 12 Werktage nach Fertigstellung eingereicht werden, wenn nichts anderes vereinbart ist; diese Frist wird um je 6 Werktage für je weitere 3 Monate Ausführungsfrist verlängert.

(4) Reicht der Auftragnehmer eine prüfbare Rechnung nicht ein, obwohl ihm der Auftraggeber dafür eine angemessene Frist gesetzt hat, so kann sie der Auftraggeber selbst auf Kosten des Auftragnehmers aufstellen.

## § 15 Stundenlohnarbeiten

(1) 1. Stundenlohnarbeiten werden nach den vertraglichen Vereinbarungen abgerechnet.
2. Soweit für die Vergütung keine Vereinbarungen getroffen worden sind, gilt die ortsübliche Vergütung. Ist diese nicht zu ermitteln, so werden die Aufwendungen des Auftragnehmers für Lohn- und Gehaltskosten der Baustelle, Lohn- und Gehaltsnebenkosten der Baustelle, Stoffkosten der Baustelle, Kosten der Einrichtungen, Geräte, Maschinen und maschinellen Anlagen der Baustelle, Fracht-, Fuhr- und Ladekosten, Sozialkassenbeiträge und Sonderkosten, die bei wirtschaftlicher Betriebsführung entstehen, mit angemessenen Zuschlägen für Gemeinkosten und Gewinn (einschließlich allgemeinem Unternehmerwagnis) zuzüglich Umsatzsteuer vergütet.

(2) Verlangt der Auftraggeber, dass die Stundenlohnarbeiten durch einen Polier oder eine andere Aufsichtsperson beaufsichtigt werden, oder ist die Aufsicht nach den einschlägigen Unfallverhütungsvorschriften notwendig, so gilt Absatz 1 entsprechend.

(3) Dem Auftraggeber ist die Ausführung von Stundenlohnarbeiten vor Beginn anzuzeigen. Über die geleisteten Arbeitsstunden und den dabei erforderlichen, besonders zu vergütenden Aufwand für den Verbrauch von Stoffen, für Vorhaltung von Einrichtungen, Geräten, Maschinen und maschinellen Anlagen, für Frachten, Fuhr- und Ladeleistungen sowie etwaige Sonderkosten sind, wenn nichts anderes vereinbart ist, je nach der Verkehrssitte werktäglich oder wöchentlich Listen (Stundenlohnzettel) einzureichen. Der Auftraggeber hat die von ihm bescheinigten Stundenlohnzettel unverzüg-

lich, spätestens jedoch innerhalb von 6 Werktagen nach Zugang, zurückzugeben. Dabei kann er Einwendungen auf den Stundenlohnzetteln oder gesondert schriftlich erheben. Nicht fristgemäß zurückgegebene Stundenlohnzettel gelten als anerkannt.

(4) Stundenlohnrechnungen sind alsbald nach Abschluss der Stundenlohnarbeiten, längstens jedoch in Abständen von 4 Wochen, einzureichen. Für die Zahlung gilt § 16.

(5) Wenn Stundenlohnarbeiten zwar vereinbart waren, über den Umfang der Stundenlohnleistungen aber mangels rechtzeitiger Vorlage der Stundenlohnzettel Zweifel bestehen, so kann der Auftraggeber verlangen, dass für die nachweisbar ausgeführten Leistungen eine Vergütung vereinbart wird, die nach Maßgabe von Absatz 1 Nummer 2 für einen wirtschaftlich vertretbaren Aufwand an Arbeitszeit und Verbrauch von Stoffen, für Vorhaltung von Einrichtungen, Geräten, Maschinen und maschinellen Anlagen, für Frachten, Fuhr- und Ladeleistungen sowie etwaige Sonderkosten ermittelt wird.

**§ 16 Zahlung**

(1) 1. Abschlagszahlungen sind auf Antrag in möglichst kurzen Zeitabständen oder zu den vereinbarten Zeitpunkten zu gewähren, und zwar in Höhe des Wertes der jeweils nachgewiesenen vertragsgemäßen Leistungen einschließlich des ausgewiesenen, darauf entfallenden Umsatzsteuerbetrages. Die Leistungen sind durch eine prüfbare Aufstellung nachzuweisen, die eine rasche und sichere Beurteilung der Leistungen ermöglichen muss. Als Leistungen gelten hierbei auch die für die geforderte Leistung eigens angefertigten und bereitgestellten

Bauteile sowie die auf der Baustelle angelieferten Stoffe und Bauteile, wenn dem Auftraggeber nach seiner Wahl das Eigentum an ihnen übertragen ist oder entsprechende Sicherheit gegeben wird.

2. Gegenforderungen können einbehalten werden. Andere Einbehalte sind nur in den im Vertrag und in den gesetzlichen Bestimmungen vorgesehenen Fällen zulässig.

3. Ansprüche auf Abschlagszahlungen werden binnen 21 Tagen nach Zugang der Aufstellung fällig.

4. Die Abschlagszahlungen sind ohne Einfluss auf die Haftung des Auftragnehmers; sie gelten nicht als Abnahme von Teilen der Leistung.

(2) 1. Vorauszahlungen können auch nach Vertragsabschluss vereinbart werden; hierfür ist auf Verlangen des Auftraggebers ausreichende Sicherheit zu leisten. Diese Vorauszahlungen sind, sofern nichts anderes vereinbart wird, mit 3 v. H. über dem Basiszinssatz des § 247 BGB zu verzinsen.

2. Vorauszahlungen sind auf die nächstfälligen Zahlungen anzurechnen, soweit damit Leistungen abzugelten sind, für welche die Vorauszahlungen gewährt worden sind.

(3) 1. Der Anspruch auf Schlusszahlung wird alsbald nach Prüfung und Feststellung fällig, spätestens innerhalb von 30 Tagen nach Zugang der Schlussrechnung. Die Frist verlängert sich auf höchstens 60 Tage, wenn sie aufgrund der besonderen Natur oder Merkmale der Vereinbarung sachlich gerechtfertigt ist und ausdrücklich vereinbart wurde. Werden Einwendungen gegen die Prüfbarkeit unter Angabe der Gründe nicht bis zum Ablauf der jeweiligen Frist erhoben, kann der Auftragge-

ber sich nicht mehr auf die fehlende Prüfbarkeit berufen. Die Prüfung der Schlussrechnung ist nach Möglichkeit zu beschleunigen. Verzögert sie sich, so ist das unbestrittene Guthaben als Abschlagszahlung sofort zu bezahlen.
2. Die vorbehaltlose Annahme der Schlusszahlung schließt Nachforderungen aus, wenn der Auftragnehmer über die Schlusszahlung schriftlich unterrichtet und auf die Ausschlusswirkung hingewiesen wurde.
3. Einer Schlusszahlung steht es gleich, wenn der Auftraggeber unter Hinweis auf geleistete Zahlungen weitere Zahlungen endgültig und schriftlich ablehnt.
4. Auch früher gestellte, aber unerledigte Forderungen werden ausgeschlossen, wenn sie nicht nochmals vorbehalten werden.
5. Ein Vorbehalt ist innerhalb von 28 Tagen nach Zugang der Mitteilung nach den Nummern 2 und 3 über die Schlusszahlung zu erklären. Er wird hinfällig, wenn nicht innerhalb von weiteren 28 Tagen – beginnend am Tag nach Ablauf der in Satz 1 genannten 28 Tage – eine prüfbare Rechnung über die vorbehaltenen Forderungen eingereicht oder, wenn das nicht möglich ist, der Vorbehalt eingehend begründet wird.
6. Die Ausschlussfristen gelten nicht für ein Verlangen nach Richtigstellung der Schlussrechnung und -zahlung wegen Aufmaß-, Rechen- und Übertragungsfehlern.

(4) In sich abgeschlossene Teile der Leistung können nach Teilabnahme ohne Rücksicht auf die Vollendung der übrigen Leistungen endgültig festgestellt und bezahlt werden.

(5) 1. Alle Zahlungen sind aufs Äußerste zu beschleunigen.
2. Nicht vereinbarte Skontoabzüge sind unzulässig.

3. Zahlt der Auftraggeber bei Fälligkeit nicht, so kann ihm der Auftragnehmer eine angemessene Nachfrist setzen. Zahlt er auch innerhalb der Nachfrist nicht, so hat der Auftragnehmer vom Ende der Nachfrist an Anspruch auf Zinsen in Höhe der in § 288 Absatz 2 BGB angegebenen Zinssätze, wenn er nicht einen höheren Verzugsschaden nachweist. Der Auftraggeber kommt jedoch, ohne dass es einer Nachfristsetzung bedarf, spätestens 30 Tage nach Zugang der Rechnung oder der Aufstellung bei Abschlagszahlungen in Zahlungsverzug, wenn der Auftragnehmer seine vertraglichen und gesetzlichen Verpflichtungen erfüllt und den fälligen Entgeltbetrag nicht rechtzeitig erhalten hat, es sei denn, der Auftraggeber ist für den Zahlungsverzug nicht verantwortlich. Die Frist verlängert sich auf höchstens 60 Tage, wenn sie aufgrund der besonderen Natur oder Merkmale der Vereinbarung sachlich gerechtfertigt ist und ausdrücklich vereinbart wurde.

4. Der Auftragnehmer darf die Arbeiten bei Zahlungsverzug bis zur Zahlung einstellen, sofern eine dem Auftraggeber zuvor gesetzte angemessene Frist erfolglos verstrichen ist.

(6) Der Auftraggeber ist berechtigt, zur Erfüllung seiner Verpflichtungen aus den Absätzen 1 bis 5 Zahlungen an Gläubiger des Auftragnehmers zu leisten, soweit sie an der Ausführung der vertraglichen Leistung des Auftragnehmers aufgrund eines mit diesem abgeschlossenen Dienst- oder Werkvertrags beteiligt sind, wegen Zahlungsverzugs des Auftragnehmers die Fortsetzung ihrer Leistung zu Recht verweigern und die Direktzahlung die Fortsetzung der Leistung sicherstellen soll. Der Auftragnehmer ist verpflichtet, sich auf Verlangen

des Auftraggebers innerhalb einer von diesem gesetzten Frist darüber zu erklären, ob und inwieweit er die Forderungen seiner Gläubiger anerkennt; wird diese Erklärung nicht rechtzeitig abgegeben, so gelten die Voraussetzungen für die Direktzahlung als anerkannt.

**§ 17 Sicherheitsleistung**

(1) 1. Wenn Sicherheitsleistung vereinbart ist, gelten die §§ 232 bis 240 BGB, soweit sich aus den nachstehenden Bestimmungen nichts anderes ergibt.

2. Die Sicherheit dient dazu, die vertragsgemäße Ausführung der Leistung und die Mängelansprüche sicherzustellen.

(2) Wenn im Vertrag nichts anderes vereinbart ist, kann Sicherheit durch Einbehalt oder Hinterlegung von Geld oder durch Bürgschaft eines Kreditinstituts oder Kreditversicherers geleistet werden, sofern das Kreditinstitut oder der Kreditversicherer

1. in der Europäischen Gemeinschaft oder
2. in einem Staat der Vertragsparteien des Abkommens über den Europäischen Wirtschaftsraum oder
3. in einem Staat der Vertragsparteien des WTO-Übereinkommens über das öffentliche Beschaffungswesen

zugelassen ist.

(3) Der Auftragnehmer hat die Wahl unter den verschiedenen Arten der Sicherheit; er kann eine Sicherheit durch eine andere ersetzen.

(4) Bei Sicherheitsleistung durch Bürgschaft ist Voraussetzung, dass der Auftraggeber den Bürgen als tauglich anerkannt hat. Die Bürgschaftserklärung ist schriftlich

unter Verzicht auf die Einrede der Vorausklage abzugeben (§ 771 BGB); sie darf nicht auf bestimmte Zeit begrenzt und muss nach Vorschrift des Auftraggebers ausgestellt sein. Der Auftraggeber kann als Sicherheit keine Bürgschaft fordern, die den Bürgen zur Zahlung auf erstes Anfordern verpflichtet.

(5) Wird Sicherheit durch Hinterlegung von Geld geleistet, so hat der Auftragnehmer den Betrag bei einem zu vereinbarenden Geldinstitut auf ein Sperrkonto einzuzahlen, über das beide nur gemeinsam verfügen können („Und-Konto"). Etwaige Zinsen stehen dem Auftragnehmer zu.

(6) 1. Soll der Auftraggeber vereinbarungsgemäß die Sicherheit in Teilbeträgen von seinen Zahlungen einbehalten, so darf er jeweils die Zahlung um höchstens 10 v. H. kürzen, bis die vereinbarte Sicherheitssumme erreicht ist. Sofern Rechnungen ohne Umsatzsteuer gemäß § 13b UStG gestellt werden, bleibt die Umsatzsteuer bei der Berechnung des Sicherheitseinbehalts unberücksichtigt. Den jeweils einbehaltenen Betrag hat er dem Auftragnehmer mitzuteilen und binnen 18 Werktagen nach dieser Mitteilung auf ein Sperrkonto bei dem vereinbarten Geldinstitut einzuzahlen. Gleichzeitig muss er veranlassen, dass dieses Geldinstitut den Auftragnehmer von der Einzahlung des Sicherheitsbetrags benachrichtigt. Absatz 5 gilt entsprechend.

2. Bei kleineren oder kurzfristigen Aufträgen ist es zulässig, dass der Auftraggeber den einbehaltenen Sicherheitsbetrag erst bei der Schlusszahlung auf ein Sperrkonto einzahlt.

3. Zahlt der Auftraggeber den einbehaltenen Betrag nicht rechtzeitig ein, so kann ihm der Auftragnehmer

hierfür eine angemessene Nachfrist setzen. Lässt der Auftraggeber auch diese verstreichen, so kann der Auftragnehmer die sofortige Auszahlung des einbehaltenen Betrags verlangen und braucht dann keine Sicherheit mehr zu leisten.
4. Öffentliche Auftraggeber sind berechtigt, den als Sicherheit einbehaltenen Betrag auf eigenes Verwahrgeldkonto zu nehmen; der Betrag wird nicht verzinst.

(7) Der Auftragnehmer hat die Sicherheit binnen 18 Werktagen nach Vertragsabschluss zu leisten, wenn nichts anderes vereinbart ist. Soweit er diese Verpflichtung nicht erfüllt hat, ist der Auftraggeber berechtigt, vom Guthaben des Auftragnehmers einen Betrag in Höhe der vereinbarten Sicherheit einzubehalten. Im Übrigen gelten die Absätze 5 und 6 außer Nummer 1 Satz 1 entsprechend.

(8) 1. Der Auftraggeber hat eine nicht verwertete Sicherheit für die Vertragserfüllung zum vereinbarten Zeitpunkt, spätestens nach Abnahme und Stellung der Sicherheit für Mängelansprüche zurückzugeben, es sei denn, dass Ansprüche des Auftraggebers, die nicht von der gestellten Sicherheit für Mängelansprüche umfasst sind, noch nicht erfüllt sind. Dann darf er für diese Vertragserfüllungsansprüche einen entsprechenden Teil der Sicherheit zurückhalten.
2. Der Auftraggeber hat eine nicht verwertete Sicherheit für Mängelansprüche nach Ablauf von 2 Jahren zurückzugeben, sofern kein anderer Rückgabezeitpunkt vereinbart worden ist. Soweit jedoch zu diesem Zeitpunkt seine geltend gemachten Ansprüche noch nicht erfüllt sind, darf er einen entsprechenden Teil der Sicherheit zurückhalten.

## § 18 Streitigkeiten

(1) Liegen die Voraussetzungen für eine Gerichtsstandvereinbarung nach § 38 der Zivilprozessordnung vor, richtet sich der Gerichtsstand für Streitigkeiten aus dem Vertrag nach dem Sitz der für die Prozessvertretung des Auftraggebers zuständigen Stelle, wenn nichts anderes vereinbart ist. Sie ist dem Auftragnehmer auf Verlangen mitzuteilen.

(2) 1. Entstehen bei Verträgen mit Behörden Meinungsverschiedenheiten, so soll der Auftragnehmer zunächst die der auftraggebenden Stelle unmittelbar vorgesetzte Stelle anrufen. Diese soll dem Auftragnehmer Gelegenheit zur mündlichen Aussprache geben und ihn möglichst innerhalb von 2 Monaten nach der Anrufung schriftlich bescheiden und dabei auf die Rechtsfolgen des Satzes 3 hinweisen. Die Entscheidung gilt als anerkannt, wenn der Auftragnehmer nicht innerhalb von 3 Monaten nach Eingang des Bescheids schriftlich Einspruch beim Auftraggeber erhebt und dieser ihn auf die Ausschlussfrist hingewiesen hat.

2. Mit dem Eingang des schriftlichen Antrages auf Durchführung eines Verfahrens nach Nummer 1 wird die Verjährung des in diesem Antrag geltend gemachten Anspruchs gehemmt. Wollen Auftraggeber oder Auftragnehmer das Verfahren nicht weiter betreiben, teilen sie dies dem jeweils anderen Teil schriftlich mit. Die Hemmung endet 3 Monate nach Zugang des schriftlichen Bescheides oder Mitteilung nach Satz 2.

(3) Daneben kann ein Verfahren zur Streitbeilegung vereinbart werden. Die Vereinbarung sollte mit Vertragsabschluss erfolgen.

(4) Bei Meinungsverschiedenheiten über die Eigenschaft von Stoffen und Bauteilen, für die allgemein gültige Prüfungsverfahren bestehen, und über die Zulässigkeit oder Zuverlässigkeit der bei der Prüfung verwendeten Maschinen oder angewendeten Prüfungsverfahren kann jede Vertragspartei nach vorheriger Benachrichtigung der anderen Vertragspartei die materialtechnische Untersuchung durch eine staatliche oder staatlich anerkannte Materialprüfungsstelle vornehmen lassen; deren Feststellungen sind verbindlich. Die Kosten trägt der unterliegende Teil.

(5) Streitfälle berechtigen den Auftragnehmer nicht, die Arbeiten einzustellen.

# Anhang II: BGB Werkvertragsrecht §§ 631 – 650 BGB

### § 631 Vertragstypische Pflichten beim Werkvertrag

(1) Durch den Werkvertrag wird der Unternehmer zur Herstellung des versprochenen Werks, der Besteller zur Entrichtung der vereinbarten Vergütung verpflichtet.

(2) Gegenstand des Werkvertrags kann sowohl die Herstellung oder Veränderung einer Sache als auch ein anderer durch Arbeit oder Dienstleistung herbeizuführender Erfolg sein.

### § 632 Vergütung

(1) Eine Vergütung gilt als stillschweigend vereinbart, wenn die Herstellung des Werks den Umständen nach nur gegen eine Vergütung zu erwarten ist.

(2) Ist die Höhe der Vergütung nicht bestimmt, so ist bei dem Bestehen einer Taxe die taxmäßige Vergütung, in Ermangelung einer Taxe die übliche Vergütung als vereinbart anzusehen.

(3) Ein Kostenanschlag ist im Zweifel nicht zu vergüten.

### § 632a Abschlagszahlungen

(1) Der Unternehmer kann von dem Besteller für eine vertragsgemäß erbrachte Leistung eine Abschlagszahlung in der Höhe verlangen, in der der Besteller durch die Leistung einen Wertzuwachs erlangt hat. Wegen unwesentlicher Mängel kann die Abschlagszahlung

nicht verweigert werden. § 641 Abs. 3 gilt entsprechend. Die Leistungen sind durch eine Aufstellung nachzuweisen, die eine rasche und sichere Beurteilung der Leistungen ermöglichen muss. Die Sätze 1 bis 4 gelten auch für erforderliche Stoffe oder Bauteile, die angeliefert oder eigens angefertigt und bereitgestellt sind, wenn dem Besteller nach seiner Wahl Eigentum an den Stoffen oder Bauteilen übertragen oder entsprechende Sicherheit hierfür geleistet wird.

(2) Wenn der Vertrag die Errichtung oder den Umbau eines Hauses oder eines vergleichbaren Bauwerks zum Gegenstand hat und zugleich die Verpflichtung des Unternehmers enthält, dem Besteller das Eigentum an dem Grundstück zu übertragen oder ein Erbbaurecht zu bestellen oder zu übertragen, können Abschlagszahlungen nur verlangt werden, soweit sie gemäß einer Verordnung aufgrund von Artikel 244 des Einführungsgesetzes zum Bürgerlichen Gesetzbuch vereinbart sind.

(3) Ist der Besteller ein Verbraucher und hat der Vertrag die Errichtung oder den Umbau eines Hauses oder eines vergleichbaren Bauwerks zum Gegenstand, ist dem Besteller bei der ersten Abschlagszahlung eine Sicherheit für die rechtzeitige Herstellung des Werks ohne wesentliche Mängel in Höhe von 5 vom Hundert des Vergütungsanspruchs zu leisten. Erhöht sich der Vergütungsanspruch infolge von Änderungen oder Ergänzungen des Vertrags um mehr als 10 vom Hundert, ist dem Besteller bei der nächsten Abschlagszahlung eine weitere Sicherheit in Höhe von 5 vom Hundert des zusätzlichen Vergütungsanspruchs zu leisten. Auf Verlangen des Unternehmers ist die Sicherheitsleistung durch Einbehalt dergestalt zu erbringen, dass der Besteller

die Abschlagszahlungen bis zu dem Gesamtbetrag der geschuldeten Sicherheit zurückhält.

(4) Sicherheiten nach dieser Vorschrift können auch durch eine Garantie oder ein sonstiges Zahlungsversprechen eines im Geltungsbereich dieses Gesetzes zum Geschäftsbetrieb befugten Kreditinstituts oder Kreditversicherers geleistet werden.

**§ 633 Sach- und Rechtsmangel**

(1) Der Unternehmer hat dem Besteller das Werk frei von Sach- und Rechtsmängeln zu verschaffen.

(2) Das Werk ist frei von Sachmängeln, wenn es die vereinbarte Beschaffenheit hat. Soweit die Beschaffenheit nicht vereinbart ist, ist das Werk frei von Sachmängeln,
   1. wenn es sich für die nach dem Vertrag vorausgesetzte, sonst
   2. für die gewöhnliche Verwendung eignet und eine Beschaffenheit aufweist, die bei Werken der gleichen Art üblich ist und die der Besteller nach der Art des Werks erwarten kann.

   Einem Sachmangel steht es gleich, wenn der Unternehmer ein anderes als das bestellte Werk oder das Werk in zu geringer Menge herstellt.

(3) Das Werk ist frei von Rechtsmängeln, wenn Dritte in Bezug auf das Werk keine oder nur die im Vertrag übernommenen Rechte gegen den Besteller geltend machen können.

**§ 634 Rechte des Bestellers bei Mängeln**

Ist das Werk mangelhaft, kann der Besteller, wenn die Voraussetzungen der folgenden Vorschriften vorliegen und soweit nicht ein anderes bestimmt ist,

1. nach § 635 Nacherfüllung verlangen,
2. nach § 637 den Mangel selbst beseitigen und Ersatz der erforderlichen Aufwendungen verlangen,
3. nach den §§ 636, 323 und 326 Abs. 5 von dem Vertrag zurücktreten oder nach § 638 die Vergütung mindern und
4. nach den §§ 636, 280, 281, 283 und 311a Schadensersatz oder nach § 284 Ersatz vergeblicher Aufwendungen verlangen.

**§ 634a Verjährung der Mängelansprüche**

(1) Die in § 634 Nr. 1, 2 und 4 bezeichneten Ansprüche verjähren
   1. vorbehaltlich der Nr. 2 in zwei Jahren bei einem Werk, dessen Erfolg in der Herstellung, Wartung oder Veränderung einer Sache oder in der Erbringung von Planungs- oder Überwachungsleistungen hierfür besteht,
   2. in fünf Jahren bei einem Bauwerk und einem Werk, dessen Erfolg in der Erbringung von Planungs- oder Überwachungsleistungen hierfür besteht, und
   3. im Übrigen in der regelmäßigen Verjährungsfrist.

(2) Die Verjährung beginnt in den Fällen des Abs. 1 Nr. 1 und 2 mit der Abnahme.

(3) Abweichend von Abs. 1 Nr. 1 und 2 und Abs. 2 verjähren die Ansprüche in der regelmäßigen Verjährungsfrist, wenn der Unternehmer den Mangel arglistig verschwie-

gen hat. Im Falle des Abs. 1 Nr. 2 tritt die Verjährung jedoch nicht vor Ablauf der dort bestimmten Frist ein.

(4) Für das in § 634 bezeichnete Rücktrittsrecht gilt § 218. Der Besteller kann trotz einer Unwirksamkeit des Rücktritts nach § 218 Abs. 1 die Zahlung der Vergütung insoweit verweigern, als er aufgrund des Rücktritts dazu berechtigt sein würde. Macht er von diesem Recht Gebrauch, kann der Unternehmer vom Vertrag zurücktreten.

(5) Auf das in § 634 bezeichnete Minderungsrecht finden § 218 und Abs. 4 Satz 2 entsprechende Anwendung.

**§ 635 Nacherfüllung**

(1) Verlangt der Besteller Nacherfüllung, so kann der Unternehmer nach seiner Wahl den Mangel beseitigen oder ein neues Werk herstellen.

(2) Der Unternehmer hat die zum Zwecke der Nacherfüllung erforderlichen Aufwendungen, insbesondere Transport-, Wege-, Arbeits- und Materialkosten zu tragen.

(3) Der Unternehmer kann die Nacherfüllung unbeschadet des § 275 Abs. 2 und 3 verweigern, wenn sie nur mit unverhältnismäßigen Kosten möglich ist.

(4) Stellt der Unternehmer ein neues Werk her, so kann er vom Besteller Rückgewähr des mangelhaften Werks nach Maßgabe der §§ 346 bis 348 verlangen.

**§ 636 Besondere Bestimmungen für Rücktritt und Schadensersatz**

Außer in den Fällen der §§ 281 Abs. 2 und 323 Abs. 2 bedarf es der Fristsetzung auch dann nicht, wenn der Unternehmer die Nacherfüllung gemäß § 635 Abs. 3 verweigert oder wenn die Nacherfüllung fehlgeschlagen oder dem Besteller unzumutbar ist.

**§ 637 Selbstvornahme**

(1) Der Besteller kann wegen eines Mangels des Werks nach erfolglosem Ablauf einer von ihm zur Nacherfüllung bestimmten angemessenen Frist den Mangel selbst beseitigen und Ersatz der erforderlichen Aufwendungen verlangen, wenn nicht der Unternehmer die Nacherfüllung zu Recht verweigert.

(2) § 323 Abs. 2 findet entsprechende Anwendung. Der Bestimmung einer Frist bedarf es auch dann nicht, wenn die Nacherfüllung fehlgeschlagen oder dem Besteller unzumutbar ist.

(3) Der Besteller kann von dem Unternehmer für die zur Beseitigung des Mangels erforderlichen Aufwendungen Vorschuss verlangen.

**§ 638 Minderung**

(1) Statt zurückzutreten, kann der Besteller die Vergütung durch Erklärung gegenüber dem Unternehmer mindern. Der Ausschlussgrund des § 323 Abs. 5 Satz 2 findet keine Anwendung.

(2) Sind auf der Seite des Bestellers oder auf der Seite des Unternehmers mehrere beteiligt, so kann die Minderung nur von allen oder gegen alle erklärt werden.

(3) Bei der Minderung ist die Vergütung in dem Verhältnis herabzusetzen, in welchem zur Zeit des Vertragsschlusses der Wert des Werks in mangelfreiem Zustand zu dem

wirklichen Wert gestanden haben würde. Die Minderung ist, soweit erforderlich, durch Schätzung zu ermitteln.

(4) Hat der Besteller mehr als die geminderte Vergütung gezahlt, so ist der Mehrbetrag vom Unternehmer zu erstatten. § 346 Abs. 1 und § 347 Abs. 1 finden entsprechende Anwendung.

**§ 639 Haftungsausschluss**

Auf eine Vereinbarung, durch welche die Rechte des Bestellers wegen eines Mangels ausgeschlossen oder beschränkt werden, kann sich der Unternehmer nicht berufen, wenn er den Mangel arglistig verschwiegen oder eine Garantie für die Beschaffenheit des Werks übernommen hat.

**§ 640 Abnahme**

(1) Der Besteller ist verpflichtet, das vertragsmäßig hergestellte Werk abzunehmen, sofern nicht nach der Beschaffenheit des Werks die Abnahme ausgeschlossen ist. Wegen unwesentlicher Mängel kann die Abnahme nicht verweigert werden. Der Abnahme steht es gleich, wenn der Besteller das Werk nicht innerhalb einer ihm vom Unternehmer bestimmten angemessenen Frist abnimmt, obwohl er dazu verpflichtet ist.

(2) Nimmt der Besteller ein mangelhaftes Werk gemäß Abs. 1 Satz 1 ab, obschon er den Mangel kennt, so stehen ihm die in § 634 Nr. 1 bis 3 bezeichneten Rechte nur zu, wenn er sich seine Rechte wegen des Mangels bei der Abnahme vorbehält.

**§ 641 Fälligkeit der Vergütung**

(1) Die Vergütung ist bei der Abnahme des Werks zu entrichten. Ist das Werk in Teilen abzunehmen und die Vergütung für die einzelnen Teile bestimmt, so ist die Vergütung für jeden Teil bei dessen Abnahme zu entrichten.

(2) Die Vergütung des Unternehmers für ein Werk, dessen Herstellung der Besteller einem Dritten versprochen hat, wird spätestens fällig
   1. soweit der Besteller von dem Dritten für das versprochene Werk wegen dessen Herstellung seine Vergütung oder Teile davon erhalten hat,
   2. soweit das Werk des Bestellers von dem Dritten abgenommen worden ist oder als abgenommen gilt oder
   3. wenn der Unternehmer dem Besteller erfolglos eine angemessene Frist zur Auskunft über die in den Nr. 1 und 2 bezeichneten Umstände bestimmt hat.

   Hat der Besteller dem Dritten wegen möglicher Mängel des Werks Sicherheit geleistet, gilt Satz 1 nur, wenn der Unternehmer dem Besteller entsprechende Sicherheit leistet.

(3) Kann der Besteller die Beseitigung eines Mangels verlangen, so kann er nach der Fälligkeit die Zahlung eines angemessenen Teils der Vergütung verweigern, angemessen ist i. d. R. das Doppelte der für die Beseitigung des Mangels erforderlichen Kosten.

(4) Eine in Geld festgesetzte Vergütung hat der Besteller von der Abnahme des Werks an zu verzinsen, sofern nicht die Vergütung gestundet ist.

## § 641a Fertigstellungsbescheinigung wurde aufgehoben

## § 642 Mitwirkung des Bestellers

(1) Ist bei der Herstellung des Werks eine Handlung des Bestellers erforderlich, so kann der Unternehmer, wenn der Besteller durch das Unterlassen der Handlung in Verzug der Annahme kommt, eine angemessene Entschädigung verlangen.

(2) Die Höhe der Entschädigung bestimmt sich einerseits nach der Dauer des Verzugs und der Höhe der vereinbarten Vergütung, andererseits nach demjenigen, was der Unternehmer infolge des Verzugs an Aufwendungen erspart oder durch anderweitige Verwendung seiner Arbeitskraft erwerben kann.

## § 643 Kündigung bei unterlassener Mitwirkung

Der Unternehmer ist im Falle des § 642 berechtigt, dem Besteller zur Nachholung der Handlung eine angemessene Frist mit der Erklärung zu bestimmen, dass er den Vertrag kündige, wenn die Handlung nicht bis zum Ablauf der Frist vorgenommen werde. Der Vertrag gilt als aufgehoben, wenn nicht die Nachholung bis zum Ablauf der Frist erfolgt.

## § 644 Gefahrtragung

(1) Der Unternehmer trägt die Gefahr bis zur Abnahme des Werks. Kommt der Besteller in Verzug der Annahme, so geht die Gefahr auf ihn über. Für den zufälligen Untergang und eine zufällige Verschlechterung des von dem Besteller gelieferten Stoffs ist der Unternehmer nicht verantwortlich.

(2) Versendet der Unternehmer das Werk auf Verlangen des Bestellers nach einem anderen Ort als dem Erfüllungsort, so findet die für den Kauf geltende Vorschrift des § 447 entsprechende Anwendung.

**§ 645 Verantwortlichkeit des Bestellers**

(1) Ist das Werk vor der Abnahme infolge eines Mangels des von dem Besteller gelieferten Stoffs oder infolge einer von dem Besteller für die Ausführung erteilten Anweisung untergegangen, verschlechtert oder unausführbar geworden, ohne dass ein Umstand mitgewirkt hat, den der Unternehmer zu vertreten hat, so kann der Unternehmer einen der geleisteten Arbeit entsprechenden Teil der Vergütung und Ersatz der in der Vergütung nicht inbegriffenen Auslagen verlangen. Das Gleiche gilt, wenn der Vertrag in Gemäßheit des § 643 aufgehoben wird.

(2) Eine weitergehende Haftung des Bestellers wegen Verschuldens bleibt unberührt.

**§ 646 Vollendung statt Abnahme**

Ist nach der Beschaffenheit des Werks die Abnahme ausgeschlossen, so tritt in den Fällen des § 634a Abs. 2 und der §§ 641, 644 und 645 an die Stelle der Abnahme die Vollendung des Werks.

**§ 647 Unternehmerpfandrecht**

Der Unternehmer hat für seine Forderungen aus dem Vertrag ein Pfandrecht an den von ihm hergestellten oder ausgebesserten beweglichen Sachen des Bestellers, wenn sie bei der Herstellung oder zum Zwecke der Ausbesserung in seinen Besitz gelangt sind.

### § 648 Sicherungshypothek des Bauunternehmers

(1) Der Unternehmer eines Bauwerks oder eines einzelnen Teiles eines Bauwerks kann für seine Forderungen aus dem Vertrag die Einräumung einer Sicherungshypothek an dem Baugrundstück des Bestellers verlangen. Ist das Werk noch nicht vollendet, so kann er die Einräumung der Sicherungshypothek für einen der geleisteten Arbeit entsprechenden Teil der Vergütung und für die in der Vergütung nicht inbegriffenen Auslagen verlangen.

(2) Der Inhaber einer Schiffswerft kann für seine Forderungen aus dem Bau oder der Ausbesserung eines Schiffs die Einräumung einer Schiffshypothek an dem Schiffsbauwerk oder dem Schiff des Bestellers verlangen; Abs. 1 Satz 2 gilt sinngemäß. § 647 findet keine Anwendung.

### § 648a Bauhandwerkersicherung

(1) Der Unternehmer eines Bauwerks, einer Außenanlage oder eines Teils davon kann vom Besteller Sicherheit für die auch in Zusatzaufträgen vereinbarte und noch nicht gezahlte Vergütung einschließlich dazugehöriger Nebenforderungen, die mit 10 vom Hundert des zu sichernden Vergütungsanspruchs anzusetzen sind, verlangen. Satz 1 gilt in demselben Umfang auch für Ansprüche, die an die Stelle der Vergütung treten. Der Anspruch des Unternehmers wird nicht dadurch ausgeschlossen, dass der Besteller Erfüllung verlangen kann oder das Werk abgenommen hat. Ansprüche, mit denen der Besteller gegen den Anspruch des Unternehmers auf Vergütung aufrechnen kann, bleiben bei der Berechnung der Vergütung unberücksichtigt, es sei denn, sie sind unstreitig oder rechtskräftig festgestellt. Die Sicherheit ist auch dann als ausreichend anzusehen, wenn sich

der Sicherungsgeber das Recht vorbehält, sein Versprechen im Falle einer wesentlichen Verschlechterung der Vermögensverhältnisse des Bestellers mit Wirkung für Vergütungsansprüche aus Bauleistungen zu widerrufen, die der Unternehmer bei Zugang der Widerrufserklärung noch nicht erbracht hat.

(2) Die Sicherheit kann auch durch eine Garantie oder ein sonstiges Zahlungsversprechen eines im Geltungsbereich dieses Gesetzes zum Geschäftsbetrieb befugten Kreditinstituts oder Kreditversicherers geleistet werden. Das Kreditinstitut oder der Kreditversicherer darf Zahlungen an den Unternehmer nur leisten, soweit der Besteller den Vergütungsanspruch des Unternehmers anerkennt oder durch vorläufig vollstreckbares Urteil zur Zahlung der Vergütung verurteilt worden ist und die Voraussetzungen vorliegen, unter denen die Zwangsvollstreckung begonnen werden darf.

(3) Der Unternehmer hat dem Besteller die üblichen Kosten der Sicherheitsleistung bis zu einem Höchstsatz von 2 vom Hundert für das Jahr zu erstatten. Dies gilt nicht, soweit eine Sicherheit wegen Einwendungen des Bestellers gegen den Vergütungsanspruch des Unternehmers aufrechterhalten werden muss und die Einwendungen sich als unbegründet erweisen.

(4) Soweit der Unternehmer für seinen Vergütungsanspruch eine Sicherheit nach den Abs. 1 oder 2 erlangt hat, ist der Anspruch auf Einräumung einer Sicherungshypothek nach § 648 Abs. 1 ausgeschlossen.

(5) Hat der Unternehmer dem Besteller erfolglos eine angemessene Frist zur Leistung der Sicherheit nach Abs. 1 bestimmt, so kann der Unternehmer die Leistung

verweigern oder den Vertrag kündigen. Kündigt er den Vertrag, ist der Unternehmer berechtigt, die vereinbarte Vergütung zu verlangen; er muss sich jedoch dasjenige anrechnen lassen, was er infolge der Aufhebung des Vertrags an Aufwendungen erspart oder durch anderweitige Verwendung seiner Arbeitskraft erwirbt oder böswillig zu erwerben unterlässt. Es wird vermutet, dass danach dem Unternehmer 5 vom Hundert der auf den noch nicht erbrachten Teil der Werkleistung entfallenden vereinbarten Vergütung zustehen.

(6) Die Vorschriften der Abs. 1 bis 5 finden keine Anwendung, wenn der Besteller
1. eine juristische Person des öffentlichen Rechts oder ein öffentlich-rechtliches Sondervermögen ist, über deren Vermögen ein Insolvenzverfahren unzulässig ist oder
2. eine natürliche Person ist und die Bauarbeiten zur Herstellung oder Instandsetzung eines Einfamilienhauses mit oder ohne Einliegerwohnung ausführen lässt.
Satz 1 Nr. 2 gilt nicht bei Betreuung des Bauvorhabens durch einen zur Verfügung über die Finanzierungsmittel des Bestellers ermächtigten Baubetreuer.

(7) Eine von den Vorschriften der Abs. 1 bis 5 abweichende Vereinbarung ist unwirksam.

### § 649 Kündigungsrecht des Bestellers

Der Besteller kann bis zur Vollendung des Werks jederzeit den Vertrag kündigen. Kündigt der Besteller, so ist der Unternehmer berechtigt, die vereinbarte Vergütung zu verlangen; er muss sich jedoch dasjenige anrechnen lassen, was er infolge der Aufhebung des Vertrags an Aufwendungen erspart oder durch anderweitige Verwendung seiner Arbeitskraft erwirbt oder zu erwerben böswillig unterlässt. Es wird vermutet, dass danach dem Unternehmer 5 von Hundert der auf den noch nicht erbrachten Teil der Werkleistung entfallendenvereinbarten Vergütung zustehen.

**§ 650 Kostenanschlag**

(1) Ist dem Vertrag ein Kostenanschlag zugrunde gelegt worden, ohne dass der Unternehmer die Gewähr für die Richtigkeit des Anschlags übernommen hat, und ergibt sich, dass das Werk nicht ohne eine wesentliche Überschreitung des Anschlags ausführbar ist, so steht dem Unternehmer, wenn der Besteller den Vertrag aus diesem Grund kündigt, nur der im § 645 Abs. 1 bestimmte Anspruch zu.

(2) Ist eine solche Überschreitung des Anschlags zu erwarten, so hat der Unternehmer dem Besteller unverzüglich Anzeige zu machen.

# Anhang III: Gestaltung rechtsgeschäftlicher Schuldverhältnisse durch Allgemeine Geschäftsbedingungen §§ 305 – 310 BGB

## § 305 Einbeziehung Allgemeiner Geschäftsbedingungen in den Vertrag

(1) Allgemeine Geschäftsbedingungen sind alle für eine Vielzahl von Verträgen vorformulierten Vertragsbedingungen, die eine Vertragspartei (Verwender) der anderen Vertragspartei bei Abschluss eines Vertrags stellt. Gleichgültig ist, ob die Bestimmungen einen äußerlich gesonderten Bestandteil des Vertrags bilden oder in die Vertragsurkunde selbst aufgenommen werden, welchen Umfang sie haben, in welcher Schriftart sie verfasst sind und welche Form der Vertrag hat. Allgemeine Geschäftsbedingungen liegen nicht vor, soweit die Vertragsbedingungen zwischen den Vertragsparteien im Einzelnen ausgehandelt sind.

(2) Allgemeine Geschäftsbedingungen werden nur dann Bestandteil eines Vertrags, wenn der Verwender bei Vertragsschluss

1. die andere Vertragspartei ausdrücklich oder, wenn ein ausdrücklicher Hinweis wegen der Art des Vertragsschlusses nur unter unverhältnismäßigen Schwierigkeiten möglich ist, durch deutlich sichtbaren Aushang am Orte des Vertragsschlusses auf sie hinweist und

2. der anderen Vertragspartei die Möglichkeit verschafft, in zumutbarer Weise, die auch eine für den Verwender erkennbare körperliche Behinderung der anderen Vertragspartei angemessen berücksichtigt, von ihrem Inhalt Kenntnis zu nehmen, und wenn die andere Vertragspartei mit ihrer Geltung einverstanden ist.

(3) Die Vertragsparteien können für eine bestimmte Art von Rechtsgeschäften die Geltung bestimmter Allgemeiner Geschäftsbedingungen unter Beachtung der in Abs. 2 bezeichneten Erfordernisse im Voraus vereinbaren.

**§ 305a Einbeziehung in besonderen Fällen**

Auch ohne Einhaltung der in § 305 Abs. 2 Nr. 1 und 2 bezeichneten Erfordernisse werden einbezogen, wenn die andere Vertragspartei mit ihrer Geltung einverstanden ist,

1. die mit Genehmigung der zuständigen Verkehrsbehörde oder auf Grund von internationalen Übereinkommen erlassenen Tarife und Ausführungsbestimmungen der Eisenbahnen und die nach Maßgabe des Personenbeförderungsgesetzes genehmigten Beförderungsbedingungen der Straßenbahnen, Obusse und Kraftfahrzeuge im Linienverkehr in den Beförderungsvertrag,
2. die im Amtsblatt der Regulierungsbehörde für Telekommunikation und Post veröffentlichten und in den Geschäftsstellen des Verwenders bereitgehaltenen Allgemeinen Geschäftsbedingungen
   a) in Beförderungsverträge, die außerhalb von Geschäftsräumen durch den Einwurf von Postsendungen in Briefkästen abgeschlossen werden,

b) in Verträge über Telekommunikations-, Informations- und andere Dienstleistungen, die unmittelbar durch Einsatz von Fernkommunikationsmitteln und während der Erbringung einer Telekommunikationsdienstleistung in einem Mal erbracht werden, wenn die Allgemeinen Geschäftsbedingungen der anderen Vertragspartei nur unter unverhältnismäßigen Schwierigkeiten vor dem Vertragsschluss zugänglich gemacht werden können.

### § 305b Vorrang der Individualabrede

Individuelle Vertragsabreden haben Vorrang vor Allgemeinen Geschäftsbedingungen.

### § 305c Überraschende und mehrdeutige Klauseln

(1) Bestimmungen in Allgemeinen Geschäftsbedingungen, die nach den Umständen, insbesondere nach dem äußeren Erscheinungsbild des Vertrags, so ungewöhnlich sind, dass der Vertragspartner des Verwenders mit ihnen nicht zu rechnen braucht, werden nicht Vertragsbestandteil.

(2) Zweifel bei der Auslegung Allgemeiner Geschäftsbedingungen gehen zu Lasten des Verwenders.

### § 306 Rechtsfolgen bei Nichteinbeziehung und Unwirksamkeit

(1) Sind Allgemeine Geschäftsbedingungen ganz oder teilweise nicht Vertragsbestandteil geworden oder unwirksam, so bleibt der Vertrag im Übrigen wirksam.

(2) Soweit die Bestimmungen nicht Vertragsbestandteil geworden oder unwirksam sind, richtet sich der Inhalt des Vertrags nach den gesetzlichen Vorschriften.

(3) Der Vertrag ist unwirksam, wenn das Festhalten an ihm auch unter Berücksichtigung der nach Abs. 2 vorgesehenen Änderung eine unzumutbare Härte für eine Vertragspartei darstellen würde.

**§ 306a Umgehungsverbot**

Die Vorschriften dieses Abschnitts finden auch Anwendung, wenn sie durch anderweitige Gestaltungen umgangen werden.

**§ 307 Inhaltskontrolle**

(1) Bestimmungen in Allgemeinen Geschäftsbedingungen sind unwirksam, wenn sie den Vertragspartner des Verwenders entgegen den Geboten von Treu und Glauben unangemessen benachteiligen. Eine unangemessene Benachteiligung kann sich auch daraus ergeben, dass die Bestimmung nicht klar und verständlich ist.

(2) Eine unangemessene Benachteiligung ist im Zweifel anzunehmen, wenn eine Bestimmung

1. mit wesentlichen Grundgedanken der gesetzlichen Regelung, von der abgewichen wird, nicht zu vereinbaren ist oder
2. wesentliche Rechte oder Pflichten, die sich aus der Natur des Vertrags ergeben, so einschränkt, dass die Erreichung des Vertragszwecks gefährdet ist.

(3) Die Abs. 1 und 2 sowie die §§ 308 und 309 gelten nur für Bestimmungen in Allgemeinen Geschäftsbedingungen, durch die von Rechtsvorschriften abweichende oder diese ergänzende Regelungen vereinbart werden. Andere Bestimmungen können nach Abs. 1 Satz 2 in Verbindung mit Abs. 1 Satz 1 unwirksam sein.

### § 308 Klauselverbote mit Wertungsmöglichkeit

In Allgemeinen Geschäftsbedingungen ist insbesondere unwirksam

1. (Annahme- und Leistungsfrist)
   eine Bestimmung, durch die sich der Verwender unangemessen lange oder nicht hinreichend bestimmte Fristen für die Annahme oder Ablehnung eines Angebots oder die Erbringung einer Leistung vorbehält; ausgenommen hiervon ist der Vorbehalt, erst nach Ablauf der Widerrufs- oder Rückgabefrist nach § 355 Abs. 1 und 2 und § 356 zu leisten;
2. (Nachfrist)
   eine Bestimmung, durch die sich der Verwender für die von ihm zu bewirkende Leistung abweichend von Rechtsvorschriften eine unangemessen lange oder nicht hinreichend bestimmte Nachfrist vorbehält;
3. (Rücktrittsvorbehalt)
   die Vereinbarung eines Rechts des Verwenders, sich ohne sachlich gerechtfertigten und im Vertrag angegebenen Grund von seiner Leistungspflicht zu lösen; dies gilt nicht für Dauerschuldverhältnisse;
4. (Änderungsvorbehalt)
   die Vereinbarung eines Rechts des Verwenders, die versprochene Leistung zu ändern oder von ihr abzuweichen, wenn nicht die Vereinbarung der Änderung oder Abweichung unter Berücksichtigung der Interessen des Verwenders für den anderen Vertragsteil zumutbar ist;
5. (Fingierte Erklärungen)
   eine Bestimmung, wonach eine Erklärung des Vertragspartners des Verwenders bei Vornahme oder Unterlas-

sung einer bestimmten Handlung als von ihm abgegeben oder nicht abgegeben gilt, es sei denn, dass

a) dem Vertragspartner eine angemessene Frist zur Abgabe einer ausdrücklichen Erklärung eingeräumt ist und
b) der Verwender sich verpflichtet, den Vertragspartner bei Beginn der Frist auf die vorgesehene Bedeutung seines Verhaltens besonders hinzuweisen;

dies gilt nicht für Verträge, in die Teil B der Verdingungsordnung für Bauleistungen insgesamt einbezogen ist;

6. (Fiktion des Zugangs)
eine Bestimmung, die vorsieht, dass eine Erklärung des Verwenders von besonderer Bedeutung dem anderen Vertragsteil als zugegangen gilt;

7. (Abwicklung von Verträgen)
eine Bestimmung, nach der der Verwender für den Fall, dass eine Vertragspartei vom Vertrag zurücktritt oder den Vertrag kündigt,
a) eine unangemessen hohe Vergütung für die Nutzung oder den Gebrauch einer Sache oder eines Rechts oder für erbrachte Leistungen oder
b) einen unangemessen hohen Ersatz von Aufwendungen verlangen kann;

8. (Nichtverfügbarkeit der Leistung)
die nach Nr. 3 zulässige Vereinbarung eines Vorbehalts des Verwenders, sich von der Verpflichtung zur Erfüllung des Vertrags bei Nichtverfügbarkeit der Leistung zu lösen, wenn sich der Verwender nicht verpflichtet,
a) den Vertragspartner unverzüglich über die Nichtverfügbarkeit zu informieren und

b) Gegenleistungen des Vertragspartners unverzüglich zu erstatten.

### § 309 Klauselverbote ohne Wertungsmöglichkeit

Auch soweit eine Abweichung von den gesetzlichen Vorschriften zulässig ist, ist in Allgemeinen Geschäftsbedingungen unwirksam

1. (Kurzfristige Preiserhöhungen)
   eine Bestimmung, welche die Erhöhung des Entgelts für Waren oder Leistungen vorsieht, die innerhalb von vier Monaten nach Vertragsschluss geliefert oder erbracht werden sollen; dies gilt nicht bei Waren oder Leistungen, die im Rahmen von Dauerschuldverhältnissen geliefert oder erbracht werden;
2. (Leistungsverweigerungsrechte)
   eine Bestimmung, durch die
   a) das Leistungsverweigerungsrecht, das dem Vertragspartner des Verwenders nach § 320 zusteht, ausgeschlossen oder eingeschränkt wird oder
   b) ein dem Vertragspartner des Verwenders zustehendes Zurückbehaltungsrecht, soweit es auf demselben Vertragsverhältnis beruht, ausgeschlossen oder eingeschränkt, insbesondere von der Anerkennung von Mängeln durch den Verwender abhängig gemacht wird;
3. (Aufrechnungsverbot)
   eine Bestimmung, durch die dem Vertragspartner des Verwenders die Befugnis genommen wird, mit einer unbestrittenen oder rechtskräftig festgestellten Forderung aufzurechnen;

4. (Mahnung, Fristsetzung)
eine Bestimmung, durch die der Verwender von der gesetzlichen Obliegenheit freigestellt wird, den anderen Vertragsteil zu mahnen oder ihm eine Frist für die Leistung oder Nacherfüllung zu setzen;
5. (Pauschalierung von Schadensersatzansprüchen)
die Vereinbarung eines pauschalierten Anspruchs des Verwenders auf Schadensersatz oder Ersatz einer Wertminderung, wenn
   a) die Pauschale den in den geregelten Fällen nach dem gewöhnlichen Lauf der Dinge zu erwartenden Schaden oder die gewöhnlich eintretende Wertminderung übersteigt oder
   b) dem anderen Vertragsteil nicht ausdrücklich der Nachweis gestattet wird, ein Schaden oder eine Wertminderung sei überhaupt nicht entstanden oder wesentlich niedriger als die Pauschale;
6. (Vertragsstrafe)
eine Bestimmung, durch die dem Verwender für den Fall der Nichtabnahme oder verspäteten Abnahme der Leistung, des Zahlungsverzugs oder für den Fall, dass der andere Vertragsteil sich vom Vertrag löst, Zahlung einer Vertragsstrafe versprochen wird;
7. (Haftungsausschluss bei Verletzung von Leben, Körper, Gesundheit und bei grobem Verschulden)
   a) (Verletzung von Leben, Körper, Gesundheit)
   ein Ausschluss oder eine Begrenzung der Haftung für Schäden aus der Verletzung des Lebens, des Körpers oder der Gesundheit, die auf einer fahrlässigen Pflichtverletzung des Verwenders oder einer vorsätzlichen oder fahrlässigen Pflichtverletzung eines gesetzlichen

Vertreters oder Erfüllungsgehilfen des Verwenders beruhen;

b) (Grobes Verschulden)
ein Ausschluss oder eine Begrenzung der Haftung für sonstige Schäden, die auf einer grob fahrlässigen Pflichtverletzung des Verwenders oder auf einer vorsätzlichen oder grob fahrlässigen Pflichtverletzung eines gesetzlichen Vertreters oder Erfüllungsgehilfen des Verwenders beruhen;

die Buchstaben a und b gelten nicht für Haftungsbeschränkungen in den nach Maßgabe des Personenbeförderungsgesetzes genehmigten Beförderungsbedingungen und Tarifvorschriften der Straßenbahnen, Obusse und Kraftfahrzeuge im Linienverkehr, soweit sie nicht zum Nachteil des Fahrgasts von der Verordnung über die Allgemeinen Beförderungsbedingungen für den Straßenbahn- und Obusverkehr sowie den Linienverkehr mit Kraftfahrzeugen vom 27. Februar 1970 abweichen; Buchstabe b gilt nicht für Haftungsbeschränkungen für staatlich genehmigte Lotterie- oder Ausspielverträge;

8. (Sonstige Haftungsausschlüsse bei Pflichtverletzung)
a) (Ausschluss des Rechts, sich vom Vertrag zu lösen)
eine Bestimmung, die bei einer vom Verwender zu vertretenden, nicht in einem Mangel der Kaufsache oder des Werks bestehenden Pflichtverletzung das Recht des anderen Vertragsteils, sich vom Vertrag zu lösen, ausschließt oder einschränkt; dies gilt nicht für die in der Nr. 7 bezeichneten Beförderungsbedingungen und Tarifvorschriften unter den dort genannten Voraussetzungen;

b) (Mängel)
eine Bestimmung, durch die bei Verträgen über Lieferungen neu hergestellter Sachen und über Werkleistungen
aa) (Ausschluss und Verweisung auf Dritte)
die Ansprüche gegen den Verwender wegen eines Mangels insgesamt oder bezüglich einzelner Teile ausgeschlossen, auf die Einräumung von Ansprüchen gegen Dritte beschränkt oder von der vorherigen gerichtlichen Inanspruchnahme Dritter abhängig gemacht werden;
bb) (Beschränkung auf Nacherfüllung)
die Ansprüche gegen den Verwender insgesamt oder bezüglich einzelner Teile auf ein Recht auf Nacherfüllung beschränkt werden, sofern dem anderen Vertragsteil nicht ausdrücklich das Recht vorbehalten wird, bei Fehlschlagen der Nacherfüllung zu mindern oder, wenn nicht eine Bauleistung Gegenstand der Mängelhaftung ist, nach seiner Wahl vom Vertrag zurückzutreten;
cc) (Aufwendungen bei Nacherfüllung)
die Verpflichtung des Verwenders ausgeschlossen oder beschränkt wird, die zum Zwecke der Nacherfüllung erforderlichen Aufwendungen, insbesondere Transport-, Wege-, Arbeits- und Materialkosten, zu tragen;
dd) (Vorenthalten der Nacherfüllung)
der Verwender die Nacherfüllung von der vorherigen Zahlung des vollständigen Entgelts oder eines unter Berücksichtigung des Mangels unverhältnismäßig hohen Teils des Entgelts abhängig macht;
ee) (Ausschlussfrist für Mängelanzeige)

der Verwender dem anderen Vertragsteil für die Anzeige nicht offensichtlicher Mängel eine Ausschlussfrist setzt, die kürzer ist als die nach dem Doppelbuchstaben ff zulässige Frist;

ff) (Erleichterung der Verjährung)
die Verjährung von Ansprüchen gegen den Verwender wegen eines Mangels in den Fällen des § 438 Abs. 1 Nr. 2 und des § 634a Abs. 1 Nr. 2 erleichtert oder in den sonstigen Fällen eine weniger als ein Jahr betragende Verjährungsfrist ab dem gesetzlichen Verjährungsbeginn erreicht wird.

9. (Laufzeit bei Dauerschuldverhältnissen)
bei einem Vertragsverhältnis, das die regelmäßige Lieferung von Waren oder die regelmäßige Erbringung von Dienst- oder Werkleistungen durch den Verwender zum Gegenstand hat,
a) eine den anderen Vertragsteil länger als zwei Jahre bindende Laufzeit des Vertrags,
b) eine den anderen Vertragsteil bindende stillschweigende Verlängerung des Vertragsverhältnisses um jeweils mehr als ein Jahr oder
c) zu Lasten des anderen Vertragsteils eine längere Kündigungsfrist als drei Monate vor Ablauf der zunächst vorgesehenen oder stillschweigend verlängerten Vertragsdauer;

dies gilt nicht für Verträge über die Lieferung als zusammengehörig verkaufter Sachen, für Versicherungsverträge sowie für Verträge zwischen den Inhabern urheberrechtlicher Rechte und Ansprüche und Verwertungsgesellschaften im Sinne des Gesetzes über die Wahrnehmung von Urheberrechten und verwandten Schutzrechten;

10. (Wechsel des Vertragspartners)
eine Bestimmung, wonach bei Kauf-, Dienst- oder Werkverträgen ein Dritter anstelle des Verwenders in die sich aus dem Vertrag ergebenden Rechte und Pflichten eintritt oder eintreten kann, es sei denn, in der Bestimmung wird
a) der Dritte namentlich bezeichnet oder
b) dem anderen Vertragsteil das Recht eingeräumt, sich vom Vertrag zu lösen;
11. (Haftung des Abschlussvertreters)
eine Bestimmung, durch die der Verwender einem Vertreter, der den Vertrag für den anderen Vertragsteil abschließt,
a) ohne hierauf gerichtete ausdrückliche und gesonderte Erklärung eine eigene Haftung oder Einstandspflicht oder
b) im Falle vollmachtsloser Vertretung eine über § 179 hinausgehende Haftung
auferlegt;
12. (Beweislast)
eine Bestimmung, durch die der Verwender die Beweislast zum Nachteil des anderen Vertragsteils ändert, insbesondere indem er
a) diesem die Beweislast für Umstände auferlegt, die im Verantwortungsbereich des Verwenders liegen, oder
b) den anderen Vertragsteil bestimmte Tatsachen bestätigen lässt;
Buchstabe b gilt nicht für Empfangsbekenntnisse, die gesondert unterschrieben oder mit einer gesonderten qualifizierten elektronischen Signatur versehen sind;
13. (Form von Anzeigen und Erklärungen)
eine Bestimmung, durch die Anzeigen oder Erklärungen, die dem Verwender oder einem Dritten gegenüber abzu-

geben sind, an eine strengere Form als die Schriftform oder an besondere Zugangserfordernisse gebunden werden.

**§ 310 Anwendungsbereich**

(1) § 305 Abs. 2 und 3 und die §§ 308 und 309 finden keine Anwendung auf Allgemeine Geschäftsbedingungen, die gegenüber einem Unternehmer, einer juristischen Person des öffentlichen Rechts oder einem öffentlich-rechtlichen Sondervermögen verwendet werden. § 307 Abs. 1 und 2 findet in den Fällen des Satzes 1 auch insoweit Anwendung, als dies zur Unwirksamkeit von in den §§ 308 und 309 genannten Vertragsbestimmungen führt; auf die im Handelsverkehr geltenden Gewohnheiten und Gebräuche ist angemessen Rücksicht zu nehmen. In den Fällen des Satzes 1 findet § 307 Abs. 1 und 2 auf Verträge, in die die Vergabe- und Vertragsordnung für Bauleistungen Teil B (VOB/B) in der jeweils zum Zeitpunkt des Vertragsschlusses geltenden Fassung ohne inhaltliche Abweichung insgesamt einbezogen ist, in Bezug auf eine Inhaltskontrolle einzelner Bestimmungen keine Anwendung.

(2) Die §§ 308 und 309 finden keine Anwendung auf Verträge der Elektrizitäts-, Gas-, Fernwärme- und Wasserversorgungsunternehmen über die Versorgung von Sonderabnehmern mit elektrischer Energie, Gas, Fernwärme und Wasser aus dem Versorgungsnetz, soweit die Versorgungsbedingungen nicht zum Nachteil der Abnehmer von Verordnungen über Allgemeine Bedingungen für die Versorgung von Tarifkunden mit elektrischer Energie, Gas, Fernwärme und Wasser abweichen.

Satz 1 gilt entsprechend für Verträge über die Entsorgung von Abwasser.

(3) Bei Verträgen zwischen einem Unternehmer und einem Verbraucher (Verbraucherverträge) finden die Vorschriften dieses Abschnitts mit folgenden Maßgaben Anwendung:

1. Allgemeine Geschäftsbedingungen gelten als vom Unternehmer gestellt, es sei denn, dass sie durch den Verbraucher in den Vertrag eingeführt wurden;
2. § 305c Abs. 2 und die §§ 306 und 307 bis 309 dieses Gesetzes sowie Artikel 29a des Einführungsgesetzes zum Bürgerlichen Gesetzbuche finden auf vorformulierte Vertragsbedingungen auch dann Anwendung, wenn diese nur zur einmaligen Verwendung bestimmt sind und soweit der Verbraucher auf Grund der Vorformulierung auf ihren Inhalt keinen Einfluss nehmen konnte;
3. bei der Beurteilung der unangemessenen Benachteiligung nach § 307 Abs. 1 und 2 sind auch die den Vertragsschluss begleitenden Umstände zu berücksichtigen.

(4) Dieser Abschnitt findet keine Anwendung bei Verträgen auf dem Gebiet des Erb-, Familien- und Gesellschaftsrechts sowie auf Tarifverträge, Betriebs- und Dienstvereinbarungen. Bei der Anwendung auf Arbeitsverträge sind die im Arbeitsrecht geltenden Besonderheiten angemessen zu berücksichtigen; § 305 Abs. 2 und 3 ist nicht anzuwenden. Tarifverträge, Betriebs- und Dienstvereinbarungen stehen Rechtsvorschriften im Sinne von § 307 Abs. 3 gleich.

# Stichwortverzeichnis

**B**

**H**



**I**



**J**



**K**

## O



## P



## Q



## R